甘肃省草食畜牧业生产技术

郎 侠 吴建平 王彩莲 沈青义 主编

中国农业科学技术出版社

图书在版编目（CIP）数据

甘肃省草食畜牧业生产技术／郎侠，吴建平，王彩莲，沈青义主编 . —北京：中国农业科学技术出版社，2018.11

ISBN 978-7-5116-3888-5

Ⅰ.①甘… Ⅱ.①郎…②吴…③王…④沈… Ⅲ.①草原-畜牧业-生产技术-甘肃 Ⅳ.①S8

中国版本图书馆 CIP 数据核字（2018）第 212363 号

责任编辑 徐 毅
责任校对 贾海霞

出 版 者 中国农业科学技术出版社
北京市中关村南大街 12 号 邮编：100081
电 话 （010）82106631（编辑室） （010）82109702（发行部）
（010）82109709（读者服务部）
传 真 （010）82106650
网 址 http://www.castp.cn
经 销 者 各地新华书店
印 刷 者 北京建宏印刷有限公司
开 本 787mm×1 092mm 1/16
印 张 18.75
字 数 360 千字
版 次 2018 年 11 月第 1 版 2018 年 11 月第 1 次印刷
定 价 60.00 元

资助项目

1. 国家重点研发计划"畜禽重大疫病防控与高效安全养殖综合技术研发"重点专项：优质肉牛高效安全养殖技术应用与示范（2018YFD0501700）。

2. 国家现代农业产业技术体系：国家绒毛用羊产业技术体系饲养管理与圈舍环境岗位（CARS-39-18）。

3. 国家自然科学基金——地区科学基金项目：冷季补饲对欧拉型藏羊瘤胃发酵及瘤胃微生物区系的调控（31760683）。

4. 甘肃省重点研发计划项目：甘南藏羊复壮改良及高原生态健康养羊业配套技术试验示范（18YF1NA091）。

5. 甘肃省现代农业产业技术体系——草食畜产业：牛羊遗传资源利用岗位。

6. 甘肃省农业科学院农业科技创新专项学科团队项目：动物遗传育种与草食畜生产体系（项目编号：2017GAAS30）。

7. 甘肃省农业科学院科研条件建设及成果转化项目（博士基金）：早胜牛种质资源评价及保护措施研究（项目编号：2016GAAS27）。

内容简介

全书包括 2 篇 11 章内容：第一篇：总论，包括甘肃省草地农业与草食畜牧业科技发展研究报告、甘肃省草食畜牧业绿色发展报告；第二篇：各论，包括草地改良技术、人工牧草种植技术、饲草的加工与贮藏、饲料的加工、贮存与饲喂、肉牛饲养管理、奶牛饲养管理、羊饲养管理、养殖环境管理、牛羊疫病防控等。本书可供畜牧科技工作者参考；也适用于从事牛羊生产和动物爱好的人士拓展视野。

前　言

甘肃省地处青藏、蒙新、黄土三大高原的交汇地带，自寒带到亚热带的气候特征和复杂多样的地理垂直性地形地貌，孕育了丰富的草地农业资源。甘肃省自然条件特殊，生态环境复杂，草地类型多样，牧草资源丰富，是我国的六大牧区之一；河西走廊和陇中、陇东地区垦殖历史久远，农耕发达，种植技术先进，农作物副产品充足。天然草原和农作物副产品为甘肃省草食畜牧业生产提供了坚实的物质基础。发展草食家畜是我国农业产业结构和畜牧业结构战略性调整的重要组成部分，节粮、高效、优质、环保、安全的生态养羊模式，符合我国国情，具有良好的发展前景。因此，只有发展草食畜牧业，才能保证经济效益、社会效益和生态效益同步发展，真正提高我国畜产品的质量和档次，促进我国畜牧业的可持续发展。草地农业不但顺应当前退耕还林、还草和农业产业结构调整的形势，而且也是现代草食畜优质高效生产的根本出路。

甘肃省牛存栏量在全国排第十一位，羊存栏量在全国排第四位，以牛羊为主体的草食畜牧业已成为甘肃省大农业经济的朝阳产业。大力发展牛羊产业，可以更科学地配置农业资源，有效地转化粮食和其他副产品，带动种植业和相关产业发展，实现农产品多次增值，促进农业向深度和广度进军；大力发展牛羊产业，可大量吸纳农村富余劳动力，广开生产门路，增加农民收入；大力发展牛羊产业，可以改善人们的食物结构和营养结构，提高人民生活水平。因此，发展牛羊产业是推进农业现代化、全面建设小康社会和建设社会主义新农村的必然要求，更是新形势下产业脱贫的抓手和突破口。

全书包括2篇11章内容：第一篇：总论，包括甘肃省草地农业与草食畜牧业科技发展研究报告、甘肃省草食畜牧业绿色发展报告；第二篇：各论，包括草地改良技术、人工牧草种植技术、饲草的加工与贮藏、饲料的加工、贮存与饲喂、肉牛饲养管理、奶牛饲养管理、羊饲养管理、养殖环境管理、牛羊疫病防控等。

虽然尽编者的最大努力完成了本书，但其中谬误和疏漏之处在所难免，敬请读者指正。

本书引用了许多专家、学者的研究成果，鉴于文献庞杂，未一一列出，恳请谅解。谨致以诚挚的谢意！

由于作者业务水平有限，书中难免存在不妥之处，敬请广大读者批评指正。

编　者

2018 年 7 月于兰州

目 录

第一篇 总 论

第二篇 各 论

第一篇　总　　论

第一章　甘肃省草地农业与草食畜牧业科技发展研究报告

　　草地农业是一种强调禾本科牧草和豆科牧草，对于牲畜和土地经营的重要性的农业系统。草食畜牧业是以牛羊生产为主的畜牧业，主要产品包括肉、奶、毛、皮等。草食畜牧业是草地农业的具体组织和运作模式。甘肃省地域宽广，气候类型多样，饲草料资源丰富，牛羊品种资源丰富、存栏量大，具有发展草食畜牧业的良好条件。"十二五"以来，甘肃省草食畜牧业发展迅速，产业结构多元化，农区和牧区及半农半牧区草食畜牧业并重，并取得了长足的发展，生产规模显著扩大，区域布局更加合理，草食畜牧业向集约化、规模化、产业化快速发展。

一、草地农业与草食畜牧业科技发展动态

（一）草地农业与草食畜牧业的发展概况

1. 草地农业与草食畜牧业的内涵及其重要作用

　　草地农业是一种强调禾本科牧草和豆科牧草，对于牲畜和土地经营的重要性的农业系统。草地农业高度依赖于作为反刍家畜食物基础的最初牧草来源。草食畜牧业是以牛羊生产为主的畜牧业，主要产品包括肉、奶、毛、皮等。草食畜牧业是畜牧业乃至农业的主要组成部分。草食畜牧业是草地农业的具体组织和运作模式。草食畜牧业具有资源效应、收入效应、消费效应、生态效应等重要作用。

　　草食畜牧业属于节粮型畜牧业，能够充分利用农业资源。受耕地减少、资源短缺等因素制约，我国粮食需求将呈现刚性增长，粮食的供求将长期处于紧平衡状态，保障粮食安全的任务艰巨。因此，发展草食畜牧业可以发挥缓解粮食供求矛盾、保障畜产品有效供给的字眼效应。牛羊肉、牛奶等草食畜产品蛋白质含量较高，脂肪、胆固醇含量相对较低，在人类的膳食结构中占有重要地位。伴随人们收入水平的提高，草食畜产品的消费需求将显著增长。在我国边疆、少数民族，尤其是穆斯林民族地区，牛羊肉的消费需求更大，且具有不可替代性。因此，发展草食畜牧业具有满足人们日益增长的营养需求、丰富膳食结构的消费效应。我国牧区面积占全国国土面积的40%以上，且多位于边疆、少数民族地区。草食畜牧业是牧区经济发展的基础产业，是牧民收入的主要来源。在加强草原生态保护建设的同时，发展草食畜牧业对促进牛羊养殖方式的转变、建立现代草食畜牧业具有重要的收入效应和战略意义。草食畜牧业可以大量利用农作物秸秆资源，从而可减少因焚烧秸秆造成的环境污染和降低火灾隐患；草食动物生产过程中产生大量的有机粪肥，经处理后作为有机肥料施撒还田，可有效提高土壤肥力；实行草田轮作、间作和套作等耕作措施，可以极大地提高粮田生产能力；通过种植牧草、开展草地建设，发展草食畜牧业，能够治理生态退化、缓解农牧区贫困，这些都是发展草食畜牧业重要的生态效应。

2. 草地农业与草食畜牧业的发展

改革开放以来，我国草食畜牧业发展取得了长足进步，养殖规模不断扩大，技术水平不断提高，区域布局不断优化，产品供给能力不断提高。1980—2013 年，牛肉产量从 26.9 万 t 增加到 673.2 万 t，羊肉产量从 44.5 万 t 增加到 408.1 万 t，牛奶产量从 114.1 万 t 增加到 3 531.4 万 t，羊毛产量从 18.7 万 t 增加到 45.3 万 t。牛肉和牛奶的年均增长率均超过 10%，羊肉的年均增长率也达到 6.9%，明显高于猪肉等畜产品的产量增长速度。牛羊肉在肉类产量的比重从 6% 增加到 12.7%，翻了一番。另外，兔肉、兔毛、牛皮、羊皮、鹅肉、鹅绒等草食畜产品的生产也都出现快速发展。

我国是草食畜牧业生产大国，羊肉产量居世界第一位，牛肉和牛奶产量居世界第三位。2013 年，我国草食大牲畜接近 1.2 亿头，其中，肉牛 6 838.6 万头、奶牛 1 441 万头、马 602.7 万匹、驴 603.4 万匹、骡 230.4 万匹、骆驼 31.6 万峰；羊存栏 2.9 亿只，其中，山羊 1.4 亿只、绵羊 1.5 亿只；兔 2.2 亿只。2013 年草食畜产品产量，牛肉 673.2 万 t、牛奶 3531.4 万 t、羊肉 408.1 万 t、兔肉 78.5 万 t、羊毛 45.3 万 t。草食畜牧业的发展为优化畜牧业产业结构、增加农牧民收入、满足城乡居民多样化消费需求作出了积极贡献。

（二）全国和甘肃省草食畜牧业发展现状及市场研究

1. 肉牛产业发展现状与市场

统计数据表明，中国牛饲养量从 1986—1999 年持续增长，之后，缓慢下降。其中，中部和西南部的牛饲养量下降更为明显，牛产业向西部的转移明显且速度加快。

从 1980—2012 年，中国牛肉生产总量持续上升，到 2012 年，中国牛肉的总产量为 651 万 t。牛肉生产水平不断提高，从图 1-1-1 可以看出，我国肉牛存栏量虽然从 1999 年开始持续下降，但牛肉的总产量却持续上升至 2010 年，肉牛胴体重显著提高，每头牛产肉量显著提高。从 2010 年开始，全国牛肉生产总量徘徊在 650 万 t 左右，市场需求量却在持续上升，牛肉的市场价格上扬明显，可以预计在今后一段时期，牛肉价格还会在高位运行，甚至继续上涨（图 1-1-2、图 1-1-3）。

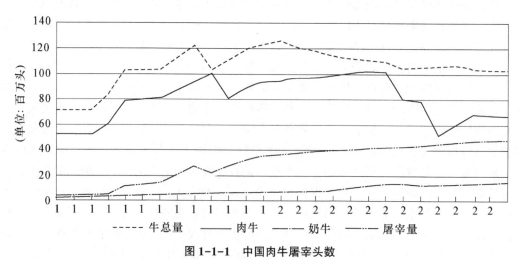

图 1-1-1 中国肉牛屠宰头数

（资料来源：中国统计年鉴 2012，中国家畜年鉴 2000—2012）

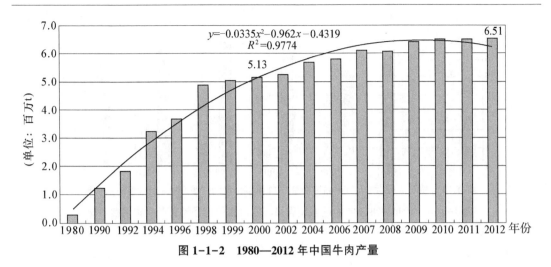

图 1-1-2 1980—2012 年中国牛肉产量

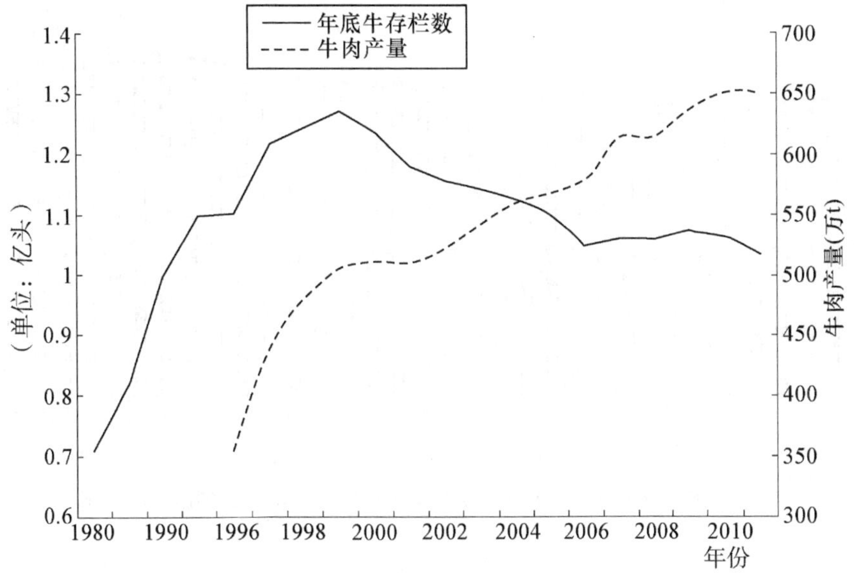

图 1-1-3 1980—2010 年中国牛存栏数与牛肉产量

（资料来源：中国统计年鉴 2012）

统计数据表明，截至 2012 年，我国居民各种肉类的消费量为 37kg，其中，城镇居民牛肉消费量为 2.8kg，所占肉消费总量的比值不足 8%。农村居民年人均消费牛肉更低，只有 0.98kg。据估测，2013 年全国城镇居民牛肉消费达到 4.1kg，增长 50%，其中，主要原因是牛肉的安全性和营养品质，高收入群体对牛肉消费的倾向性越来越强，带动牛肉消费上升。甘肃省人均牛肉消费量高于全国平均水平 0.5kg。通过分析全国牛肉消费市场及其增长趋势，与消费增长相比，我国牛肉生产的缺口逐年加大，牛肉价格还将上扬（图 1-1-4、图 1-1-5）。

分析全国肉牛饲养的成本变化（图 1-1-5），2011 年与 2012 年相比，每头牛饲养成本比 2010 年分别提高了 7% 和 15%，达到 6 200 元和 7 160 元。而肉牛销售价格从 2011 年

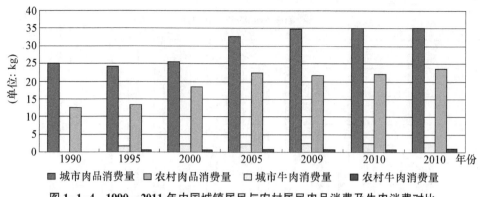

图 1-1-4　1990—2011 年中国城镇居民与农村居民肉品消费及牛肉消费对比

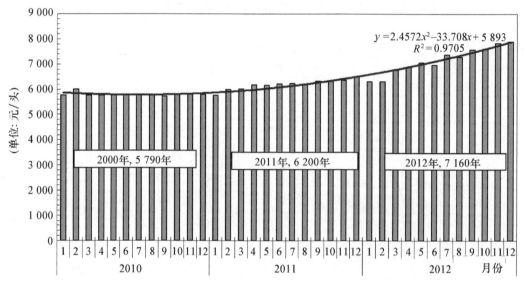

图 1-1-5　2010—2012 年 9 省 750 个牛场出栏育肥牛头均总成本变化

开始每年平均上涨 25%。由此看出，肉牛业成长明显，发展潜力巨大（图 1-1-6）。

从 2000—2012 年居民消费价格指数（CPI）、牛肉消费价格指数、牛肉价格变化趋势看（图 1-1-6），三者均持续增长，从 2008 年开始，牛肉价格快速增长，直到 2012 年才与 CPI 增长水平。总体来讲，牛肉消费价格指数增长仍然显著低于 CPI 增长，因此，牛肉价格仍然还有增长空间，牛肉的市场需求增长空间仍然巨大。

国家进出口管理局的统计数据表明，从 1996—2012 年，中国牛肉出口逐年下降，进口量则井喷式上升，其中，2012 年达到 6.14 万 t，2013 年猛增到 40 万 t。同时，从其他非正常渠道进入我国市场的牛肉每年超过 100 万 t，是官方进口数量的 2 倍（图 1-1-7）。

2. 肉羊产业的发展现状与趋势

从 1990—2011 年，中国羊（山）存栏量缓慢上升，出栏量则急速上升。2011 年，羊（山）存栏量和出栏量分别为 2.824 亿头和 2.666 亿头，肉产量达到 400 万 t。每只羊胴体重达到 15kg，生产水平不断提高。甘肃省羊存栏量 2013 年突破 2 000 万只，出栏 1 157 万只，产肉近 20 万 t。胴体重达到 17.3kg，肉羊生产水平显著高于全国平均水平（图 1-1-8

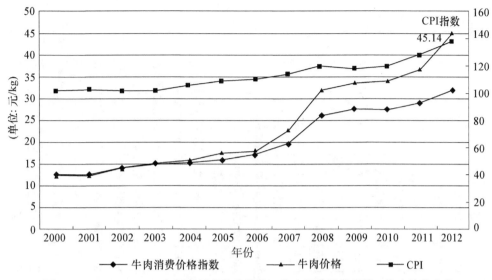

图 1-1-6　2000—2012 年居民消费价格指数、牛肉消费价格指数、牛肉价格变化

（资料来源：中国统计年鉴 2012）

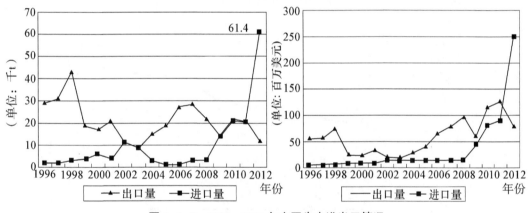

图 1-1-7　1996—2012 年中国牛肉进出口情况

（资料来源：中国进出口统计年鉴）

至图 1-1-10）。

　　统计数据表明，从 2010—2012 年，羊肉价格从 35.5 元/kg 增长到 57.05 元/kg。2013 年羊肉价格超过了 60 元/kg。与此同时，从 1998—2011 年，城镇居民的羊肉消费量基本维持在 1.2kg/人，而农村居民羊肉消费量则显著上升，接近城市居民消费水平。2013 年甘肃省羊肉生产达到 20 万 t，人均羊肉占有量接近 8kg，是全国平均水平 3.2kg 的 2.5 倍，是国家重要的羊肉生产基地（图 1-1-11）。

　　2006 年，我国羊肉产量和消费量达到 470 万 t，为近几年最高。之后，由于禁牧、休牧和退耕还林（草）政策的推行，全国羊饲养量下降，产肉量都显著下降。从 1996 年开始，羊肉的进口量大幅上升，2012 年进口量达到 12.39 万 t，主要来源是澳大利亚和新西兰的优质羔羊肉。截至 2013 年，随着农区草食畜牧业的发展，全国羊的饲养量已恢复到

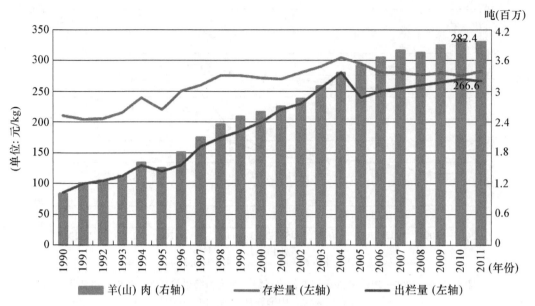

图 1-1-8 1990—2011 年中国羊存栏、出栏变化及羊肉产量
（资料来源：中国统计年鉴 2012）

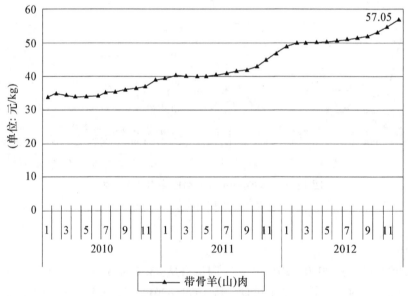

图 1-1-9 2010—2012 年中国带骨羊肉价格变化
（资料来源：中国统计年鉴 2012）

2006 年水平，羊肉产量上升，但消费量上升更快，羊肉价格大幅度提高。

　　研究表明（图 1-1-12），从 2004 年开始，每只出栏羊的总价值、饲养成本和净利润都明显上升，到了 2013 年，每只羊的销售价平均超过 1100 元，比 2012 年上升 25%，虽然饲料成本上升，每只羊的利润仍然超过 350 元（图 1-1-13）。

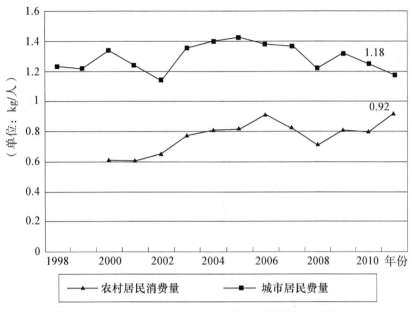

图 1-1-10 1998—2010 年城市居民和农村居民羊肉消费量

（资料来源：中国统计年鉴 2012）

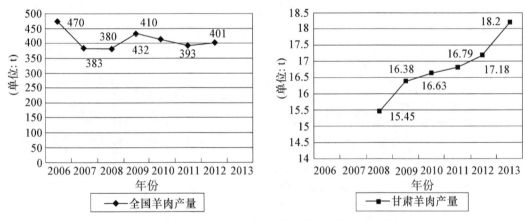

图 1-1-11 2006—2013 年中国与甘肃省羊肉产量变化

（资料来源：畜牧业统计年鉴、智研数据中心）

统计数据表明（图 1-1-14），甘肃肉牛、肉羊饲养量连续 6 年以 5% 的速度上升，到 2013 年，牛的存栏量达到 510 万头，羊存栏量达到 2 045 万只。以 2013 年的增加幅度最高，2012 年甘肃牛、羊出栏量分别增长 1.8%、2.3%，略低于往年，说明甘肃省的牛羊产业数量扩张明显。与全国相比，甘肃现代草食畜牧业发展速度明显加快，基础明显夯实，产业品质明显提高，今后几年甘肃牛羊产业将出现跳跃式发展。

（三）国内外草地农业与草食畜牧业科技发展趋势

畜牧业科技涵盖了品种培育、种畜繁殖、高效养殖、饲料加工、疾病诊断、疫苗和药物开发、产品加工储藏等诸多科学技术，领域很宽，延伸范围广。国内外畜牧业发展的实

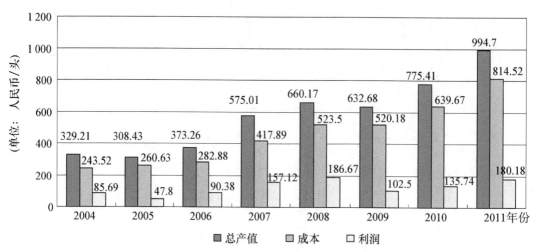

图 1-1-12 2004—2011 年中国每只羊平均产值、成本、利润变化

（资料来源：中国统计年鉴）

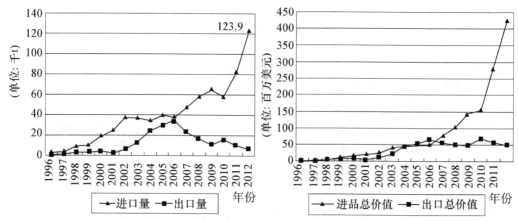

图 1-1-13 1996—2012 年中国羊肉进出口情况

（资料来源：中国进出口统计年鉴）

践证明，每一项最先进的技术发明或创新在产业中成功应用，都对产业跨越式发展起到引领和推动作用。优良畜禽新品种的培育成功，提升了个体生产能力，对提高畜禽产品产量发挥了重要作用；以人工授精和胚胎移植为代表的现代动物繁殖技术，大大提高了优良种畜禽的繁殖速度，也有效降低了成本；动物疫苗技术成熟及大规模应用，成功消灭了部分人畜传染病，大大减少了畜牧业的经济损失；配方饲料和饲料添加剂的出现和发展，使动物的遗传潜能得到最大限度地发挥，大大节省了粮食；分子育种技术、基因工程技术、动物克隆技术和重组疫苗技术等高新技术在畜牧业中得到推广应用，必将为畜牧业可持续发展作出更大贡献。

近年来，畜牧业科技创新取得一系列突破性成果。针对主要畜禽品种资源遗传特性、产品品质和生产性能等典型复杂经济性状的形成和调控分子遗传机理，以及多基因聚合和基因转移操作技术等方面筛选获得了一系列分子遗传标记，鉴定了一批与重要经济性状相

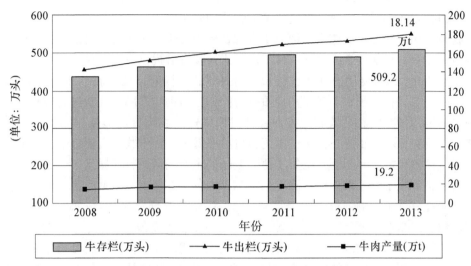

图 1-1-14　2008—2013 年甘肃省牛存栏、出栏、产肉量
（资料来源：甘肃省统计年鉴）

关的功能基因，为开展畜禽品种选育工作打下了良好基础。选育了一批具有较高生产应用价值的畜禽牧草新品种（配套系）。初步建立了我国牛羊幼畜超排技术体系，繁殖率相当于自然繁殖的 60 倍，可以使繁育成本下降 60%。全面开展主要饲料营养价值评定，逐步完善了中国饲料数据库，制定和修订了猪、肉鸡、蛋鸡、肉鸭、奶牛、肉牛和肉羊等饲养标准，赖氨酸、维生素 A 等饲料添加剂产业化生产技术取得重大突破。此外，畜牧业生产工艺与配套设施取得跨越式进展，饲料加工关键设备大型化、成套化生产实现较大突破，成功开发了畜禽舍环境质量控制、清洁养殖以及畜禽养殖废弃物处理方面的系列成套工艺与设备；集成组装了人工草地高效放牧利用、草畜平衡优化管理、羔羊当年育肥出栏、绒山羊光控增绒和牧草青贮等高效草原畜牧业生产配套技术模式，促进了草原畜牧业转型升级。

畜牧业是农业和农村经济的重要组成部分，草食畜牧业是畜牧业的关键组成要素，关系到粮食安全、食品安全、生态安全、节能减排、劳动力就业、国际贸易等国家经济政治的各个方面，是引领中国农业实现现代化和可持续发展的基础性和战略性产业。畜牧科技在草食畜牧业的发展中发挥着关键作用。随着现代科学技术突飞猛进的发展，草食畜牧业科技也在积极跟进。主要体现在以下几个方面。

在畜禽遗传资源挖掘、新品种培育和改良、畜禽繁育技术方面，随着分子生物学技术的发展，动物遗传育种开始走入了以群体遗传学和数量遗传学理论为指导的分子育种水平，它试图利用分子生物学的技术对家畜育种进行探测和改良。现代分子育种技术可以概括为 3 个方面：一是能够实现分子标记辅助选择的分子遗传标记技术；二是通过基因转移技术将经过处理的供体基因转到受体基因组的转基因育种技术；三是利用计算机进行数据整理并对后期的育种工作进行设计。随着遗传标记的发展及其高通量的基因分型技术，使得从基因组水平估计育种值成为可能，即基因组选择。基因组选择技术已在中国奶牛育种中得到应用，可以大幅度缩短世代间隔，降低育种成本。基因组选择技术在猪、鸡和肉牛育种改良方面的应用还处在起步阶段，但正加快引用速度，将逐渐成为育种常规技术。目前的转基因技术还不是很成熟，加之转基因食品的安全问题等，使得转基因技术主要作为一种生物技术用于研究，而作为一种分子育种技术尚处于探索阶段。目前国家已经实施了转基因重大项目，相信这会为分子育种工作的进一步发展提供有利条件。分子育种与传统的育种工作相比，缩短了育种年限，加快了育种进程，同时，还克服了环境因素、性别、年龄的影响，可以在分子水平对遗传物质进行操作，对动物不同的性状进行选择。

在饲料资源的开发和高效利用方面，针对中国饲料谷物资源短缺，能量饲料供应不足；蛋白质饲料原料严重匮乏，蛋白质饲料自给率低下；优质牧草资源有限，草原牧草还难以满足牧区养殖需要等问题，采集了覆盖全国的主要饲料原料场样品，全面测定了其常规养分含量，建立了参考系标样。测定了青稞、木薯、红薯干等新型非常规饲料原料的养分含量。研究发现了影响饲料有效养分含量的关键化学组分及其组合效应，建立了玉米、玉米蛋白粉、玉米胚芽粕、玉米 DDGS、豆粕、小麦、小麦麸、次粉、葵花粕、花生粕、菜籽粕、棉籽粕和米糠的基于化学分析值的消化能、代谢能和标准回肠可消化氨基酸的数学估测方程，为猪配合饲料的实时测料配方奠定了基础。研究建立了仿生酶法测定主要猪饲料原料、配合饲料消化能和代谢能的技术体系。研究日粮淀粉组成（主要是指直链淀粉与支链淀粉的比例）、纤维水平对养分利用率的影响，从而探讨了日粮总纤维、可溶性纤维、不溶性纤维的表观消化率与有效能的相关关系。为"饲料资源高效利用大数据平台"的建设和应用，为实施实时测料配方奠定了坚实的基础。

在饲料抗生素促生长剂问题的解决方面，研究抗菌肽的杀菌机制与在改善动物免疫功能和肠上皮功能中的作用及其机理，探索了乳酸杆菌调节新生动物肠道优势菌群形成的作用，乳酸菌对新生和断奶动物免疫功能和肠道屏障功能的机制及其对肠道营养物质代谢的调控。开发一系列微生物制剂、植物提取物和抗菌肽等潜在饲用抗生素替代产品，并研究了其配套使用技术。

在解决畜牧业的环境污染方面，通过沼气制取、有机肥生产等废弃物综合利用的措施处理畜禽粪污，采取种植和养殖相结合的方式充分利用畜禽养殖废弃物，促进畜禽粪便、污水等废弃物就地就近利用，减轻畜禽排泄物对环境的污染。

二、甘肃省草地农业与草食畜牧业科技发展现状与问题

（一）甘肃省草地农业与草食畜牧业概况

甘肃省天然草地资源十分丰富，全省有天然草地 1 790.42 万 hm^2，其中，可利用面积 1 607.16 万 hm^2。天然草地面积占国土面积的 39.4%，占全国草地面积的 4.56%。草地面积仅次于新疆维吾尔自治区（以下简称新疆）、内蒙古自治区（以下简称内蒙古）、青海、西藏自治区（以下简称西藏）、四川等省区，居全国第六位。天然草地主要分布在甘南高原、祁连山地及省境北部的荒漠、半荒漠沿线一带。这里不仅是全省少数民族聚居地区，也是甘肃的传统畜牧业生产基地。2013 年全省累计种草保留面积 282.87 万 hm^2，其中，人工种草 159.2 万 hm^2，改良种草 122.47 万 hm^2，飞播牧草 1.2 万 hm^2。农作物秸秆等饲草料资源量超过 2 000 万 t。发展草食畜牧业具有较为坚实的饲草资源基础。

甘肃省地域辽阔，自然环境多种多样，经过长期的自然选择和人工选择，形成了各具特色的食草家畜种质资源，如位居我国五大良种黄牛之首的秦川牛及遗传性状丰富的高原牦牛、天祝白牦牛、甘肃高山细毛羊和欧拉羊等。近年来，在牛羊产业大县建设项目的带

动下，通过对良种繁育体系建设的扶持，加大了早胜牛、甘南牦牛、兰州大尾羊、滩羊、陇东白绒山羊、绒山羊、藏羊等优良地方品种资源的保护力度，加快了"河西肉牛""陇东肉牛"和"中部肉羊"新品种选育的步伐。从澳大利亚进口肉用西门塔尔种牛，安格斯种牛、海福特丰富了种牛群；培育高山型美利奴羊新类群，引进陶赛特羊、萨福克羊、特克塞尔羊、澳洲白等肉羊品种，初步建立了肉羊杂交生产体系，更加丰富了遗传资源。这些优良品种和特色品种为甘肃草地畜牧业发展提供了坚实的遗传资源基础。

（二）甘肃省"十二五"期间草地农业与草食畜牧业科技发展成效

1. 草产业发展取得新突破

2013 年全省人工种草面积达 159.2 万 hm²，其中，多年生牧草留床面积 135.2 万 hm²，苜蓿留床面积 65 万 hm²，已形成自产自用型、生态功能型、商品生产型等 3 类饲草种植加工业。草产品加工企业发展到 70 多家，草产品加工能力 160 多万 t，标准化苜蓿商品草生产基地 4 万 hm²。全省以河西永昌为核心的优质高档苜蓿草捆、中部以会宁为核心的草粉草颗粒、以安定区为核心的苜蓿全株玉米裹包青贮草等专业化基地格局基本形成，产品销往全国各地，市场占有量达 80%左右，有力地支撑了甘肃省乃至全国奶业和草食畜牧业的发展。

2. 草原建设成效显著

一是全面落实国家草原生态保护补奖政策。甘肃省自 2011 年以来划定基本草原面积 1 780 万 hm²，落实草原承包面积 1 600 万 hm²，实施禁牧草原面积 667 万 hm²，草畜平衡 940 万 hm²，累计完成减畜 225 万个羊单位，核实牧草良种补贴面积 96 万 hm²，人工种草更新改造 30.8 万 hm²，兑现到户补助奖励资金 34 亿元。二是稳步推进退牧还草工程建设。甘肃省从 2003 年起落实国家实施的退牧还草工程，在全省 23 个县（市、场）累计完成退牧还草围栏建设任务 702 万 hm²，其中禁牧 245 万 hm²、休牧 430 万 hm²、划区轮牧 27 万 hm²；完成补播改良草地 176 万 hm²，建设人工饲草地 1.93 万 hm²，舍饲棚圈 9 000 户。有效地改善了牧区基础设施条件，为草原牧区畜牧业转型发展提供了重要的物质保障。

3. 牛、羊产业发展增速明显

牛羊生产发展总体保持健康快速稳定发展，推进产业转型升级、提质增效。规模化、标准化、产业化、组织化程度大幅提高，综合生产能力显著增强，初步实现以草食畜牧业为主体的牧业强省建设目标。2015 年，全省草食畜牧业增加值达到 195 亿元；全省牛饲养量、存栏、出栏分别达到 716.4 万头、525 万头和 191.4 万头，比 2012 年增长 8.3%、7.4%、10.9%；羊饲养量、存栏、出栏分别达到 3 402.4 万只、2 136.7 万只和 1 265.7 万只，比 2012 年增长 12.7%、10.6%和 16.4%；牛肉、羊肉和奶类增长率分别以 4.5%、6.8%和 6%的速度递增，2015 年牛肉、羊肉和奶类产量分别达到 20.5 万 t、21 万 t 和 58 万 t，牛羊肉比重提高到 52%以上。肉牛、肉羊良种化程度达到 75%以上，牛羊出栏率分别由现在的 35%和 56%提高到 40%和 75%。

4. 产业化程度提升

草食畜牧业产业化水平全面提高，全省各种形式的畜牧产业化组织达到 150 家，直接带动 2 000 个规模养殖场，10 万户规模养殖户。规模生产的畜产品产量占全省羊肉总量的 50%以上。

5. 综合效益明显

牛羊肉精深加工量超过加工总量的 20%，农民人均养殖牛羊纯收入 800 元以上。牛羊产业的提升带动相关产业的发展，不仅直接或间接为 300 万人创造就业机会，而且带动农村产业结构调整，推动草畜业实现良性循环和可持续发展。

6. 甘肃省草地农业与草食畜牧业科技需求态势及支撑作用评述

全国基础母牛存栏量持续下降，肉牛养殖向西部转移明显。全国肉羊存栏量略有上升，出栏率，生产水平提高，农区牛羊规模养殖发展速度加快，产业化水平不断提高。甘肃省牛羊存栏、出栏量、产肉量持续增加，成为全国天然优质牛羊肉，特别是优质牛肉的重要生产地。

甘肃省牛羊饲养量、存栏量连续 6 年以 6% 的速度上升，特别是羊的饲养量上升速度更快。对比 2012 年出栏量，牛羊产业明显处在数量扩张阶段，肉羊饲养量扩张更加明显。可以预计今后 2~3 年全省的牛羊出栏量、产肉量将有一个跨越式提升。与全国相比，甘肃省现代草食畜牧业发展速度明显加快，生产水平、产业品质提高。

牛羊肉消费市场进一步分化、消费升级明显，牛羊产业价值链继续细化。我国城镇高收入人群牛羊肉消费显著提高，对优质牛羊肉需求量持续上升，农村居民羊肉消费量持续增加。从 2010 年至今，羊肉价格每年平均提高 11%，牛肉价格提高 27%。牛羊肉消费市场的进一步发育和深度分化，需要草食畜牧业全产业链开发，提高产业效率和品质。

饲料价格上升，特别是玉米、豆粕等能量、蛋白饲料价格上升更快。与 2010 年相比，饲养成本上升 30%。农区舍饲牛羊养殖成为我国牛羊产业的主体，秸秆利用和饲料化成为草食畜牧业可持续发展的基础。秸秆的饲料化，品质化技术需要突破。牛羊良种配套高效繁育技术的应用集成是发展现代草食畜牧业的关键。

（三）甘肃省草地农业与草食畜牧业科技发展面临的挑战

1. 天然草地生产水平低，区域差异较大

甘肃省现有可利用草地面积 1 604.00 万 hm^2，理论载畜量 1 384 万只羊单位，实际承载能力仅为 1.16hm^2 可养一个羊单位，不足新西兰 10~15 只羊/hm^2 或 3 头奶羊/hm^2 的 1/10，草地生产力水平在全国居中下等水平，而且省内不同区域间天然草地生产能力差异较大。甘南、陇南、武威等地的天然草地生产力水平较高，饲养 1 个羊单位家畜所需天然草地分别为 0.73hm^2、0.75hm^2、0.42hm^2；兰州、金昌、白银、酒泉、临夏等地天然草地生产力水平较低，饲养 1 个羊单位家畜所需天然草地分别为 2.03hm^2、2.03hm^2、2.49hm^2、2.53hm^2、2.43hm^2。

2. 天然草原利用过度，草地退化严重

由于气候干旱、过度放牧，造成严重的草地退化。目前，全省草场退化面积 71 300 km^2，并且每年以 10 万 hm^2 的速度递增，其中，重度草原退化面积 22 300km^2，中度退化面积 19 700km^2，轻度退化面积 29 300km^2。由于气候干旱少雨，沙暴频繁，蒸发量较大，鼠害猖獗，加之人为过度放牧，使原本十分脆弱的草地生态植被遭到破坏，草原区基质松散、质地较粗的地段形成干旱贫瘠的沙地，一些优质牧草因沙漠东移而被埋没。甘南高寒草甸地区则表现为"黑土滩"型退化；陇东和祁连山区的部分草地植被稀疏、毒草滋生、水土流失严重；河西走廊荒漠植被破坏、土地沙漠化、盐碱化严重。草原退化不仅阻碍了畜牧业的发展，而且造成生态环境的急剧恶化，影响国民经济的发展和人民生活质量的提高。

3. 草地生态人为破坏严重

由于长期对草原资源的掠夺式经营,加之草原保护投资及措施不力,致使甘肃半农半牧区、中部干旱地区、高寒阴湿地区开垦毁草面积约 14.45 万 hm^2。河西荒漠草原区樵采破坏严重,每年因挖灌木破坏草场在 6 万 hm^2 左右;以定西为代表的中部干旱地区以及高寒阴湿地区,长期以来靠铲草皮、挖草层烧山灰解决"三料"(饲料、燃料、肥料)问题,每年因挖草皮而破坏的草地就达 28.45 万 hm^2;另外,因挖药材和搂发菜而破坏的草原约有 6.67 万 hm^2。目前,随着草地保护力度的加大和人们生态环保意识的增强,对草地的破坏程度虽有所减轻,但由此造成的损失在一个相当长的时期内很难弥补。

4. 独特畜种资源面临生存威胁

河曲马、藏羊、蕨麻猪、山丹马和白牦牛等都是适应一定草地特殊环境的独特畜种资源,高寒草地是唯一的高寒生物种质资源库,从基因、细胞、个体或生态系统各个层次,均能为人类提供有价值的野生、家养生物种质和遗传基因材料。由于滥捕乱杀和滥采乱伐以及草地的不合理利用,优良牧草减少,毒草增加,这些特有畜种的生存面临很大的威胁。

5. 家畜品种退化,个体生产力降低

在长期传统游牧经营方式下,对草地缺乏有效的保护和管理,片面追求牲畜存栏数,超载过牧现象普遍存在,导致草地退化问题严重,影响到家畜品种的退化,个体生产性能降低。据调查,20 世纪 60—70 年代牦牛平均胴体重约 105kg、藏羊胴体重约 28kg,到 80 年代牦牛平均胴体重为 96kg 左右,藏羊胴体重约 25kg,90 年代牦牛平均胴体重下降到 86kg,藏羊胴体重下降到 23kg 左右。

6. 品种老化,饲养水平低,生产能力低下

甘肃省养殖的草食畜品种老化,饲养水平不高,造成生产能力低下,牛、羊出栏率低于全国平均水平,畜禽良种化程度和个体产出水平也远远低于全国平均水平。表现在出栏率低、胴体重不高、产奶量低等方面。以奶牛单产为例,2012 年甘肃省成年母牛平均单产 3 800kg,而世界平均水平为 6 000kg,只有世界水平的 2/3,比全国平均水平低 700kg。

7. 良种繁育体系不完善、杂交体系不健全

甘肃省草食畜牧业良种繁育体系建设,虽然取得了一定的成绩,但与草食畜牧业发达地区比较、离现代草食畜牧业发展的要求还存在一定差距,主要表现为体系建设还不完善,没有形成"金字塔"形良种繁育体系,且目前存在的种畜场制种机制不完善、制种供种能力不高,从事草食动物良种繁育的人员不固定,技术人员有待提高技术水平和业务素质,地位待遇偏低,重视程度不够。

目前,甘肃省草食畜牧业发展中还没有专门化的自主知识产权的牛羊良种,畜种改良所需的种源主要依赖进口,而主管部门对草食动物良种引进缺乏计划指导和统筹安排。引进种畜的繁育利用主要以引种单位或个人自行利用为主,尚未形成有计划的草食畜牧业产业化发展的分级分层良种繁育体系和杂交改良体系。未形成有计划的多元杂交体系。

8. 饲养管理粗放

虽然在政府大力倡导下甘肃省草食畜牧业发展取得了显著的成效,建设了一批养殖小

区、规模化养殖场、家庭牧场等，但是粗放的饲养管理局面依然存在，先进实用技术的推广引用率仍然很低，主要表现为疫病防控体系不健全、从业人员科技素质低、饲草料没有配合化利用、营养调控不科学。

9. 科技投入不足

甘肃省畜牧业科研投入增长缓慢，科技投入水平低下，与发达国家相差 10 倍以上。育种投资小，服务体系不健全，科研和推广防疫的经费不足，主要养殖技术的推广力度差。

10. 龙头企业数量少、规模小，带动能力不足

甘肃省畜牧业缺乏大型的龙头企业，现有的企业生产规模较小，初级产品多，深加工产品少，产业链条短。尤其是省级以下牧业龙头企业受技术、管理、信息等多种因素的影响，规模普遍小、效益低、工艺落后、产品档次低、市场竞争力差。畜产品加工龙头企业数量少，辐射带动力则不强。

11. 牛羊饲养规模小和养殖集约化程度低

农区畜牧业生产仍然以农户分散饲养为主，规模经营所占的比重仍比较小，单产水平低，经济效益不高，既难以满足市场需求，也无法确保畜产品安全，又增加了防疫工作的难度，而且现代化养殖技术的应用和推广受到限制。

12. 畜牧业基础设施建设滞后

畜牧业基础设施建设滞后，装备水平不高，动物防疫和环保设施建设不配套，动物防检疫和产品质量监测体系薄弱。牧区的水利建设几乎为空白，设施畜牧业发展才刚刚起步，牲畜暖棚、饲草料基地、畜种改良、疫病防治等基础设施建设严重滞后，畜牧业仍处于"靠天养畜"的被动境地，畜牧业抗御自然灾害的能力不强，承受的自然风险和市场风险较大。

三、甘肃省草地农业与草食畜牧业科技发展思路、目标及重点

（一）基本思路与发展目标

1. 基本思路

以科学发展观统揽全局，以加强草食畜牧业综合生产能力、推进产业结构调整和生态环境建设为契机，以国内国际两种资源两个市场为依托，以农民增收为目标，以特色化、区域化、规模化、优质化、科技化发展为方向，提高全省草食畜牧业规模化生产经营水平、适龄母畜比例、良种生产与供应能力、饲草料科学加工利用水平、畜产品加工能力和质量检测水平，全力推动草食畜牧业向现代化方向迈进，努力促进农民收入持续增长。全面实施科技兴牧战略，加快草食畜牧业经济增长方式向内涵效益型和集约化、现代化发展步伐。转变牧区、农区及半农半牧区发展方式，努力扩大饲养规模和提高出栏率。实施以优取胜战略，打造知名品牌，把市场和效益做大做优，使牛羊产业的发展步入生态、社会、经济效益兼顾的可持续发展的良性循环轨道。

2. 发展目标

草食畜牧业主要突出在"量"和"强"两字上，即通过提速、进位、提高，把优势草食畜牧产业的综合效益做强。利用 2 年打基础，3 年初见成效，初步实现以草食畜牧业为主体的牧业强省建设目标。2015 年，全省畜牧业增加值达到 295 亿元，草食畜牧业比

重达到 60% 以上（发展目标及速度详见附件 1）。2015 年发展目标如下。

（1）生产规模扩张。全省牛羊饲养量 6 829 万头只，其中，羊存栏达到 3 468 万只，出栏 2 400 万只；牛存栏 700 万头（含奶牛存栏 37 万头），出栏 261 万头。2015 年年末，全省牛出栏净增 109 万头；羊出栏净增 1 423 万只。

（2）产品产量增加。牛肉、羊肉和奶类增长率分别以 11%、15% 和 8.6% 的速度递增，2015 年牛肉、羊肉和奶类产量分别达到 29 万 t、38 万 t 和 61 万 t。肉类结构比例进一步优化，牛羊肉比重提高到 52% 以上。

（3）产出水平提高。肉牛、肉羊良种化程度达到 75% 以上，在稳定发展数量的基础上，确保牛羊出栏和产出水平大幅度提高，饲养周期普遍缩短。到 2015 年，全省牛羊出栏率分别由现在的 33.65% 和 62.10% 提高到 37% 和 89%。

（4）产业化程度提升。草食畜牧业产业化水平全面提高，全省各种形式的畜牧产业化组织达到 150 家，直接带动农户 20 万户，规模养殖场（小区）2 000 个，规模养殖户 10 万户。规模生产的畜产品产量占全省羊肉总量的 50% 以上。

（5）综合效益明显。牛羊肉精深加工量超过总产量的 20%，活牛、活羊及牛羊肉成为出口创汇的亮点，农民人均养殖牛羊收入 400 元以上。牛羊产业的提升带动相关产业的发展，不仅直接或间接为 300 万人创造就业机会，而且带动农村产业结构调整，推动草畜业实现良性循环的可持续发展。

（6）争创品牌，扩大出口。以发展产业化经营为突破口，在重点优势区域内实行规模化生产、标准化管理，主攻品种改良、产品质量分级、产品安全与卫生质量等关键环节，力争在几年内建成一批具有较强国际竞争力的龙头企业和知名品牌，扩大出口量。

（二）建设重点

1. 继续加强草食畜牧业基础设施建设

畜牧业基础设施要重点加强以下工作：一是畜牧业产前和产后的技术和信息服务体系建设，重点加强牛羊良种繁育体系、动物疫病防治体系和畜牧业信息化体系等方面的建设。二是畜产品生产基地建设，优先建设优质奶基地和畜产品出口基地。三是加快牛羊肉生产，突出奶类生产。大力发展牛羊肉生产，加快肉牛和肉羊品种改良，提高优质产品比重。突出发展奶类生产，在不断增加养殖数量的同时，加强品种的改良，建立优质奶源基地，提高整体产奶水平。

2. 加快牛羊产业生产方式转变

5 年内新建规模养殖户、标准化养殖小区和工厂化养殖企业 15 万户、2 240 个和 245 个，其中，新增肉羊规模养殖户 11.5 万户、养殖小区 1 680 个、养殖场 105 个；新增肉牛规模养殖户 3.5 万户、养殖小区 420 个、养殖场 70 个；新增奶牛养殖小区 140 个、养殖场 70 个。全省牛、羊规模化养殖比重分别达到 46%、66%。

3. 加快牛羊品种改良步伐

以牛羊饲养集中的县区为重点，在饲养黄牛 3 000 头以上、肉羊 1 万只以上的乡镇配套建设牛羊人工授精站点 1 处，每站人工授精授配黄牛 1 000 头以上、肉羊 3 000 只以上。5 年全省共建设牛冻配改良站点 2 161 个（新增 861 个、配套完善 1 300 个），冻配率由 30% 增加到 47%；建设羊常温人工授精站点 1 000 个，人工授精及良种肉羊本交授配率达到 70%；牛羊良种化程度分别达到 70% 和 75%。

4. 建立健全牛羊良种繁育体系

积极争取国家和省上立项，在有基础的酒泉、张掖、白银、定西、临夏配套新建原种肉羊场 5 个，改（扩）建肉用种羊扩繁场 10 个，每年向社会提供良种肉羊 13 000 只；在兰州、酒泉、张掖、天水等奶牛主产区，争取配套建设良种奶牛扩繁场 5 个，每年向社会提供良种奶牛 3 000 头。

5. 加大草业开发与秸秆利用力度

每年种植紫花苜蓿、红豆草、饲用玉米等优良牧草 100 万亩，其中，河西地区种植 30 万亩，其他市州种植 70 万亩。加大秸秆青贮、氨化等加工技术利用力度，使全省年秸秆加工总量达到 600 万 t，加工利用率 50% 以上，其中，15 个肉牛产业大县和 20 个肉羊产业大县加工利用率达到 60% 以上，其他地区加工利用率达到 45% 以上。

（三）主要内容

1. 甘肃省牛羊良种配套高效繁育技术

围绕甘肃省天然优质牛羊肉生产，依据甘肃省牛羊种质特性与环境匹配原则和甘肃草食畜生产体系特点，要研究和建立具有鲜明甘肃地域特点的牛羊良种配套、高效繁育体系，促进高效、优质、生态循环生产体系和牛羊产业的可持续发展。

（1）甘肃省牛羊生产体系。根据甘肃省牛羊生产的区域、畜种、饲草料资源以及社会经济发展状况，甘肃省牛羊生产体系可分为以下 3 类。

①农区专门化牛羊生产体系。

②农户舍饲混合牛羊生产体系。

③甘南、祁连山高寒草原放牧牛羊专门化生产体系。

（2）甘肃省肉羊良种配套高效繁育技术。根据甘肃省纯天然优质牛羊肉产品生产需要和草食畜生产体系特征、以高效优质为目标，以良种配套、杂交发育为技术手段，甘肃肉羊良种配套、高效繁育模式如下。

①农区专门化肉羊生产体系：高繁殖率基础母羊选育 利用小尾寒羊、湖羊与地方绵羊杂交，选育高繁殖率基础母羊。

肉羊经济杂交终端父本 特克塞尔、萨福克、陶塞特。

良种配套杂交模式 二元杂交。

生产技术 同期发情与人工授精、早期断奶、品质育肥技术。

②家庭牧场舍饲混合肉羊生产体系：

高繁殖率基础母羊 购买或利用小尾寒羊、湖羊与地方绵羊杂交生产。

肉羊经济杂交终端父本 特克塞尔、萨福克、无角陶塞特等。

肉羊配套杂交模式 二元杂交。

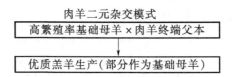

肉羊二元杂交模式

③甘南、祁连山高寒草原放牧羊专门化生产体系：

本品种选育　建立核心畜群，开展选配，品系杂交。

异地养殖育肥　充分利用牧区家畜和农区作物秸秆资源优势，开展异地养殖及品质育肥。

草畜平衡　以草定畜，保护草原。

（3）甘肃肉牛良种配套高效繁育技术。

①农区专门化肉牛生产体系：

基础母牛　河西西门塔尔杂种，陇东早胜牛及其杂种。

杂交父本　安格斯、西门塔尔、夏洛莱、利木赞、南德温、海福特等。

肉牛良种配套杂交模式　二元轮回杂交或三元轮回杂交。

二元轮回杂交生产模式

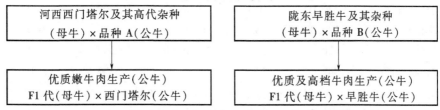

（注：品种 A 为安格斯，夏洛莱或利木赞，品种 B 为安格斯，南德温或海福特）

三元轮回杂交生产模式

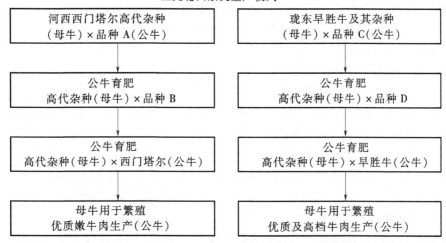

（注：品种 A 为安格斯，夏洛莱或利木赞之一，品种 B 为除已使用的 A 品种的其他 2 个品种之一，品种 C 为安格斯，南德温或海福特之一，品种 D 为除已使用的 C 品种外的其他 2 个品种之一）

②甘南、祁连山草原放牧牦牛专门化生产体系：

本品种选育　建立核心畜群，开展选配，适当杂交（野牦牛及犏牛生产），提高放牧牦牛生产性能。

冷季补饲、异地养殖与品质育肥　充分利用牧区家畜和农区作物秸秆资源优势，开展异地养殖及品质育肥。开展冷季补饲，防止掉膘，提高犊牛成活率。

草畜平衡　以草定畜，保护草原。

2. 草食畜营养与农区秸秆资源利用和饲料化技术

农区是甘肃省草畜产业的主体，秸秆的高效利用和饲料化是现代草食畜牧业高效、优质、生态和可持续发展的关键。

（1）秸秆饲料化技术。

①甘肃省秸秆资源：甘肃省秸秆饲料丰富，饲草料资源优势明显，是发展现代草食畜牧业和循环农业的坚实基础（表1-1-1）。

表1-1-1　甘肃省农作物秸秆产量（风干）　　　　　　　　　（单位：万 t；%）

秸秆种类	2008 年		2012 年		2015 年（预测）	
	产量	比重	产量	比重	产量	比重
农作物秸秆总量	1 630.00	100.00	1 900.00	100.00	2 000.00	100.00
玉米秸秆	780.00	48.00	1 100.00	58.00	1 250.00	62.50
小麦秸秆	408.00	25.00	388.00	20.00	390.00	19.50
其他农作物秸秆	442.00	27.00	412.00	22.00	360.00	18.00

注：2008 年，2012 年各类秸秆产量为调查数据；2015 年秸秆产量根据《甘肃省旱作农业新增 25 万千克粮食能力建设规划，2009—2015 年（甘改办发 2010 119》预测

秸秆饲料化技术是以提高消化率，改善营养品质为目的。使秸秆饲料为牛羊育肥提供更多净能需要，减少谷物用量，降低育肥成本，发展节粮畜牧业。

粗饲料净能（NE）＝采食量（I）×消化率（D）×利用效率（E）

②玉米秸秆饲料化技术：

全贮　玉米秸秆带穗青贮。

黄贮　玉米收获籽实后的秸秆青贮。

玉米秸秆饲料化技术要点　选择粮饲兼用玉米品种、确定种植、收获最佳时期，保证秸秆的适当粉碎长度和青贮窖填充速度，确保压实和密封。通过添加促发酵乳酸及有机盐添加，进行发酵及发酵微生态系统调控。

玉米秸秆饲料化技术标准　选择早熟、粮饲兼用玉米品种；种植密度 4 000～4 500株/亩；填充速度≤3 天；装填密度≥550kg/m³；发酵时间 21 天；青贮 pH 值 3.70～4.20、乳酸 6.00%～10.00%。

调控微生态系统的目标是控制青贮发酵可能产生异变，促进同质、厌氧乳酸发酵。

主要措施　添加青贮发酵促进素宜生贮宝（sila-max）和宜生贮康（sila-mix）。

青干草加工技术标准　甘肃优质牧草主要包括：苜蓿、燕麦。青干草保存加工的关键是最大化保存其净能、粗蛋白，降低干物质损失。甘肃农业大学草食畜技术研究团队的成

果表明，保存加工的主要技术手段是添加生物有机盐（图 1-1-15）。

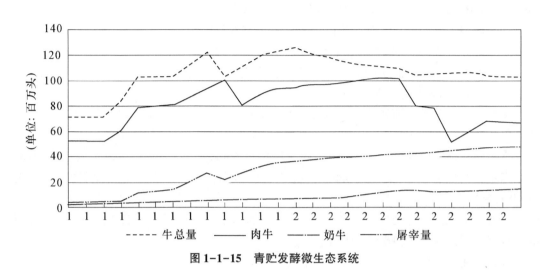

图 1-1-15　青贮发酵微生态系统

玉米秸秆青贮饲料营养指标见表 1-1-2 所示。

表 1-1-2　玉米秸秆饲料化营养指标

类别	消化率 （%）	粗蛋白 （%）	中性洗涤纤维 （%）	酸性洗涤纤维 （%）	泌乳净能 （Mcal/kg）	生长净能 （Mcal/kg）
全贮	≥75	≥8.5	≤41.00	≤22.00	≥1.30	≤1.00
黄贮	≥65	≤7.00	≤45.00	≤28.00	≥0.90	≥0.80

饲料化玉米秸秆利用效果　饲料化秸秆提供 70% 以上的牛羊生长和育肥所需能量，减少谷物用量和饲养成本（表 1-1-3）。

表 1-1-3　不同秸秆饲料育肥牛效果

秸秆饲料化利用	消化率 （%）	提供肉牛育肥能量需求 （%）	年育肥效益 （元/头）
青贮	≥60	≥70	2 000.00
风干秸秆	≤45	≤35	—

（2）维生素、矿物质添加剂饲料配置与添加技术。牛羊品质育肥的关键是高效、安全、优质。维生素、矿物质添加剂是牛羊生长发育的必需功能性营养素。在舍饲养殖条件下，添加剂的提供和配置技术尤为重要。

①添加剂饲料配置技术

矿物元素添加剂　根据不同牛羊产区矿物质含量和组成状况，定性、定量添加特定矿物质，保证牛羊健康养殖和品质育肥。

维生素添加剂 反刍家畜能够合成大多数的维生素，但是，维生素 A、维生素 E、维生素 D 等必须要通过添加提供，才能保证其生理需求。

②添加剂提供的方式：营养添砖、专用添加剂混料。

3. 牛羊精准管理和品质育肥技术

甘肃省牛羊肉产品品质特征是"纯天然、优质"。

（1）甘肃牛肉（地域品牌）。

①牛肉品质分类：河西天然优质嫩牛肉；陇东天然优质肥牛肉；纯天然、优质、牧养牦牛肉。

②生产指标：河西肉牛日增重 1.3kg，出栏重 650kg，出栏年龄 24 月，屠宰率 60%；陇东肉牛日增重 1.0kg，出栏重 550kg，出栏年龄 24 月龄，屠宰率 58%；甘南牦牛出栏年龄 48 月龄以内。

河西、陇东肉牛育肥技术 全过程、阶段式品质育肥、牛羊全价日粮最低成本、最佳效益数字化配方和牛羊精准管理技术。

③甘南牦牛生产技术：冬春季补饲，专门化生产。

（2）甘肃羊肉。

①羊肉品质分类：优质羔羊肉；优质肥羊肉；纯天然、牧养肥羊肉。

②生产指标：天然优质羔羊肉，以农区舍饲，杂交繁育，集中育肥为生产方式，羔羊育肥日增重 200g，育肥期 6~8 月龄，出栏体重 40~50kg，屠宰率 55%。

天然优质肥羊肉 以农户舍饲，杂交繁育，零散育肥，集中销售为生产方式，肉羊日增重 150g，育肥期 12 月龄以上，出栏重 50~60kg，屠宰率 53%。

纯天然、牧养肥羊肉，以放牧为主，集中繁殖、冬春补饲为主要生产方式，日增重 100g，出栏体重 50~60kg，屠宰率 53%。

4. 健康养殖、动物福利技术

现代草食畜牧业的健康发展要有有效的防疫体系作为保障，产品的安全和优质必须采用健康养殖和动物福利技术。

（1）防疫体系及技术保障体系。主要传染病普查登记、预警体系；疫苗研发、生产、保存、销毁管理体系；疫苗配送和冷链体系、冷链系统实时监测体系；防疫效价监测和补防体系；机构和能力建设体系。

（2）牛羊健康养殖、动物福利技术。设施标准和规范化；环境控制与动物福利；疾病防治和健康养殖。

5. 甘肃省天然优质牛羊肉产品标识与品牌化

甘肃省天然优质牛羊肉是由特定生产体系和规范饲养规程保证的，其牛，羊肉产品应该具有鲜明地域特征和品质特点，要通过产地、营养和种质评价技术需行产品的标识，以促进甘肃省天然优质牛羊肉地域品牌和产品品牌的形成、固化和提升。促进牛羊产业规范化、品牌化的发展。

（1）产品标识技术。牛羊肉生产体系标识；牛羊肉营养品质标识（脂肪酸、氨基酸）；肉牛种质标识。

（2）甘肃省牛羊肉的品牌化策略。甘肃省"天然、优质牛羊肉"就是甘肃省草食畜牧业的地域品牌，要贯穿于甘肃省牛羊产业的全产业链开发过程中去，使甘肃省牛羊肉的地域品牌成为企业产品品牌的提升"电梯"。甘肃省牛羊肉的地域品牌的品质决定了产品品牌的市场声誉和消费者对产品品牌的信任度、忠诚度，要坚持宣传，不断完善，大力弘扬，使之成为展示甘肃省现代草食畜牧业软实力的载体。

（四）区域布局

1. 在全省范围内把草食畜牧业作为战略性主导产业来培育，分区域推进

（1）农区及农牧交错区。重点要充分发挥退耕还草、荒山种草、耕地种草、农作物秸秆和劳动力资源丰富的优势，推动整村、整乡种草养畜，实现草畜就地转化，积极发展节粮型畜牧业，提高养殖数量和规模化、集约化饲养水平，在"量"字上做文章。通过小额信贷、财政贴息等方式，引导有条件的地方发展养殖小区。要加快舍饲圈养，稳定增加存栏，通过冻配改良、胚胎移植等措施，提高良种率，配套育肥技术，增加出栏，提高质量和综合生产水平，建立健全肉牛、奶牛、肉羊良种繁育体系和产加销一体化的经营体系。

（2）牧区。重点要加快推行退牧还草、围栏放牧、轮牧休牧等生产方式，搞好饲草料地建设，加强草原保护力度，提高草场产出水平；推进牧区舍饲养殖，加快暖棚建设，优化畜群结构，加强畜种改良与培育，扩大优良种群的数量，加快畜群周转，推进牧区繁育、农区育肥的生产模式，减轻草原过牧压力，促进草原畜牧业可持续发展。

（3）城市郊区。重点要以奶牛产业为主体，构建城郊畜牧业发展基本框架。奶牛产业，70%以上的要集中在社会经济条件优越、人口密集、对奶产品需求量大的城市郊区，采取"奶牛下乡，鲜奶进城"的办法，在城郊产粮区和青粗饲料资源丰富的远郊地区建立奶源基地，以鲜奶就近供应市场或生产干奶制品。要增加高产牛群比重，提高整体产出水平和奶源质量。

2. 要率先在重点区域把草食畜牧业作为区域性优势产业来突破，加快优势产业带建设

（1）肉羊产业。以中部、河西和甘南牧区为重点，实行集中连片开发，辐射带动全省各地。全省建成年存栏 100 万只、出栏 50 万~100 万只以上的肉羊产业强县区 10 个（金塔、民勤、凉州、永昌、甘州、会宁、肃州、环县、景泰、山丹）；年存栏 50 万只、出栏 30 万~50 万只以上的肉羊产业大县 10 个（夏河、肃南、天祝、玛曲、瓜州、东乡、碌曲、靖远、玉门、古浪）。20 个肉羊产业基地县 2012 年出栏肉羊 1 382 万只，占全省出栏总量的 60% 以上；其他县出栏肉羊 918 万只。

（2）肉牛产业。以陇东、河西、临夏、甘南为重点，在做好秦川牛、早胜牛、天祝白牦牛等优良地方品种（类群）保种的基础上，在农区建设年存栏 10 万头以上、出栏 5 万头以上的肉牛产业大县 15 个（凉州、甘州、肃州、灵台、崆峒、宁县、泾川、镇原、岷县、张家川、临泽、华亭、礼县、清水、武都）。15 个肉牛产业大县 2012 年出栏肉牛 113 万头，占全省出栏总量的 47%；其他县出栏肉牛 127 万头。甘南牧区建成年存栏牦牛 100 万头、出栏 30 万头的无公害肉牛生产基地。两类基地年出栏肉牛 105 万头，占全省出栏总量的 45% 左右。

（3）奶产业。奶牛产业带、牦牛产业带建设齐抓。发展年饲养 6 000 头以上的奶牛养殖重点县区 10 个（肃州、甘州、临泽、七里河、红古、临洮、临夏县、西峰区、崆峒、合水），奶牛饲养量 15.5 万头，占全省总饲养量的 65%，产奶量占全省 70% 以上；每县建设奶牛养殖小区 20 个，70% 以上的奶牛实行集中饲养。采取引进和繁育结合，自然繁殖和胚胎移植结合的方式，扩大群体规模，提高产出水平，基地县成年母牛泌乳期个体产量突破 5 000kg。牦牛产业带，以甘南藏族自治州为开发重点，通过对牦牛的提纯复壮、科学饲养和发展犏雌牛，不断提高牦牛产奶水平。

四、甘肃省草地农业与草食畜牧业科技创新体系建设与保障措施

（一）草食畜牧业科技创新团队及产业联盟建设

以甘肃省农牧业科研最高机构甘肃省农业科学院为牵头组织单位，面向省内外、国际聚集草食畜牧业优秀科技人才，建立开放有序的甘肃省草食畜牧业科技创新团队。团队的组成，是以集聚优秀人才为基础的，特别是要吸引国内、国际上优秀科技人才加入创新团队，因此，要建立吸引优秀人才的平台，向省外公开招聘研究骨干。科技创新团队成员由团队负责人自主聘用。根据团队具体情况，按需设岗，包括教授岗、副教授岗、高工岗等。按岗位需求，可向国内外公开招聘优秀人才到团队开展合作研究。所有创新团队成员享有对创新团队发展方向、科技创新目标和团队管理提出建议和意见的权利，有发表不同学术意见，开展学术批评的权利。涉及创新团队的科研方向、目标、任务以及创新团队的重大决定和措施，要向创新团队成员公开，并鼓励创新团队成员积极参与重大事项的基层过程。获得资助的研究群体，纳入相关人才计划支持范畴，在职务评聘、人才引进等方面给予相应政策支持。对团队成员不能履行职责的或不能按质按量完成科研任务的，团队负责人有权解除与其聘任协议。

在科研方面，要与国内外一流科研单位和科学家广泛建立联系和合作。聘请国内外专家组成学术顾问委员会，对创新团队的研究方向、科研工作和学术成就提出意见和建议；开展联合研究课题、共建团队科研平台、学术研讨和交流、考察访问等科学活动，每年择优选派当年支持的创新团队成员赴国内外高水平大学访学；团队在资助期内至少应组织一次相关专业领域有一定规模和影响的国内或国际学术会议。

由科研院所、高校和畜牧业主管机构牵头，网络草食畜牧业生产企业、饲草料生产企业、畜产品加工企业、贸易机构、社会团体等结成互相协作和资源整合的合作模式，开展技术攻关，突破产业发展的核心关键技术，尤其是共性关键技术；搭专业平台，有效整合并共享行业资源，促进成员间的互助、支持与合作，开发高品质、安全、无抗和健康畜产品，为实现联盟各成员共同推动行业健康发展创造条件，为更多消费者提供优质健康的畜产品；搭建服务平台，弘扬"时尚、绿色、优质、安全、环保"的时代发展健康理念，倡导无抗和健康养殖，推动优质、安全畜产品基地建设，带动全省草食畜牧业健康发展；搭建发展平台，倡导科学生产，传播先进管理方式，提高联盟成员生产管理水平；开展生产指导、技术培训等活动，切实提高联盟成员的生产技术水平；组织成员单位开展相关技术标准制定，推动知识产权共享；组织开展先进技术的示范应用，合作开拓国内外市场；组织开展对外技术合作和交流。

（二）依靠科技进步，提高草地生产力水平

草地畜牧业的发展不可能凭借扩大牲畜头数去提高收益，只能通过提高草地畜牧业管理水平和大量推广应用草畜先进实用技术，才可能实现草地畜牧业的可持续发展。提高草地畜牧业管理水平，主要包括有计划地扩大草地建设和保护面积，积极建设高产人工草地和饲草饲料基地，开展围栏草地划区轮牧，调整畜种畜群结构，推广季节畜牧业和异地育

肥。推广应用先进实用技术，主要是牧草栽培和家畜改良以及优良品种的引进，尤其要重视家畜个体生产性能的提高。

（三）利用现代科学技术手段，开展草原生态环境动态监测

草原资源与生态监测工作是全面获取草原保护状况与保护措施成效，核准草原实际承载状况，获取轮牧、休牧、禁牧制度实施状况与效果的有效手段，其监测结果是核定草原合理载畜量和开展草畜平衡工作的重要依据，也是开展轮牧、休牧、禁牧决策的重要依据。草原资源合理永续利用与农牧民生产、生活息息相关。草原资源与生态监测结果是合理安排农牧生产布局、进行产业结构调整的重要依据，对实现草原生态与经济双重利益，提高畜牧业效益和农牧民收入，实现全面、协调和可持续发展具有重要意义。

（四）控制牲畜头数，提高经营管理水平

为了有效地控制草地退化，要坚决控制非繁殖性牲畜的存栏头数，有效地抑制草地严重超载的势头。把以提高生产母畜比例，提高仔畜繁活率和降低成畜死亡率为中心内容的饲养管理水平的提高，建立在人工草地和划区轮牧基础上的饲草常年均衡供应，以当年羔羊育肥出栏为中心的季节性畜牧业的发展和优化畜种畜群结构作为提高畜牧业经营管理水平的主攻方向，通过试验示范进行普及推广。

（五）提高家畜生产转化效率，大力推行草地畜牧业的集约化生产经营方式

草地畜牧业的集约化生产经营方式，是在草地畜牧业生产流程的关键环节采用先进的技术手段和科学的管理方式，转变经营机制，实现草地畜牧业生产和经营的变革。集约化生产经营中，紧紧抓住家畜生产对能量转换效率不高的矛盾，完善良种繁育推广体系，充分发挥品种改良站和人工授精站的作用，加大畜种的引进和改良，发挥杂交优势，使家畜个体生产性能和群体生产能力的提高有明显突破。

（六）加强草食畜牧业基础设施建设力度

积极争取项目和资金，加强种牛场、种羊场、胚胎移植站、人工授精站等建设，健全牛羊良种繁育体系；加强动物疫病防治体系、畜牧产品质量安全检测体系和畜牧业信息化体系等方面的建设；加强各类畜产品基地建设；加强草原基础设施建设，为草食畜牧业的发展提供良好的基础条件。

（七）加大秸秆利用率和人工种草力度

在农区推广玉米秸秆青贮、麦草氨化、草粉发酵等技术，提高秸秆资源加工转化利用率。同时，继续加强人工草地建设，种植紫花苜蓿、红豆草、饲用玉米等优良牧草。

（八）加大对科技的投入，提高服务水平

依托项目和专项资金，加大对牛羊育种、品种改良、高效饲养技术、配方饲料研究等的投入，充分发挥省内农牧大专院校、农牧科研院校的科技优势，积极开展畜牧、兽医、草原建设等方面的科学研究及攻关，解决草食畜牧业发展方面的技术"瓶颈"。稳定畜牧科技队伍，为他们搞好科技推广创造有利条件；加强各级服务组织和重点服务设施的建设，建立较为完善的生产销售、科技推广、信息反馈相配套的社会化服务体系。

（九）加大政策扶持力度，努力创造良好的发展环境

按照"产品有市场、龙头有基地、基地有资源、资源有潜力、科技有支撑"的要求，综合运用资金、项目、技术、土地、劳动力等生产要素促进和提升规模经营水平。一是要充分利用财政资金，有效利用银行信贷资金，鼓励加工企业兴办养殖小区或与规模养殖

户、养殖小区（场）签订生产协议；积极引导企业吸纳社会资金和个人资金发展规模经营，创建高效、绿色、守信的产业链。同时，要鼓励有条件的养殖大户、养殖小区向规范化养殖场方向发展。二是要进一步落实中央和省上农民增收草食畜牧业增收行动的政策措施，制定村镇规模经营建设规划，努力把养殖小区建设用地纳入土地利用总体规划，同时，要积极引导农民利用荒山、荒地和未利用土地发展规模养殖。三是要将养殖小区和养殖场粪便污水无害化处理设施建设纳入城市环保建设扶持范围，落实国家相关优惠政策，支持和引导养殖小区和企业投资建设粪便污水集中处理设施，积极发展清洁能源；四是要充分发挥畜牧养殖农民合作组织的协调、沟通能力，规范和组织标准化的规模生产经营模式，努力提高规模经营者的话语权和市场支配权，促进规模养殖的稳定健康发展。

（十） 加快科技推广应用，努力转变增长方式

充分发挥省内农牧大专院校、科研院所的科技优势，积极开展畜牧、兽医、草原建设等方面的科学研究及攻关破题，解决草畜业发展方面的技术"瓶颈"；加快科研成果转化步伐，在奶（肉）牛和肉羊生产、加工、销售全过程有针对性地重点推广一批降本增效技术；加快实用性专业技术人才和管理人才的培养，建立多渠道、多层次、多形式的农牧民技术培训体系，不断提高畜牧技术人员和农牧民整体素质。积极探索新形势下做好服务体系建设和技术推广工作的新思路、新方式、新措施。一是大力推广肉牛人工授精、细管冻精配种和肉牛三元杂交改良、易地育肥、舍饲育肥和优质牧草养牛及牛肉加工等项目实用技术。二是采取滩羊、藏羊等地方品种自繁自育和引进专门化肉用品种杂交改良相结合的方式，通过推广人工授精、短期育肥等新技术，加快周转，提高出栏，提高单产。三是加强奶牛选配选育，良种良养，规模养殖场奶牛个体产量突破 5 000kg。四是注重配套建设养殖小区的防疫、消毒、隔离和无害化处理等设施，指导养殖小区和养殖场制定严格的动物防疫制度，把防疫要求贯穿到养殖生产的各个环节，提高疫病的控制和预防能力。

（十一） 形成草食畜牧业的区域产业集群

以发展养牛业为重点，把龙头企业、养殖小区、专业村、规模户、养殖场建设作为重点，把草食畜养殖小区（场）与新农村建设、畜牧业结构调整和畜产品区域布局规划紧密结合起来，统一规划、标准化建设、规范化管理，真正实现专业化生产和规模化经营。

（十二） 建立新型草食畜产品市场流通体系

牢固树立抓生产先抓流通，抓流通先抓市场，依靠市场促进生产发展的思想，大力培育和开拓草食畜产品市场。特别要规划和建设好县（区）草食畜产品市场、乡（镇）畜禽产品初级交易市场、畜产品专业市场，大力发展各种运销实体和贩运大户，鼓励农民发展各种形式的购销服务组织。

（十三） 培育一批公司化的经营组织

按照"大规模、大带动；新技术、新产品、新机制；多种成分、多种经济组织并存"的要求，集中人力、物力、财力，高起点地抓好饲草料加工和畜产品加工龙头企业的建设，使之形成经营机制新、技术水平高、规模效益好、市场覆盖面广、带动能力强的经济组织。

（十四） 开发一批草畜产业著名品牌

围绕"东乡羊肉""靖远羊羔肉""首曲牛羊肉""陇东红牛""陇东山羊"等名牌产品，充分发挥龙头企业的辐射带动作用，坚持建一个企业、创一个品牌、开发一个系列，实行由粗到精、由主产品到副产品、从正品到下脚料的深度加工和综合利用。

第二章　甘肃省草食畜牧业绿色发展报告

一、导言

绿色草食畜牧业的含义是以生产绿色草食畜产品，特别是牛羊产品的牧事活动。绿色草食畜牧业生产活动必须满足绿色食品、绿色畜产品生产的一切要求。绿色草食畜产品的生产要求涵盖从牧场管理到餐桌消费全过程的一系列饲养环节和流通环节的控制，能够保证消费者获得安全、优质、营养的草食畜产品。绿色草食畜牧业，其实质就是绿色生产和生产绿色草食畜产品，在生产满足人们需要的畜产品时，既可以充分合理地利用畜牧资源又能够达到保护生态环境的目的，从而实现草食畜牧业与生态环境的协同友好发展。绿色草食畜牧业的宗旨应当是生产优质、安全、无公害的绿色食品和有机食品。甘肃省畜牧业在全省国民经济建设和人民生产生活中占有重要地位，其历史文化源远流长。勤劳开拓的陇原儿女在改造自然、发展生产、建设美好生活的历史传承中为发展畜牧业作出了卓越的贡献，积累了丰富的经验。在长期的生产实践中，通过自然和人工选择，曾培育出 23 个优良的畜禽地方品种，近代又新育成了 7 个培育品种；在畜牧业经营管理、畜牧资源利用、疫病防控、科学研究与技术推广等方面都取得了巨大成绩。特别是 20 世纪 80 年代改革开放以来，甘肃省在草食畜牧业商品化、现代化、规模化、标准化建设方面成绩卓著，草食畜牧业资源得到进一步优化，截至 2016 年年底，全省牛饲养量 716.4 万头，存栏 525 万头、出栏 191.4 万头；羊饲养量 3 402.4 万只，存栏 2 136.7 万只、出栏 1 265.7 万只；牛肉产量 20.5 万 t、羊肉产量 21 万 t、奶类产量 58 万 t，在肉类生产中，牛羊肉的比重上升到 52%以上。肉牛、肉羊良种化程度大幅度提升，良种化率均超过 75%，牛、羊出栏率分别提高到 40%和 75%。以牛羊为主体的草食畜牧业已成为甘肃省大农业经济的朝阳产业。随着畜牧业技术的进步和产业发展模式更新升级，甘肃省绿色草食畜牧业呈现快速发展的势头，主要表现为绿色牛羊产品数量明显增加，市场竞争力不断增强，绿色畜产品生产企业规模进一步扩大，对基地农户的牵动力大幅度增强。

二、草食畜牧业发展的特点

甘肃省是全国的六大牧区之一，也是我国重要的草食畜牧业大省之一，绿色牛羊产业是甘肃省草食畜牧业的重要组成部分，面对市场对绿色畜产品刚性需求的日益扩展，绿色草食畜牧业在甘肃省的发展前景非常广阔。随着甘肃省绿色食品产业协会在 2010 年的成立，进一步明确了绿色畜产品标准化生产规范。甘肃省牛羊产业大县结合其各自草食畜产业实际和特色，陆续制定了因地制宜的草食畜牧业绿色发展计划，把发展绿色草食畜牧业置于区域经济发展的重要地位，绿色草食畜牧业成为农牧业经济工作的重点，"打绿色牌、走草食畜路”的工作思路成为甘肃省许多地市的经济工作路径，在调整和优化畜牧产业内部结构、提高行业比较效益和资源配置效率的经济发展实践中，发展绿色草食畜牧业被作为有效途径和有力抓手，草食畜牧业的绿色发展，逐渐成为明显的区域特点和地区特色。

1. 速度较快是甘肃省草食畜牧业发展的特点之一

2016 年年底，全省牛饲养量 740.6 万头，存栏 536.68 万头、出栏 203.93 万头，与 2010 年比较，饲养量、存栏和出栏年增长分别为 15.02%、10.64% 和 26.96%；羊饲养量 3 585.5 万只，存栏 2 132.37 万只、出栏 1 453.13 万只，分别比 2010 年增长了 25.63%、17.27%、38.10%。牛肉、羊肉和奶类每年分别以 4.5%、6.8% 和 6% 的速度递增；2016 年，牛肉产量 21.32 万 t、羊肉产量 23 万 t、奶类产量 64.57 万 t，在肉类生产中，牛羊肉的比重上升到 52% 以上。肉牛、肉羊良种化程度大幅度提高，良种化率均超过 75%，牛、羊出栏率分别由 2010 年的 30% 和 51% 提高到 2016 年的 40% 和 75%。以牛羊为主体的草食畜牧业已成为甘肃省大农业经济的朝阳产业。牛羊产业发展趋势，见图 1-2-1 和图 1-2-2。

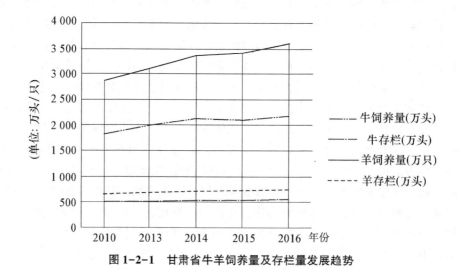

图 1-2-1　甘肃省牛羊饲养量及存栏量发展趋势

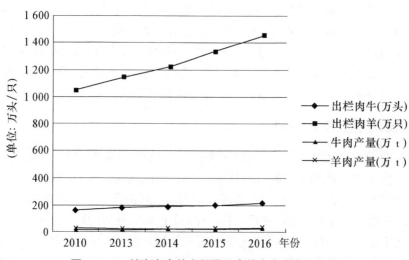

图 1-2-2　甘肃省牛羊出栏量及牛羊肉产量发展趋势

2. 形成了稳定的草食畜产品生产基地

甘肃省草食畜牧业发展历史悠久，近年来发展速度较快，归因于近年来大力投资于草食畜产品生产基地的建设，初步形成一定规模的、稳定的牛羊产品商品基地。在甘肃省各级政府和业务主管部门的积极引导和大力扶持下，各地区根据各自的畜牧业资源优势，甘肃省已经建成了 18 个肉牛产业大县、31 个肉羊产业大县，这 49 个县分别是张家川县、清水县、肃州区、甘州区、临泽县、高台县、凉州区、岷县、徽县、礼县、崆峒区、泾川县、灵台县、崇信县、宁县、康乐县、玛曲县、夏河县、永昌县、景泰县、会宁县、靖远县、肃州区、敦煌市、玉门市、金塔县、瓜州县、肃北县、阿克塞县、肃南县、山丹县、民乐县、凉州区、民勤县、古浪县、天祝县、安定区、陇西县、华池县、环县、庆城县、东乡县、广河县、临夏县、和政县、积石山县、玛曲县、夏河县、碌曲县。甘肃省确定的这 49 个牛羊产业大县形成了稳定的草食畜产品生产基地，使产业集群效应得以充分发挥，在提高地区经济的整体竞争力，带动甘肃省草食畜牧业实现跨越式发展方面有一定的影响。

3. 天然绿色牛羊产品引领甘肃省草食畜牧业的发展

就全国牛羊产业排名而论，甘肃省牛羊养殖及牛羊存栏、出栏、产品产量等都位居前列，依靠自身草食畜牧业资源优势，天然绿色牛羊产品在行业领域已成为甘肃省畜牧产业的特色品牌。甘肃省草食畜产品主要来自于甘南高原和祁连山及荒漠半荒漠天然草原和牧区，符合人们追求自然食品的消费理念和发展趋势，并以其原始"风味"和地方"特色"日益得到市场的认可。如牦牛、藏羊、滩羊羔羊肉市场货源紧缺、价格上扬，"靖远羊羔肉""临夏手抓肉""东乡手抓肉""天祝白牦牛"等系列产品深受消费者喜爱和市场欢迎，已成为甘肃特色佳肴和陇货精品。草食畜牧业是甘肃省的传统产业，牛羊生产的兴旺带动了绿色草食畜牧业的整体发展。2016 年完成草食畜牧业总产值 167.2 亿元，占畜牧业总产值的 55.5%。在全国牛羊存栏排名榜上，甘肃省牛、羊存栏分别排在第十一位和第四位，省内近 15 万 t 自产牛羊肉每年被调往外省区。随着牛羊产业的发展，优质牛羊肉商品生产基地和产品供给基地的作用逐步得到发挥。超过 9 000 个规模养殖场（合作社）已在全省建设完成，33 万余户的适度规模养殖户也走上正轨。作为草食畜牧业饲草主体的玉米秸秆，在牛羊产业大县，62% 的秸秆资源实现了饲料化利用。451 家畜牧产业龙头企业已在全省形成，其中，245 家为养殖龙头企业，42 家为肉类加工企业，30 家为乳品加工企业，74 家为草产品加工企业，60 家为饲料加工企业，53 家为专业的畜禽交易市场。

三、甘肃省草食畜牧业绿色发展的必要性和存在的问题

（一）甘肃省发展绿色草食畜牧业的必要性

将草食畜牧业建成甘肃省农业的"半壁江山"，它是甘肃省确立的农业产业结构和畜牧业内部结构调整目标。发展草食畜牧业，一方面有利于解决甘肃省秸秆饲料化利用的问题；另一方面也有利于提高草畜生产系统的增值能力，有助于农牧民增收致富。但是，面临牧区草地生态保护的压力和农区作物副产品低效率利用的问题，甘肃省草食畜牧业生产的模式和机制更新也遇到了前所未有的困难，同时，食品安全风险管理对畜产品的生产提出了更高的技术要求。于是，发展绿色草食畜牧业将成为草食畜牧业健康发展的必然选

择，是促进农业、农村经济持续、健康发展，农牧民收入不断增加主要举措。

1. 生态环境的保护需要发展绿色草食畜牧业

国内外畜牧业发展史是一部人类追求肉、蛋、奶、皮、毛等动物源性食物和衣物原材料的人畜互作活动史。在满足人类衣食数量需求的同时，社会经济效益和人们的消费欲望也得到了一定程度的提高和满足，但是，草原退化、沙化，环境污染等一系列问题也伴随而来，日益威胁生态安全和人类社会的可持续发展。寻求绿色发展之路，将成为拯救生态环境的主要途径。因此，生产绿色食品就成为突破口，绿色食品生产的内涵就是追求经济效益、社会效益和生态效益的有机统一、协调发展、持续发展，在满足经济效益、物质欲望的同时又可以保护生态环境。发展绿色畜牧业，生产绿色畜产品，在生产的技术层面，要求在无污染的条件下生产饲料、饲草，同时，采取环保的办法处理养殖废弃物，从而避免污染和破坏养殖环境。发展绿色草食畜牧业是保护和改善生态环境，促进人与自然的协调发展的必然选择。

2. 为了更好地保障人民的食品安全，需要发展绿色草食畜牧业

为了能够增加农畜产品的产量，化肥、农药、抗生素等化学药品被大量使用，导致残留物进入生态系统。人们对自然资源采取掠夺式的开发利用，以期追求物质财富的增长。过度手段的使用，直接导致了人类赖以生存和发展的自然环境被破坏，从而危及人类的健康和生命安全。癌症、畸形、抗药性、青少年性早熟等现象以及某些食物中毒日益频发，越来越多的病例被医学界所证实，这些悲剧的发生是由于滥用抗生素、激素及其他合成药物导致其残留在畜禽产品中。也有研究报道，含残留激素的动物食品将导致长期食用者男性雌化。尤其是 20 世纪末以来，"疯牛病"、二噁英事件、禽流感等事件引起世界性恐慌，"瘦肉精""三聚氰胺"事件让我国的消费者深受其害，因此，畜产品的质量和畜牧业的生产方式成为人们日益关注的焦点。为了让消费者获得放心、安全的食品，保障生命健康，发展草食畜牧业务必选择绿色发展之路。

3. 提高畜牧业经济效益需要发展绿色草食畜牧业

从价格方面来看，在国际市场上，只要冠以绿色食品，其价格往往较同类商品高20%～50%，在国内市场上，绿色食品的价格更要看好，与同类商品的价格比较，通常要高出数倍，乃至数十倍。一方面，以青藏高原牛羊产品为例，青藏高原地区生产的牦牛肉、藏羊肉在内地的售价可达到 120 元/kg，与内地舍饲牛羊肉产品的价格相比，前者比后者高出 50%左右。所以，生产绿色草食畜产品是提高养殖业经济效益的主要措施。另一方面，畜产品的安全危机则会导致严重的经济损失。此类事例数不胜数，如"疯牛病"暴发，英国的 400 万头牛被宰杀，导致其牛产品和制品出口陷于停滞，造成的直接经济损失达 300 亿美元；也是"疯牛病"，造成韩国、日本和阿根廷的 70 万头牛被销毁，给当地畜牧业予以沉重的打击。因此，为了确保畜牧业经济效益，发展绿色草食畜牧业是不二选择。

4. 增强牛羊产品市场竞争力需要发展绿色草食畜牧业

甘肃省牛羊存栏分别居全国第十一位和第四位，每年外调牛羊肉近 15 万 t，虽然甘肃省草食畜牧业发展非常迅猛，但牛羊畜产品的市场竞争力不强。目前，甘肃省草食畜产品的 70%在省内市场流通消费，外调量较少，如果牛羊畜产品的质量不能得到及时有效地改善提高，对甘肃省牛羊产品而言，其外向型市场的地缘优势将会丧失。为此，要增强牛

羊产品的市场竞争力和维持地缘优势，甘肃省草食畜牧业发展思路必须转变，由数量扩张型向质量效益型发展转变，发展绿色草食畜牧业成为其必选之路。

（二）甘肃省发展绿色草食畜牧业面临的问题

甘肃省草食畜牧业绿色发展的形势很好、前景广阔，也有一定的进展，但面临的问题依然严峻，有来自资源和市场的双重约束，也有来自降低成本和提升质量的双重压力，主要表现如下。

（1）资源和环境的约束日益加大。在农区，土地资源呈现相对紧缺的局面，在养殖集中局域，牛羊养殖废弃物污染治理的任务越来越艰巨；在牧区，草场超载过牧等掠夺式生产，造成草地资源退化，该事实已成为影响国计民生的大事。

（2）相对其他产业，草食畜产业发展方式落后。主要表现为，大型龙头企业数量少，产业规模小，产品品牌效应不突出，产业链条完整性差，产业定位仍处于初级原料生产者的地位。

（3）绿色牛羊产业基地部完善，规模较小，科技含量不高，规划和运行管理机制不健全，产业逻辑的科学性和高效性较差。

（4）饲草料资源浪费严重，秸秆饲料化利用程度低。对饲草及农作物秸秆收储、加工、饲料化利用的机械化水平低，对粮改饲和秸秆高效利用的理念认识不单位，饲草料资源浪费严重。

（5）绿色草食畜产品质量标准体系、质量认证体系和产品检测技术体系等保障措施不健全，绿色牛羊产品的质量控制和品牌信誉尚未构建完善，鱼目混珠的现象在消费市场上屡见不鲜。

（6）牛羊产业龙头企业的带动能力弱，产品品牌鱼龙混杂，市场竞争力不强，资源整合能力尚未形成，牛羊产业高速发展的动力不强。

（7）目前牛羊产业市场低迷，尤其是羊产业效益严重下滑。在市场和疫病的双重影响下，畜产品价格波动较大，特别是近2年来羊肉市场持续低迷，严重挫伤了羊养殖者产业发展积极性，对投资和生产产生了巨大的消极影响。

（8）牛羊产业从业人员绿色发展意识淡薄，对绿色草食畜产品的指标、生产规程及品牌的理解和认识而言，产区部分干部、养殖户、技术人员尚未形成清楚的概念。

四、甘肃省草食畜牧业绿色发展的措施

（一）甘肃省草食畜牧业绿色发展的优势

1. 自然资源的组合效应优势

甘肃省地理环境状况是很复杂多样的，其气候特点以干旱半干旱为主，地理环境和气候条件孕育了甘肃省丰富的草食畜牧业资源。牛羊的生活习性一般表现为喜燥厌湿、怕热耐寒，而甘肃省的自然地理、气候条件正好与牛羊的生活习性相吻合，这使甘肃省成为发展牛羊产业的最佳适应区，尤其适合绿色发展。

甘肃省自然资源禀赋良好，拥有极为丰富的天然草地资源，全省有 1 790.42 万 hm^2 天然草地，其中，1 607.16 万 hm^2 为可利用草地。甘肃省国土面积的 39.4% 是天然草地，是全国天然草地面积份额的 4.56%。全国天然草地面积排名前 6 位的省区依次是新疆、内蒙古、青海、西藏、四川、甘肃。甘南高原、祁连山地及省境北部的荒漠、半荒漠沿线一

带是甘肃省天然草地的主要分布区域。这里也是甘肃省少数民族聚居地区，同时，也是甘肃省传统草食畜牧业的商品基地。据 2016 年统计资料，282.87 万 hm² 是全省的累计种草保留面积，其中，159.2 万 hm² 为人工种草面积，122.47 万 hm² 为改良种草面积，1.2 万 hm² 为飞播牧草面积。有超过 4 000 万 t 农作物秸秆和副产品等饲草料资源。为甘肃省发展草食畜牧业奠定了较为坚实的饲草资源基础，也为发展绿色牛羊产业提供了充足的饲草料资源。

在地域辽阔、自然环境多种多样的甘肃省，在长期的自然选择和人工培育作用下，形成了独具特色的食草家养动物遗传资源，如位居我国五大良种黄牛之首的秦川牛类群之一的早胜牛，遗传多样性丰富的甘南高原牦牛、天祝白牦牛、滩羊、蒙古羊、岷县黑裘皮羊、甘肃高山细毛羊、欧拉羊、甘加羊、乔科羊、河西绒山羊、陇东黑山羊等。近年来，甘肃省各级政府及管理部门通过牛羊产业大县建设项目的带动促进，通过扶持草食畜良种繁育体系建设，对早胜牛、甘南牦牛、兰州大尾羊、滩羊、陇东白绒山羊、河西绒山羊、藏羊等优良地方牛羊遗传资源进行了有效保护，对"河西肉牛""陇东肉牛"和"中部肉羊"等牛羊新品种选育进程大力推进。随着肉牛业的深入发展，近年来，甘肃省具有经济实力的企业从澳大利亚、新西兰等国进口了大量肉用西门塔尔种牛，安格斯种牛、海福特种牛，以及冻精、胚胎等，进一步丰富了甘肃省牛种资源；培育的高山型美利奴羊新类群，引进的陶赛特羊、波德代、萨福克羊、特克塞尔羊、澳洲白、杜波、波尔山羊等肉羊品种，更加丰富了羊种遗传资源，经过数年的羊改，已初步构建了肉羊杂交生产体系。这些引进的优良牛羊品种和当地特色牛羊品种是甘肃绿色草食畜牧业可持续发展的基因资源保障。

由此可见，只要将甘肃省丰富而充足的饲草料资源优势和家养草食畜基因资源优势进行合理开发利用，这些资源组合优势就会变成经济效益优势。

2. 草食畜牧业发展的整体优势

破解"三农"问题，打赢扶贫攻坚战是目前甘肃省社会、经济发展的实际，把推广玉米全膜双垄沟播种植技术、加快秸秆饲料化利用、建设牛羊产业大县、发展农业循环经济等实用技术有机结合起来将是解决问题的抓手。发展绿色草食畜牧业，推进草食畜牧业产业转型升级，促进调整产业结构，发展特色草食畜牧业经济已成为甘肃省农牧业结构调整中最具活力的经营活动和增加农牧民收入的最具有潜力的朝阳产业。

根据甘肃省 2016 年经济统计数据，甘肃省牛存栏为 536.7 万头，羊存栏为 2 132.4 万只，与 2015 年相比，牛、羊存栏分别增长 3.7% 和 1.7%；2016 年甘肃省有 203.9 万头牛出栏，1 453.1 万只羊出栏，同 2015 年比较，牛羊出栏分别增长了 5.8% 和 8.5%。牛羊肉的产量为 44.32 万 t，牛奶产量为 64.57 万 t，同 2015 年相比，牛羊肉和牛奶的产量分别增长了 7.38% 和 6.9%。2016 年完成 167.2 亿元的草食畜牧业总产值，达到全省畜牧业总产值的 55.5%。与全省比较，甘肃省 20 个肉牛大县牛存栏占全省的比例为58.7%、牛出栏分别占全省的比例为 69.7%；30 个肉羊大县羊存栏占全省的比例为79.1%、出栏占全省的比例为 80.3%。甘肃省牛存栏在全国牛存栏排名榜上位居第十一位，甘肃省羊存栏在全国羊存栏排名榜上位居第四位，每年近 15 万 t 牛羊肉被外调，甘肃省作为优质牛羊肉生产和供给基地的作用逐步发挥出来。超过 9 000 个规模养殖场（合作社）已在全省建设完成，33 万余户的适度规模养殖户也走上正轨。牛、羊良种已实现 76% 的覆盖率。作为草食畜牧业饲草主体的玉米秸秆，在牛羊产业大县，62% 的秸秆资源实现了饲料化利用。451 家畜牧产业龙头企业已在全省形成，其中，245 家为养殖龙头企业，42 家为肉类加工企业，30 家为乳品加工企业，74 家为草产品加工企业，60 家为饲料加工企业，53 家为专业的畜禽交易市场。在草食畜牧业发展过程中，管理部门、研发机构、生产企业、技术推广部门经过试验和实践，探索和归纳出了"公司+基地+农户"、公司带农户、合作社+农户、订单生产、合同收购等多种形式的草食畜牧业产业化发展模式和新路子。

3. 绿色草食畜产品产业的区域优势

甘肃省是我国六大牧区之一。复杂的地形，千差万别的气候、大面积的天然草场、多类型的草地种类繁多的家畜、悠久的草食畜牧业发展历史，形成了全省的 7 个牧业县，12 个半农半牧县草食畜区域布局，定格为纯牧区、半农半牧区、农区、城郊畜牧等四种畜牧业生产类型。甘肃省现有的天然草场被专家学者分为六大类 19 个亚类，草场总面积为 1 897 万 hm^2，占全省总面积的 35.37%，是净耕地面积的 3.31 倍，平均产鲜草 2 601 kg/hm^2，总体而言，每百公顷草场的载畜能力为 94.05 个羊单位。超过 99% 的天然草场被放牧利用。

甘肃省地貌基本涵盖了山地、高原、河谷、平川、沙漠、戈壁等多种类型，并构成了独具特色的七大自然生态区域：陇南山地暖温带湿润区、陇中黄土高原温带半干旱区、陇东黄土高原温带半湿润区、祁连山东段高寒阴湿区、祁连山西段和河西走廊北部荒漠干旱区、河西走廊平原温带干旱区、甘南高原高寒湿润区。

甘肃省地理环境状况是很复杂多样的，其气候特点以干旱半干旱为主，地理环境和气候条件孕育了甘肃省丰富的草食畜牧业资源。牛羊的生活习性一般表现为喜燥厌湿、怕热耐寒，而甘肃省的自然地理、气候条件正好与牛羊的生活习性相吻合，这使甘肃省成为发展牛羊产业的最佳适应区，尤其适合绿色发展。草食畜绿色食品在甘肃省已形成了较强的产业发展势头。

4. 人才和技术积累有利于发展绿色草食畜牧业

在社会和经济的整体发展水平层面，甘肃省在人才和技术方面的优势不显著，但是，就发展绿色草食畜牧业而言，甘肃省具有明显人才和技术长项。在畜牧、兽医、草原等学科和技术研发方面，甘肃省拥有师资力量强、技术实力雄厚的教学、科研、技术推广机构，为甘肃省发展绿色草食畜牧业提供了强有力的知识贮备和技术支撑。在多年发展的过程中，甘肃省已建立以政府为主导，科技人员、农牧民、企业家等广泛参与的多元化技术推广和服务队伍，为绿色草食畜牧业的发展奠定了技术应用基础。

5. 牛羊畜产品市场前景广阔

随着城镇化建设步伐的推进以及农村人口向城镇转移，人们消费水平提高和购买力增强，老百姓餐桌食物结构优化，牛羊制品已逐渐成为日常肉类消费品，牛羊肉消费将成为刚性需求已成为不争的事实。在近 10 年，甘肃省人民对牛肉产品的消费量增长了 3.2 倍，对羊肉产品消费量增长了 5.7 倍。在未来 20 年，对畜产品消费量的增长仍然将处于持续上升状态，作为牛羊生产最佳适宜区的甘肃省，将真正地迎来前所未见的历史发展机遇期。

（二）甘肃省关于绿色草食畜牧业的发展思路

1. 建立健全绿色草食畜牧业的相关标准体系

参照国际有机食品相关标准，分别有国际标准、地区标准和国家标准等。2000 年 4 月 1 日，《绿色食品产地环境质量标准》在我国正式实施，相应地，《绿色食品产地生态环境质量标准》（颁布于 1995 年 8 月）被废止。为了紧跟产业发展前沿和满足行业需求，国际标准需要每 2 年修订 1 次，相应地，相关地区标准和国家标准也需要时修订和调整相关指标，因此，为了发展绿色草食畜牧业，甘肃省业应该建立健全绿色草食畜牧业的相关标准体系，以期更好地满足国内外市场、生产者、消费者对甘肃省绿色牛羊畜产品的需求。

2. 绿色草食畜牧业的发展外部环境需要改善和优化

诸多客观环境制约着绿色草食畜牧业的发展，一般而言，国际通常的做法首先是划定和建设无规定牛羊疫病区。甘肃省应参照国际成熟做法，与国际惯例接轨，根据国际通行措施，逐步改善和优化绿色草食畜牧业发展的外部环境，如加强无规定疫病区的划定、净化和建设，以实现绿色草食畜牧业的发展计划。

3. 构建绿色草食畜牧业的产业体系

发展绿色草食畜牧业是为了给人们提供优质、安全、健康的绿色草食畜产品，严格要求生产过程和关键环节的质量控制。需要建立健全产前、产中、产后的相应环境优化技术、生产技术、加工技术、管理技术 4 个技术层面的规范操作。因此，应该构建绿色草食畜牧业的完整产业体系，包括饲料、饲草生产体系，绿色牛羊产品养殖基地，以兽医、兽药为主的技术服务体系、绿色牛羊产品加工体系和绿色牛羊产品销售体系等。

（三）甘肃省草食畜牧业绿色发展的措施

1. 加大政策扶持力度，努力创造良好的发展环境

按照"产品有市场、龙头有基地、基地有资源、资源有前景、科技有支持"的原则，全面运用资金、项目、技术、土地、劳动力等生产要素促进和提升规模经营水平。一是要充分利用财政资金，有效利用银行信贷资金，鼓励加工企业兴办养殖小区或与规模养殖户、养殖小区（场）签订生产协议；积极、正确引导牛羊养殖、加工企业广泛吸纳社会资金和个人资金大力发展规模化经营，创建高效、绿色、守信的绿色产业链。与此同时，要积极鼓励条件具备的养殖大户、养殖小区等向规范化、标准化、绿色化养殖场方向发展。二是要进一步强化落实中央、省、市、县有关农民增收、草食畜牧业增效的相关政策措施，制定村镇规模经营建设规划，努力把建设绿色牛羊养殖小区/场用地计划纳入当地土地利用总体规划，相应地，要合理利用荒山、荒地和未利用土地，让农牧民发展绿色牛羊养殖。三是要加强绿色牛羊养殖粪便污水无害化处理力度，将养殖废弃物无害化设施建设纳入当地环保建设扶持领域，积极落实各级政府相关优惠政策，支持和引导牛羊养殖、产品加工机构开展养殖废弃物综合利用和环境保护。四是要充分发挥畜牧养殖农民合作组织的协调、沟通能力，规范和组织标准化的规模生产经营模式，努力提高规模经营者的话语权和市场支配权，促进规模养殖的稳定健康发展。

2. 在全省范围内把草食畜牧业作为战略性主导产业来培育，分区域推进

（1）在农区及农牧交错区，要充分发挥已有的资源优势，如丰富的退耕还草、荒山种草、耕地种草、农作物秸秆和劳动力资源，通过资源优化配置，积极、正确引导构建绿

色草食畜牧业优先发展模式和明确产业方向，引进、转化、落地绿色牛羊产业化技术，根据当地实际，分区域推进绿色牛羊养殖、加工等。

（2）在牧区，要发挥草地生态畜牧业资源的优势，在发展绿色牛羊产业的同时，必须加强草地生态保护、草地合理利用，构建"牧繁农养"的资源互补异地养殖模式，积极推广先进适用技术，探索草地绿色草食畜牧业可持续发展新模式。

3. 要率先在重点区域把草食畜牧业作为区域性优势产业来突破，加快优势产业带建立

（1）肉羊产业。在甘肃省中部建设杂交生产模式的肉羊集中产区，在河西建设绿洲杂交肥羔生产模式的肉羊集中产区，在甘南高原和祁连山牧区建设草地生态天然优质羊肉生产模式的肉羊集中产区，同时，利用岷县黑裘皮羊、陇东黑山羊、藏羊等独特资源发展特色羊肉生产。

（2）肉牛产业。建设河西"西杂牛"嫩牛肉绿色肉牛集中产区，在陇东建设早胜牛"雪花牛肉"特色牛肉集中产区，在甘南高原和祁连山牧区建设天然优质牦牛肉集中产区。

4. 对牛羊养殖废弃物无害化处理与资源化利用

根据国家《畜禽规模养殖污染防治条例》、甘肃省人民政府《甘肃省水污染防治工作方案》和《甘肃省畜禽养殖污染防治工作方案》的相关要求和规定，要正确指导畜禽养殖废弃物综合利用和加强社会化服务；全面实施雨污分流、粪便污水资源化利用是新建、改建、扩建规模化畜禽养殖场（小区）建设项目和运行管理的必要措施；规范绿色牛羊养殖企业养殖废弃物管理制度，逐步建立绿色牛羊养殖场粪污处理和资源化利用信息系统，加强新建绿色牛羊养殖场的备案管理。

5. 大力建设现代草食畜牧业全产业链

以"现代绿色草食畜牧业全产业链项目建设"为抓手，紧抓饲草料生产、良种繁育、产品精深加工、疫病防控、流通营销等重点和关键环节，科学整合和优化各类资源，平衡绿色草食畜牧业产前、产中、产后各环节的生产效率，促进各环节协调同步发展。扶持牛羊生产龙头企业改善牛羊产品精深加工能力和提升饲草水平，积极引导大型牛羊生产龙头企业开展订单生产、品牌运营、统一销售等多种经营方式，延伸和拉长产业链条，健全冷链物流体系，提升牛羊肉品冷链配送能力，实现产加销有机对接。深度开发牛羊特色产品、创建陇货精品品牌、完善产品营销手段，着力打造甘肃省绿色、安全、优质、特色牛羊产品品牌，推动甘肃省"名、特、优"牛羊产品"走出去"，拓展市场渠道。

6. 培育和构建新型生产管理及经营主体

引导、扶持牛羊养殖专业大户、家庭牧场等构建种养结合的规模化养殖新模式，提高牛羊绿色养殖技术含量和增强盈利能力，使新型生产管理及经营主体成为引领绿色草食畜适度规模经营、发展绿色牛羊产业的有生力量。积极扶持基础条件好、经营理念更新快的龙头企业，采取参股、控股、兼并、合并、租赁等多种组织管理形式，增强经营能力，促使其积极主动发挥带头引领作用。构建企业与农户之间的互惠互利机制，进一步完善和健全双方利益联结共同体，实现千家万户分散小规模生产与大市场的有效对接，推进绿色草食畜牧业全产业链持续发展。

7. 打造一批甘肃特色的绿色草牛羊产业陇货品牌

"东乡手抓羊肉""靖远羊羔肉""首曲牦牛藏羊肉""陇东红牛""陇东山羊"等品

牌牌产品已成为甘肃省草食畜牧业特色牛羊产业的品牌，深受消费者喜爱，需要进一步完善品牌战略，要扶持绿色草食畜牧业龙头企业并充分发挥龙头企业的引领作用，坚持"建一个企业、创一个品牌、开发一个系列"的运作理念，深入实施"由粗到精、由主产品到副产品、从正品到下脚料"的产品深度加工和资源综合利用的原则。

五、甘肃省绿色草食畜牧业的发展展望

新阶段，随着草食畜牧业的跨越发展，面对新的发展环境，和全国趋势一样，甘肃省草食畜牧业发展环境也发生了许多深刻的变化，牛羊产业的自主增长能力逐步增强，牛羊产业也加速走上了现代化发展之路。根据畜牧业发展的动力机制原理，城乡居民收入水平和生活质量状况决定草食畜牧业的市场前景，科学技术的推广与应用决定草食畜牧业的发展速度和水平。在未来发展中，必须不断完善绿色畜牧业的标准体系，改善绿色畜牧业发展的客观环境，并形成饲料、基地、龙头企业、市场一体化的建设格局。在全省农业产业结构调整的浪潮中，绿色草食畜牧业将成为最具有活力和生命力的产业，也将成为增加农牧民收入的新的经济增长点。

第二篇　各　论

第一章　草地改良技术

一、围封改良（Fencing pasture improvement）

草原生态系统具有自我调节功能。它从太阳那里得到能量后就可自己制造有机物供自身生长、发育，根或根茎繁殖后代，保持生态系统的稳定。在高强度放牧干扰下大量同化器官被采食，繁殖器官不能形成，植物根系得不到营养而枯死。遗留下的空间形成裸地，易被雨水冲刷，强风吹蚀，或被 1~2 年生杂类草或毒草侵占，而使由优良多年生饲用植物组成的，与整个生态环境保持长期稳定的植物群落变成由 1~2 年生杂类草、毒害草或灌丛等植物组成的，生产力很低的不稳定的植物群落。所以，草地围封后，通过生态系统自我调节，数年后甚至当年就可见到效果。

封育改良措施在降水量低（100~250mm）的干旱草原和荒漠及荒漠化草场，具有显著的增产效果和改善恶劣生态环境功能。

二、浅耕翻改良（Shallow—plowing improvement）

在干旱及半干旱区影响牧草产量的最基本因素就是缺乏植物在生长时期所需要的土壤水。李博（1964）在研究呼伦贝尔草原群落蒸腾耗水量与群落生产力后，认为干草原地区每公顷土地生产 1 500kg 干草时需耗水 3 000t，它近似于 300mm 的降水量。

退化草地影响牧草产量的主要因子是：土壤容重大，孔隙度低，不能容纳更多的天然降水；土壤紧实度大（3.7kg/cm^2），限制了牧草根系，特别是根茎的发育；径流系数大，过度利用的天然草场径流系数是未利用天然草场的 2.4 倍。

1. 浅耕翻草场种群优势度的变化

浅耕翻就是用普通三铧犁或五铧犁由拖拉机牵引在退化草地上进行耕翻，沿等高线作业，一般深度为 15~20cm，翻后耙平，禁止放牧，令其自然恢复。

以冷蒿+丛生禾草为主的退化草场耕翻为例，翻耕 4 年后种群优势度发生巨大变化。顶极群落中的优势种羊草、冰草在退化草场上受到抑制、高度、密度、地上生物量较小，在群落中占第四位和第八位。而浅耕翻草场改变了它们的生存环境，快速生长和繁殖，使它们跃居第一位和第三位（表 2-1-1）。

2. 土壤环境的变化

浅翻耕可增加土壤的含水量和孔隙度（表 2-1-2）。

3. 草场生产力的变化

天然草场浅耕翻后有效利用年限可达 15 年之久，在此期间每年草场产草量显著增加，因草场类型不同增产幅度也不一样，平均增产 64.4%~147.1%。

表 2-1-1 耕翻草场种群优势度的变化

植物名称	天然草场		浅耕翻草场	
	优势度	顺序	优势度	顺序
糙隐子草	77.1	1	15.8	8
大针茅	75.2	2	—	—
冷蒿	64.2	3	30.5	2
羊草	62.1	4	96.0	1
知母	40.8	5	21.8	6
花苜蓿	30.3	6	24.4	5
葱	14.7	7	25.4	4
冰草	13.0	8	30.1	3
寸草台	10.8	9	28.7	7

表 2-1-2 浅耕翻对土壤水分，孔隙度的影响

项目	土壤含水量（%）	土壤孔隙度（%）
天然草场	5.8	47.8
浅耕翻草场	17.2	57.1
增加量	196.5	97.5

4. 浅耕翻草场技术关键

（1）草场类型。一定要选择在以根茎型禾草为主的草场上进行。要求每平方米至少 8~10 株，如羊草、无芒雀麦等。

（2）耕翻深度。15~20cm，耕翻深度绝不能大于 20cm。因为牧草根茎大部分分布在表土 20cm 以内。如果耕翻过深会把草根埋在 20cm 以下土层内，会使草根窒息而死。耕后耙平，令其自然恢复。

（3）耕翻时间。最好在 7 月上旬雨季进行，这时一年生植物已出苗，一些丛生禾草和轴根型杂类草却被翻在地下窒息而死，只有羊草又从根茎上长出新的枝条。

（4）作业工具。用拖拉机牵引三铧犁或五铧犁在草场上沿等高线作业，宽 30m，间隔 5m，留下部分未耕翻草地作为种源基地，帮助耕翻草场植被恢复，也防止因作业失败而引发土壤风蚀沙化。沿等高线作业目的是截留地表径流，提高土壤含水量，以满足残留在土壤中的根茎及种子生长发芽之需要，在美国称为"Counter fullowing"，也是草原改良措施之一。

（5）耕翻草场管理。耕翻后的第一、第二年要禁止放牧割草。防止家畜采食幼苗和践踏土壤，造成水土流失。降水条件好时第三年植被基本恢复并成为优等草场。根茎禾草，杂类草及某些豆科牧草就能繁茂生长。虽然种群数量少，但个体发育好，叶绿素含量高，家畜非常喜食。

5. 土壤侵蚀问题

中外学者对干旱及半干旱地区土壤耕翻是否会引起风蚀问题存有重大疑虑。浅耕翻后羊草植株从改良前的 35 株/m^2，到第三年已繁育达 318 株/m^2，种群密度提高 9 倍，每株

羊草占有草地31cm²，不但植被盖度增加，而且还有庞大的地下根系，固结土壤，因而不会引起风蚀沙化问题。关键是掌握好耕翻深度和作业时间。

6. 浅耕翻草场植被恢复演替规律

浅翻后的草场由于犁的机械破坏，使丛生禾草、轴根类、根茎和块根块茎类杂草被埋入土层20cm以下，因窒息而死，只有以根茎繁殖的羊草却因此得到疏松的土壤。

充足的土壤水以及由地被物和枯死植物的根茎叶腐烂后提供大量的有机质和无机盐类而快速生长。演替过程分四个阶段，即1~2年生杂类草阶段（2年）；第三年成为以羊草为主的根茎禾草阶段；随着放牧割草利用强度的加大，土壤变紧实，抑制了羊草根茎的伸长，以大针茅为主的丛生禾草，如冰草、糙隐子草，早熟禾等侵入而演替为第四阶段，即丛生禾草阶段；过度的采食践踏，土壤沙化，基质流动，优良牧草如羊草、冰草、洽草渐衰退、消失，而代之以小半灌木冷蒿、黄蒿、小叶锦鸡儿和克氏针茅等进入第五个阶段，即旱生小半灌木阶段。

三、松土改良草原（Loosening soil improvement）

退化严重、土质疏松，部分裸露无地被物，有旱化趋势的禾草草原，小半灌木冷蒿草原，百里香及冷蒿草原均可采用松土办法改良。

1. 草甸草原

草甸草原由于过度放牧和割草，植被稀疏，土壤演化成盐化草甸土，pH值8.5~9.8。松土后，土壤的含水量和孔隙度增加，而容重下降。

2. 冷蒿草原

以菊科小半灌木冷蒿为建群种的冷蒿草原是禾草草原在过度放牧利用下演替而成的退化草原。

冷蒿除用种子繁殖外，主要是用根蘖的"萌蘖"和"撕裂"方式进行繁殖。冷蒿的这种生态生物学特性，使得它在风蚀严重（4.6m/秒）和强度采食践踏情况下也能快速繁殖形成冷蒿草原。

用胶轮拖拉机悬挂草原所研制的9SSB-1.75型松土补播机沿等高线在草原上作业，深度5~10cm，一般在7—8月雨季前后进行。

从表2-1-3看出，冷蒿草原松土后产草量增加，高峰期在第四、第五年，平均每

表2-1-3　冷蒿草原松土后各饲用植物类群重量（%）及其产量的变化

（单位：kg/hm²）

饲用植物类群	松土后年限						
	对照	1	2	3	4	5	6
禾本科	31.0	28.1	58.6	70.8	33.6	19.5	26.2
菊科	52.0	68.7	31.9	20.4	56.8	57.2	59.9
豆科	5.0	—	2.0	0.7	0.5	3.6	—
杂类草	12.0	3.2	7.5	8.1	9.1	19.7	13.9
群落总产	952	2 182	1 223	899	1 769	1 887	1 236

公顷产干草 1 769~1 887kg。由于松土草场含水量提高，所以，松土草场水分生产潜力为 5.8~10.9，而未松土草场只有 3.1~4.0。也就是说生长季每降 1mm 的水，松土草场增产 5~10kg，而未改良草场只增产 3~4kg。

四、草原补播改良（Interseeding improvement）

天然草场补播是在不破坏或少破坏草地原有植被的情况下，利用特制的改良牧草播种机，把一些有价值的，能适应当地自然条件的优良牧草种子直接播种在植被覆盖度低（一般小于 30%），或撂荒多年，肥力耗竭的草场上，借以改变草群组成，增加植被覆盖度，提高草场生产力。

为了使补播牧草在原有植被下生存下来，必须要正确选择补播牧草的种类，并且要对草种品质进行检验，可使用稀土、保水剂、ABT 生根粉、根瘤菌丸衣来提高保苗率，为补播牧草创造一个萌发定居和生长发育的良好条件。

1. 补播对土壤物理状况和养分的影响

在土壤肥力耗竭的草场上，补播豆科牧草不但可以改善土壤物理状况，增加土壤含水量 11.1%，减少土壤容重 2.8%，而且使土壤氮、磷含量分别增加 32.8% 和 31.4%，钾减少 3.3%。

2. 补播对草场产量的影响

不同类型草场补播效果不同，其主要原因与草场退化程度、生态环境等诸因素直接相关。总之，在退化沙地草场、撂荒地等补播草种效果明显，增产幅度在 58.4%~392% 或更高。

3. 适宜补播时间的选择

补播时间分为春播（5 月 20 日）、夏播（6 月 20 日）和冬播（11 月 24 日，土壤冻结之前）。从测得的当年每直线米出苗率和第二年牧草越冬率可以看出，一般情况是夏播留苗数比春播好，而冬播又比春播效果好。

4. 适宜补播草种的筛选

通过对沙打旺（*Astragalus adsurgens*）、扁蓿豆、达乌里胡枝子（*Lespedeza davurica*）、柠条（*Caragana korshinskii*）、羊柴（*Hedysarun laeve Maxim*）、披碱草（*Elymus dahuricus*）、老芒麦（*Elymus sibiricus*）、木地肤（*Kochia prostrata*）和驼绒藜（*Ceratoides latens*）等 15 个草种的大田补播试验，筛选出适宜于内蒙古中西地区退化草地、撂荒地补播草种有 6 个：沙打旺、扁蓿豆、达乌里胡枝子、羊柴和柠条、蒙古冰草。它们夏播后当年生长速度较快，留苗数和越冬率均较高。

5. 提高补播牧草出苗率方法探讨

（1）施肥对补播草种的影响。使用磷酸二铵对当年播种牧草的地上和地下生物量、株高、生长速度和留苗数等均有一定的效果，每公顷施 37.5kg 磷酸二铵对沙打旺及其他牧草生长和保苗有良好作用，地上和地下生物量比对照分别提高 129.1% 和 63.6%，株高和生长速度分别提高 25.5% 和 62.5%，根长增加 13.2%。

（2）稀土、保水剂和根瘤菌对补播草种的影响。用稀土浸种、根瘤菌拌种和保水剂丸衣，3 种处理的效果均比未处理效果好。如果把稀土、根瘤菌和保水剂制成丸衣，其效果要比单一处理效果好。使用 3% 的保水剂（种子重量），600mg/L 浓度的稀土浸种，每千克豆科牧草种子拌 150g 的根瘤菌制成种子丸衣效果最佳，即使播种期较早，但补播沙打旺、扁蓿豆和羊柴当年保苗率比对照分别提高 58%、63% 和 13.4%，结瘤数也分别提高 49%、61% 和 104%，株高分别提高 39%、15% 和 19%，当年产量显著增加。

6. 补播改良退化草地关键技术

（1）通过对 15 种牧草的试验，筛选出适宜于半干旱区撂荒地和沙化草场补播的 6 种牧草，其顺序为沙打旺、柠条、蒙古冰草、扁蓿豆、达乌里胡枝子、羊柴。它们萌发出苗的最低土壤含水量为 5%。

（2）使用 9SSB-1.75 型牧草松土补播机补播时，种子覆土深度宜浅不宜深。一般豆科小粒种子覆土深度为 1.5cm，不能超过 2.5cm；大粒种子覆土深度 3.0cm，不能超过 5cm；禾本科草种覆土深度 2.0cm，不能超过 4cm。

（3）补播时间应在 6 月雨季进行，各地应根据气象预报安排具体日期。当大于 5mm 的降水次数越多，保苗越好。

（4）小剂量的种肥对补播豆科牧草当年的保苗数及第二年的产量均有影响，提高了当年的保苗数，使牧草个体发育加速，增加第二年的产量。

（5）保水剂、稀土、根瘤菌对补播牧草当年有一定影响，每千克牧草种子采用 3% 的保水剂、600mg/L 的稀土和 150g 的根瘤菌混合后制成种子丸衣对豆科牧草作用较好。

7. 补播改良半流动沙地草场

用 9wy-4 型网型镇压播种机和 9yc-2 型牧草压槽播种机在不进行地面处理的情况下直播。牵引动力为铁牛 55-型胶轮拖拉机或东方红-70 型链轨拖拉机。补播时间为 5 月下旬到 7 月下旬雨前。补播草种为固沙耐牧草种：沙打旺，柠条锦鸡儿，羊柴，蒙古冰草和少量沙蒿（Artemisia ordosica）。补播方式为混播，每公顷草地播量沙打旺 7.5kg、柠条 15kg、羊柴 15kg、蒙古冰草 15kg 和沙蒿 1.5kg。播前要对补播草种进行品质检验，以保证足够的出苗率。

8. 补播时间的确定

6 月下旬至 7 月下旬补播虽是高温天气，但雨季来临，迎风坡外的其他地段（背风坡，丘间平沙地，硬地，沙蒿丛之间，沙米群落中）种子都能正常萌发生长，这些地段第二年受风蚀危害小，保苗好，所以，补播第二年留苗数 6 月下旬较 7 月下旬增加 11.8%，较 5 月下旬增加近 20 倍。证明该区补播应选择在 6 月下旬到 7 月下旬雨前为佳。

9. 补播地形选择

试验表明，该区补播应选择沙丘迎风坡下部，背风坡底部和丘间平地，其他地段不易成功。

10. 补播改良半流动沙地草场效果

半流动沙地草场经补播改良后，当年补播牧草能定植，不能形成产量，由于禁牧，使得雨季后萌发的一年生沙米能正常生长，沙米作为当地绒山羊主要牧草，干草产量仅每公顷 199.9kg，油蒿分布稀疏，产量极低。补播的第二年，草场产量大幅度增加，每公顷干草由原来的 199.5kg，增加到 2 613kg，增产 15 倍，植被盖度增加 6~12 倍。第三年每公顷产干草 5 224.5kg，较第二年增加 99.9%，植被盖度增加 16.1%。形成良好的打草场或放牧场，同时，也降低了水土流失和沙化。

11. 补播沙地草场的植物群落结构

从改良草场牧场草群结构来看，第二年沙打旺产量每公顷 1 383.0kg，占总产的 52.9%，植物盖度 53.3%，占总盖度的 79.3%；第三年沙打旺产量占总产量的 86.0%，植被盖度占总盖度的 89.7%，两者是上升趋势。补播蒙古冰草虽定植数量大，每平方米 22~43 株，但产量很低，第三年占总产量的 3.8%。羊柴、柠条由其生物学特性决定，产量仅占总产的 0.6% 和 1.4%，3 种牧草预计在沙打旺生长高峰过后可使产量上升。沙蒿适口性差于其他补播牧草，只作为固沙考虑，补播时播量很小，虽易定植，但在群落中所占比重较小，第二年其产量占总产量的 35.9%，到第三年下降为 7.8%，说明由于改善了土壤环境，使得原来在风沙、干旱生境中生长的沙蒿不能适应。另外，原来草场上的沙米也呈现下降趋势，到补播第三年不能构成产量。改良草地前 5 年以打草为主，5 年后以放牧为主。

12. 沙地草场和半流动沙丘补播应注意的事项

补播时间应确定在 6 月下旬到 7 月下旬雨前。补播应和灭鼠同时进行，播量应较常规播量增加 50% 左右。对补播牧草种子进行品质检验。补播时应选择沙丘迎风坡和背风坡底和丘间平地。补播草场第一、第二年植物生长缓慢，应禁止放牧，可适当作为割草场，待草场群落稳定后可作为放牧场或割草场。选择适宜机具，中国农科院草原所研制的 9wy-4 型牧草网形镇压播种机改良沙地草场较为理想。

五、草原施肥改良（Range Fertilization Improvement）

许多资料表明，草地施肥（N.P.K）可有效提高草场产量、改良饲料品质，提高粗蛋白含量、降低粗纤维含量，并使载畜量增加。但草原施肥的有效性主要是由土壤水、大气降水以及草场植被状况决定的。

在有条件的地区，施肥后马上灌溉，草原增产效果会更明显。

干旱及半干旱天然草场（Semiarid rangeland）施商用化肥时，尽管产草量可以提高 50%~150%，但仍是不经济的。但是，通过施肥可增加草地产量，并见到效益的草地类型及生态条件是：年降水量 381~635mm，专门用于产犊、产羔和羔羊肥育的天然的或人工播种的人工草地；有河水灌溉或地下水灌溉的放牧场或割草场；湿地草场（Wetland pasture）。

草地施肥时间一般选在夏天雨季到来之前，雨期或冬季大雪封冻之前进行。这样可以使肥料随水流进入土壤，很快被正在生长的植物所吸收。施肥方式有基肥和追肥。基肥可在播种时利用草地施肥播种机随种子一次完成。追肥又用肥料撒播机在牧草返青之前进行，尽量避免车辆对幼苗或分蘖的碾压。

施肥的种类和数量要根据土壤营养状况分析结果和牧草种类及营养期而定，肥料用多了牧草用不完全随土壤水下渗（表 2-1-4）。

表 2-1-4　氮肥使用量

粮食估计值（kg/hm²）	施肥推荐量（kg/hm²）
3 000~4 500	105~135
4 500~6 000	135~180
6 000~7 500	180~225

土壤有效磷只占土壤全磷的 1%，0~20cm 耕作层中含有效磷为 12~67.5kg/hm²。由于磷肥在土壤中不移动，不宜表施，最好深施在 5~7cm 土层之下（表 2-1-5）。

表 2-1-5 土壤磷状况及推荐施磷量

土壤含磷等级	土壤存放磷（mg/kg）	推荐施肥量（kg/hm²）
严重缺磷	<5	90~135
缺磷	5~10	60~105
磷偏高	10~15	<60
磷丰富	>15	暂不施

钾与氮相同，占作物体干重的 1%~3%，根尖、幼苗中含量高。它在植物体内参与淀粉、糖的合成。干旱时它使气孔关闭防止水分蒸发，并在根系中积累，增加渗透压梯度，增强根系吸水能力（表 2-1-6）。

表 2-1-6 土壤有效钾（K_2O）含量及推荐量

级别	土壤有效钾（mg/kg）	推荐施肥量（K_2O）/（kg/hm²）
严重缺钾	<40	75~120
缺钾	40~80	75 左右
中等	80~130	<75
偏高	130~180	不施或少施
丰富	>180	不施

六、火烧改良（Range improvement by burning）

火是草地生态系统中重要的生态因子之一。自 Kozlowski（1974）出版了"火与生态系统"一书之后，不少科学家从草地火的来源、火烧对草地环境与植物群落的影响、火对草地畜牧业生产的作用等进行大量试验研究。近年来，利用卫星遥感技术对草原火发生的时间、地点进行监测并取得了成功。中国农科院草原所建立草原火灾监测系统，准确率达 97%。

草原火灾的成因主要是人类活动引发的，其次是雷击闪电，干燥气候，强烈的太阳照射以及草地群落内部枯枝落叶层的自燃都会引发一场大火，绵延千里跨越省界、国界，造成巨大经济损失。

1. 火对草原植被的影响

草原火燃烧时记录到的最高温度为 720℃，但最高温度常在地面以上，一般 20cm 高处。大火过后常给植物留下一截短茬（周道玮，1995），因此，地面芽和地下芽植物、根茎、鳞茎、块茎植物以及散落于地表和地下的种子都会免于受害。而高大的树木、灌丛则被火烧死，演替成为以草本植物为主的草原。

大火过后的羊草草场 0~10cm 土层内有机质含量降低 14.9%，全氮、全磷含量分别增加 0.013%（李政海，1998）。

火烧草场为黑色，土壤吸热快，温度高，牧草返青早，生长快，绿色鲜嫩，蛋白质丰富，对家畜有极大的诱惑力。

2. 火的作用

火对人类社会文明的进步与发展有重大的推动作用。人类从生食到熟食，从狩猎到农耕，从畜力劳动到机电的使用，才有了今天人类社会的现代化。

加拿大西部的耕地和草原大部分是白人定居后焚烧森林后开垦出来的。直到今日澳大利亚仍用火烧掉利用价值不高的桉树灌丛改良草场，15~20 年就要改良 1 次，以提高草场生产力。

七、盐渍化草地改良（Salina Rangeland Improvement）

由于干旱和次生盐渍化加剧，目前我国盐渍化土地面积已达 2 600 万 hm²，主要分布在我国东北松嫩平原，内蒙古河套地区，甘肃宁夏黄灌区以及新疆部分地区。土壤主要由硫酸盐、碳酸盐、氯化物组成，pH 值 8.44~11.07。土壤水分和有机质含量高，热量丰富，主要是含盐量高，许多牧草不能生长，形成光板地。

目前，我国盐渍化草地改良有化学、生物、物理、工程和自然恢复等 6 种技术，应用较多的是生物技术。

植物对土壤的适应有一定范围，当土壤中可溶性盐的含量达到伤害植物的地步，这种土壤称为盐碱土（李建东，1999），在盐碱土上能正常生长发育的植物称为盐生植物。根据盐生植物对盐渍化土壤适应方式之不同，可以把盐生植物分成三类。

（1）聚盐植物。牧草细胞原生质对盐类的适应性特强，能忍受 6%，甚至更浓的 NaCl 溶液。当根从盐土中吸收大量可溶性盐时，根部细胞的渗透压也随之增大，一般在 40 个大气压以上，有时可达 70~100 个大气压。它们的叶小线形，肉质化。叶肉内有"盐泡"，可聚积盐分防止对植物的危害，还有大型贮水细胞，保证植物水的供应。藜科植物较多，如碱蓬（Suaeda glauca）、盐爪爪（Kalidium sp）。

（2）泌盐植物。牧草的根细胞允许多种盐类透入体内，但并不积累，而是通过茎、叶表面密布的分泌腺把吸收过多的盐分排出体外。这类植物有二色补血草（Limonium bicolor）、柽柳（Tamarix chinensis）和滨藜属（Atriplex sp）植物。

（3）不透盐性植物（拒盐植物）。这类牧草一般只生长在盐渍化较轻的土壤上，但几乎不吸盐或很少吸盐。它主要靠植物体内形成大量可溶性物质，如有机酸、可溶性糖和氨基酸等提高细胞渗透压，从而把水从高盐离子浓度的盐渍化土壤中吸收过来供其生长。这类植物有碱茅、星星草、野大麦等。

目前，在我国北方草原区种植面积较大、耐盐性强、产量高的有星星草、碱草、碱谷、鹅头稗、草木栖、野大麦等。刚刚通过全国品种审定的"吉农朝鲜碱茅"、鹰咀豆等牧草也在大面积试种。

从盐生植物群落盖度与土壤盐渍化的关系看出，当植被盖度增加时，土壤电导率、pH 值下降，土壤水分增加，说明盐生植物脱盐作用明显。所以，通过耐盐品种的选择，播种时间、技术的试验，找出一套生物治碱配套技术是完全可能的（表 2-1-7）。

甘肃张掖、酒泉地区在次生盐渍化严重 0~5cm 含盐量 0.69%~7.42% 的弃耕地上种碱茅，播种后灌水压碱，3 年生碱茅干草产量 2 017~5 250kg/hm²，0~40cm 土层脱盐率达 83.6%。

表 2-1-7 盐生植物群落盖度与土壤盐碱化和水分的关系 (李建东, 1999)

项目	羊草群落	羊草、星星草群落	星星草群落	朝鲜碱茅群落	角碱蓬群落	光碱斑
植被盖度 (%)	70~90	60~80	40~60	20~40	10~20	—
电导率 (ms/m)	0.249	0.508	1.123	1.181	2.160	1.970
pH 值	8.44	10.32	10.54	10.64	11.02	11.07
土壤水分 (%)	21.0	19.0	23.2	17.1	15.9	17.7

重盐碱地上扦插或平埋玉米秸秆 (3 500kg/hm^2) 可以有效地降低土壤的 pH 值, 提高土壤有机质含量, 并使先锋植物一年生虎尾草的分蘖数提高 1 倍。虎尾草 (Chloris virgata) 死后留下的地上、地下生物量被微生物分解后增加了土壤有机质 (表 2-1-8)。

表 2-1-8 玉米秸秆处理对裸碱地和虎尾草的影响 (吴冷, 2001)

处　理	pH 值	有机质 (%)	地上生物量 (%)	虎尾草分蘖能力 (个/株)
对照——裸碱斑 (具一年生虎尾草)	10.23	66	237	14
处理草场——秸秆 3 500kg/hm^2				
扦插	9.33	1.01	1 220	28
平埋	9.92	1.10	1 119	23

碱谷是一年生优良牧草, 耐盐碱能力强、生长快、营养丰富。出苗率均在 95% 以上, 平均株高 98~117cm, 每公顷产干草 13 980kg, 产种子 2 811kg。

鹅头稗是一年生中度耐盐牧草。粗蛋白质含量 6.33%~16.32%。在内蒙古河套地区栽培, 在 0~15cm 土层内含盐量 0.37%, pH 值 8.14 时能正常生长, 株高 88cm, 每公顷产干草 2 250~3 000kg。

柽柳 (Tamarix chinensis) 在山东东营黄河三角洲地区、滨海滩涂、河流两岸低洼地上分布很广, 并与盐角草、翅碱蓬和芦苇组成盐生植物群落 (谷奉天, 1991)。它的茎叶表面有盐腺, 能把体内吸收积累过多的盐分通过盐腺分泌到体外, 减少对植物体的危害。在 0~20cm 全盐量 1.30%~2.80% 的土壤上也能生长, 株高 0.5~2.0m, 可饲干茎叶 600kg/hm^2, 2.7~3.3hm^2 可饲养一个牛单位。

鹰嘴豆 (Cicer arietinum) 是一年生豆科牧草, 具有很强的耐旱、耐盐碱、耐瘠薄等特性, 种植在降水量少、无灌溉条件的干旱、半干旱地区也能获得较好的收成 (宋万林, 1991)。鹰嘴豆种子在不同浓度 Nacl、Na$_2$SO$_4$ 溶液中萌发, 其耐盐极限为 1.0%~1.7%。光粒种子适合种在以 NaCl 为主的盐碱土上, 而皱粒种子则更适合在 Na$_2$SO$_4$ 盐碱地上生长。种子萌发的最适宜温 5~35℃, 最低土壤含水量 10%~25%。粗蛋白质含量在 20%~28%, 是优质饲料。

八、草原毒害草防除技术（Poisonous plant Control）

植物本身含有或生产有毒物质，家畜误食后会发病、死亡或偏离家畜健康状态，这种植物称有毒植物（Kothmann，1974）。

有害植物是指对家畜健康产生损害，但一般不会造成死亡的植物，如针茅属植物，它的外稃具芒，芒长 15~28cm，牧草结实期会刺伤反刍动物的口腔或刺穿皮毛扎入体内，对家畜造成损害。光稃茅香俗称"赖皮草"，以根茎繁殖，侵占性极强，土壤稍有松动，它就会以种子或根茎快速繁殖扩展，挤掉优良牧草占领地上、地下空间。草高 30cm，地上生物量很低，毫无利用价值。

我国天然草场不但种质资源丰富，而且有毒有害植物也非常多。全国草地资源调查初步统计，大陆草地有毒植物 49 科、152 属 731 种。东北松辽平原草甸草原区主要有乳浆大戟（Euphorbia esula）、苦参（Sophora flavescens）、狼毒（Stellera chamaejasme）、藜芦、白头翁、乌头、黄芩等；在内蒙古西部、甘肃、宁夏、青海主要小花棘豆（Oxytropis glabta）、黄花棘豆（O. ochrocephala）、甘肃棘豆（O. Kansuensis）、醉马草（Achnatherum inebrians）、毒芹（Cicuta virosa）和披针叶黄华（Thermopsis lanceolata）等，在云贵高原、四川分布的紫茎泽兰有 37.5 万 hm^2。有毒有害植物威胁着放牧家畜的健康和安全，严重影响牧区的经济效益。

草地有毒有害植物的防除技术通常有 3 种，即化学防除、机械防除和生物防除。

九、除草剂的使用

（一）施用方法

有些除草剂主要由植物的根或正在萌发的芽吸收，必须在杂草出苗前施于土壤；有些除草剂主要由植物的地上部分吸收，须喷施在出苗杂草上。有些除草剂在土壤中被吸附或迅速降解，而失去活性，有些除草剂则在土壤中较稳定，能在很长时间内保持活性。所以，除草剂的除草效果在很大程度上取决于除草剂的作用特性和使用技术。正确的使用方法应能让杂草充分接触，并吸收药剂，而尽量避免或减少牧草接触药剂的机会，使除草剂的施用有效、安全、经济。实践证明，如果使用方法不当，不但除草效果差，有时还会引起药害。因此，了解除草剂喷施技术的原理和方法是十分重要的。

除草剂的施用方法多种多样，对牧草而言，除草剂可在牧草种植前施用，可在牧草播后苗前施用，也可在牧草出苗后施用；对杂草而言，除草剂可在杂草出苗前进行土壤处理，也可在杂草出苗后进行茎叶处理。有的除草剂在牧草苗后不能满幅喷施，必须用带有防护罩的喷雾器在牧草行间定向喷施到杂草上。

1. 土壤处理

土壤处理即是在杂草未出苗前，将除草剂喷洒于土壤表层或喷洒后通过混土操作将除草剂拌入土壤中，建立起一层除草剂封闭层，也称土壤封闭处理。除草剂土壤处理除了利用生理生化选择外，也利用时差或位差选择性除草保苗。

土壤处理剂的药效和对牧草的安全性受土壤类型、有机质含量、土壤含水量和整地质量等因素影响。由于沙土吸附除草剂的能力比壤土差，所以，除草剂的使用量在沙土地应比壤土地少。土壤有机质对除草剂的吸附能力强，从而降低除草剂的活性。当土壤有机质含量高时，为了保证药效，应加大除草剂的使用量。土壤含水量对土壤处理除草剂的活性影响极大。土壤含水量高有利于除草剂的药效发挥，反之，则不利于除草剂的药效发挥。在干旱季节施用除草剂，应加大用水量，或在施药前后灌一次水，以保证除草效果。整地质量好，土壤颗粒小，有利于喷施的除草剂形成连续完整的药膜，提高封闭作用。

（1）播前土壤处理。在杂草未出苗时喷施除草剂或拌毒土撒施于田中。施用易挥发或易光解的除草剂（如氟乐灵）还须混土。有些除草剂虽然挥发性不强，但为了使杂草根部接触到药剂，施用后也混土，以保证药效。混土深度一般为4~6cm；

（2）播后苗前土壤处理。在牧草播种后作物和杂草出苗前将除草剂均匀喷施于土表。适用于经杂草根和幼芽吸收的除草剂，如酰胺类、三氮苯类和取代脲类等；

（3）苗后土壤处理。在牧草苗期，杂草未出苗时将除草剂均匀喷施于土表。

2. 茎叶处理

茎叶处理是将除草剂药液均匀喷洒于已出苗的杂草茎叶上。茎叶处理除草剂的选择性主要是通过形态结构和生理生化选择来实现除草保苗的。

茎叶处理受土壤的物理、化学性质影响小，可看草施药，具灵活性、机动性，但持续期短，大多只能杀死已出苗的杂草。有些苗后处理除草剂的除草效果受土壤含水量影响较大，在干旱时除草效果下降。把握好茎叶处理的施药时期是达到良好除草效果的关键，施药过早，大部分杂草尚未出土，难以收到良好效果；施药过迟，杂草对除草剂的耐药性增强、除草效果也下降。

除草剂施药可根据实际需要采用不同的施用方式，如满幅、条带、点片、定向处理。在牧草生长期施用灭生性除草剂时，一定要采用定向喷雾，使药液接触杂草或土表而不触及牧草。如在苜蓿地施用草甘膦和百草枯。

（二）注意事项

任何除草剂若施用不当和应用时期不当，均可能造成对牧草的药害。这种药害包括对本茬牧草、后茬牧草及邻近牧草的药害。应注意适量用药、适期用药，以正确的方法用药，设置隔离带等防止药害的产生。施用除草剂时应注意以下事项：

1. 施用剂量

为了达到经济、安全、有效的目的，除草剂的施用量必须根据杂草的种类、大小和发生量来确定，同时，考虑到牧草的耐药性。杂草叶龄高、密度大，应选用高剂量。反之，则选用低剂量。

2. 施用时间

许多除草剂对某种杂草有效是对杂草某一生育期而言的。如拉索等酰胺类除草剂对未出苗的一年生禾本科杂草有效。在这些杂草出苗后使用，则防效极差，对大龄杂草则无效。杂草在幼小阶段（最好不超过10~15cm）时最容易杀死。如果杂草高度过膝时，最好先刈割草地，然后对幼小的再生草喷施除草剂。在严重的旱季杂草生长几乎停滞，此时不是喷施除草剂的最佳时期，但在旱情过后的几天内喷施则效果最好。除草的成功性往往取决于杂草旺盛生长的程度。

3. 施药质量

在除草剂使用时，施药质量极为重要。施药不均，使得有的地块药量不够，除草效果下降，而有的地块药量过多，有可能造成牧草药害。提倡用扁扇形喷头，喷雾时药液量适中，喷头离地面高度适中。如喷头离地面高度太低或太高，会造成防效下降。

4. 环境条件

（1）温度。温度对除草剂有明显的影响，大多数的除草剂在温度15℃以上时最有效。温度升高药效提高，用药量可适当减少。温度低应适当增加用药量。如温度超过28℃时则停止使用2，4-D和氟乐灵等易挥发的除草剂，以免造成损失。在除草剂喷施前后如有连续几天的温暖天气，则除草效果会更好。

（2）水分。水分对药效发挥有较大的影响，大多数土壤处理的除草剂如敌草隆、扑草净等必须在湿润的条件下才能发挥药效。如果土壤干燥，药剂不能很好地溶解于土壤中，不能被杂草的根、幼芽吸收。但雨水太多，也会将药剂冲走而降低药效或缩短残效期。2，4-D类除灰菜等双子叶杂草，必须在用药后6小时无雨，才能充分被杂草吸收。否则雨水会把药剂冲走而降低药效。

（3）光。对于需光的除草剂来说，光照是发挥除草活性的必要条件。光照条件好时使用百草枯能加快杂草的死亡速度，但不利于杂草对该药的吸收，反而可能造成除草效果的下降。对易光解的除草剂，光照加速其降解，降低其活性。

（4）风速。风速主要影响施药时除草剂雾滴的沉降，风速过大，除草剂雾滴易漂移，减少在杂草整株上的沉降量，而使除草剂的药效下降。

（5）土壤。土壤质地、有机质含量、pH值和墒情等因素直接影响到土壤处理除草剂在土壤中吸附、降解速度、移动和分布状态，从而影响到除草剂的药效。碱性土壤，有机质含量少的土壤吸附除草剂的量少，除草剂用量也少；反之黏性土壤或有机质含量高的土壤的吸附能力强，除草剂用量应适当增加。土壤pH值影响到除草剂在土壤中的吸附和一些除草剂的降解，如敌草隆等除草剂，在强碱或强酸的土壤中容易分解。因此，在前两种土壤中用药量需增加。一般的除草剂当酸碱度pH值为5~7.5时，能较好地发挥除草的作用。土壤墒情对土壤处理除草剂的药效影响极大，土壤墒情差不利于除草剂药效的发挥。为了保证土壤处理除草剂的药效，在土表干燥时，应提高喷液量或施药后及时浇水。土壤墒情和营养条件影响到杂草的出苗和生长，也会影响到除草剂的药效。土壤墒情差，杂草出苗不齐，可降低土壤处理除草剂的药效，对苗后处理除草剂也不利。

5. 施用范围

喷施区附近的作物也可能因喷施或除草剂水汽的飘移而受到损害。某些情况下，喷施除草剂也会损害到间作的牧草，如三叶草或冬季一年生牧草。

（三）主要除草剂性能简介

1. 选择性除草剂

（1）2，4-滴（2，4-D）。

①防除原理：2，4-D为选择性内吸传导激素型除草剂，在土壤中残效期为20天。

②剂型：有80% 2，4-D钠盐、72% 2，4-D丁酯乳油。

③适用作物：适用于禾本科牧草、草坪和非耕地。

④防除对象：可防除一年生和多年生的阔叶杂草及莎草科的一些杂草，如藜、苋、蓼、铁苋菜、荠菜、苦荬菜、刺儿菜、葎草、苍耳、独行菜、苘麻、旋花、马齿苋等。芽前土壤处理能抑制一年生禾本科杂草及种子繁殖的多年生杂草。

⑤使用方法：在禾本科牧草2~3叶期至分蘖期叶面处理，亩用80%钠盐原粉30~

80mL 对水喷雾，芽前土壤处理一般亩用 72～144mL 对水喷雾土表。

⑥注意事项：苜蓿等豆科牧草对 2，4-D 敏感。可与百草敌、阿特拉津、二甲四氯、五氯酚钠、敌百虫、乐果、硫酸铵等混用。

（2）2，4-滴丁酸（2，4-DB，bexone）。

①防除原理：2，4-DB 为传导性激素型茎叶处理除草剂，对豆科牧草安全。

②剂型：有 40%乳油，胺盐。

③适用作物：适用于禾本科牧草和苜蓿等豆科牧草。

④防除对象：可防除藜、苋、蓼、苍耳、豚草、田旋花等阔叶杂草。

⑤使用方法：在苜蓿株高 10cm 左右时，亩用 40%乳油 30～150mL，对水 40～50kg，均匀喷雾杂草茎叶。

⑥注意事项：可与二甲四氯混用。2，4-DB 目前在国内很难购买到。

（3）稳杀得（fluazifop）。

①防除原理：稳杀得为选择性内吸传导茎叶处理除草剂，在土壤中残效期为 1～2 个月。

②剂型：有 15%、35%乳油。

③适用作物：适用于豆科牧草。

④防除对象：可防除多种多年生和一年生禾本科杂草，如稗草、马唐、狗尾草、野燕麦、看麦娘、双穗雀稗、狗牙根、蟋蟀草、芦苇、臂形草、龙爪茅、毒麦、宿根高粱、白茅等，也可用于非耕地灭生性除草。对阔叶杂草无效。

⑤使用方法：在一年生禾本科杂草 2～5 叶期（株高 5～15cm），亩用 35%乳油 40～75mL，对水 30kg 左右，均匀喷雾杂草茎叶。对多年生禾本科杂草亩用 35%乳油 75～125mL。

⑥注意事项：稳杀得具有迟效性，不要在 1～2 周内效果不明显时重喷 2 次药。不宜与 2，4-D、二甲四氯混用，也不宜与百草枯等快速灭生性除草剂混用。

（4）盖草能（haloxyfop）。

①防除原理：盖草能为选择性内吸传导茎叶处理除草剂，在土壤中的残效期较长。

②剂型：有 12.5%乳油，24%乳油。

③适用作物：豆科牧草。

④防除对象：可防除马唐、稗草、牛筋草、千金子、早熟禾、雀麦、匍匐冰草、野燕麦、狗牙根、双穗雀稗、阿拉伯高粱、画眉、白茅等一年生及多年生禾本科杂草。对阔叶杂草和莎草科杂草无效。

⑤使用方法：一年生禾本科杂草亩用 12.5%乳油 40～50mL；多年生禾本科杂草亩用 12.5%50～100mL，均对水 30kg 左右，均匀喷雾杂草茎叶。

⑥注意事项：切勿喷到邻近的禾本科作物上，以免产生药害。与苯达松、杂草焚混用还能防除苜蓿田阔叶杂草。

（5）麦草畏（百草敌，dicamba）。

①防除原理：麦草畏为选择性内吸传导激素型除草剂，在土壤中药效期为 2 个月。

②剂型：有 40%二钾胺盐水剂，40%乳油，5%、10%的颗粒剂。

③适用作物：适用于禾本科牧草、草坪。

④防除对象：可防除一年生、多年生阔叶杂草及灌木，如藜、苋、蓼、铁苋菜、大巢草、繁缕、刺儿菜、葎草、猪殃殃、荞麦蔓及其他旋花科杂草。特别是防治抗 2，4-D 类除草剂的一年生和多年生阔叶杂草，其效果优于 2，4-D 丁酯。也可作为灭生性除草剂，用于非耕地和林地防除多年生阔叶杂草和小灌木。

⑤使用方法：当阔叶杂草株高 5~15cm 时，亩用 40%水剂 100~120mL，对水 40kg 左右，均匀喷雾杂草茎叶。

⑥注意事项：严防喷雾时雾滴漂移到苜蓿等敏感作物上。施药后不宜立即放牧或收割牧草。不能与机膦农药混用。可与 2，4-D、二甲四氯混用扩大杀草谱。

（6）草芽平（2，3，6-TBA）。

①防除原理：草芽平为内吸传导激素型除草剂，在土壤中持续期可达 2~3 个月。

②剂型：有 24%二甲基胺盐水剂。

③适用作物：适用于禾本科牧草。

④防除对象：可防除一年生和多年生阔叶杂草，特别是多年生杂草如田旋花、田蓟、乳浆草、豚草以及防除灌木如一些针叶树、野蔷薇等。

⑤使用方法：主要用于芽前土壤处理或苗后茎叶处理。在禾本科牧草 5 叶期，亩用 20%胺盐水剂 80mL。防除多年生杂草，亩用 20%胺盐水剂 560~1 100mL。

⑥注意事项：可与二甲四氯混用。混用时防止漂移到苜蓿等对其敏感的作物上。

（7）杂草焚（acifluorfen sodium）。

①防除原理：杂草焚为选择性触杀型除草剂，在土壤中半衰期为 30~60 天。

②剂型：有 45%水剂，20%、24%乳剂。

③适用作物：适用于苜蓿等豆科牧草。

④防除对象：可防除铁苋菜、刺苋、豚草、芸苔、灰藜、野西瓜、甜瓜、裂叶牵牛、旋花科、茜草科、春蓼、猩猩草、苍耳、龙葵、马齿苋、苋、蓼、苘麻、粟米草、鸭跖草、水棘针、曼陀罗等一年生阔叶杂草，对 1~3 叶期的狗尾草、马唐、画眉、狗尾草、稗草、稷和野高粱等禾本科杂草也有较好的防效，对苣荬菜、刺儿菜有较强的抑制作用。

⑤使用方法：在苜蓿田一年生阔叶杂草株高 5~10cm（2~4 叶期）使用，亩用 24%乳油 50~75mL，对水 25kg 左右，均匀喷雾杂草茎叶。

⑥注意事项：喷药后 6 小时内降水会降低除草效果。可与氟乐灵、拉索、都尔混用，可扩大杀草效果。不能与苯达松、禾草灭混用。

（8）拉索（甲草胺，alachlor）。

①防除原理：拉索为选择性芽前土壤处理除草剂，在土壤中残留 1~2 个月。

②剂型：有 48%乳油，10%、15%颗粒剂。

③适用作物：适用于苜蓿等豆科牧草。

④防除对象：可防除大多数一年生禾本科杂草如马唐、稗、狗尾草、蟋蟀草、画眉草、牛筋草、秋稷、毛线稷、臂形草等。对一年生阔叶杂草如苋、菟丝子、马齿苋、藜、蓼、龙葵、轮生粟米草等有一定防效。对藜、蓼、龙葵、扛板归等效果较差，对田蓟、田旋花、宿根高粱等无效。

⑤使用方法：在播前或播后苗前土壤处理，亩用 48%乳油 100~330mL。亩用 48%乳油 200mL，对水 25kg 均匀喷洒可防除缠绕苜蓿茎叶的菟丝子。

⑥注意事项：若施药后土壤干旱而又不能灌溉，应浅混土2~3cm，并及时镇压。可与草灭平、地乐酚、利谷隆等混用。也可与液体肥混合使用。

（9）都尔（杜耳，metolachlor）。

①防除原理：都尔为选择性芽前土壤处理除草剂，持效期8~12周。

②剂型：有50%、66.7%、72%、96%乳油。

③适用作物：适用于苜蓿等豆科牧草。

④防除对象：可防除一年生禾本科杂草如稗、马唐、金狗尾草、绿狗尾草、法氏狗尾草、野黍、画眉草、牛筋草、臂形草、黑麦草、早熟禾、虎尾草、千金子等和鸭跖草、荠菜、蓼、菟丝子、藜、苋、马齿苋等阔叶杂草。看麦娘、燕麦草对都尔抗性较强。

⑤使用方法：在播种后至出苗前，亩用72%乳油100~150mL，对水35kg左右，均匀喷雾土表。如土壤干旱应喷药后进行浅混土。

⑥注意事项：可与扑草净、利谷隆、草灭平、苯达松、莠去津、百草敌等混用。

（10）氟乐灵（trifluralin）。

①防除原理：氟乐灵为硝基苯类选择性芽前土壤处理除草剂，不能抑制休眠种子发芽，对已出土的杂草也无效。持续期为3~6个月。

②剂型：有48%乳油，2.5%、5.0%颗粒剂。

③适用作物：适用于苜蓿等豆科牧草。

④防除对象：可防除一年生禾本科杂草及种子繁殖的多年生杂草和某些阔叶杂草如稗草、大画眉、马唐、早熟禾、千金子、牛筋草、雀麦、看麦娘、狗尾草、蟋蟀草、野燕麦、雀舌草、藜、苋菜、马齿苋、繁缕、萹蓄、蓼、蒺藜等。对三棱草、苍耳、龙葵、苘麻、蓼、曼陀罗、芦苇、白茅、狗牙根、香附子、蓟、旋花等宿根性多年生杂草防效差或基本无效。对成株杂草无效。

⑤使用方法：在苜蓿休眠时、刚刚收割之后或播种前，亩用48%乳油100~150mL对水喷雾，及时混土5~8cm深，5~7天后安全播种。

⑥注意事项：施药到混土的时间不要超过6小时。可与灭草蜢、燕麦畏、利谷隆混用。可与苯达松、拿捕净、盖草能等苗后配合使用。

（11）地乐胺（butralin）。

①防除原理：地乐胺为选择性芽前土壤处理除草剂。

②剂型：有48%乳油。

③适用作物：适用于苜蓿等豆科牧草。

④防除对象：可防除种子繁殖的一年生禾本科及小粒种子的阔叶杂草，如马唐、稗草、狗尾草、蟋蟀草、苋、马齿苋、藜等。对菟丝子也有较好的防除效果。

⑤使用方法：在苜蓿播种或播后苗前，亩用48%乳油200~250mL，对水喷雾土表，及时混土5~7cm。

⑥注意事项：可与利谷隆、莠去津混用。

（12）敌草隆（diuron）。

①防除原理：敌草隆为选择性内吸传导型除草剂。高剂量具灭生性，低剂量有选择性。在土壤持效期8~16周。

②剂型：有25%、50%、80%可湿性粉剂，5%、10%粉剂。

③适用作物：适用于苜蓿等豆科牧草。

④防除对象：可防除一年生禾本科杂草和阔叶杂草，如马唐、稗草、狗尾草、蓼、苋、藜等，对多年生杂草如狗牙根、香附子等也有较好的防治效果。

⑤使用方法：在苜蓿播后苗前亩用 25% 可湿性粉剂 200~250g，对水 35kg 左右，均匀喷雾土表。播种时要适当加深播种深度，以扩大位差选择。

⑥注意事项：可与二甲四氯、2, 4-D、五氯酚钠等混用。

（13）绿麦隆（chlortoluron）。

①防除原理：绿麦隆为选择性内吸传导型土壤处理剂，在土壤中持效期 70 天。

②剂型：有 25%、50% 可湿性粉剂。

③适用作物：适用于禾本科牧草。

④防除对象：可防除看麦娘、繁缕、碱茅、雀舌草、早熟禾、野燕麦、棒头草、藜、苍耳、马唐、马齿苋、波斯婆婆纳等一年生杂草。对棒头草、硬草也有一些防除效果。对田旋花、问荆、刺儿菜、苣荬菜、大婆婆纳、酸模、猪秧秧、蓼等防除效果差。

⑤使用方法：在杂草出芽前或 1~2 叶期，亩用 25% 可湿性粉剂 250~300g，对水 40kg 左右，均匀喷雾土表或杂草茎叶。

⑥注意事项：苜蓿等对绿麦隆很敏感，喷雾时严防雾滴污染这些作物。

（14）阔叶净（巨星，tribenuron）。

①防除原理：阔叶净为选择性内吸传导型除草剂，在土壤中残留期 60 天左右。

②剂型：有 75% 干燥悬浮剂。

③适用作物：适用于禾本科牧草。

④防除对象：可防除田蓟、繁缕、蓼、播娘蒿、地肤、藜、反枝苋、田芥等一年生和多年生阔叶杂草。对卷茎蓼、田旋花、野燕麦、狗尾草、雀麦等效果不显著。

⑤使用方法：在一年生阔叶杂草苗期至开花前（株高 10cm 以内），亩用 75% 悬浮剂 0.8~1g，对水 30kg 均匀喷雾杂草茎叶。多年生杂草用高剂量。

⑥注意事项：切勿喷雾到邻近的阔叶作物上，以免产生药害。

（15）燕麦灵（巴尔板，barban）。

①防除原理：燕麦灵为选择性茎叶处理除草剂。对防除野燕麦有特效。

②剂型：有 10%、12.5%、15%、25% 乳油。

③适用作物：适用于禾本科牧草、苜蓿、三叶草等。

④防除对象：可防除野燕麦、看麦娘、早熟禾、雀麦。对阔叶杂草无效。

⑤使用方法：亩用有效成分 16~40g，对水 6~30kg 作茎叶处理。

⑥注意事项：可与绿麦隆、二甲四氯混用，但不宜与除草醚、2, 4-滴混用。

（16）灭草蜢（灭草丹、卫农，vernolate）。

①防除原理：灭草蜢为选择性芽前土壤处理除草剂，在土壤中持续期 1~3 个月。

②剂型：有 70%、88% 乳油，5%、10% 颗粒剂。

③适用作物：适用于苜蓿等豆科牧草。

④防除对象：可防除一年生禾本科杂草、阔叶杂草和莎草，如稗草、看麦娘、狗尾草、马唐、香附子、油莎草、蟋蟀草、粟米草、猪毛菜、苋、藜、马齿苋、苘麻、莎草等。

⑤使用方法：在播前或播后苗前，亩用88%乳油150～200mL，对水40kg左右均匀喷雾土表。施药后立即混土，混土深度为5cm左右，混土后可播种。

⑥注意事项：可与氟乐灵等混用。

（17）西玛津（simazine）。

①防除原理：西玛津为选择性内吸传导型土壤处理除草剂。残效期可达12个月。

②剂型：有50%、80%可湿性粉剂，40%胶悬剂。

③适用作物：适用于禾本科牧草（低剂量）、苜蓿和非耕地灭生性除草。

④防除对象：可防除稗草、马唐、狗尾草、看麦娘、鸭跖草、野黍、苋菜、蓼、藜、苍耳、龙葵、苘麻、莎草以及十字花科、豆科等一年生杂草和种子繁殖的多年生杂草。对阔叶杂草的防除比禾本科效果为佳。

⑤使用方法：播前、苗前土壤处理，用于定植苜蓿地，在秋季亩用40%胶悬剂300～400mL，对水40kg左右，均匀喷雾土表。

⑥注意事项：可与扑草净、二甲四氯、茅草枯等混用。

（18）苯达松（灭草松，bentazone）。

①防除原理：苯达松为选择性触杀型茎叶处理除草剂。

②剂型：有25%、48%水剂，48%乳油，50%可湿性粉剂。

③适用作物：适用于禾本科、豆科牧草。

④防除对象：可防除苍耳、曼陀罗、芥菜、苋、马齿苋、苦苣菜、蒿、繁缕、猪秧秧、婆婆纳、蓼、苘麻、鬼针草、荠菜、野胡萝卜、野西瓜、豚草、鼠曲、加拿大蓬等多种阔叶杂草，对豆科杂草防效差，对禾本科杂草基本无效。

⑤使用方法：在阔叶杂草2～5叶期，亩用25%水剂150～250mL，对水30kg左右，均匀喷雾杂草茎叶。

⑥注意事项：可与2，4-D、二甲四氯等混用。还可与磷酸钙肥料混用。

（19）茅草枯（达拉朋，dalapon）。

①防除原理：茅草枯为内吸传导型茎叶处理除草剂，土壤中持效期1～2周。

②剂型：有80%可溶性粉剂，40%水剂。

③适用作物：适用于苜蓿等豆科牧草。

④防除对象：可防除茅草、芦苇、狗牙根、马唐、狗尾草、蟋蟀草等一年生及多年生禾本科杂草，对阔叶杂草防效差。

⑤使用方法：在杂草生长旺盛期，亩用80%可溶性粉剂500～1 000g，对水50kg，均匀喷雾杂草茎叶。

⑥注意事项：可与2，4-D、扑草净混用。在沙质土施用量应适当减少。

（20）拿捕净（sethoxydim）。

①防除原理：拿捕净为选择性内吸传导型茎叶处理除草剂。

②剂型：有20%、50%乳油，12.5%机油乳剂，50%可湿性粉剂。

③适用作物：苜蓿等豆科牧草。

④防除对象：可防除一年生和多年生禾本科杂草，如看麦娘、野燕麦、雀麦、马唐、稗草、蟋蟀草、狗尾草、黑麦草、黍、大麦属、小麦属、匍匐冰草、狗牙根、臂形草、白茅、阿拉伯高粱等，对阔叶杂草、莎草属、紫羊茅、早熟禾无效。

⑤使用方法：一年生和多年生禾本科杂草2~7叶期，亩用20%乳油65~200mL，对水25kg左右，均匀喷雾杂草茎叶。

⑥注意事项：施药当天即可播种阔叶作物，1个月可播种禾本科牧草。可与苯达松或杂草焚配合用，但不能混用，要间隔一天后分次用。

（21）普施特（普杀特，imazethapyr）。

①防除原理：普施特为内吸传导选择性除草剂。

②剂型：有5%、10%水剂。

③适用作物：适用于豆科牧草。

④防除对象：可防除禾本科、莎草科和阔叶杂草。

⑤使用方法：播前或播后苗前亩用5%水剂100~133mL，对水40~60kg，均匀喷雾土表。

⑥注意事项：要求土壤墒情好，若太干可浅混土。

（22）鲁保一号。

①防除原理：鲁保一号是专为防治菟丝子的微生物除草剂。

②剂型：粉剂。

③适用作物：适用于苜蓿。

④防除对象：可防除菟丝子。

⑤使用方法：在菟丝子缠绕苜蓿3~5棵时，使用浓度一般为喷撒液含活孢子2 000万~3 000万个/mL。

⑥注意事项：鲁保一号菌粉和配好的菌液不得在日光下暴晒。不得与杀菌剂混用。

2. 非选择性除草剂

（1）仲丁通（secbumeton）。

①防除原理：仲丁通为内吸传导型除草剂，选择性差，在土壤半衰期6~7个月。

②剂型：有50%可湿性粉剂。

③适用作物：适用于苜蓿（低剂量）和非耕地灭生性除草。

④防除对象：可防除多数一年生杂草和某些多年生杂草。

⑤使用方法：在苜蓿休眠期、第一、第二次刈割后，亩用50%可湿性粉剂200~400ml，对水40kg左右，均匀喷雾土表。

⑥注意事项：可与西玛津混用。

（2）百草枯（克芜踪、对草快，paraquat）。

①防除原理：百草枯为触杀型灭生性茎叶处理除草剂。

②剂型：有20%水剂和5%水溶性颗粒剂。

③适用作物：用于灭生性或定向喷雾除草，牧场更新和催枯剂。

④防除对象：对1~2年生杂草防效最好，对多年生深根杂草只能杀死地上绿色部分，而不能杀死地下部分。

⑤使用方法：在杂草高15~20cm时，亩用20%水剂100~200mL，对水25kg作用，均匀喷雾杂草茎叶。当杂草超过30cm时用药量加大。

⑥注意事项：作催枯剂用时，落下的种子只能作播种材料。喷药后7~10天禁止家畜进入施药的田块。可与利谷隆、西玛津、莠去津、拉索、敌草隆等混用。

（3）草甘膦（镇草宁，glyphosate）。

①防除原理：草甘膦为非选择性慢性内吸传导型茎叶处理除草剂。百合科、豆科、阔叶深根杂草对草甘膦有抗性。对未出土的杂草无效。持效期半年左右。

②剂型：有 10%、20%水剂，50%可溶性粉剂。

③适用作物：适用于苜蓿、草坪、草场更新和灭生性除草。

④防除对象：可防除多种出苗后的一年生、二年生和多年生的禾本科杂草、莎草、阔叶杂草、藻类、蕨类和灌木，对多年生禾本科杂草狗牙根、双穗雀稗、白茅、芦苇和多年生香附子和苣荬菜等有特效。百合科、豆科、阔叶深根杂草对本剂抗性较大。

⑤使用方法：在苜蓿 6 叶期后，一年生杂草亩用 10%水剂 0.3~1kg，多年生杂草亩用 10%水剂 1~2.5kg，对水 30kg 均匀喷雾杂草茎叶。

⑥注意事项：施药后 1~4 天可播种。喷药后 6 小时内遇雨应补喷。

第二章 人工牧草种植技术

一、甘肃省牧草种植区划概况

牧草种植不是个简单的问题，它跟气候、土壤等自然条件有着密切的联系。盲目的种植、不科学的引种或在不适宜的区域盲目种植推广等都会给甘肃省的生态建设带来损失，也不利于生态养羊业的发展。因此，在进行人工牧草种植时应充分了解省内各地的气候、资源等自然状况，合理科学地进行区划。

甘肃省地处青藏高原、蒙新高原和黄土高原的交会处，大部分属于干旱半干旱地区，气候条件复杂多样。土地资源差异很大，有黄土高原、青藏高原、沙漠绿洲、丘陵沟壑、戈壁、河谷等。特殊的地理条件决定了不同的草地类型，更决定了牧草资源的生物学、生态学特点和生产能力在空间上的分区差异。因此，根据甘肃省自然条件、农业生产现状和牧草种、品种对外界生态条件的要求，以农业气候区域为基础，结合牧草种的生态分布的实际，确定出不同地区适于推广种植的种类，克服种植的盲目性，力争做到因地制宜，适地适种，实现品种合理布局。对栽培牧草进行区划，发挥牧草资源的生产潜力、推动牧草资源的合理利用和自然资源的生态平衡，促进生态养羊业的持续发。

根据甘肃省草地类型的丰富性和自然条件的特殊多样性以及农业气候区域，牧草种、品种对外界生态条件的要求，将甘肃省的牧草栽培区域划分为河西走廊干旱及灌溉区、中部丘陵沟壑区及东部半湿润区、陇东黄土高原区、陇南湿润山区和高寒草原区及青藏高原区等5个牧草种植区域。

1. 河西走廊干旱及灌溉区

河西走廊灌溉区包括乌鞘岭以西广大地区。境内地势平坦，便于机械化耕作，土壤肥沃，灌溉便利，农作物产量高而稳定，是甘肃省主要的商品粮基地。全境海拔 1 000 ~ 1 500m；年降水量由东向西递减，多集中在 8—9 月；多年平均温度 5 ~ 9℃，最低 -28.7℃，最高40℃。根据降水量和积温条件，又可进一步将河西走廊灌溉区划分为干旱荒漠区和灌溉农业区。

干旱荒漠区地处河西走廊，与腾格里沙漠和巴丹吉林沙漠毗邻。属中温带至暖温带极端干旱的荒漠半荒漠地带。大部分地区为戈壁和独特的沙漠绿洲。降水稀少，蒸发量大。安西、敦煌的降水量在50mm以下，其他地区100~200mm。光热丰富，日照充足，年日照时间2 800 小时以上，是全国太阳辐射能量最丰富的地区之一。土地沙化、碱化严重，水源短缺，缺乏补给，水质恶化。植被覆盖度极低，生态环境极其恶劣，是沙尘暴的多发区。土壤类型有荒漠沙土、流动风沙土、砾质戈壁灰棕漠土、棕钙土、棕漠土、灰灌漠土、灰棕漠土、潮土、栗钙土、盐化草甸土、林灌草甸土、碱化盐土、龟裂土、灌溉灰漠棕土、石膏灰漠棕土、盐化灌漠土、水库-湖泊土等。

草地类型有冷湿干旱类、冷温微干类、微温干旱类、微温极干类、暖温极干类、寒冷干旱类、寒冷微干类、寒温干旱类、冷温极干类等。

行政范围包括嘉峪关市；酒泉市的大部分地区，除阿克塞哈萨克自治县和肃北蒙古族自治县2县的南部山区外；张掖市的临泽和高台县；武威市的民勤县。

灌溉农业区属大陆性气候，地貌多为山地平原，其中，山区属于温寒半干旱区，川区属于温带干旱性气候，荒漠属于温带特干旱性气候。该区总体上气候干燥，地带性差异明显。可利用资源少，降水一般春季稀少，夏季集中，秋冬偏少。光热条件丰富，作物生长一季有余，两季不足。水资源能量大，是甘肃省重要的农业区。该区土壤类型有灰褐土、石灰性灰褐土、草甸灰钙土、灰漠土、栗钙土、灰钙土、草甸土、草甸盐土、林灌草甸土、灰灌漠土、潮土、耕灌淡栗钙土、淋溶灰褐土、黑钙土、石质土、沙田灰钙土等。

草地类型有微温极干类、微温干旱类、冷温微干类、冷温湿润类、微温微干类、微温微润类、微温湿润类、冷温潮湿类。

行政范围包括张掖市的肃州区以及山丹县北部；武威市的凉州区、武南区和古浪北部；金昌市；兰州地区的兰州市、皋兰县；白银地区的白银市、景泰县、靖远县；临夏回族自治州的永靖县。

河西走廊干旱及灌溉区除祁连山北麓一带由于地势高、降水量较多，尚可从事旱作耕作以外，其余大部分地区，由于气候干燥，降水量稀少，蒸发量大，只有灌溉才能从事农业生产。所谓"无灌溉就无农业"，形成了本区灌溉农业的特点。灌溉水源主要是祁连山雪水。作物基本上是一年一熟。部分地区地势低、温度高、水源充足，有间作套种的习惯。适于该区种植的牧草是紫花苜蓿、红豆草、沙打旺、白花草木樨、黄花草木樨、鹰嘴紫云英、箭舌豌豆、栽培山黧豆、山野豌豆、毛苕子、鹰嘴豆、无芒雀麦、老芒麦、垂穗披碱草、苏丹草等。在民勤、永昌、肃北、阿克塞等半荒漠地区以种灌木、半灌木饲料如花棒、柠条、梭梭、白刺为宜，还有骆驼蓬、白沙蒿、驴驴蒿和沙米等牧草。紫花苜蓿是甘肃省栽培历史最久、面积最大的优良豆科牧草。在年降水量400~600mm，年均温5~12℃地区生长良好，产量高，品质好，适口性较强，适应性较广，耐寒耐旱，根系发达，入土较深，是绿肥和水土保持兼用牧草。沙打旺也是优良栽培牧草之一。年降水量300~400mm，年均温10℃左右的地区能正常生长，耐旱、耐寒、耐瘠薄，抗风沙，是饲草、绿肥、水土保持兼用的牧草。但株体中含有机硝基化合物，影响其适口性和畜产品品质。应注意利用时期和方法。垂穗披碱草较抗寒，抗旱性稍差，喜湿润，适于降水量500~600mm地区种植。老芒麦为多年生禾本科牧草，抗寒力较强，不耐干旱，适于降水量450~800mm。在弱酸性或微碱性土壤上生长。栽培山黧豆幼苗能忍受-8~-6℃的低温，对春冻抵抗力比豌豆强，抗旱性较强。土壤水分过多，生长期延长，青草产量增加，但影响种子产量。对土壤要求不高，在轻沙壤土、沙土、黏土上都能生长。籽实中含有一种水溶性变异氨基酸，长期用其籽实喂家畜时会发生中毒，故饲喂前将籽实蒸煮，可减少毒性。此外，在日粮中的比例不要高于25%。花棒适应沙漠环境，能防风固沙，嫩枝和叶可作饲料，枝干可作燃料。酸刺为经济价值高的灌木，生长迅速见效快，是很好的饲料、燃料和蜜源植物。果实营养丰富，可供酿酒、制醋和药用。适应性强，耐瘠薄，耐干旱。伏地肤为多年生藜科半灌木。根系粗壮发达，抗旱性强，再生性好，耐践踏。春播或冬季利用积雪播种，是荒漠地区建立人工草地的重要草种。梭梭是荒漠地区固沙造林的重要树种，材质坚硬，为优良的薪炭用材，嫩枝可供驼、羊食用。在沙漠地区一般用种子育苗造林为好。

适于该地区种植的饲料作物有青刈玉米、饲用甜菜、马铃薯，饲用胡萝卜、高粱、谷子等。

2. 中部丘陵沟壑及东部半湿润区

中部丘陵沟壑区以定西地区为主，包括乌鞘岭以东和六盘山、华家岭以西广大地区。该区地处黄土高原，生物资源和土地资源丰富，地形复杂，地貌多样，有黄土高原典型的丘陵沟壑，也有陇中一带的层峦叠嶂和山川河谷。除少数沿河川水地以外，多为丘陵旱地，海拔 1 900~2 500m。属温带半湿润气候区，具有大陆性气候的特点。冬半年气候寒冷干燥，降水稀少。夏半年温暖湿润，降水集中，光照丰富，热量充足。年均温 9.6~10.3℃，年降水量 260~328mm，蒸发量 1 600~1 920mm，无霜期 120~180 天。川区一年两熟，山区一年一熟。土地适宜的作物较多，但利用难度大。该区水土流失严重，生态环境脆弱，自然灾害频繁。

该区土壤类型有淋溶灰褐土、石灰性黑钙土、盐化灰钙土、红黏土、黑钙土、栗钙土、灰钙土、淡栗钙土、耕灌栗钙土、川地黑麻土、坡地黑麻土、川地麻土、坡地麻土、坡黄绵土、黑土、褐土、棕壤、黑垆土、新积土等。

草地类型有冷温潮湿类、微温湿润类、冷温微湿类、微温微润类、微温微干类、微温干旱类、微温潮湿类、暖温微干类、暖温微润类。

行政范围包括兰州地区的永登县、榆中县；临夏回族自治州大部（除永靖县）；定西地区大部（除岷县）；天水地区；陇南地区大部（除武都县、文县、宕昌县、康县和成县）；平凉地区大部（除灵台县）；庆阳地区大部（除宁县和正宁县）。

半湿润区地处黄土高原的一部分和靠近秦岭的一部分组成。属于半湿润地区，夏季不炎热，冬季较严寒。降水充足，年际月季变化大，无霜期长，气温较高，日照充足，光能利用潜力较大。地形地貌复杂，动、植物资源丰富。荒山荒坡面积大，发展林牧业有潜力，宜林宜草荒地较多。其中，黄土高原部分土地水肥不足，植被差，水土流失严重。水资源量缺质差，水量适中但不适时。生物资源品种多，单缺少地方特色。靠近秦岭部分地区属于典型的亚热带向温暖带过渡气候，水热资源丰富，地势起伏，相对高差较大，热量和水分随水平地带和垂直地带而差别明显。特殊的气候和地理位置决定了生物资源的不同。森林层次明显，依次为高大乔木、小乔木、灌木、草被。

土壤类型有石灰性褐土、石灰性灰褐土、黏化黑垆土、黑垆土、坡黄鳝土、川谷黄绵土、新积土、黄绵土、棕壤性土、黄棕壤、红黏土、褐土性土、湿朝土等。

草地类型有微温湿润类、微温潮湿类、暖温湿润类、暖温微润类等。

行政范围包括陇南地区的康县和成县；平凉地区的灵台县；庆阳地区的宁县和正宁县。

中东部丘陵沟壑区除川水地区种植精料玉米外，一般干旱地均以豌豆、蚕豆、马铃薯为主。本区适于种植的牧草有豆科牧草红豆草、紫花苜蓿、兵豆、春山黧豆、白花草木樨、箭舌豌豆；冰草、无芒雀麦、披碱草、长穗偃麦草、草高粱、草谷子等。在有灌溉条件的地区套种、复种甜菜、胡萝卜是养羊的优质多汁饲料。红豆草产量高，品质好，适口性强，抗寒抗旱性比紫花苜蓿强，所以，在干旱条件下能长久保持生机。当获水后又可抽出新枝，继续生长。箭舌豌豆籽实中含有氢氰酸，因此，饲用时必须进行浸泡、淘洗、蒸煮等工艺过程，避免大量长期连续食用，以防中毒。冰草是高度抗旱耐寒的长寿多年生牧草，生活年限 10 年以上。饲草品质好，茎叶营养丰富，各种家畜均喜食。春季返青早，能较早地为放牧畜群提供青绿饲料。此外，尚有西伯利亚冰草、蒙古冰草等。长穗偃麦草再生力强，根系强大，有地下茎，贮藏丰富的养分，因此，抗旱耐寒能力很强，分裂旺盛，是晚熟的禾草，能在整个生长季提供放牧饲草。抗盐碱能力强，可以用于改造盐碱地。中间偃麦草是生草土型多年生禾草，耐寒抗旱，春季返青早，在春夏两季提供优质的放牧饲草。在栽培条件下，苗期生长缓慢，一旦形成株丛，便生长旺盛，根茎迅速扩张，形成覆盖严密的生草丛。披碱草适应性比老芒麦和垂穗披碱草强，表现抗寒、耐旱、耐碱、抗风沙。该草是旱中生植物，要求一定的水分条件，但由于根系发达，可充分利用土壤深层的水分，同时，在干旱时叶片能卷成筒状，可以大大减少水的散失。

3. 陇东黄土高原区

陇东黄土高原区包括华家岭以东、子午岭以西和秦岭以北广大地区。境内岗陵起伏，川塬交错，气候温和，雨量较多，土壤肥沃。年平均温度为 7~10℃，绝对最低温度不低于 -23℃，降水量 300~700mm，多集中在 7 月、8 月、9 月的 3 个月，占全年降水量的一半，平均无霜期 160~220 天。雨量从北向南递减，夏季多暴雨，水土流失严重，是我国水土保持的重点地区之一。

该区土壤类型有淋溶灰褐土、石灰性黑钙土、盐化灰钙土、红黏土、黑钙土、栗钙土、灰钙土、淡栗钙土、耕灌栗钙土、川地黑麻土、坡地黑麻土、川地麻土、坡地麻土、坡黄绵土、黑土、褐土、棕壤、黑垆土、新积土等。

草地类型有冷温潮湿类、微温湿润类、冷温微湿类、微温微润类、微温微干类、微温干旱类、微温潮湿类、暖温微干类、暖温微润类。

行政范围包括平凉地区大部（除灵台县）；庆阳地区大部（除宁县和正宁县）。

本区最北部由于降水量少，海拔较高，温度稍低，生长期较短，因此，以生长期短而抗寒、抗旱力强的糜谷为主，牧草中宜栽培草木樨、紫花苜蓿、杂种苜蓿、沙打旺、牛尾草、草地早熟禾、球茎草芦和一年生雀麦、苏丹草等。南部温度较高，雨量偏多，生长期较长，适宜种植喜温饲料作物。如玉米、高粱等。牧草类主要为黄花草木樨、白花草木樨、红豆草、紫花苜蓿、鹰嘴紫云英、苏丹草、意大利黑麦草、扁穗雀麦、无芒雀麦、大麦草、草地牛尾草等。草木樨适于在温湿和半干燥条件下生长，对土壤要求不严，抗盐碱能力强，耐瘠薄，根系发达，抗旱抗寒性都强，产草量高，亩产鲜草 2 500~3 500kg，因含香豆素，初喂时家畜不喜食，应讲究饲喂技术。鹰嘴紫云英是黄芪属多年生匍匐型牧草，具有粗壮而强大的根茎，根茎在表土层下向四周匍匐生长，根茎上的芽出土后即可形成新的分枝，喜寒冷潮湿，适于弱酸性和中性土壤，抗寒性较强，播种后第二年即可覆盖地面，是优良的水土保持植物。无芒雀麦在年降水量 350~500mm，年均温 5℃ 左右，土壤肥沃的地区可以生长，较抗寒抗旱，具有地下根茎，侵占性强，是放牧和割草兼用型牧草，亩产干草 400kg，营养价值较高。大麦草适生于湿润草原，在下湿地、滩地生境条件下生长良好。在干燥的沙质土壤上也能生长，耐寒性较强，耐瘠薄耐干旱，耐牧，返青早，发育快，早熟。牛尾草喜暖湿润，既耐湿又耐旱，对土壤要求不严，耐盐碱。在土壤 pH 值 9.5 时能生长，在酸性土壤上也能生长，由于大部分地区二年三熟或一年二熟，一般在麦收后复种，间作，套种，混作种类多，面积大，是当地增产保收的重要措施。

4. 陇南湿润山区

陇南湿润山区包括秦岭以南广大地区，地处长江流域，属南北气候交错过渡带，有甘肃"小江南"之美称。地处湿润地区，降水丰富，地形复杂，同一山体出现多种熟制。高差明显，在垂直方向上出现北亚热、暖湿、温和、湿凉、湿寒 5 种气候带，有发展立体农业的自然基础。是甘肃省雨量最多，气候最暖和的地区，区内山沟深，土少石多，山地多，川地少。全区由于海拔高度不同，气候条件变化很大。年均温 13 ~ 15℃，降水量 450 ~ 700mm。日照较短，在 2 000 小时以下。蒸发量不到 1 500mm，无霜期 220 ~ 300 天。生物资源丰富，树种多，乔、灌木近 1 000 种。土壤贫瘠，水土流失严重，山地多平地少，利用难度大。一年二熟或二年三熟。

土壤类型有黄棕壤、棕壤、褐土、山地草甸土、草甸暗棕壤、红黏土、脱潮土、山地草原草甸土、石质土、高山灌丛草甸土、淋溶褐土等。

草地类型有微温微干类、微温微润类、暖温微干类、暖温微润类、暖热微干类、暖温湿润类、暖温潮湿类、暖热微干类、微温湿润类等。

行政范围包括陇南地区的武都县、文县。

本区适于种植的饲料作物有玉米、马铃薯、高粱、少数干旱地区为糜谷、大麦、蚕豆等。适宜栽种的豆科牧草有红三叶、波斯三叶、杂三叶、绛三叶、紫云英、草藤、百脉根、小冠花、禾本科牧草为多年生黑麦草、鸡脚草、鹅冠草、高燕麦草、看麦娘、草芦、苇状羊茅、苏丹草等。红三叶喜欢温暖湿润的气候条件。年降水量在 500mm 以下，必须经过灌溉才能生长良好，不太耐高温，一般在大于或等于 10℃，年积温 2 000℃左右地区生育良好。对土壤选择严格，要求 pH 值 6 ~ 7。百脉根性喜温暖湿润，在 pH 值 6.2 ~ 6.5 的土壤上生长良好，耐酸性较苜蓿强，在瘠薄土壤中可以生长，地上分枝多，能达 100 个以上。小冠花以根蘖芽潜伏地表下越冬，喜干厌湿，在中性或偏碱性土壤上生长良好。根系发达，侧根横向走串，可长出许多根蘖芽，蔓延生长，形成新株，故可用根进行无性繁殖。也是理想的水土保持植物。多年生黑麦草适于气候温和、雨量充沛地区生长，年均温 15 ~ 20℃，年降水量 1 000 ~ 1 500mm，不耐炎热或高温，也不耐严寒，高温到 35℃以上生长不良，冬季-15℃以下，又无积雪的情况下难以越冬。黑麦草高产，含蛋白质较高，耐刈割，也适于放牧，鸡脚草属长日照植物，耐荫蔽，湿润，在肥沃的生境下有利于生长，但不耐长期浸淹，对土壤要求不严，在泥炭土及沙壤土上均能生长，但不耐盐渍化。聚合草在本区推广种植很有前途，产量很高，蛋白质含量丰富，柔嫩多汁，是养羊生产中很值得重视的一种青绿饲料。

5. 高寒草原区及青藏高原区

高寒草原区地处蒙新大陆性气候区，是与青藏高原高山气候区的交接带，具有水热显著的垂直地带性特点。寒冷干旱，温差大，四季分明，光能丰富，热量不足，雨热同期，有利于植物进行光合作用和生长以及干物质的积累。年蒸发量大，降水稀少且不均匀，年季变化大，差异悬殊。例如，天祝同一山区的月最少和最多降水量相差 280mm 以上。地形复杂，地貌多样，草原利用难度大。水资源利用率低，供需失调。自然灾害频繁。

土壤类型有灰褐土、草甸黑土、草甸灰钙土、黑钙土、暗栗钙土、灰漠土、灌溉灰漠土、暗灌漠土、灰灌漠土、高山草甸土、高山灌丛草甸土、栗钙土、耕灌栗钙土、灰钙土、灰棕漠土、淡栗钙土、盐化栗钙土、石灰性黑钙土、淋溶灰褐土、高山寒漠土、棕漠土、棕钙土、高山草原土、盐化草甸土、草甸盐土、高山寒漠土、砾质戈壁灰棕漠土、冰川雪被土、钙质粗骨土等。

草地类型有冷温微干类、冷温微润类、微温微干类、微温微润类、微温湿润类、寒冷潮湿类、寒温潮湿类、冷温潮湿类、冷温干旱类、微温极干类、微温干旱类、冷温极干类。

行政范围包括酒泉市的阿克塞哈萨克自治县和肃北蒙古族自治县 2 县的南部山区；武威市的天祝藏族自治县，古浪县南部山区；张掖市的肃南裕固族自治县和民乐县以及山丹县的南部山区。

该区适宜种植的牧草有老芒麦、垂穗披碱草、无芒雀麦、燕麦、芜菁、柠条锦鸡儿、白沙蒿、细枝岩黄芪、短柄鹅观花、冷地早熟禾等。同时，海拔较高、积温不足，有一定灌溉条件地带可种植一年生耐旱、耐寒草本。

青藏高原区地处青藏高原东缘，属寒冷湿润类型。地形高峻复杂，地貌多样壮观。气候寒湿，光热水同季匹配，分布不均，降温频繁。小气候环境差异明显。该区海拔一般较高，除河流两岸谷地在 1 100～1 500m 外，大多在 2 000～4 000mm，气候寒冷，云雾弥漫，雨量充沛。年平均温度小于 6℃，年平均降水量 500～800mm。冬春雨雪稀少。日照时数在 2 200～2 500 小时，蒸发量小于 1 400mm，生长季短，一般不超过 150 天，夏秋多云多雾多暴雨，雹灾也较多，对作物生长发育影响极大。土地辽阔，宜耕地少，宜林地多。土类多，土壤肥沃，垂直地带谱完整。水源充足，水资源良好，水质良好。草场宽阔，资源丰富，质地良好。植被茂盛，牧草种类繁多，优良牧草占主导地位。气象灾害频繁而严重。

土壤类型有淋溶灰褐土、灰褐土、暗棕壤、红黏土、黑钙土、石灰性黑钙土、高山草甸土、沼泽土、高山寒漠土、棕壤、淋溶褐土、高山灌丛草甸土、褐土性土、亚高山草甸土、冷温潮湿类、低位泥炭土等。

草地类型有寒温潮湿类、冷温潮湿类、微温微干类、微温湿润类、微温微润类、暖温微干类、暖温微润类等。

行政范围包括甘南藏族自治州；陇南地区的宕昌县；定西地区的岷县。

青藏高原区内适宜栽培的饲料作物是燕麦、大麦（青稞）、蚕豆、豌豆、马铃薯和莞根，在河谷川坝区还有玉米、甜菜等。由于气温低、生长季短，一年只能种收一茬，适宜种植的牧草有黄花苜蓿，扁蓿豆、草木樨、杂种苜蓿、老芒麦、垂穗披碱草、星星草、草地早熟禾、扁秆早熟禾、中华羊茅、沙生冰草、中间偃麦草、纤毛鹅冠草、弯穗鹅冠草、无芒雀麦、羊草、俄罗斯野麦草、野黑麦草、小糠草、紫羊茅、糙毛鹅冠草等。黄花苜蓿抗旱抗寒性较好，在年降水量 300～450mm，年均温 2～5℃ 的地区均能生长。羊草适于在降水量 350～500mm 的碱性土壤上生长，具有发达的地下根茎，由地下根茎发出新枝条，株高 50～90cm，每亩（1 亩≈667m^2，下同）可收干草 250kg 左右，营养丰富，是优质的饲草。但结实率低，种子发芽率不高。扁蓿豆又叫花苜蓿，是一种多年生牧草，抗寒性强，种子硬实率高，播前进行处理。小糠草适应性强，喜生于湿润的土壤，耐寒性强，在高寒牧区可安全越冬，并能抗热，耐旱，对土壤要求不严，以沙壤土和壤土为好，侵占性强，一经长成即能自行繁殖。紫羊茅耐寒抗旱，对土壤的适应性强，无论在多岩石的土壤，斜坡上或遮阴下都能生长。由于根深，匍匐茎能团结土粒，是良好的水土保持及草坪用草。野黑麦草比较抗旱耐寒，适宜微碱性土壤，耐瘠薄，分蘖力强，一般分蘖40~70个。生长第二年亩产千草250~300kg，草质中上等，家畜喜食。星星草耐寒耐旱，耐盐碱，土壤pH值8.8仍生育良好，是改良盐碱土的好草种。亩产干草200~250kg，种子成熟整齐不易落粒。俄罗斯野麦草在降水量300~400mm，冬季气温-30~-20℃生长良好，适宜盐碱性土壤，刈割，放牧后再生迅速，秋季枯黄晚，蛋白质含量高，秋季适口性好，叶丛状难于刈割，主要用作放牧。

二、牧草种植技术

种植牧草的目的就是为绵羊生产提供优质饲料，以解决绵羊饲草供应不足的问题，并获得单位面积上最大草产量。而播种又是栽培好牧草和建植好草地的关键，为了保证苗全苗壮和草地的高产，抓好牧草的播种就非常重要。

1. 牧草种子的选择与购买

（1）根据绵羊饲养需要选择牧草种子。绵羊为反刍动物，消化粗纤维能力强，且采食量大。应种高产优质的粮饲兼用作物和多年生牧草。为解决牛羊冬春青贮饲料，最好要种植饲料玉米、籽粒苋。养5~10只羊最少要种1亩地草。

（2）根据利用方式选择牧草种子。

①青刈：青饲是解决绵羊夏秋饲草饲料主要来源和最经济有效的利用方式。应种植青绿多汁、再生快、耐刈割的一年生禾本科牧草和叶菜类牧草。主要是御谷、籽粒苋、墨西哥玉米、高丹草、菊苣、串叶松香草，还可种植苦荬菜、苜蓿、鲁梅克斯等。

②青贮：青贮主要解决冬春绵羊的饲料。主要应种植青贮玉米、甜高粱、御谷、籽粒苋、串叶松香草、沙打旺、苜蓿、饲用胡萝卜等。最好的种植方式是饲用玉米与籽粒苋4：2或2：2种植，饲用玉米与籽粒苋混合青贮其营养成分全面又不易变质。

③调制干草：加工草粉、草砖，主要解决绵羊冬春季饲草饲料，种植紫花苜蓿、沙打旺、草木樨、籽粒苋等是首选。

（3）按用途选择牧草种子。

①改良盐碱地，恢复生态平衡：种草是改良盐碱地的最好方式，并能发展绵羊产业。沙打旺、苜蓿、草木樨、甜高粱、籽粒苋等牧草可在中度或轻度盐碱地上种植。

②培肥地力：最好种植豆科牧草，如草木樨、沙打旺、苜蓿等。为防风固沙应首选沙打旺，其次是种植胡枝子、香花槐等。

③围栏生物屏障：最好种植柠条、沙棘子等。

2. 牧草种子的购买

（1）不要只看广告，应着重实效。草种销售目前还很不规范，要广泛收集资料，去伪存真，三思而后行。相对而言，一些广告如实交代每年亩产量、亩用种量、每千克多少钱的公司可信度高；正规杂志上的广告比个体散发小报宣传的可信度高；要虚心向有关专家请教和耐心询问，必要时，可到群众中搞用户调查，看专家怎么说，用户怎么讲，做到心中有数再购种。

（2）对销售部门的选择更为重要。一般来讲国有科研院所可信度高，科研人员认真、人员素质高、技术力量较雄厚，有充分科学依据，种子质量好。其次为大专院校和国有农业部门，那里有实践经验又有高级技术人才，有自己特色品种。对于广告过于夸大，不交代亩播量、种子价格的个体经销户应注意。收到种子后，要做发芽试验，发芽率不好应马上退换。

（3）购种汇款前应弄清几个问题。问清亩播量、每千克售价，量大批发价，供货方法、邮资。供货人单位、地址、邮编、联系人及账号、卡号、电话号码，最好先在电话上讲好，量大可先去人看货自提。邮局汇款时，一定写自己的邮编、地址、收货人姓名、购买草种名称、数量，并附联系电话等。账号汇款办完后马上通知对方查对办理。购种前最好与其他用户联系，共同购买会有价格上的优惠。

3. 牧草种子品质鉴定

牧草种子是饲料生产的重要生产资料，其品质优劣直接影响到播种质量和产量。因此，为了保证使用优良的种子，生产上特别重视种子品质鉴定。所谓品质鉴定，是指按一定标准，使用各种仪器和感官，对种子进行检验和测定，以评定种子的品质．种子品质鉴定的包括以下内容。

（1）净度的测定。净度指种子的清洁程度，是衡量种子品质的一项重要指标。净度测定的目的是检验种子有无杂质，为种材的利用价值提供依据。其测定步骤如下。

分取试样：从供试样品中大粒种子称取 200g，中粒种子 25~100g，小粒种子 3~5g。

剔除杂质、废种：凡是夹杂在种子中的杂质（土块、沙石、昆虫、秸秆、杂草种子等）和废种子（无胚种子、压碎薄扁种子、腐烂种子、发芽种子等）全部除去。

称重计算：将上述试样重量记录下来，再称其杂质、废种子重量，按下式计算：

种子净度（%）=（试样重量-杂质和废种子重量）/试样重量×100

为减少误差，测定应重复二次，取其平均数作为净度。

（2）发芽势、发芽率的测定。种子发芽能力的高低通常用发芽率和发芽势表示。发芽率高表示有生命的种子多，而发芽势高则表示种子生命力强。测定方法如下。

在发芽皿内铺一层滤纸（小粒种子）或沙粒（大粒种子）后加入适量的水，将种子均匀地放在发芽床上，后在发芽皿上贴上标签、注明日期、样品号码，重复次数和发芽日期，然后放入恒温箱内进行发芽。在发芽期间每天早、中、晚各检查温度和湿度 1 次，通风 1~2 分钟。种子发芽开始后，每天定时检查，记载发芽种子数，把已发芽的种子取出。每种草种发芽势、发芽率的计算天数不一，一般发芽势 3~5 天，发芽率 7~10 天。计算公式如下：

发芽势（%）= 规定时间内发芽种子粒数/供试种子粒数×100

发芽率（%）= 全部发芽种子粒数/供试种子粒数×100

据实际测定，一般牧草种子用价（净度×发芽率）不足于 100%，故实际播种量要根据该批种子用价予以调整，其公式为：

实际播种量（500g/亩）=（种子用价为 100% 时播种量×100）/种子用价

（3）千粒重测定。千粒重指 1 000 粒干种子的重量，大粒种子也可用百粒重来表示。测定方法是：先将测过净度的种子充分混合，随意地连续取出二分试样，然后人工或用数粒机数种子，每份 1 000 粒，最后称重，精确度为 0.01g。

测知千粒重后，可将千粒重换算成每 500g 种子粒数，公式为：

每 500g 种子粒数 = 500/千粒重（g）×1 000

4. 牧草种子的播种前处理

牧草因品种的差异，播种前有的需要进行处理，以便提高种子的萌发能力，保证播种质量。

（1）禾本科牧草种子的后熟处理。很多禾草种子在刚收获后，即使在适宜的萌发条件下也不能立即萌发，需要贮藏一段时间，继续完成生理上的后熟过程，称为种子的后熟。种子后熟的原因是由于缺乏萌发时所需要的可溶性营养物质。这时营养物质的积累已停止，但仍继续将简单的物质转变为复杂的物质。而种子萌发必须有能被胚所同化利用的水解产物，这种水解产物的形成还需要一定时间才能完成。为加速草种迅速通过后热，必须进行种子处理。其方法如下。

①晒种及加热处理：晒种是将草种堆成 5~7cm 的厚度，晴天在阳光下暴晒 4~6 天，并每日翻动 3~4 次，阴天及夜间收回室内。这种方法是利用太阳的热能促进种子后熟，而使种子提早萌发。加热处理适用于寒冷地区，温度以 30~40℃为宜。具体方法很多，如室内生火炉以提高气温、利用火炕及大型电热干燥箱等。

②变温处理：在一昼夜内交替地先用 8~10℃低温处理 16~17 小时，后用 30~32℃高温处理 7~8 小时。

（2）豆科种子的硬实处理。多数豆科收草种子，在适宜的水、热条件下，由于种皮的通透性差，水和空气难以进入，长期处于干燥、坚硬状态。这些种子较硬实，俗称铁籽，如紫花苜蓿精硬粒种子有 10~20%，草木樨 40%~60%。紫云英达 80%~90%。用未加处理的豆科种子播种时，硬实往往造成出苗不齐或不出苗。为提高牧草出苗率，保证播种质量，在播前应予处理，方法如下。

①擦破种皮：把种子放到碾米机上压碾至种皮已发毛、但尚未碾破的程度，使种皮产生裂纹，水分，空气可沿裂纹进入种子。

②温水浸种：将种子放入不烫手的温水中浸泡一昼夜后捞出，白天放子阳先下暴晒，夜间移至凉处，并经常洒水使种子保持湿润，经 2~3 天后，种皮开裂，当大部分种子吸水后略有膨胀，即可乘墒播种。

（3）豆科牧草种子接种根瘤菌。豆科牧草能与根瘤共同固氮，但是豆科牧草根瘤的形成与土壤中的根瘤菌数密切相关，特别是在新垦土地上首次种植豆科牧草，或在同一地块上再次种植同一种豆科牧草，或者在过分旱而酸度又高的地块上种植豆科牧草，都要通过接种根瘤菌来增加根瘤数量，以提高豆科牧草的产量和品质。豆科牧草接种根瘤菌时，首先要根据牧草的品种确定根瘤菌的种类，其次要掌握科学的接种方法。接种方法目前在实践中应用较多的 3 种是：干瘤法、鲜瘤法和菌剂拌种法。

①干瘤法：选取盛花期豆科牧草根部，用水冲洗，放在避风、阴暗、凉爽、阳光不易照射的地方使其慢慢阴干，在牧草播种前将其磨碎拌种。

②鲜瘤法：将根瘤菌或磨碎的干根用少量水稀释后与蒸煮过的泥土混拌在 20~25℃的条件下培养 3~5 天，将这种菌剂与待播种子拌种。

③根瘤菌剂拌种：将根瘤菌制成品按照说明配成菌液喷洒到种子上，用根瘤菌剂拌种的标准比例是 1kg 种子拌 5g 菌剂。在接种根瘤菌时，要做到不与农药一起拌种，不在太阳直射下接种，已拌种根瘤菌的种子不与生石灰或大量肥料接触，以免杀伤根瘤菌。接种同族根瘤菌有效而不同族相互接种无效。

（4）禾草种子的去芒。一些禾草种子，常具芒、髯毛或颖片等，为了增加种子的流动性、保证播种质量以及烘干、清选工作的顺利进行，必须预先进行去芒处理。在生产上，常采用去芒机去芒，当缺乏去芒专用机具时，也可将种子铺于晒场上，厚度为5~7cm，用环形镇压器压切，后用筛子筛除。

（5）其他科牧草的催芽。无论是蓼科还是菊科牧草在播种前一般都要浸种催芽。方法是将种子浸泡在温水中一段时间，水的温度和浸泡时间长短可根据种子的特点来确定。如串叶松香种子在播前应用30℃的水浸泡12小时，然后再进行播种；鲁梅克斯在播前要将种子用布包好放入40℃的水中浸泡6~8小时，捞出后晾在25~28℃的环境中催芽15~20小时，有70%~80%的种子胚胎破壳时再进行播种。在墒情好的条件下，可进行直播。

（6）种子消毒。许多牧草的病虫害是由种子传播的，如禾本科的毒霉病、各种黑粉病，豆科牧草的轮纹病、褐斑病、炭疽病以及某些细菌性的叶斑病等。因此，为防止和杜绝病虫害的发生和传播，在牧草播种前，应进行消毒处理。方法可视情况采用盐水清选、药物拌种、药粉拌种和温汤浸种等。目前，实践中应用较多的石灰水浸种来防止禾本科牧草的黑粉病和豆科牧草的叶斑病。用50倍稀释的福尔马林浸泡苜蓿种子，可预防苜蓿轮纹病的发生。

5. 牧草播前的土地准备

由于牧草种子细小，苗期生长缓慢，同杂草竞争能力弱，因此必须进行科学合理的耕作，为牧草的播种、出苗、发育和生长创造良好的土壤条件。

（1）土地的选择。各种牧草对土壤的要求有相同之处，又有各自不同的选择。沙打旺在沙性土壤中生长最好，苜蓿最适宜在沙质土壤中生长，红三叶适宜在酸性土壤中生长，串叶松香草和鲁梅克斯在肥沃的黏性土壤中栽培效果较好等，所以，要根据不同的草种的生物学特性选择适宜的种植地块。土地越肥沃牧草的产草量就越高，土地越瘠薄产草量就越低。

（2）土地的整理。由于牧草种子大都较小，顶土力较差，苗期生长缓慢，极易被杂草覆盖和欺掉，因此，要对地块进行科学的整理。具体环节包括耕、耙、耱、压。

耕地：耕地亦称犁地，耕地可以用壁犁或者用复式犁进行耕翻，耕地时应遵循的原则是"熟土在上，生土在下，不乱土层"。耕地还要不误农时，尽量深耕以扩大土壤容水量，提高土壤的底墒。耙地：在刚耕过的土地上，用钉耙耙平地面，耙碎土块，耙出杂草根茎，以便保墒。对来不及耕翻的，可以用圆盘耙耙地，进行保墒抢种。

耱地：耱地就是用一些工具将地面平整，耱实土壤，耱碎土块，为播种提供良好条件。

压地：压地就是通过镇压使表土变紧、压碎大土块、土壤平整。镇压可以减少土壤中的大孔隙，减少气态水的扩散，起到保墒的作用。常用的镇压工具有石碌、镇压器等。整地的季节可以放在春、夏、秋，但耕、耙、耱、压应连续作业，以利保墒。

（3）免耕与少耕。免耕又称零耕，是指作物播前不用犁、耙整地，直接在茬地上播种，播种后牧草生育期间亦不用耕作的方法。通常包括3个环节，一是覆盖，利用前作物秸秆或生长牧草以及其他物质进行覆盖，用来减少风蚀、水蚀和土壤蒸发；二是利用联合免耕播种机开出5~8cm宽，8~15cm深的沟，然后喷药、施肥、播种、覆土、镇压一次完成作业；三是使用广谱性除草剂于播种前后或播种时进行处理，杀灭杂草。少耕是指在常规耕作的基础上尽量减少耕作次数或者在全田进行间隔耕种,以减少耕作面积的一种方法。

6. 牧草的播种

(1) 播种时期。不违农时,适时播种,对于牧草的生长具有决定性作用。播种时期的确定主要取决于温度、水分、杂草危害和利用目的等。温度是确定播种期的主要因素。一般来说,当土壤温度上升到种子发芽所需要的最低温度时开始播种比较合适。土壤墒情是播种的必要条件,墒情不好不能播种。在杂草和病虫害为害严重的耕地,应在其为害轻的时期播种,这对于播种多年生牧草尤为重要。

牧草的播种期通常根据地区和牧草种类分为春播、夏播、夏秋播和秋播。

①春播:一些一年生牧草或者多年生牧草中的春性牧草应春季播种,春播牧草可以充分利用夏秋丰富的雨水、热能等自然资源,但春播牧草时,常常会受到杂草的为害,需要作好田间管理和中耕除草。

②夏播和夏秋播:在我国的北温带地区,由于春季气温低而不稳,降水量少,蒸发量大,进行春播常常并不能成功,为提高种植成功率,可以将播种的季节放在雨热都较稳定的夏季或夏秋季节,除多年生牧草外有一些季节性牧草可以在这一季节进行播种。

③秋播:对一些越年生牧草或者多年生的冬性牧草应秋播,因为这些牧草在其他季节播种当年不能形成很好的产量,秋播经过越冬后第二年时可获得高产。秋播牧草可以预防杂草的侵害,但应注意防止牧草的冻害。

(2) 播种的方法。牧草播种的方法主要是条播、撒播和点播,育苗移栽。

①条播:利用播种机或者人力耧播种,有时是用人工开沟播种的方法。条播时的行距一般在 15~30cm,具体宽度可以根据土壤的水分、肥料等情况来确定,肥沃又灌溉良好的地方行距可以适当窄一些,相对贫瘠又比较干旱的地方行距可以适当宽一些,如苜蓿、三叶草、黑麦草、籽粒苋等。

②撒播:用撒播机或人工把种子撒在地表后再用覆土盖好,此法会造成出苗不一致,但适于大规模牧草播种,如苜蓿、黑麦草、沙打旺、草木樨等。

③点播:亦称穴播,就是间隔一定距离开穴播种,此法一般用于种子较大而且生长繁茂的牧草播种,点播不仅可以节省种子而且容易出苗,墨西哥玉米、苏丹草、苦荬菜、串叶松香草、如鲁梅克斯等。

④育苗移栽:有些直接种植出苗困难的牧草可以采取先育苗,在苗生长到一定高度或一定阶段挖苗移栽到大田,如串叶松香草、鲁梅克斯、菊苣等。

7. 牧草的播种方式

为了提高土地的利用率,充分利用阳光、二氧化碳和土壤中的水分、养分,在单位面积的土地上利用牧草种植获得更多的有机物质,种植牧草时常常利用各种牧草不同的特性和特点而进行复种轮作、混播和保护播种等种植措施。

(1) 牧草的复种轮作。牧草的复种轮作主要包括间作、套种、轮作等。

①间作:是指在同一地块上,2 种或 2 种以上牧草相间种植。种植的 2 种牧草的播种期基本相同或稍有先后,种植时按照一定的宽度或行数划为条带相间种植。如苏丹草与紫云英间作,籽粒苋与牧草间作。

②套种:不同季节生长的 2 种牧草,利用后作苗期生长缓慢、占地少、所需空间小的

特点，在前作的生长期内，把后作播种于前作的行间，套种牧草可以在空间上争取时间，又在时间上争取空间。如墨西哥玉米与冬牧-70 黑麦套种、苜蓿与墨西哥玉米套种。

③轮作：在同一地块上当一种牧草生长结束时，再种植另一种牧草的方法。如在种植苜蓿 5 年后，将其耕翻，春季可以种植苦荬菜、墨西哥玉米等一年生牧草，也可以种植鲁梅克斯、串叶松香草等多年生牧草，秋季可以种植黑麦草、鸡脚草等。

（2）混播。栽培牧草除种子田外多数采取混播，这是牧草栽培中一项重要技术措施，对于长期草地的建立尤具有重要的意义。

混播就是将 2 种或 2 种以上的收草混合播种。混播牧草和单播相比产草量高而稳定，饲草品质提高，适口性较好；易于收获和调制；同时，能增进土壤肥力，提高后作的产量和品质。

在进行牧草混播时要掌握好以下几方面的技术措施。首先，选择好牧草的组合，根据当地的气候和土壤等生态条件选择适应性良好的混播牧草品种，同时，还要考虑到混播牧草的用途、牧草的利用年限和牧草品种的相容性，特别应做到豆科牧草和禾本科牧草的混播。其次，应掌握好混播牧草的组合比例，有人认为既然是混播，牧草的种类越多越好，但近几年的实践证明只要正确选择，无须很多品种也可以获得优质高产的效果，通常利用 2~3 年的草地混播草种 2~3 种为宜，利用 4~6 年的草地，3~5 种为宜，长期利用的则不超过 5~6 种。再次，把握好混播的播种量、播种时期和播种方法，混播牧草的播种量比单播要大一些，如 2 种牧草混播则每种草的种子用量应占到其单播量的 70%~80%，3 种牧草混播则同科的两种应分别占 35%~40%，另外，一种要用其单播量的 70%~80%，利用年限长的混播草地，豆科牧草的比例应少一些，以保证有效的地面覆盖；混播牧草的播种期可以根据混播草种中每一种草的播种期来加以确定，如同为春性牧草或冬性牧草则可以同时春播或秋播，如果混播草种的播期不同则可以分期播种；混播牧草的播种方法，可以将牧草种子混合一起播种，亦可以间行条播，条播的行距可以是窄行 15cm 的行间距，也可以是 30cm 的宽间距，当然也可以是宽窄行相间播种。

（3）保护播种。在种植多年生牧草时，人们往往把牧草种在一年生作物之下，这样的播种形式称为保护播种。保护播种的优点是能减少杂草危害和防止水土流失，同时，播后当年单位面积产量高。缺点是保护作物在生长中、后期与牧草争光、争水、争肥，因而对牧草有一定影响。所以，保护作物应选用早熟、矮秆和叶片少的品种。如可以选择苏丹草、苦荬菜、墨西哥玉米、籽粒苋等。保护播种时，多年生牧草播种量不变，而一年生牧草的播种量应为正常播种量的 50%~75%，保护作物的播种可以与多年生牧草同时播种，也可以提前播种，提前的时间一般为 10~15 天。保护作物与多年生牧草以条播为好。

8. 播种深度

播种深度指土壤开沟的深浅和覆土的厚薄。开沟的目的在使种子接近湿土，根系深扎；覆土的目的在使沟内水分不致蒸发，使种子吸水并使种子不致因暴露地面不发芽而损失。播种过深子叶不能冲破土壤而闷死；播种过浅，水分不足不能发芽。故播种深度应适当，一般以 2~6cm 为宜。决定播种深度的原则是：大粒种子宜深，小粒种子宜浅；疏松土质稍深，黏重土质稍浅；土壤干燥者应深，潮湿者应浅；禾本科牧草具尖形叶鞘可帮助顶土，播种要较深，豆科牧草子叶肥大，尤其是子叶出土型的苜蓿属、三叶草属和草木樨牧草播种更要浅。但无论何种情况都要避免种的过深或覆土太厚影响种子的出苗，也要避免种的太浅导致种子因干燥而不萌发的问题。

9. 播种量

播种量多少随牧草种类、种子大小、种子品质、整地粗精、种植用途、气候条件等而有变化。种子粒大者应多播，粒小者应少播。收草用的比收籽用的播量要多。种子品质好的播量少些，品质差的应加大播量。条播比撒播节省种子 20%～30%，而穴播又比条播更节省种子。整地质量好，土壤细碎，水分充足，利于保苗，可少播些。反之，土块大，墒情差，不易出苗时应加大播量。在自然条件确定的情况下，应特别注意种子的发芽率和纯净度，发芽率、纯净度 2 个指标越高，播种量就低一些，反之，则应加大播种量。

10. 牧草地的田间管理

牧草地的田间管理对牧草的高产、稳产及其重要，只有认识牧草的特殊性，掌握科学的管理技术，才能确保收草高产优质。

（1）草地建植的早期管理。草种播种后苗期管理的好坏直接决定着草地建植成功与否，为了苗全苗壮，在牧草种植初期就必须保持土壤一定的水分，若土壤太干要及时灌浇水，避免干旱导致草苗死亡。苗期还应注意杂草的防除，及时消灭杂草，杂草的灭除方法可以人工铲除或用除草剂，切实减少杂草的为害。

（2）施肥。

底肥：不仅能在整个生育期间源源不断地供应牧草的各种养分，而且还可全面提高土壤肥力。底肥以有机肥为主，腐熟度不大好的有机肥必须在秋季施入。底肥应深施、分层施、多种混合施，最好在秋耕时施入，以促进土壤微生物活动和繁殖，减少肥料中碳素、氮素的损失。施底肥量，因收草种类、肥料性质、施肥方法不同而异，一般亩施 1 000～2 000kg。

追肥：以速效化肥为主。追肥时间，豆科牧草在分枝后期至现蕾期以及每次刈割后，禾本科牧草在拔节后至抽穗期，以及每次刈割后。豆科牧草的追肥，一般以磷、钾为主，亩施 2.5～6kg（有效成分）；多年生豆科牧草，在播种当年的苗期，还要配合一定量的氮肥，禾本科牧草，以氮肥为主，亩施 2.5～6kg（有效成分），混合牧草地的追肥以磷、钾为主，这是为了防止禾本科牧草对豆科牧草的抑制。追肥可以分期追，也可以一次追，结合灌水进行追肥效果更好。

（3）灌溉。牧草叶茂茎繁蒸腾面积大需水量比一般植物多。禾本科牧草的灌水量，一般为土壤饱和持水量的 75%，豆科牧草为 50%～60%。如是紫花苜蓿与禾本科牧草混播的草地，一般每亩灌水量为 40～45m³。牧草灌水的适宜时期、依牧草种类、生育期和利用、目的而异。放牧或刈割用的多年生牧草，在全部返青之后，要浇 1 次返青水。从拔节开始到开花甚至乳熟，是牧草地上部分生长最快的时期，需水量最多，可浇水 1～2 次。每次刈割后，也要灌溉 1 次，以提高再生草的产量。

牧草灌溉，一般分为浇灌和喷灌两种。浇灌是通过引水渠道，把水引入牧草地，使水逐渐渗入土壤。采用这种灌水方法，要求土地平坦，渠系配套，才能达到灌水均匀；喷灌是利用专门设备把水喷射到空中，散成水滴，洒落在牧草地上的一种先进的灌水技术。

（4）杂草防除。杂草的防除主要有 3 个方面。

预防措施：杜绝杂草种子的来源，这是预防杂草生长积极而有效的方法。包括建立杂草种子检验制度，清选播种的种子，施用腐熟的厩肥，铲除非耕地上的杂草等。

铲除杂草：实行正确的轮作，进行合理的耕作，可以消灭大量的草地杂草。采用宽行条播、机械中耕除草以及保护作物的播种，都是抑制杂草蘖生的有效方法。

化学除草：就是把除草剂施在牧草播种前或播种后的土壤上，施用药物可深可浅，也可以施在表土。但一般多采用毒土的方法，就是把药物拌入筛试的细土，施入土中。或用喷雾的方法喷施在土表。但要注意处理好2个问题：第一，残效期。就是除草剂的杀杂草能力在土壤中保持的时间。残效期短的药剂，要做到施药期与杂草萌发高峰期相吻合，才能收到高效，而残效期长的药剂，要注意防止苗期药害，一般不宜用作土壤处理。第二，移动期。就是指药剂在土壤中随着水分垂直移动的能力。用于土壤消毒处理的药剂，应选择水溶性较低的种类，在沙性较强的土壤、有机质较少、降水量较多的情况下，不至于使大量药剂淋溶到深层，引起牧草受害。

（5）病虫害防治。栽培的牧草种类繁多，其病虫害也是多种多样。有的一种害虫能为害多种牧草，有的一种害虫只为害牧草的个别品种。禾本科牧草的病虫害通常较少为害豆科牧草，豆科牧草还有其独有的病虫害。只有认真查明病虫害的发生、发展规律和危害对象，才能做到"对症"防治。对蝗虫、草原毛虫、一草地毛虫、草地螟等害虫，可使用辛硫磷、除虫精和氧化乐果等农药喷雾或超低浓度喷雾，对蝼蛄、挤蜡等地下害虫，可撒施毒饵，就是用90%的敌百虫50g，加热水1kg，融化后均匀地喷撒在5kg粉碎熟炒的棉籽饼或其他油饼上，拌成毒饵，埋入浅沟，傍晚撒在牧草行间，毒死害虫。

牧草病害种类繁多，例如，紫花苜蓿常见的病害就有锈病、轮纹病、褐斑病、黄斑病、菌核病、霜霉病、根腐病以及细菌性叶斑病等10多种。对牧草种子进行严格检验，是防治病害的得力措施。检验种子内部和表面是否染有病菌及其严重程度，才能决定能否作播种用种，或应采取哪种消毒措施。常用的方法有以下几种。

肉眼检查：查明种子中是否混有线虫的虫卵、菟丝子、腥黑穗病菌的孢子以及有无病斑、子实体等。其方法是随便抽取种子100粒，放在白纸或玻璃板上，找出病粒并计算出有病种子的百分率。

离心洗涤：用于检查种子附着的黑粉菌孢子及其他真菌的孢子。方法是随便取样100粒种子，放入100mL的三角瓶中，注入10mL温水，或加入少量的15%乙醇和0.5%盐酸，降低表面张力，使孢子洗脱，用力振荡5分钟，把种子表面的孢子洗下来，把液体倒入离心管石以每分钟1 000转的速度离心沉淀5分钟，倾去上部清液，只留下部1mL液体，振荡后，取悬液，以血细胞计数器在显微镜下计数，计算出每粒种子的孢子负荷量。

萌发试验：用在检查种子内部带菌的情况下，就是把表面消过毒的种子，放在无菌培养皿内的滤纸上或无菌的石英沙内，加入适量的无菌水，进行催芽，出芽前后定期观察，有无病变，并鉴定其病原菌。

（6）松耙、补种和翻耕。牧草的生长发育，受土壤、气候、田间管理、牧草特性等因素的影响，如果某一条件不备，就会造成牧草不同程度的衰老现象，使牧草的草皮坚硬、板结、株丛稀疏、产量下降，特别是根茎类的禾本科牧草更为突出。因此，要及时进行松耙和补种。松耙最好用重型缺口耙，反复耙几遍，然后补种，补种的种类最好与原来的老牧草相同，补种结合浇水、追肥，效果更好。补种要特别注意苗期的田间管理，及时清除杂草，刈割老龄植株。

如果松耙、补种效果不大，就应全部翻耕，重新种植其他牧草。多年生牧草地的翻耕，主要有决定 2 个因素，就是产草量高低和改良土壤的效果。在大田轮作中，多年生牧草多数是在利用的第二、第三年翻耕，在饲料轮作中，多年生牧草的翻耕是在产量显著下降时进行，一般在利用 6~8 年以后翻耕。翻耕时间，最好在温度高、降水量多的夏秋季节，有利于牧草根系及残余物的分解。

一般牧草地可用通常的犁进行翻耕。但对于根茎类禾本科牧草的羊草、无芒雀麦草以及根系粗大的多年生豆科牧草，要在耕翻前或耕翻后，用重型缺口耙交叉耙地，切断草根，促进腐烂，为来年播种创造良好条件。

三、主要牧草栽培技术

牧草是发展生态养羊业的物质基础。饲草料的生产是绵羊生态养殖的第一性生产，其产出率的高低与绵羊养殖的经济效益是密切相关的，因此，高产优质牧草的栽培对甘肃省绵羊产业的发展具有决定性作用。在牧区，除了进行天然草地改良和建植人工草场外，有良好种植条件的地区也要进行高产优质牧草的种植，充分提高第一性生产的产出率；高产优质牧草的种植显得尤为重要，是绵羊养殖的主要饲草料来源，利用水肥条件良好的土地种植高产优质牧草，第一性生产的产出率就高，更能为绵羊的生态养殖奠定坚实的物质基础。

1. 紫花苜蓿

紫花苜蓿也称苜蓿，原产地伊朗，为世界上栽培最广泛的一种牧草，素有"牧草之王"的誉称，甘肃省大部分平川和山地丘陵都有栽培，尤其集中于河西走廊灌溉区和陇东黄土高原区。

（1）特征与特性。紫花苜蓿为豆科苜蓿属多年生草本植物。直根系，主根粗壮，入土深达 10m 以上，侧根不发达，有很多根瘤着生，茎直立，高 60~120cm，标准上繁牧草。三出羽状复叶，总状花序，蝶形花冠紫色或淡紫色，荚果螺旋形，内含黄褐色肾形种子 2~8 粒，千粒重 1.5~2.5g。

紫花苜蓿是虫媒异花授粉植物，为北方重要优质蜜源。苜蓿的叶量丰富，无特殊的旱生结构，是需水较多的中生性草类，但因它的根深，能利用土壤深层蓄水，而形成耐旱的特性。幼苗能耐 -6~-5℃，成株能耐 -20℃ 左右的低温。在甘肃省的大多数地区均能安全越冬。它对土壤要求不严，最适于中性或微碱性、排水良好的钙质沙壤土。而强酸、强碱土壤和地下水位过高均不利生长。

（2）栽培技术。紫花苜蓿种子细小，所以整地宜细宜平，保持土壤适当的含水量。播种期要求不严格，以秋播墒好，杂草为害也较轻。另外，也可进行冬季或早春的"冻播寄籽"，这样当年就可收一茬草。一般采用 30cm 行距条播，每亩用种量 0.75~1kg，覆土深度 2~3cm。当今苜蓿的种植多采用单播，而苜蓿和多年生禾本科牧草如无芒雀麦、披碱草、老芒麦等用 30cm 同行混播的效果也很好，地上、地下生物量均提高 15% 以上，而且饲用和生态效益均优于单播。播种苜蓿时还可以采用和一年生作物（如谷子、小麦、油菜等）混种，帮助苜蓿芽苗顶土、遮阴，所以，农谚说："苜蓿搅菜子，赵云保太子"，但在种子用量上应适当减少，以保证作物的下种量，而且还应适当提早收刈，使苜蓿更早从荫蔽下解脱出来。在黄土高原干旱地区夏播时则不一定采用保护播种。苜蓿的苗很重要，幼苗生长缓慢，要适时除草 2~3 次。次年早春返青和每次刈割后也应进行一次中耕除草。有灌溉条件地区，干旱季节灌 1~2 次水则能大幅度增加产草量。苜蓿的蚜虫、盲椿象、浮尘子等常有为害，可用 40%乐果、敌百虫等防治。对锈病、白粉病可用多菌灵、托布津等防治。

2. 红豆草

红豆草又名驴食豆、驴喜豆。原产地和主要分布区在欧洲和亚洲西南部。我国解放初期从苏联引入，最近又从加拿大引入一些，甘肃省绝大部分地区都适宜生长，各地已大量引种，是很有前途的草种之一。

（1）特征与特性。红豆草为多年生豆科草类。主根系发达，入土深达 3~4m。侧根也很多，根瘤大而多，每株两年生植株平均有 121 粒。茎直立，上繁，高 60~100cm。分枝一般达 10~20 个。由 13~19 小叶组成奇数羽状复叶，长总状花序，含小花 40~75 朵，红色、粉红色。荚果扁平，每荚种子 1 粒，千粒重 16g。

红豆草性喜暖温干燥环境，不耐湿，抗旱力较强。在夏季高温高湿条件下生长不良，耐寒力比紫花苜蓿稍弱。甘肃省内除甘南高原地区一般年份里都能安全越冬，生长良好。是该地区很有希望的草种之一。红豆草适于沙性钙质或微碱性土壤。由于它的种子较大，播种后的出苗和保苗及对杂草的竞争力都较强，干旱地区早春播种，当年就能开花结实，但产子量不多。湿润地区当年大都不能开花结实，第二年一般比紫花苜蓿返青早，生长亦快，能大量结实。

（2）栽培技术。红豆草为种子繁殖，甘肃省各地都能开花结实，而以干燥暖温地区产量较高。在河西走廊和陇东黄土高原地区宜春播或初夏播种，甘肃省南部以夏播为宜。秋播的幼苗不易过冬。一般均采用带荚果实播种，条播每亩 4~5kg，行距 30cm 左右，覆土深度为 3~4cm。专门生产种子者行距可适当加宽而播量减少。一般采用 10~15cm 的深沟播种，覆土仍为 3~4cm，留一浅沟，冬前适当蕴土，可增强越冬力，尤其在坡地的等高条沟播种，在水土保持上还有它更重要的意义。此外，越冬前追施磷肥和提早刈割对抗旱保苗都有积极的作用。红豆草为标准上繁牧草，为了充分利用土地和空间光能资源，能够和下繁或半下繁草类，如无芒雀麦、老芒麦、牛筋子等混播，收益将更大。

（3）利用价值。红豆草生长年限一般为 6~7 年，特殊情况下可生长 10~20 年。产草量最高为第二年至第四年，常用作刈割用人工草地或草、粮轮作，收刈为青饲或调制干草，再生草可用作放牧。为绵羊所喜食。红豆草的消化率高于紫花苜蓿、沙打旺等牧草。初花期干草的化学成分：粗蛋白质 16.8%、粗脂肪 4.9%，粗纤维 20.9%，无氮浸出物 49.6%，灰分 7.8%。一般在现蕾后即可刈割，过迟则木质化，质量降低刈割留茬 5~6cm 为宜，最后一茬要稍提早刈割，并稍高留茬，以保证安全越冬。甘肃省大部分地区，尤其是中、南部地区每年可以刈割 2~3 茬。亩产干草 200~300kg，高产地可达千斤以上。种子亩产 30~40kg，专门采种栽培者可达 100kg 以上。红豆草也是优质蜜源植物和保土增氮绿肥植物。

3. 沙打旺

沙打旺又名直立黄芪、麻豆秧。在河南、河北等地较早栽培为绿肥和饲草利用。近年来在北京、辽宁、山西等省市也大量引种栽培，并成为山区和黄土高原主要飞播草种。

（1）特征与特性。沙打旺为豆科黄蓍属多年生草本植物，主根粗壮，入土深达 1m 以上，侧根也很多，具有大量根瘤。栽培种多直立（甘肃省野生直立黄芪斜向上或半匍匍），株高1~2m，丛生总状花序，多为腋生，有17~79朵小花，花蓝色、紫色或蓝紫色。种子千粒重1.3~2.4g。

沙打旺的适应性甚强，具有耐旱、耐瘠薄、耐寒、耐盐碱，抗风沙和抗病虫害等优良特性。由于它的根生长迅速，播种当年扎根即能利用地下深层水分，所以，非常耐干旱和贫瘠。据测试，只要长出4~5片真叶后即能忍受-30℃的低温，安全越冬。但是形成花序和种子成熟则需要较高气温。沙打旺的寿命在6~7年，一般2~4年生长旺盛，第四年以后则迅速衰退，根部腐烂而死亡，它的抗病虫害能力也很强，但菟丝子寄生为害很大。

（2）栽培技术。沙打旺的种子细小，播种时的土壤水分充足是成功的重要因素。无灌溉条件山地以顶凌或雨季播种最好。试验表明，6月中、下旬雨季到来之初播种最为理想。播后2~3天大部分发芽，5~6天出苗。播种过晚，越冬死亡率很高。过早则常因春旱无雨，也不易出苗。沙打旺要求覆土很浅，条播及收子穴播1~2cm，人工撒播、飞播只在土表，播后赶牧羊群镇压使种子入土。亩播种量：条播、撒播用0.25~0.05kg，收种穴播用0.1~0.15kg，飞插0.2~0.25kg为宜。为了提高沙打旺的饲用经济和水保生态效益，最好采用与禾本科多年生牧草混播，苗期地上部生长慢，宜松土除草1~2次。追施磷肥能明显增加青草和种子的产量。

（3）利用价值。沙打旺生长前期茎叶柔嫩，有一定的适口性，但很快粗老木质化，养分损失，则不为家畜所乐食。青饲与调制干草或凋萎青贮均可。前期营养丰富。黄土高原地区第二年一般亩产鲜草可达2 000~2 500kg。沙打旺根系强大，且着生大量的根瘤。实为优良保土、固土、改良土壤、提高肥力的优质绿肥和改土植物。另外，固沙打旺含有一定量的有毒物质，影响了适口性和利用，但毒性不重，适量采食不易造成中毒。

4. 小冠花

小冠花又名多变小冠花，原产南欧和地中海地区，我国从1973年始引入南京、北京等地，甘肃省从20世纪80年代开始试验栽培，表现很好，适应性很强，能够在该省发展。

（1）特征与特性。多变小冠花为豆科小冠花属多年生草本植物。根系发达，穿透力强，侧根也很多，着生许多不规则的大粒根瘤。茎匍匐生长，枝条长30~200cm，但草层自然高则为60~80cm。茎中空，质柔嫩。奇数羽状复叶由9~25小叶组成，互生。伞形花序，腋生，由十余朵小花呈环状紧密排列于花梗顶端，状似冠帽，故名。小花粉红色。荚果细长如指状，种子肾形，细长，千粒重4.1g。

多变小冠花根节交错生根并生长许多根蘖芽，繁殖力很强，可进行无性繁殖。覆盖度大，单株可覆盖地面4~6m²。抗旱抗寒性较强，对土壤要求不严，在贫瘠的冲刷荒坡、轻盐碱地均可种植，不宜在酸性土和土壤过湿的地上种植，水淹后根部即腐烂而死，在中性或微碱性土壤中生长最好。

（2）栽培技术。小冠花可以种子或根进行繁殖。种子细小，所以，要求整地细平，浅覆土约1~2cm。播种期要求不严，从春季到秋季均可播种。条播、穴播或撒播均可，条播量每亩0.5kg左右。另外，用分根繁殖的效果好，根切15cm左右（每段有3~5个不定芽），平埋根于3~5cm深的土层内。用茎扦插也易成活，最好在雨季斜插于土内，顶端露出地面。必要时还可采用幼苗移栽（用营养袋更好）的方法繁殖。苗期生长缓慢，易受草害，应及时除草。每次刈割后也需灌水和追施磷、钾肥料。

（3）利用价值。多变小冠花再生力很强，在甘肃省的夏绿林区一年可以刈割 3~4 次。茎叶柔嫩，营养丰富，可作为家畜的良好饲草。因含有一些毒素，过多采食会引起家畜的生理失调。可作为甘肃省丘陵山地人工草场，固土保墒，防止水土流失和绿肥利用。

5. 白三叶

白三叶喜温暖湿润气候，生长适温为 19~24℃，耐热性和抗寒性比红三叶强。耐酸性土壤，适宜的土壤 pH 值为 5.6~7，但 pH 值低至 4.5 亦能生长，不耐盐碱。较耐湿润，不耐干旱。再生性很强，在频繁刈割或放牧时，可保持草层不衰败。是一种放牧型牧草。在年降水量为 640~760mm 以上或夏季干旱不超过 3 周的地区均适宜种植。

（1）栽培技术。白三叶种子细小，播种前需精细整地，清除杂草，施用有机肥和磷肥作底肥，在酸性土壤上应施石灰。白三叶可春播和秋播，在甘肃省以春播为宜，但不应迟于 6 月中旬，过晚，越冬易受冻害。播种量每亩 0.25~0.5kg，最好与多年生黑麦草、鸡脚草、猫尾草等混播，白三叶与禾本科混播比例为 1：2，以提高产草量，也有利于放牧利用，混播时每亩用白三叶种子 0.1~0.25kg。条播或撒播，条播行距 30cm，播深 1~1.5cm，播种前应用根瘤菌拌种和硬实处理。白三叶苗期生长缓慢，应注意中耕除草。白三叶宜在初花期刈割，一般每隔 25~30 天利用 1 次，每年可刈割 3~4 次，亩产 2 500~4 000kg，高者年可产 5 000kg 以上。

（2）饲用价值。白三叶茎叶柔嫩，适口性好，营养价值高，为绵羊所喜食。干物质含粗蛋白质 24.7%，粗纤维 12.5%，干物质消化率 75%~80%。绵羊在良好的白三叶牧地不需补饲精料。白三叶草地除放牧绵羊外，也可刈割饲喂绵羊。白三叶还可作为水土保持和绿化植物。

6. 红三叶

（1）生物学特性。红三叶喜温暖湿润气候。夏季温度超过 35℃生长受抑制，持续高温，易造成死亡。红三叶耐湿性好，在年降水量 1 000~2 000mL 地区生长良好，耐旱性差。要求中性或微酸性土壤，适宜的土壤 pH 值为 6~7，以排水良好、土质肥沃的黏壤土生长最佳。

（2）栽培技术。红三叶种子小，要求精细整地，可春播和秋播，甘肃省以春播为宜，播期 4 月，播种量 0.5~0.75kg。适条播，行距 20~30cm，播深 1~2cm。用红三叶根瘤菌剂拌种，可增加产草量。施用磷、钾肥、有机肥有较大增产效果。红三叶苗期生长缓慢，要注意中耕除草。红三叶产量高，再生性强，一年可刈割 2~3 次，管理得好，亩产可达4 000~5 000kg。

（3）饲用价值。红三叶草质柔嫩，适口性好，为各种家畜喜食，干物质消化率为61%~70%。营养丰富，干草粗蛋白质含量为 17.1%，粗纤维为 21.6%。红三叶可刈割，也可放牧绵羊，打浆可喂羊，饲养效果很好。红三叶与多年生黑麦草、鸭茅、牛尾草等组成的混播草地可提供绵羊近乎全价营养的饲草，与禾本科牧草混播的红三叶也可青贮。

7. 黄花草木樨

（1）生物学特性。草木樨适应性广，能耐寒，种子发芽最低温度为 8~10℃，最适温度为 18~20℃。能在高寒地区生长，耐旱性强，在年降水量 400~500mm 地方生长良好。草木樨能耐瘠、耐盐碱，适宜土壤 pH 值 7~9，从重黏土到沙质土均可生长，在富于钙质土壤生长特别良好。不耐酸，能耐湿。

（2）栽培技术。草木樨种子小，出土力弱，根入土又深，宜深耕细耙，地平土碎后播种。种子硬实率高达 40%~60%，将种子与沙混合揉搓或将种子用磨米机碾磨 1 次，可使种子发芽率显著提高，可提前出苗 2~3 天。春秋播均可，秋播以 9 月下旬为宜，每亩播种量 0.75~1.25kg，收种者每亩播 0.5~1.0kg 即可。单播行距：收草的为 20~30cm、收种的为 45~50cm。播种深度以 2~3cm 为度。草木樨幼苗生长缓慢，应及时锄草并除去过密幼苗。每次收刈以后应进行中耕除草、灌溉和施肥，以提高牧草的产量。再生产力不强，一般在茎高 50cm 时即可刈割，应留茬 10cm 左右以利再生，一般亩产鲜草 1 500~3 000kg，草木樨为绵羊的好饲料，可作青饲、放牧、调制干草利用。

8. 春箭舌豌豆

（1）生物学特性。春箭舌豌豆喜温暖湿润气候，抗寒性中等，比毛苕子差，在 0℃ 时易受冻害。不耐热，生长发育对温度要求最低为 5~10℃，适宜温度为 14~18℃；成熟要求温度为 16~22℃。对土壤要求不严，除盐碱地外，一般土壤均可栽培，耐瘠薄。但在排水良好、肥沃的沙质土上生长最好，也能在微酸性土壤上生长。在强酸或盐渍土上生长不良。对水分比较敏感，喜潮湿土壤，多雨年份产量可高 0.5~1 倍。在甘肃省河西走廊、中东部地区秋播，4 月中旬始花，中下旬盛花，5 月下旬结实成熟死亡，生育期 230 天左右。

（2）栽培技术。

选地与整地：春箭舌豌豆虽对土壤要求不严，但为了获得高产量，以选择沙壤土及排水较好的土壤上种植为宜。播前整地应精细。

施底肥：亩施有机肥 1 500kg 和过磷酸钙 10~15kg 做底肥。

播种期甘肃省河西走廊、中东部地区宜秋播，即白露（9 月上中旬）前后。

播种量：作饲料或绿肥用，每亩播种量为 4~5kg；种子田亩用种量为 3~4kg。与谷类作物混播，其比例为 2∶1 或 3∶1，春箭舌豌豆每亩用种量按单播的 70% 计算。

播种方式：可采用单播和混播，一般以混播为主。其单播又可条播、点播。条播，行距 30~40cm；点播，行距 25cm 为宜，播深 3~4cm，覆土 2cm，混播。可与谷类作物或禾本科牧草混播。

追肥：在苗期可亩施尿素 2.5~4kg 或精粪水。春箭舌豌豆，一般再生性较好。刈割后为了促进再生草的生长，可追施氮肥或清粪水。

灌溉：根据灌溉条件，结合土壤湿度和干旱情况，在生长发育时期，可灌溉 3~4 次。

中耕除草：春箭舌豌豆幼苗出土能力差，生长缓慢，应及时中耕除草 1~2 次，防止杂草压苗，以利生长。

（3）营养价值及利用方式。春箭舌豌豆茎枝柔嫩，叶量多，适口性好，营养价值高，为各种家畜所喜食。据分析，干草含粗蛋白质 16.14%，粗脂肪 3.32%，粗纤维 25.17%，无氮浸出物 42.29%，钙 2.0%，磷 0.25%，其籽实含粗蛋白质高达 30.35%。同时，也是一种优质的绿肥作物。压青半个月即可腐熟，能增加土壤中氮素，经测定，在 0~20cm 土层中速效氮含量比未种春箭舌豌豆的地增加 66.7%~133.4%。

春箭舌豌豆可晒制青干草或青贮，还可在幼嫩时期放牧。种子含有配糖体，粉碎做精料应将种子用温水浸泡 24 小时再煮熟。以除去有毒物质，饲喂要适量，更不能长期单一使用。绵羊日喂不超过 1kg。一般亩产鲜草 1 500~2 000kg，高者可达 3 100kg。

9. 毛苕子

（1）生物学特性。毛苕子耐寒力较强，也耐旱。生长后期植株上部直立，下部常卧地倒伏。对土壤要求不严格，喜沙质土壤，不宜潮湿或低洼积水土壤。适宜土壤 pH 值 5~8.5，红壤与含盐 0.25% 的盐碱土上，均可正常生长。

（2）栽培技术。春秋播均可，9 月中、下旬播种为宜。每亩播种量 3~4kg。毛苕子新鲜种子出苗率仅 40%~60%，用"二开一凉"温水浸泡 24 小时，可提高发芽率和提高出苗 2~4 天。撒播、条播、点播均可。条播或点播较好。条播行距 20~30cm，点播穴距 25cm 左右。播深 4~5 厘米。播种前应多施基肥和磷肥，返青后可追施草木灰或磷肥 1~2 次，施磷肥的增产显著。春季多雨地区应进行挖沟排水，受蚜虫为害时可用 40% 乐果乳剂 1 000 倍稀释液喷杀。毛苕子自现蕾至初花期均可收割作青饲料。在草层高度达 40~50cm 时即应刈割利用，以免影响草质品质和再生能力。一般亩产鲜草 1 750~2 750kg 或更高。

10. 紫云英

（1）生物学特性。紫云英喜温暖湿润气候，过冷过热均不适宜。种子发芽最适宜温度为 20~25℃。幼苗期在 -7~-5℃ 开始受冻或部分死亡。生长适宜温度 15~20℃，气温较高地区生长不良。紫云英比较耐湿，自播种至发芽前，土壤不能缺水，发芽后如遇积水则易烂苗。生长发育期中也最忌积水。出苗至开花前，如果田里积水，易受冻死亡，或叶色转黄，生长不良。开花结荚期久雨积水，则降低种子产量和质量。耐旱性较差，久旱能使紫云英提前开花。

紫云英喜沙壤土或黏壤土，也适应无石灰性冲积土。耐瘠性弱，在黏土或排水不良的低湿田和保水、保肥性差的沙性土壤均生长不良。比较耐酸，但不耐碱。适宜土壤 pH 值为 5.5~7.5。在含有盐分较高的土壤中不宜栽种，土壤含盐量超过 0.2% 容易死亡。

紫云英播种后 6 天左右出苗。开春以前，以分枝为主。开春以后，分枝停止，茎枝开始生长。4 月开花，5 月种子成熟。紫云英的品种很多，依生育期的长短和开花的早迟，分为早、中、晚熟 3 个类型：早熟种为 233 天，晚熟种 240 天。一般早熟种叶小、茎矮，鲜草产量低，种子产量较高。晚熟种则反。

（2）栽培技术。

播种期：适时播种可使紫云英达到一定的茎长和增加有效的分枝数。播种越迟产量越低。播期不能迟于霜降。

播种量：一般以 2.5~4kg 为宜。播种量较高的产草量也较高。紫云英种子硬实多，播前用砂磨、碾轧等方法，将清选过的种子进行硬实处理，或用水浸种 24 小时后捞出沥干，都能提高种子发芽率。在未种过紫云英的地方，应采取人工接种根瘤菌的办法，以提高紫云英的鲜草产量和种子产量。

播种方法：多采用撒播。晚稻田套种时，宜留薄薄的一层浅水，播后 2~3 天种子已露芽时，再将田面落干。

施肥：一般不施基肥也有在晚稻田播种紫云英前，先施猪、牛、羊粪作基肥兼作晚稻肥料用的。播种时，用 50% 人粪尿液浸种 10~20 小时，再用草木灰拌种作种肥，可使紫云英发芽整齐，保证茎、叶粗壮。

苗期至开春前，施用灰肥，厩肥作苗肥和腊肥可促使幼苗健壮，根系发达，提早分枝，加强抗寒能力。开春后至拔节前，施用猪、牛粪、羊粪、人粪尿或硫酸铵等并配合磷钾等速效肥料，可显著促进茎叶生长。

紫云英对磷肥敏感性很强。磷肥能促进种子发芽，增强植株的抗病能力，使之生长旺盛。

11. 普通苕子

（1）生物学特性。普通苕子喜温暖湿润气候，在0℃时即易遭冻害。耐旱性强，对土壤要求不严格，喜沙质壤土，不宜潮湿或低洼积水土壤，pH值6.0~6.5。春播者生长迅速，出苗后60天即可刈割利用。秋播者到翌年5月结实成熟后死亡。

（2）栽培技术。可春播或与冬播作物、中耕作物以及春种各类作物进行间、套、复种。在9月中下旬秋播。普通苕子种子大，每亩播种量4~5kg。与麦类混播时，可增加播种量或将麦类播种量减少。单播时撒播、条播、点播均可，条播行距20~30cm，点播穴距25cm左右。收种行距45cm，播深4~5cm。与黑麦草混播比例以（2~3）:1为佳，每亩苕子2~3kg，黑麦草1kg；与麦类混播比例约1:（1~2），每亩可用苕子2kg，燕麦2~4kg。混播方式以间行密集条播为好。播种前应多施基肥和磷肥，返青后可追施草木灰或磷肥1~2次。施磷肥的增产显著。调制干草，在结荚期收割产量最高，用作青饲的以盛花期刈割较好。

12. 多花黑麦草

（1）生物学特性。多花黑麦草的别名为意大利黑麦草、一年生黑麦草、多次刈割黑麦草。多花黑麦草喜温暖湿润气候，在昼夜温度12~27℃时，生长最快。超过35℃生长不良。土壤温度比气温对生长的影响更大些，土温20℃时，地上部分生长最盛。分蘖最适温度为15℃左右。光照强，日照短，温度不高，对分蘖有利。耐严寒和干热，在低海拔区越夏差，在海拔800~2 500m的温带湿润、年降水量800~1 500mm地区种植，可生长2年，当田管精细，利用合理可利用3年。适宜在肥沃、湿润而深厚的土壤上或沙壤上种植。最适合的土壤pH值为6~7，也可适应土壤pH值为5~8。不耐长期积水。再生性强，拔节前刈割，很容易恢复生长。刈割后再生枝条有2类：一类是没有损伤的残茬内长出，约占总再生数65%；另一类则从分蘖节长出，约占总再生数的35%。

（2）栽培技术。

选地与整地：多花黑麦草的栽培技术与多年生黑麦草基本相同。多花黑麦草生长快，产量高，再生力强。对土壤养分的消耗量大，它适应土层深度、肥沃、湿润的壤土或沙壤土上种植，一般黏重性土也能生长。播前，为了出苗整齐，同多年生黑麦草一样，应精细整地。

施底肥：在播种前，应施足底肥，其肥料的种类、田管同多年生黑麦草一样。

播种期：海拔为400~800m的低山区可秋播（即9月中旬至10月上旬），海拔1 000m以上者可春播（3月上、中旬）。

播种量：一般亩播种量为1.0~1.5kg。

播种方式：以条播为宜，行距30cm，播幅（开沟宽）15cm左右，开沟深度2~3cm。种子田行距40cm为宜，覆土深度1.5~2cm。多花黑麦草可与生长期短的苕子、紫云英等牧草混播，可提高当年产量，其多花黑麦草的播量为单播量的75%，豆科牧草为单播量的80%。同时，它与多年生黑麦草一样，可与农作物进行套作或间作。

追肥：多花黑麦草对氮肥敏感。每 667 平方米（等于一市亩）施尿素 7.5~12.5kg，每 kg 尿素增产鲜草 23.75kg，多花黑麦草主要需肥是三叶期、分蘖期和拔节期，各生育期的施肥量分别占总施肥量的 40%、45%、15%。每次刈割应亩施尿素 4~5kg。

灌溉：多花黑麦草是需水较多的牧草，在分蘖、拔节、抽穗 3 个时期及每次刈割以后适时适量进行灌溉，可显著提高产量。尤其冬春干旱的地区，更应该重视灌溉，才能获得更高的产量。

中耕除草：为了疏松土壤，消灭杂草，减少病虫害，分蘖期和每次刈割后应进行中耕，能加快多花黑麦草的再生速度。中耕深度，分蘖前期宜浅，后期可稍深。除杂草应在开花前进行，宁早勿晚。

（3）营养价值及利用方式。多花黑麦草在草层高度为 50~60cm 时刈割作青饲，叶多茎少，草质柔嫩，各种牲畜均喜食，适口性好，采食率高。青饲喂养的采食率在 95% 以上。初穗期刈割，茎叶比例为 1∶（0.5~0.66），延迟收割期则 1∶0.35。同时，由于刈割时期不同，则营养成分的含量和鲜草产量各异。如叶丛期刈割，干草含粗蛋白质为 18.6%，粗脂肪 3.8%，粗纤维 21.2%，每 667m^2 产鲜草 9 481.9~10 275.0kg，花期前刈割，粗蛋白质 15.3%，粗脂肪 3.1%，粗纤维 24.8%，每 667m^2 产鲜草 7 222.2~7 911.1kg。开花期刈割，粗蛋白质 13.8%，粗脂肪 3.0%，粗纤维 25.8%。因此，多花黑麦草应适时刈割，有利于产量高，牲畜易消化。

多花黑麦草可青饲，也可青贮，还可调制干草作冬春饲草。

13. 苏丹草

（1）生物学特性。苏丹草是一种喜温的，春性发育型禾草。在气候温暖，雨水充沛的地区生长最繁茂。种子发芽最适温度为 20~30℃，最低温度为 8~10℃，在适宜条件下，播后 4~5 天即可萌发，7~8 天全苗。播后 5~6 周，当出现五片叶子时，开始分蘖，生长速度增快。出苗后 80~90 天开始开花。苏丹草具有良好的再生性，这是构成苏丹草高产，能多利用的重要原因。在温暖地区可以获得 2~3 次再生草。刈割高度与再生能力有直接关系，一般留茬高度以 7~8cm 为宜。从播种至种子成熟所需积温为 2 200~3 000℃，在 12~13℃ 时几乎停止生长。幼苗低于 3~4℃，往往招致冻伤，甚至死亡。

苏丹草对土壤要求不严，在弱酸和轻度盐渍土上能生长，但过于湿润、排水不良或过酸过碱的土壤上生长不良。在黑钙土上、暗粟钙土上比在淡粟钙土、沙土上生长良好。

苏丹草最好的前作是多年生豆科牧草或多年生混播牧草，玉米和大豆也是苏丹草的良好前作。

（2）栽培技术。种植苏丹草的土地，应进行秋耕除茬，并施足底肥，春季及时进行耙耱；中耕作物之后，一般进行秋翻。播前要进行精选种子和种子处理，并进行晒种，以便打破休眠，提高萌发率。此外，尚应进行药物拌种，防止病害发生。春播时，须待春暖，土壤 10cm 深处的温度达 10~12℃ 时播种。播种量，在比较干旱地区每 667m^{2}1.5kg 为宜，而水肥条件较好时，每 667m^2 可以播种 2~2.5kg。

苏丹草多采用条播，水肥条件较好或雨水较多地区，进行窄行播种，一般行距 20~30cm，播后要及时进行镇压，以促进种子萌发。一般每 667m^2 产青草 3 000~5 000kg。

（3）田间管理。苏丹草苗期生长缓慢，与杂草竞争能力弱，必须及时清除杂草；还要进行土壤松耙，消除土壤板结，以便保蓄土壤水分。

14. 串叶松香草

（1）生物学特性。串叶松香草喜温暖潮湿气候。能耐寒，在零下 5~6℃能安全越冬，返青比聚合草早 20 天左右，但种子发芽须在 13℃以上才能正常发芽。适宜月平均温度 18~25℃生长良好。耐热性较强，在极端最高气温 35℃时，仍生长良好，耐旱性比聚合草强。耐湿性，在雨季连续降水时，仍能生长茂盛。对土壤要求不严，耐微酸、微碱。宜在肥沃潮湿的土壤种植。第一年春播后不能开花结实，第二年 6 月中旬始花期，7—8 月盛花期，10 月为终花期；8 月中旬种子陆续成熟，生育期 250 天，生长期 280~300 天。

（2）栽培技术。

选地与整地：串叶松香草宜选择肥沃湿润的土壤上种植。因种子千粒重轻，整地应精细，以利出苗整齐。

施底肥：每 667m^2（一市亩）施有机肥 750~1 000kg 及过磷酸钙 10~15kg 作底肥。

播种期：一般以春播为宜（即 3 月下旬至 4 月上旬），因春播后的气温和地温逐渐升高，雨量较充足，有利于苗期生长。也可以秋播（即 8 月中下旬至 9 月上旬）。播期不宜过晚，过迟播种，苗期生长期短，难越冬。

播种量：视不同播种方式而异作为穴播，每 667m^2 用种量为 0.3kg，每穴 3~4 粒种子；作为育苗移栽，可按每粒种子之间距离为 2cm 计算其 667m^2 用种量，然后均匀撒播在苗圃内即可。

播种方式：一般采用穴播为宜，作刈割地株行距为 50~60cm，作种子田株行距为 1m×1m，而既作种子田又作刈割草地者，株行距 70cm×70cm，播种深度 3~4cm，覆土时，先施草木灰，然后覆土，并盖一定的干草，以保持土壤湿度。也可采用育苗移栽或分蔸移栽的方法进行种植。育苗移栽应在幼苗期叶片达 4~5 个时进行即可；一般分蔸移栽用生长一年以上的老蔸进行分蔸移栽，每一蔸应有 1~2 个芽孢，以利于成活。其株行距与穴播一致。还可与其他牧草或饲料作物进行套作，因串叶松香草株行距较大，苗期生长较慢，可先种植串叶松香草，后在行间套作牧草或饲料作物。既充分利用了地力和空间，又增加了饲草饲料产量和种类。

追肥：串叶松香草在幼苗期生长缓慢，可追施清粪水或 667m^2 施尿素 2.5 千克。移栽成活后或每次刈割后须施尿素 7.5kg 或人畜粪尿 1 500kg。

灌溉：播种后，土壤应保持一定湿度，以利出苗。出苗后 10 天左右不灌溉。生长时期，当遇干旱时，可根据各地灌溉条件及时灌溉。

中耕除草：串叶松香草在苗期生长较慢，应及时中耕除草。每次刈割之后视田间杂草多少和土壤板结程度注意中耕除草。

（3）营养价值及利用方法。串叶松香草可利用 10~15 年，草质好，产量高，绵羊喜食。据测定，全草（干草）含粗蛋白质 23.5%，鲜草每千克含胡萝卜素 4.25mg，赖氨酸 4.9%。串叶松香草主要刈割作青饲，生喂、熟喂或发酵以后喂均可，也可制成青干草，还可青贮。但作青饲时，应注意适时刈割，一般株高 50~60cm 刈割为宜。

15. 籽粒苋

（1）生物学特性。籽粒苋的别名为禾穗谷，喜温暖气候，适应性强，甘肃省内均可生长。耐寒力较差，一般以地温稳定在 16℃以上为最好，温度过低则不易出苗。耐旱性强，形成 1g 干物质只需水 57.05g，相当于玉米的 45.1%。抗盐碱能力强，在表土层 0~

10cm 含盐量 0.5% 的土壤上能正常出苗生长。籽粒苋是 C_4 植物，光合效率较高。一般生育期 70~80 天，有的可达 135 天。

（2）栽培技术。

选地与整地：籽粒苋对各种土壤均适宜，但最宜在温暖气候、湿润肥沃的沙质壤土上生长。整地必须精细，以利出苗整齐。

施底肥：每 667m² 施有机肥 1 000kg，过磷酸钙 10kg 作底肥；或在播种前施熟猪粪水作底肥也可。

播种期：农区于 3 月下旬至 7 月下旬均可播种；山区宜 4 月上旬和中旬播种。

播种量：每 667m² 播量 50~60g。

栽培方式：一般采用条播或穴播，行距 35cm，播深 1cm，覆土 1cm，当苗生长到 15cm 时可间苗定株，株距 10~15cm 为宜。也可撒播，将种子均匀地撒在地面，然后轻耙 1 次。

追肥：籽料苋出苗后生长到 20 天左右应追施熟粪水或氮肥 1 次。每刈割 1 次每 667m² 施尿素 5kg 或熟粪水。

灌溉：籽粒苋幼苗期必须保持田间土壤湿润，灌溉有利于幼苗的生长。生长中后期可不灌溉，并注意排水。

中耕除草：籽粒苋幼苗生长较慢，易受杂草危害，应及时除草和间苗。

（3）营养价值及利用方式。籽粒苋是一种新型粮食、饲草、饲料兼用作物。一份籽粒苋和九份小麦面粉制作的食品，相当于牛奶的营养水平。籽粒苋还可榨油。在养殖业上，目前被广泛使用作牲畜和家禽的牧草。据分析，籽粒苋含蛋白质 16%~18%，是大米的两倍，小麦的 1.33 倍，玉米和高粱的 1.66 倍。现蕾期叶片含粗蛋白质 23.7%，是玉米秆的 8 倍。成熟期秆含蛋白质 4.8%（收种后），相当于玉米的 2 倍。其籽实的赖氨酸含量 0.79%，是小麦的 2 倍，含脂肪 7.5%，淀粉 61%。籽粒苋草质优，适口性佳，产草量高，可青饲、青贮和调制干草粉。籽粒苋每年刈割 5~6 茬，一般 667m² 产鲜草 8 700kg，最高可产鲜草 14 000kg。

16. 扁穗冰草

扁穗冰草又名冰草、扁穗鹅冠草、羽状小麦草。

（1）特征与特性。冰草是温带干旱和半干旱草原的主要牧草，是美国、加拿大、苏联干旱区的栽培禾草之王。我国东北、华北、西北、西南和甘肃省雁、北晋西野生较普遍。

冰草为多年生疏丛型禾草，也有短根茎一疏丛型分布。须根发达，具沙套。株高 30~60cm。野生者分蘖和叶片很少，叶常内卷。栽培种可达 20~40 个分蘖。穗状花序顶生直立，小穗紧密排列两侧，呈羽毛状。每小穗 4~7 朵花，顶生小花不孕。种子千粒重 2g 左右，每斤约 25 万粒。

冰草抗旱耐寒很强，最适宜干旱、寒冷的北温带栽培。对土壤要求不严，轻盐渍土，甚至半荒漠地带也生长良好。在河西走廊及陇东黄土高原，不论是从国外引种还是当地野生种，都是最有栽培价值的禾草。冰草春季返青早，生长快。夏季干热时暂时停止生长，秋季再生长。其寿命很长，一次栽培可以利用 15 年以上，有的长达 40 年。

（2）栽培技术。冰草种子细小，播前整地要细。冰草虽然耐旱，但种子萌发和幼苗期仍需一定水分，所以，甘肃省播种冰草最好采用顶凌或夏雨季播种，与紫花苜蓿、红豆草和胡枝子采用禾、豆2∶1或3∶1的比例30cm行距同行混播最佳，次为隔行间播。混播或间播时，播量以每亩0.5~0.75kg为宜。覆土不能过厚，一般2cm左右。种子播在湿土上，播后镇压提墒。幼苗期生长缓慢，应加强中耕除草。我省单播者当年亩产青草350~400kg，第二年可达1 250~1 750kg。其再生性较强，河西走廊及陇东黄土高原可利用二茬。

（3）利用价值。冰草春季返青较早，性耐践踏，以放牧利用率较高，为北方干旱地区放牧型人工草地最佳牧草之一。栽培型引种冰草在某些地区（如河西走廊及陇东黄土高原）可以第一茬刈割，第二、第三茬再生草用作放牧。茎叶柔细，适口性好，绵羊最喜采食，山羊、牛、马等也很喜食。营养价值较高，与豆科牧草相比，除蛋白质和钙稍低外，脂肪、无氮浸出物（特别是非结构性碳水化合物）和消化热能均高，为北方干旱草原区重要能量饲料之一，又是黄土高原保持水土较理想的草种。

17. 中间冰草

中间冰草又叫中间偃麦草。

（1）特征与特性。原产东欧，后引入美国和加拿大半干旱地区，现已成为北美最重要栽培禾草之一。中间冰草为根茎—疏丛型牧草，根系强大，植株高大（90~150cm），叶片较多。花序呈细棒型穗形，千粒重5~6g，每500g 8万~9万粒。耐旱和抗寒性与扁穗冰草相近似，最适甘肃省干旱、半干旱草原带和干旱山地栽培。

（2）栽培技术。栽培方法略同于扁穗冰草，与紫花苜蓿混播产草量最高。

（3）利用价值。保土保水效果优于扁穗冰草，产草量也高。秆高大，宜于刈割利用，再生草放牧，河西走廊及陇东黄土高原等地一年刈割、放牧各1次，对次年萌发和生长有利。秋末休牧1个多月，冬季再放牧枯草。

我国干旱、半干旱草原区（包括山地草原）及荒漠草原，如甘肃省的河西走廊及陇东黄土高原等地还野生几种较有饲用价值、有驯化前途的冰草植物：蒙古冰草、沙生冰草等。

18. 无芒雀麦草

无芒雀麦草又名无芒草、禾营草、无芒雀麦等。

（1）特征与特性。原产欧洲北部、西伯利亚及我国北方，主要生长于暗栗钙土上。我国东北、华北、西北分布较广。许多国家早已引种，成为重要栽培牧草，美国和加拿大面积较大。适应性强、产量高。目前北方各省都有较大面积的引种栽培。

无芒雀麦是根茎—疏丛型的多年生禾草，寿命10年以上，地下茎发达，根系多，20cm土层中须根占总根量的1/2还多。茎直立，高80~220cm，无毛。叶4~8片，细长披针形。圆锥花序开展，一般长26cm。小穗含花6~10朵，千粒重4g左右，每500g 12.5万粒。

无芒雀麦耐寒力强，在内蒙古锡林郭勒盟、山西省五台山高山部分，-40℃也能安全越冬。抗旱性仅次于冰草。在土壤水肥充足、通透良好、饱和持水量达80%上下时，分蘖数可达数十个。无芒雀麦最适宜生长于年降水量400~600mm地区，对土壤要求不严，最适钙质中性土壤，较耐盐碱，返青较早，晚秋仍保持青绿茎叶，青饲期较长。

（2）栽培技术。无芒雀麦除种子繁殖外，无性繁殖力也很强，地下茎分株繁殖成活率很高，比种子繁殖快，管理简便，与杂草的竞争力强。河西走廊及陇东黄土高原当年可利用三茬，晋西可利用二茬。与紫花苜蓿、红豆草、百脉根或草木樨等豆科牧草同行混播产量最高。

（3）利用价值。无芒雀麦的营养分蘖多，叶量大，如从美国引种的叶量一般达34.2%～47.0%，营养分蘖枝占72%～87%。高于其他禾草。适口性良好，绵羊喜采食。营养价值也高，蛋白质含量丰富，总消化营养物质比披碱草、老芒麦等都高，是北方最主要的能量饲草之一。无芒雀麦是我国北方黄土高原、草原、荒漠风沙区保土保水，固土固沙的优良牧草。

19. 老芒麦

老芒麦又名垂穗大麦草、西伯利亚野麦草等。

（1）特征与特性。老芒麦为我国北方广泛野生草种。近年来，青海、甘肃、新疆等省区和华北等地开始驯化栽培，效果良好。本草为多年生疏丛型草，株高50～120cm，直立生长，叶片柔软、长而扁平，无叶耳。穗状花序疏松下垂，长15～20cm。每节2个小穗并列生长，颖披针形而具短芒，外浮具长芒。内外等长。千粒重4.5～5.5g，每500g约10万粒。

野生老芒麦的寿命10年左右，一般2～4年产草量最高．性喜湿润，分布于沟谷、荒地、灌丛及林下。抗寒力特强，在甘肃省高寒草原能安全越冬。自然形成大片群落，分蘖力和再生力均强。

（2）栽培技术。播种方法与田间管理大体同冰草等禾草。在甘肃省中东部及南部宜夏播。无芒麦与紫花苜蓿、红豆草、无芒雀麦以及胡枝子等混播最佳。近年来青海等地培育出一种多叶老芒麦，也适应甘肃省栽培。其叶量及营养分浆很多，显著优于普通老芒麦，是北方地区最有前途的禾草品种。

（3）利用价值。老芒麦产草量甚高，叶量比率大于披碱草属中任何一种，青饲、干草、青贮均宜，适口性居披碱草属各草种的首位，牛、马、羊均喜采食。一般在抽穗前利用，穗后粗老较快，利用率下降。孕穗期的营养成分：粗蛋白质11.9%、粗脂肪2.76%、粗纤维25.81%、无氮浸出物45.86%、粗灰分7.86%、钙0.26%、磷0.25%。披碱草属中最可作饲草的种类，目前引种栽培许多的是披碱草。

20. 羊草

羊草又名碱草。

（1）特征与特性。羊草为我国主要特产草，国外仅蒙古国和苏联有部分分布，广泛而成大群落建群种分布于东北、华北及西北等地区，尤其在黑龙江、吉林和内蒙古等省区东部形成大面积的羊草草甸草原。我省也有野生分布，多呈斑块散布，常混生于山坡野生植物群落中，地头地边或撂荒地初期较多生长。近年来，东北和内蒙古大面积人工种植成功。

羊草为多年生强根茎性禾草，地下茎在10cm土层交错，形成根茎层，固土力很强。根茎节间生出分枝芽，形成单枝或2～3枝，疏散排列。植株高30～90cm，具棕褐色纤维叶鞘。叶长披针形，淡绿或灰蓝色，质地较柔韧。穗状花序直立，每节小穗两个并生（顶端小穗常单生），含5～10朵小花，千粒重约2g，每500g 25万粒。

羊草适应性很强，特别抗寒、抗旱，能在甘肃省干旱地区年降水量300mm地区生长，在零下 40℃ 的地区也能安全越冬。在 pH 值 5.5~9.4 的土壤上都可生长，但碱弱性土壤生长茂盛。尤其适应栗钙土或淡栗钙土。在干燥或稍湿润气候下生长良好。长期水淹则生长不良或大量死亡。繁殖力强，可用种子和根茎两种形式繁殖。因此，在天然草场能很快形成优势群落，湿润环境或多雨年份多不抽穗，干旱年度抽穗较多或者呈生理上年度性间隔抽穗。

（2）栽培技术。羊草以根茎或种子繁殖，生殖技较少，有大、小年之分，种子产量低，发芽率差，多用根茎繁殖栽培。种子播量较多，山区撂荒地需 3~5kg。以 30cm 条播为宜，要求土壤通透性良好。放牧密度过大而又不作刈割利用时，利用年代超过 5~6 年，由于土壤紧密，通气不良，很快衰退，产草量大幅度下降。因此，除利用机械耙地外，要控制放牧密度，春季推迟放牧，延长草地利用年限。

（3）利用价值。适口性特好，各种家畜均喜采食。再生力强，极耐践踏，为放牧理想草类。营养价值很高，为一等牧草。粗蛋白质和钙的含量，比其他禾本科牧草高。

21. 冬牧-70 黑麦

冬牧-70 黑麦属一年生禾本科植物，株高 150cm 以上，亩产鲜草 5 000~12 000 kg，茎叶柔软、细嫩，鲜物中粗蛋白质含量在 3% 左右，赖氨酸含量高，还含有大量的胡萝卜素和多种维生素。适口性好，牛、羊、猪、兔、鹅等畜禽所喜食。该牧草早期生长快，分蘖多，耐寒性强，再生性好，是解决冬春青饲料缺乏的优良牧草。8—10 月均可播种，播种时每亩施氮肥 15kg，土杂肥 1 000kg 做基肥。9 月中旬至 10 月上旬为最佳播种期，每亩播种量 7.5kg 为宜，行距 15~20cm，播种深度同小麦一样。因墒情不足，地下害虫等原因造成缺苗断垄者应及时补苗，有条件的入冬前灌 1 次水。翌年每亩施氮肥 15kg，进行中耕保墒。做好防蚜虫、锈病、干热风的防治工作。

第一次收获，在入冬前株高 20cm 刈割青喂或青贮。第二次在翌年 4 月中旬，收获后每亩施尿素 10kg。第三次在 5 月下旬刈割。

22. 墨西哥玉米（饲用玉米）

墨西哥玉米属一年生禾本科植物，株高 300~400cm，年可刈割 7~8 次，亩产鲜草 10 000~20 000kg 以上，其粗蛋白质含量为 13.68%，粗纤维含量为 22.7%，赖氨酸含量为 0.42%。它的消化率较高，投料 22kg 即可养成 1kg 鲜鱼，用其喂奶牛，日均头产奶量比喂普通青饲玉米提高 4.5%。

墨西哥玉米一般春播，适宜温度 20℃ 左右。播种地需要平整和地力较好的耕作地，行株距 35cm×30cm 或 40cm×30cm，亩实生株群 5 000~6 000 株，亩播种量 1.3kg 左右，开行点播，每穴 2~3 粒，播种后施撒基肥，盖 3~4cm 细土。育苗移栽，用种量 0.5~1kg。播种时可用厩肥混拌适量磷肥作基肥，每亩施 1 000~1 500kg，或复合肥每亩 7.5~10kg。苗期在 5 叶前长势缓慢，5 叶后开始分蘖，生长转旺，应定苗补缺，并亩施氮肥 5kg，中耕促苗，苗高 30cm，亩施氮肥 6kg。中耕培土，促进分蘖快长，以后每次刈割后，待再生苗高 5cm 左右，即应追肥盖土，注意旱灌涝排。苗高 40cm 可第一次刈割，留茬 5cm，以后每 15 天刈割 1 次，留茬比原留茬稍高 1~1.5cm，注意不能割掉生长点，以利再生。

23. 甜高粱

甜高粱属一年生禾本科植物，株高 370cm 左右。亩产秸秆 6 000kg，籽粒 150kg，适宜各类草食畜禽适用。甜高粱可种植于不同质地的土壤，但在沙土或黏土地上都有不同程度的减产。以种植在肥沃疏松、排水良好的壤土或沙壤土最为适宜。4月下旬至5月上旬均可播种。播前每亩施土杂肥 2 500~3 000kg，标准磷肥 50kg，尿素 15~20kg 做底肥，播种深度 3~5cm。按 15cm×20cm 株距，50 ~70cm 行距，画行点播或条播，亩播量 0.4~0.5kg，亩保苗 6 000~7 000 株，播后覆土镇压。出苗后及时查苗补种，去杂草。2~3 片叶时进行间苗，4~6 片叶时按计划定苗。要求中耕除草 2~3 次。在幼苗长出 2~3 片叶时浅锄保墒除草，在 4~6 片叶时定苗深锄，促根发育。结合培土除蘖，深耕至不伤根，培植单株壮苗，防止后期倒伏。全生育期在拔节、抽穗、灌浆期分别浇水 3 次。结合浇水，适量追肥，亩施氮肥 15kg。

甜高粱待籽粒蜡熟时，即可收获果穗，再过 5~7 天收割茎秆，此时茎秆含糖量最高，应及时青贮。

24. 鲁梅克斯 K-1（高秆菠菜）

鲁梅克斯 K-1 属蓼科多年生饲草。生长期 25 年，叶呈披针形，长 40~50cm，宽 15~20cm，叶柄长 15~20cm，株高 60~80cm，亩产鲜草可达 10 000~15 000kg。鲁梅克斯 K-1 具有抗严寒、御干旱、耐盐碱、易栽培等特性。在含盐量 0.6%、pH 值为 8~10 的土壤中能正常生长发育。3—10 月播种，大田直播每亩用种 100~150g（育苗移栽 50g 即可），可按行距 50~60cm，株距 25~30cm，种子生产地可行距 70~80cm，筑埂作畦，苗期中耕除草并及时补苗。每年春初追氮、磷、钾无机肥 15kg，比例 1∶1∶1 及农家肥 3 000~5 000kg。鲁梅克斯 K-1 作为饲料每年可刈割 4~5 次；留种用时种子收获后，根据生长情况可刈割 2~3 次。每次收割后要灌溉 1 次，促其快速生长，增加产量。霜前 15 天停止收割，保证来年丰收。

25. 燕麦

（1）生物学特性。燕麦（Avena sativa）是高寒牧区人工草地一年生禾本科饲草料作物。它耐寒、喜冷凉湿润的气候条件，而不耐高温和干旱，对土壤要求不严，适宜 pH 值 5.5~7.5。能够栽培燕麦的地区，海拔 3 000~4 000m；且具有易收获、调制、贮存，产草量高，叶片比例大，适口性好、消化率高，营养丰富，为各类牲畜喜食的优良特性。

（2）栽培技术。

整地：在有灌溉条件的地区，燕麦茬地放牧后要进行秋季深耕，促进土壤腐熟化，减轻杂草危害，减少病菌。第二年春灌水，灌溉数日后耙糖土壤，减少水分蒸发，以备播种。

在无灌溉条件的地区，燕麦茬地应于次年播前耕翻耙糖后立即播种，以利于保墒出苗。

种子处理：由于很多为害燕麦的病虫害是通过种子传播的，如散黑穗病、黑粉病等。因此，应在播前实施种子消毒措施。一般在播种前晒种 1~2 天后用药物拌种，拌后随即播种。防止散黑穗病可用种子重量 0.3%~0.4% 的福美双拌种；秆黑粉病可用种子重量 0.3% 的菲醌拌种。

晒种：将种子堆成 5~7cm 厚，晴天在阳光下晒 4~6 天，每日翻动 3~4 次，阴天及夜晚收回室内。以利用太阳的热能促使种子后熟，提前萌发。

播种期：由于高寒地区气温低，生长季短，通常在 4 月下旬播种为宜，最晚不得迟于

6月初。寒冷地区具体播种时间可视当地环境条件和生产目的而定。一般作为青刈调制干草可在5月20日至6月4日播种，以获得较高的产量和营养物质。作为收种，播期应在5月20日之前，过迟影响种子产量和成熟度。

播种量：燕麦播种量与种子大小和种子纯净度有关。播种量过稀和过密，都会影响产量和质量；牧区传统的高密度播种（300~375kg/hm²）不仅浪费1/3以上的种子，并不能达到高产目的。传统播量比适宜播量浪费种子37.5%~40%。因此，应当合理密植。试验表明，播种量为187.5~225kg/hm²比150kg/hm²在抽穗期刈割产量提高8.1%~12.8%，随着生育期推进，产草量还会大大提高。

播种技术和播种方法：燕麦播种方法有撒播、条播；方式有单播和混播之分，因土壤和气候条件而有所不同。

撒播：种子在地表分配很不均匀，常出现过稀或过密现象；覆土深浅不一，影响出苗和幼苗生长；甚至1/3的种子在地表外露，造成很大浪费。

条播：随耕随种随覆土，播种成行，出苗整齐，生长发育健壮；每公顷可较当地传统播量节省种子112.5%~150.0%；青干草产量和种子产量比撒播分别提高64.0%和39.2%，防除杂草效果好，牧区应逐步实施条播以替代传统的撒播方法。

播后耙糖，可减少土壤水分蒸发，尤其在旱作地区，播后镇压更为重要，镇压可使种子与土壤紧实接触，有利种子吸收水分，提高萌发速度。土壤过于潮湿时不宜镇压，以防土壤板结，影响出苗。

播种的深度与种子大小、土壤含水量及其土壤类型有关。一般来讲，有灌溉条件的地方，播深可在5cm左右，旱作为7~10cm，行距12~15cm。

单播和混播，混播产量比单播增产24.82%~35.44%，且营养丰富，互补互济，防止豆科牧草倒伏，改善土壤肥力和合理利用土壤养分，对家畜具有更高的生物学价值。

燕麦覆盖地膜种植，覆盖后出苗整齐，生长发育快，分蘖早，分蘖数比不覆膜提高60%，干草产量提高55%。覆盖地膜可显著地增加地温和保持土壤水分，使得地温积温在整个生长期内增加100~250℃，土壤表层含水量增加1%~2%。

（3）田间管理。燕麦苗期生长缓慢，易受杂草危害，田间管理应注重杂草防除。消灭杂草，采用人工除杂及化学除莠方法。播前可用化学药物灭杀杂草效果最好，用2，4-D丁酯和2，4-D钠盐进行灭杀，用药量在1.125~1.875kg/hm²，加水750kg；可进行喷雾，在燕麦分蘖期和拔节期进行较为适宜。出苗前若遇雨雪，要及时轻糖，破除板结。在整个生育期除草2~3次，3叶期中耕松土除草，要早除、浅除，提高地温，减少水分蒸发，促进早扎根，快扎根，保全苗。拔节前进行2次除草，中后期要及时拔除杂草。种子田面积不大，可选用人工除草。种植面积较大时可采用化学除草剂，在3叶期用72%的2，4-D丁酯乳油900mL/hm²，或用75%巨星干悬浮剂13.3~26.6g/hm²，选晴天、无风、无露水时均匀喷施。为了提高粒重和改善品质，抽穗期和扬花前用磷酸二氢钾2.25kg/hm²加尿素5kg/hm²加50%多福合剂2kg/hm²，对水喷。有灌水条件的地方，如遇春旱，于燕麦3叶期至分蘖期灌水1次，灌浆期灌水1次。苗期灌水时，从总肥量中取出尿素7.5kg/hm²随水灌施。

（4）合理施肥。在高寒牧区耕作层土壤养分属低氮（N）、贫磷（P）、富钾（K），燕麦草地施有机肥料底肥施量37 500kg/hm²。可采用氮、磷按比例施肥，可用每公顷

60kg：60kg 的施肥量，可大幅度提高产草量。

追施钾肥，第一次可在燕麦分蘖期进行，有利于促进有效分蘖的发育；第二次可在孕穗期进行，达到增产的目的。

（5）病虫害防治。选择优良品种的优质种子，实行轮作，合理间作，加强土、肥、水管理。清除前茬宿根和枝叶，实行冬季深翻，减轻病虫基数。掌握适时用药，对症下药。燕麦坚黑穗病可用拌种双、多菌灵或甲基托布津以种子重量 0.2%~0.3% 的用药量进行拌种；燕麦红叶病可用 40% 的乐果、80% 的敌敌畏乳油或 50% 的辛硫磷乳油 2 000~3 000 倍液等喷雾灭蚜。黏虫用 80% 的敌敌畏 800~1 000 倍液，或 80% 敌百虫 500~800 倍液，或 20% 速灭丁乳油 400 倍液等喷雾防治。对地下害虫可用 75% 钾拌磷颗粒剂 15.0~22.5kg/hm²，或用 50% 辛硫磷乳油 3.75kg/hm² 配成毒土，均匀撒在地面，耕翻于土壤中防治。

（6）收获。高寒牧区应在 9 月初一次性收获较为适宜，此时，燕麦正处于乳熟期；若刈割过迟使燕麦茎秆变黄，导致营养物质损失大。

燕麦籽粒收获，它的籽粒成熟期基本一致，穗子顶部小穗先成熟，下部后成熟，而在每一个小穗中，基部的小穗先成熟，顶部的小穗后成熟。在穗子上部籽粒进入蜡熟期收获较为适宜。如果降霜前种子仍未成熟，则应刈割青贮或调制干草。

26. 饲料玉米栽培技术要点

（1）饲料玉米栽培技术模式。对现有玉米种植模式进行技术改造。积极推进规模连片种植，建设千亩以上核心示范区 3 处，示范推广先进栽培技术。科学合理施肥，重点推广测土配方平衡施肥、有机肥资源综合利用和改土培肥 3 项技术。增加有机肥的施用量，亩施有机肥达到 2m³。开展最佳栽培密度的研究、最佳的肥料营养成分配比及施肥量试验示范，总结出在密度上，以株距 20cm 为最佳密度，在施肥上以亩施氮磷钾纯量 12kg，配比为氮∶磷∶钾为 3∶3∶2；在栽培模式上以 65cm 小垄直播最好。项目区良种统供率、种子包衣率、测土配方施肥率、病虫草害综合防治率都达到了 100%。

（2）饲料玉米栽培技术流程。

①种子处理：在玉米播种前可通过晒种、浸种和药剂拌种等方法，增加种子的生活力，提高种子的发芽率，减轻病虫为害，以达到苗早和苗齐、苗壮的目的。晒种播前选择晴天，连续暴晒 2~3 天，并使种子晒匀，可提高出苗率；药剂拌种用硫酸铜等拌种能减轻玉米黑粉病等的发生，用辛硫磷等拌种能防治地下害虫；种子包衣。包衣能防病治虫和促进生长发育。

②增施有机肥、平衡施肥：根据平衡施肥原理，实施测土配方施肥，在确定目标产量的基础上，通过测土化验，掌握土壤有效养分含量。做到氮、磷、钾及微量元素合理搭配，优质农肥 2~3kg/亩，测土配方专用肥 40kg/亩，尿素 20kg/亩。

③适时播种：饲料玉米播种必须适时抢前抓早，一般在 4 月 20~30 日为最佳播期，采取催芽坐水种的方法，达到一次播种出全苗。也可以采用覆膜、育苗移栽等保护地栽培方法，可以抢早上市 10~15 天。种植密度以亩保苗 3 300~3 500 株为宜，即 70cm/垄，株距 26~29cm。播后镇压 1 次。

（3）田间管理。

①及时间苗、定苗、补苗：在玉米 3 叶期做到一次间苗定苗，定向等距留苗。间苗、

定苗时间要因地、因苗、因具体条件确定，可适期早进行，宜 3 叶间苗，5 叶定苗；干旱条件下应适当早间苗、定苗；病虫害严重时应适当推迟间、定苗。定苗时应做到去弱苗，留壮苗；去过大苗和弱小苗，留大小一致的苗；去病残苗，留健苗；去杂苗，留纯苗；缺株时适当保留双株，缺株过多时要补苗。为确保收获密度和提高群体整齐度及补充田间伤苗，定苗时要多留计划密度的 5% 左右，其后在田间管理中拔除病弱株。

②及时中耕、除草、蹲苗促壮：中耕是玉米田间管理的一项重要工作，其作用在于破除板结，疏松土壤，保墒散湿，提高地温，消灭杂草，减少水分、养分的消耗以及病虫害的中间寄主，促进土壤微生物活动，促进根系生长，满足玉米生长发育的要求。玉米苗期中耕一般可进行 2~3 次，中耕深度以 3~5cm 为宜。玉米苗期根系生长较快，为了促进根系向纵深发展，形成强大的根系，为玉米后期生长奠定良好的基础，苗期可在底墒充足的情况下，控制灌水进行蹲苗。

③虫害防治：主要采取农业防治，封秸秆垛，烧根茬减少虫源；物理防治，用黑光灯、高压汞灯诱杀成虫；生物防治，施用 BT 乳剂或放赤眼蜂来杀幼虫和虫卵，使产品提高品质，达到绿色食品标准。

④追肥：玉米 6~8 叶期每公顷追施尿素 130~150kg，11~13 叶期追施尿素 70~100kg。追肥部位距玉米株 7cm，深度 10cm。施用依施牌玉米长效复混专用肥的不用追肥。

⑤化学除草：采取封闭灭草，每亩用 86% 的乙草胺 50mL+2，4-D 丁酯 20mL 进行土壤处理。

⑥收获和利用：要适时收割，一般在霜前割完、贮完。乳熟期的青贮玉米要混贮及乳熟以后收割的玉米都不应掰下果穗单贮，果穗青贮可以顶精料用，能提高青贮饲料质量。

四、牧草收割的注意事项

为了保障绵羊生产的全年均衡营养，保证在枯草季节如冬、春季有足够的补饲牧草，从天然草原和人工草地上刈割牧草，制作干草、青贮和半干贮饲草，是减少羊只冬、春死亡，实现生态养羊业稳定发展的先决条件。牧草刈割时应注意以下问题。

1. 牧草适宜的收割时间

牧草在生长过程中，各个时期营养物质含量是不同的。牧草幼嫩时期，生长旺盛，体内水分含量较多，叶量丰富，粗蛋白质、胡萝卜素等含量较多。相反，随着牧草的生长和生物量的增加，上述营养物质的含量明显减少，而粗纤维的含量则逐渐增加，牧草品质下降。确定最佳收割时期，首先是要求在单位面积内可消化营养物质最高期，其次是有利于牧草的再生和安全越冬。根据上述两条原则，禾本科牧草和豆科牧草有不同的收割适宜期。

（1）禾本科牧草的刈割。多年生禾本科牧草地上部分在孕穗—抽穗期，叶多茎少，粗纤维含量较低，质地柔软，粗蛋白质、胡萝卜素含量高，而进入开花期后则显著减少，粗纤维含量增多。牧草品质在很大程度上取决于它的消化率，而牧草的消化率同样随着生育期的延续而下降。如果禾本科牧草分蘖期的可消化蛋白质含量为 100%，那么，孕穗期为 97%，抽穗期为 60%，而到开花期仅为 42.5%。

从牧草产量动态来看，一年内地上部分生物量的增长速度是不均衡的。孕穗—抽穗期生物量增长最快，营养物质产量也达到高峰，此后则缓慢下降。一般认为，禾本科牧草单位面积的干物质和可消化营养物质总收获量以抽穗—初花期最高，在孕穗—抽穗期刈割，有利于牧草再生。刈割期早晚对下一年的产量有较大影响，同时，刈割次数和最后一次刈割时期也会对牧草再生和产量产生影响。综上所述，多年生禾本科牧草一般多在抽穗—初花期刈割，霜冻前 45 天禁止刈割。而一年生禾本科牧草则依当年的营养状况和产量来决定，一般在抽穗后刈割。

（2）豆科牧草的刈割。与禾本科牧草一样，豆科牧草也随着生育期的延续，粗蛋白质、胡萝卜素和必需氨基酸含量逐渐减少，粗纤维显著增加。而且，豆科牧草不同生育期的营养成分变化比禾本科牧草更为明显。豆科牧草进入开花期后，下部叶片枯黄脱落，刈割越晚，叶片脱落也越多。进入成熟期后，茎变得坚硬，木质化程度提高，而且胶质含量高，不易干燥，但叶片薄而易干，易造成严重落叶现象。豆科牧草叶片的营养物质，尤其是蛋白质含量比茎秆高 1~2.5 倍。所以，豆科牧草不应过晚刈割。多年生豆科牧草，如苜蓿、沙打旺、草木樨等，根据生长情况、营养物质以现蕾—初花期为刈割适宜时期，此时的总产量最高，对下茬生长影响不大。但个别牧草由于品种、气候条件影响，收割后牧草品质不同。在生产实践中，因生产目的不同也有差异，如以收获维生素为主的牧草可适当早收。所以，豆科牧草收获适宜时期须要灵活掌握。

栽培的紫花苜蓿和白花草木樨在开花初期刈割，以后的再生草也在这一生长阶段刈割。红豆草可在开花盛期或末期刈割，因为它的纤维素含量较低。栽培的燕麦草地应在抽穗期刈割，或最晚在完全抽穗时刈割。菊科的串叶松香草、菊芋等以初花期为宜，而藜科的伏地肤、驼绒藜等则以开花—结实期为宜。蒿属植物草地在晚秋降霜后，有苦味的挥发油减少，糖分含量增加，适口性变好后刈割。

2. 牧草刈割次数

我国各地的割草地除了人工草地外，天然草地都是一年刈割 1 次，再生草用以冷季放牧。在热量条件好，牧草再生力强，人力、物力允许的条件下，也应在合适的时期刈割再生草。在进行两次刈割时，需注意使第二次再生草在寒冷来临前 30 天左右的生长时期刈割。从牧草的生长考虑，不应每年都刈割 2 次，而应把 2 次刈割与晚期刈割相轮换。在能刈割两次以上的地区，从总产量考虑，以刈割 2 次为宜。

3. 牧草刈割的留茬高度

牧草刈割后的留茬高度不仅影响产量、质量，而且也影响再生草的生长。留茬越高，干草的收获量越低，草地产量的损失也越大，同时还要影响干草营养物质含量，尤其是粗蛋白质含量。但留茬过低则能引起次年收草产量的降低。这是因为刈割了有可塑性营养物质的茎基部和叶片，妨碍下年新枝条的再生。下年最稳定而高额的产量，往往是在刈割后留茬高度为 4~5cm 情况下获得的。所以，适宜的刈割高度应当以留茬高度 5cm 为最好。在上年未进行刈割的草地上进行刈割时，留茬高度应为 6~7cm。留茬过低，则势必收获许多上年的枯枝，结果使干草品质降低。在进行两次以刈割的草地进行第二次刈割时，留茬高度也应为 6~7cm。留茬过低，则下年草地产量降低，因为留茬过低的牧草在入冬前来不及再生，结果到冬季将有部分植株死亡。

因此，应按草地类型和刈割次数的不同采用不同的留茬高度。高度较低的干旱草原禾本科草地留茬 3~4cm，高度中等的湿润草原禾本科—杂类草草地 5~6cm，以芦苇为主的河漫滩高大草地 8~12cm，短命植物—蒿属草地 2~3cm，羊草草地 5~6cm，苜蓿草地 7~10cm，一年生草地 1~3cm。第二次刈割的留茬高度比第一次高 1~2cm。

4. 其他注意事项

在刈割草地的管理上，除了尽可能做到每次刈割后及时施肥和灌溉外，还应注意不要在春季放牧。在牧草生长的早期放牧，必然造成刈割期延迟，促使不良的杂草发育，影响优良牧草生长，造成产草量降低。正常刈割后的再生草可以放牧，时间应在草丛高度达到 15~20cm 时，并且放牧强度应轻一些，不要超过产草量的 70%。在牧草生长停止前一个月停牧，使牧草能生长到一定的高度，充分积累越冬和早春生长用的营养物质，入冬牧草枯黄后可再次放牧。

五、放牧的注意事项

1. 放牧时期

放牧利用的适宜时间应根据季节、牧草特点和家畜采食特性妥善安排。一般规律是，下繁草应长到 7~8cm 时开始放牧，半上繁草应在孕蕾和抽穗时开始放牧，而上繁草放牧开始时间在 50~60cm 时最好，在这个范围内，羊群的放牧地开始放牧时，牧草高度可以较低。在第一次放牧后应使草地休息，直到再生草长到适宜放牧的高度时再来放牧，切忌在一块草地上连续放牧多日，使牧草的生长受到严重摧残。草地在生长季结束前一个月应停止放牧，在此期间牧草要把养料贮存在地下部分，以备来年再生。

2. 放牧高度

中草地区 4~5cm 较好，对于播种的多年生牧草地来说 5~6cm 为宜，而在最后耕翻的 1~2 年以前，可以充分利用，留茬可低到 2~3cm；对于一年生牧草每年利用 1 次时，可以尽量利用，但若要利用几次时，前几次的留茬高度不应低于 5~6cm。这里需要说明的是放牧不同于割草，绵羊采食后的剩余高度不同，我们无法控制其采食准确高度，因此，上面所说的应有留茬高度仅是一个大约的参考范围。

第三章　牧草的加工与贮藏

　　牧草加工是牧草生产的重要环节，是实现养殖业所需饲草年度均衡供应、改善和提高牧草饲用价值和利用率的重要手段，牧草加工也是实现草业专业化、商品化、产业化经营的不可缺少的措施。

　　我国大部分地区为温带，牧草生产季节性很强，冬、春枯草期长，如果草料贮备不足，将严重影响家畜的生长发育，因而引起掉膘、疾病，甚至死亡。有些地区对牧草加工贮藏不科学，有粗喂、整喂的习惯，使牧草的利用率低，浪费严重。例如，北方习惯秋季牧草枯黄时打草，使牧草的粗蛋白质由 13%～15% 降低到 5%～7%，胡萝卜素损失 90%。田间晒干不能及时运回，牧草叶片脱落，营养成分大大降低，加之在饲喂过程中的浪费，很多牧草是丰产不丰收，不能达到转化为畜产品的目的。在世界发达国家，非常重视青绿饲料的生产，特别在收获、加工、贮藏方面有许多成功经验。在牧草和青饲料利用方面，采用适期刈割，加速青绿饲料的脱水过程，大搞青贮、积极生产叶蛋白饲料等减少青饲料的营养损失。饲草加工后，便于运输，适口性提高，增加了畜产品，提高了饲料转化率。因此，畜牧生产的发展，生产水平不断提高，对饲草的加工利用技术也愈加迫切。

　　牧草的贮藏是世界上大多数国家在草地畜牧业中解决草畜平衡的有效途径，通过贮藏保存，可以把牧草从生长旺季贮存到淡季，满足家畜一年当中对营养的需求。为了使保存的牧草保持较高的营养价值，必须抑制酶和微生物对收获后牧草的分解作用，这可以通过牧草的干燥来实现。因而干草的合理贮藏在解决冬季饲草供应中就显得更为重要了。

一、青贮

　　青贮饲料是指在厌氧条件下经过乳酸菌发酵调治保存的青绿多汁饲料。青贮是我国及世界上广泛应用的一种牧草加工方法，它在平衡牧草年度均衡供应方面发挥重要作用。我国西部地区，畜牧业常因漫长的冬春季节缺草造成巨大损失，推广青贮技术尤显重要。

　　1. 什么是青贮饲料

　　青贮饲料是指经过在青贮窖中发酵处理的饲料产品，一般是指收获的青绿饲料铡短填装入青贮窖，压实排除空气，在酵母菌的作用下产生酸性条件使青绿牧草得以长期的安全贮存。

　　2. 青贮牧草的优点

　　（1）在短时间内对大量优质高产的青绿鲜草进行集中收获、贮存，是解决家畜全年饲料均衡供应的主要手段。

　　（2）减少牧草和收获和贮存过程中的损失。

　　（3）便于机械化作业，即适用于大型养殖企业，也适用于不同规模的养殖专业户。

　　（4）正常制作的青贮牧草营养丰富，改进了适口性，可以作为奶牛、肉牛及羊等主要饲料供应，饲喂效果良好，便于机械化饲喂。

（5）青贮可以随用随取，可长时间的贮存，制造好的青贮可贮存 1~2 年，甚至几年以上。

3. 青贮类型及产量

按照收割牧草和饲料作物含水量的高低分 3 种类型：高水分青贮：原料含水量在 70% 以上；凋萎青贮：原料水分含量在 60%~70%；低水分青贮：原料含水分含量在 40%~60%。

（1）高水分青贮。通常禾本科牧草和饲料作物的青贮多属此类型，如青饲型玉米、饲用高粱、苏丹草等，还有燕麦、黑麦等，多年生牧草包括无芒雀麦、老芒麦、冰草等。上述牧草和饲料作物含糖量较高，水分含量在 70%~80% 时青贮容易成功。高水分青贮主要优点是直接在田间收获后立即运往青贮窖压制，特别适宜大型收割机械联合作业。为了得到好的青贮效果，应控制收割时作物含水量不超过 80%，含水过高，青贮过程中可能有汁液渗出来，一是造成营养损失；二是容易造成青贮料腐烂。

遇到青贮原料含水量过高的情况，可采取加入适当干燥饲料，如秸秆粉、麦麸、玉米面等，除了降低青贮料的水分外，还可增加和调节青贮料的养分。

（2）凋萎青贮。有的地区特别是在我国南部潮湿多雨地区，牧草收割后如含水量过高可经过短期晾晒，使牧草含水量降至 60%~70%，然后再铡碎青贮，这样可以避免因含水过高造成汁液渗出，保证青贮质量。

（3）低水分青贮（含水 40%~60%）。我国气候湿润，半湿润地区生产豆科牧草，主要是苜蓿草，实行低水分青贮是解决雨季收获牧草问题的一项关键措施。如华北地区的二茬、三茬苜蓿，达到收割期，根据中期天气预告，确定收割日期，在刈割后晒 1~2 天，使水分迅速下降至 40%~60%，然后铡碎青贮。豆科牧草粗蛋白质含量高，乳酸菌发酵比禾本科牧草难度大，所以豆科牧草低水分青贮更要注意压实，排尽空气。北京市长阳农场奶牛 4 队早在 1976 年就已成功地进行了大批量苜蓿半干青贮试验，美国中北部地区早已普遍应用此项技术。

豆科牧草低水分青贮，目前较为先进实用的技术是拉伸膜半干青贮，此项技术由英国发明，现已推广到世界各国，近些年来该项技术由上海凯玛新型材料有限公司引进我国。这套设备采用一种特殊的高强度塑料拉伸膜将打成高密度的青贮草捆裹包起来，（缠绕 3~4 层）形成厌氧发酵条件，其原理与普通青贮是一样的。拉伸膜青贮的优点是便于运输、贮存和利用，不用建设青贮窖或青贮塔，青贮质量好，适宜各种规模的机械化作业。

4. 青贮方式

（1）青贮窖。多为长方形，宽 3~6m，长度不限，深 2~3m。永久性的青贮窖多为砖混结构，青贮窖的优点是造价低，作业方便，要选择地势高燥，排水方便的地方建窖。注意青贮窖的底部必须高于地下水位。青贮窖在我国普通利用，最适合规模经营的养殖场，也适宜小型养殖专业户。

（2）青贮壕。选择地势高燥的地方建成长条形的壕沟，两侧和沟底用砖混结构成或混凝土切抹，壕沟两端呈斜坡状。青贮壕便于大规模的机械作业，进料车可以从一端驶入，边前进边卸料，从另一端驶出。随着卸料，随着用链轨拖拉机反复碾压，提高作业效率和质量。

（3）青贮堆。选择干燥平坦的地面，铺上塑料布，堆上青贮料，将青贮料压实，再用塑料布封盖，四周用沙土压严实，顶部压上沙袋即可，青贮堆方法造价低，简便易行。近年来，北京地区也有的牛场将收获打捆的半干苜蓿捆紧密堆放在一起，用塑料布封盖青贮。

（4）袋装青贮。我国在20世纪80年代曾推广塑料袋青贮，用9DT-10型袋装青贮装填机将青贮料切碎并压入塑料袋（长×直径×厚度为1300 mm×650 mm×0.1mm）内，每袋装料50kg。这种小型袋装青贮适合小型养殖专业户使用。

近年来，我国开始引入大型塑料袋青贮，使用特制的装填机，每袋可装入100~150t青贮料。

5. 青贮注意事项

不管采取哪种方式青贮，其成败的关键是将物料铡碎（2~3cm）、压紧，排除空气，以防止杂菌生长，保证乳酸菌的尽快繁殖。作业时间要集中，装填的时间越短越好。原料装填完毕，随时检查青贮窖或青贮袋，发现塌陷或破损，及时采取密封措施。

合理使用添加剂。添加乳酸菌制剂，加快青贮料乳酸发酵。添加甲酸、柠檬酸等抑制杂菌生长，如用85%的甲酸，1 000kg禾本科草加3kg，1 000kg豆科牧草加5kg。禾本科牧草青贮添加尿素，如含水量60%~70%的玉米青贮，按1 000kg青贮料加入5kg尿素，可增加青贮料粗蛋白质含量。添加甲醛，按1 000kg青贮料加入3~15kg甲醛，甲醛有助于防止青贮料腐烂。

6. 青贮质量检测

（1）现场评定。

①色泽：优质青贮饲料应接近原料的原色，如绿色原料青贮应为绿色或黄绿色。如有汁液渗出，颜色较浅，说明青贮成功，如呈现深黄、棕色或黑色说明青贮过程曾发热、产生高温。

②气味：优质青贮通常有令人愉悦的轻微酸味，略带酒洒香味。如有臭味可能青贮已变质。

③结构：优质青贮、茎秆、叶型清晰可辨，如果变成黏滑物质则产品已腐败。

（2）化验室评定。现场评定适用于有经验的青贮饲料制作者，有条件的地方通过化验室检测，则更为准确可靠鉴定青贮品质。通常测定pH值、有机酸含量和氨态氮与总氮的比值（%）。

①pH值评估是最简便实用：青贮玉米的质量与pH值密切相关，具体见表2-3-1。

表2-3-1　pH值与青贮质量的关系

pH值	3.5~4.1	4.2~4.5	4.5~5.0	5.1~5.6	5.6以上
青贮质量	很好	好	可用	差	极差

②有机酸含量评估：优良的青贮料中游离酸约占2%，游离酸中乳酸占50%~70%，乙酸占0%~20%，不含丁酸。质差的青贮含丁酸，有恶臭味。评定标准是乳酸占65%~70%为满分（25分），乙酸占0%~20%为满分（25分），丁酸占0%~0.1%为满分（50

分），具体见表 2-3-2。

表 2-3-2 用有机酸评定青贮质量标准

分数	0~20	21~40	41~60	61~80	81~100
青贮质量	失败	关	合格	好	很好

③氨态氮与总氮的比值（%）评估：氨态氮与总氮的比值越高说明蛋白质分解越多，青贮质量越差（表 2-3-3）。

表 2-3-3 用氨态氮与总氮比值（%）评定青贮质量标准

总分	0~5	5~10	10~15	15~20	20~30	>30
青贮质量	很好	好	可用	差	坏	损坏

二、干草加工

干草是将牧草在适宜时期刈割，经自然晾晒或人工干燥调制而成的能长期贮存的青绿料草。

优良青干草叶量丰富、颜色青绿、气味芳香，是草食家畜冬春季的主要补充饲草，优质干草也是正在我国兴起的新型草产业的主要商品。

1. 干草加工产品及类型

目前，干草加工产品主要有 4 种类型，即干草捆、干草粉、干草块和草颗粒。干草捆是主要的饲草产品，通常占干草加工量的 70% 以上，草粉是我国养猪养家禽行业较喜欢的草产品，草块、草颗粒是便于远距离运输的商品草类型。

（1）干草捆。我国西部地区多因气候干燥降水较少，在有灌溉条件的地方，适宜自然晒制干草，刈割后 2~4 天晒干就地打捆。现在生产上通常用的是小型方草捆机，用 50 马力拖拉机牵引下完成捡拾压捆，草捆国际通用的尺寸为 36cm×46cm×70cm，草捆重 15~20kg。

田间打成的草捆含水量较高，在 16%~22%，运回加工厂再行自然风干，水分含量降至 14% 以下可以出售。

如果需要运距离运输（如出口销售），还需要将草捆二次压缩，有国产加工设备可供选择，二次加压后草捆重量达到每立方米 380~500kg。出口到日本的苜蓿草主要是高密度的草捆。

如果就近养殖场饲用，更适宜生产大型的方草捆，体积 1.22 m×1.22 m×2~2.8m，每捆重 900kg 左右，密度多为 240kg/m³。

我国一些牧区还采用大圆形打捆机，草捆尺寸，直径 1.0~1.8m，长 1.0~1.7m，草捆重在 600~850kg，密度为 110~250kg/m³。

（2）干草粉。晒制的干草或经烘干后的干草用锤式或筒式粉碎机将干草粉碎成不同细度的草粉饲喂猪（特别是指母猪或公猪），或家禽。

北京市顺义区某公司将干草捆进行茎叶分离处理，生产出含粗蛋白质为 22%~27% 的苜蓿叶粉颗粒，产品颇受欢迎，加工效益可观。

（3）干草块。将晒制的干草捆切碎或经烘干的牧草切成草段，压制成 3.2cm×3.2cm×3.7~5.0cm 的方草块。我国第一家大型牧草压块工厂建在新疆的阿尔泰地区，引用美国的华润贝尔公司压块成套设备。干草块适合饲喂奶牛和肉牛，堪称为奶牛和肉牛的巧克力。

（4）草颗粒。将粉碎的干草通过不同孔经的压模设备压制成直径为 0.4~1.6cm 的颗粒料，密度在每立方米 500~1 000kg，颗粒长度 2~4cm，适宜饲料饲喂家禽、猪、羊牛等，还可饲喂鱼类。

2. 干草加工方式

目前，我国西部地区干草加工方式主要是自然晾晒，也称为风干，在降水量较多的地区有的采用烘干方法，主要是用于苜蓿的脱水干燥。

田间自然晾晒的生产过程包括刈割、翻晒、打捆、运输、贮存。关键环节是尽量缩短田间晾晒时间，为此刈割时采用切割压扁机，割下的苜蓿经过压扁装置将茎叶压扁可加速干燥 1~2 天。田间打捆尽量减少叶子的损失，特别是豆科牧草，如苜蓿 70% 的营养在叶子中，收获时叶片损失应控制在 5% 以内，掌握在牧草晒到 8 成干时就打捆。

牧草烘干加工，以煤、石油、天然气或电为能源，使牧草在 300~1 000℃ 的高温下 2~10 分钟内烘干。牧草烘干加工快捷，营养损失少，但需要建设牧草烘干加工厂，成本较高。

3. 牧草深加工

随着科学技术的进步，牧草深加工有广阔的前景，目前美国、法国用特殊工艺已从豆科牧草中提出可供动物和人食用的叶蛋白（LPC）。LPC 产品含粗蛋白质 50%~70%，提取的绿色叶蛋白用于饲喂动物，提取的白色叶蛋白已用于人类食品添加剂。研究表明叶蛋白富含蛋白质、天然色素、维生素、和矿物质，对老人、儿童、妇女的健康非常有利。此外，一些供人类食用的苜蓿深加工保健品，如浓缩维生素胶囊，叶粉片剂等已摆到美国、加拿大超市的货架上。我国牧草的深加工正在研制过程中。

4. 干草产品质量检测

干草的产品质决定着家畜的采食量及其生产性能。干草质量也直接影响到商品草的价格，以苜蓿干草为例国际市场通常干草粗蛋白质每提高 1 个百分点，每吨价格增加 100 元人民币。干草质量检测主要有 2 种方法，其一，以外观特征评定；其二是实验室检测。

（1）感官鉴定。

①植物组成：对天然草地生产的干草质量优劣基础在于植物组成，在随机抽取的样本中分为五类，即禾本科草、豆科草、可食性杂草，饲用价值低的杂草，有毒有害植物。计算各类草所占地比例，禾本科、豆科牧草占比例高于 60%，表示植物组成优良，某些杂草如地榆、防风、茴香等使干草有芒香气味，可增加家畜食欲。有毒有害杂草含量应不超过 1%。

②收割时期：收割时期是影响各类干草质量最重要的因素。兼顾干草的产量和质量，各类牧草都有最佳收获时期，如豆科牧草在现蕾至初花期（1%开花期），禾本科牧草在孕穗末至抽穗始期。延期收割会使牧草的质量迅速下降，牧草适宜收割期容易从牧草的现蕾或抽穗的程度加以判定。目前，我国各地生产的干草普遍存在收割过晚造成粗蛋白含量低，粗纤维含量过高，对家畜的采食量和消化率影响极大。

③颜色：优质干草呈绿色，绿色越深所含的可溶性营养物质、胡萝卜素和维生素越多。

④叶量：牧草的主要营养成分存在于叶片。豆科牧草，叶片含量应在 40%～50%，干草的茎叶比例与干草质量密切相关。

⑤气味：通常优良干草里有浓郁的青香味，这种香味可促进家畜的食欲。再生草的芳香味较差。

⑥含水量：干草含水量应在 14%以下，用手触摸，不应有潮润之感，

⑦病虫害情况：受病虫侵害过的干草不但品质下降，而且有损家畜的健康。察看样本的叶、穗上是否有黄色、粉色或黑色病斑或黑色粉末等，如有上述特征不宜饲喂家畜。

⑧干草杂质含量：干草不得含有过多的泥沙等杂质，特别注意防止铁丝或有毒异物的混入。

（2）实验室检测。一般认为干草的质量应根据消化率及营养成分含量来评定。消化率是指干草被家畜采食后已消化的干物质占总采食量的百分比，可用体内、体外 2 种方法测定消化率。

干草的营养成分测定，通常包括粗蛋白、粗纤维、粗脂肪、灰分和水分五种成分。其中，粗蛋白和粗纤维最为重要。现在营养学家和牧草商更重视干草中性纤维（NDF）和酸性纤维（ADF）的含量，研究表明，牧草的消化率和家畜的采食量与 NDF 和 APF 密切相关。

近红外分析技术（NIRS）是利用有机化学物质在其近红外谱的内的光学特性，快速评估某一有机物中的一项或多项化学成分含量的技术，在 3～5 分钟内即可显示测定结果，我国已经引入该项技术，并用于牧草质量分析。

（3）干草质量评定标准。1991 年国家技术监督局发布了《饲料用苜蓿粉》的国家标准，后来改为农业部行业推荐性标准，具体见表 2-3-4。

表 2-3-4　饲料用苜蓿草粉的行业标准（NY/T）　　　　（单位:%）

质量指标	等级			备注
	一级	二级	三级	
粗蛋白	≥18.0	≥16.0	≥14.0	中华人民共和国国家标准 GB10389-89
粗纤维	<25.0	<27.5	<30.0	
粗灰分	<12.5	<12.5	<12.5	

2001 年农业部行业标准局责成中国农业科学院畜牧研究所起草了禾本科牧草干草质量分级标准，具体见表 2-3-5。

表 2-3-5　禾本科干草质量分级标准　　　　（单位:%）

质量指标	特级	一级	二级	三级
粗蛋白质	12	10	7	5
水分	14	14	14	14

注：蛋白质含量以 100%干物质为基础计算

按感观性状可以分为四级，即特级、一级、二级和三级，具体的标准如下。

①特级：抽穗前，茎细、叶量丰富，色泽呈绿色或深绿色，有浓郁的干草香味，无沙土、霉变和病虫感染，不可食草不超过1%。

②一级：抽穗前，茎细、叶片完整，色泽呈绿色，有草香味，无沙土、霉变和病虫感染，不可食草不超过2%。

③二级：抽穗初期或抽穗期，茎粗、叶少、色泽正常，呈绿色或浅绿色，有草香味，草种类较杂，无沙土、霉变和病虫感染，不可食草不超过5%。

④三级：结实期，茎粗、叶少，叶色淡绿或浅黄，无霉变和不良气味，不可食草不超过7%。

三、青干草的贮藏

干燥适度的青干草，应该及时进行合理的贮藏，才能减少营养物质的损失和其他浪费。能否安全合理的贮藏，是影响青干草质量的又一重要环节。已经干燥而未及时贮藏或贮藏方法不当，会造成发霉变质，使营养成分消耗殆尽，降低干草的饲用价值，完全失去干草调制的目的和意义。甚至引起火灾等严重事故。

青干草贮藏过程中，由于贮藏方法、设备条件不同，营养物质的损失有明显的差异。例如，散干草露天堆藏，营养损失常达20%～40%，胡萝卜素损失高达50%以上，特别是雨淋后损失更大，垛顶垛底霉烂达1m左右。即使正确堆垛，由于受自然降水等外界条件的影响，经9个月的贮藏后，垛顶、垛周围及垛底的变质或霉烂的草层厚度常达0.4～0.9m。而草棚或草库保存，营养物质损失一般不超过3%～5%，胡萝卜素损失为20%～30%。高密度的草块贮藏，营养物质损失一般在1%左右，胡萝卜素损失为10%～20%。

1. 干草贮藏过程中的变化

干燥适度的干草，即可进行贮藏。当干草贮藏后10小时左右，草堆发酵开始，温度逐渐上升。草堆内温度升高的原因，主要是微生物活动造成的。干草贮藏后温度升高是普遍现象，即使调制良好的干草，贮藏后温度也会上升，常常可达44～55℃，适当的发酵，能使草堆自行紧实，增加干草香味，提高干草的饲用价值。

不够干燥的干草贮藏后温度逐渐上升，如果温度超过适当界限，干草中的营养物质就会大量消耗，使消化率降低。干草中最有益的干草发酵菌40℃时最活跃，温度上升到75℃时被杀死。干草贮藏后的发酵作用，将有机物分解为二氧化碳和水。草垛中这样积存的水分会由细菌再次引起发酵作用，水分越多，发酵作用越盛。初次发酵作用使温度上升到56℃，再次发酵作用使温度上升到90℃，这时一切细菌都会被消灭或停止活动。细菌停止活动后，氧化作用继续进行，温度增高更快，温度上升到130℃时干草焦化，颜色发褐。温度上升到150℃时，如有空气接触，会引起自燃而起火，如草堆中空气耗尽，使草垛中的干草炭化，丧失饲用价值。

草垛中温度过高的现象往往出现在干草贮藏初期，在贮藏1周后，如发现草垛温度过高，则应拆开草垛散温，使干草重新干燥。

草垛中温度增高引起的营养物质损失，主要是糖类分解为二氧化碳和水，其次是蛋白质分解为氨化物。温度越高，蛋白质的损失越大，可消化蛋白质也越少，随着草垛温度的升高，干草的颜色变得越深，牧草的消化率越低。研究表明，干草贮藏时含水量为15%，其堆藏后干物质的损失为3%，贮藏时含水量为25%，堆贮后干物质损失为5%。

2. 散干草的堆藏

当调制的干草水分含量达15%~18%时，即可贮藏。干草体积大，多采用露天堆垛或草棚堆垛的贮藏方式。但若采用常温鼓风干燥，牧草含水量达到50%以下，可堆藏于草棚或草库内，进行吹风干燥。

（1）露天堆藏。露天堆藏散干草是我国传统的干草存放形式，这种堆草方式延续久远，适用于农区、牧区需贮干草很多的畜牧场，是一种既经济又省事的一种较普遍采用的一种方法。草垛的形式有长方形、圆形。长方形草垛的宽一般为4.5~5m，高6~6.5m，长不少于8m；圆形草垛一般直径为4~5m，高6~6.5m。但干草易遭受雨雪和日晒，造成养分损失或霉烂变质。因此，为了减少养分损失，防止干草与地面接触而变质，垛址应注意选择地势平坦高燥、排水良好、背风和取用方便的地方作为堆草地点；然后筑高台，台上铺上枯枝或卵石子约25cm；台的周围挖好排水沟，即可堆放干草。沟深20~30cm，沟底宽20cm，沟上宽40cm。堆草垛时应遵守下列原则。

①压紧：垛草时要一层一层地堆草，长方形垛先从两端开始，垛草时要始终保持中部隆起，高于周边，便于排水。堆垛时中间必须尽力踏实，四周边缘要整齐，中央比四周高。堆垛过程中要压紧各层干草，特别是草垛的中部和顶部。

②堆垛：为了减少风雨损害，长垛的窄端必须对准主风方向。含水量较高的干草，应当堆在草垛的上部或四周靠边处，以便于干燥和散热，过湿的干草或结块成团的干草不能堆垛，应挑出。

③收顶：气候潮湿的地区，垛顶应较尖，应从草垛高度的1/2处开始收顶；干旱地区，垛顶坡度可缓慢，应从2/3处开始收顶。从垛底到收顶应逐渐放宽1m左右（每侧加宽0.5m），以利于排水和减轻雨水对草垛的漏湿。顶部不能有凹陷或裂缝，以免漏进雨雪水，使干草发霉。垛顶可用劣草或麦秸铺盖压紧，最后用树干或绳索以重物压住，也有的顶部用一层泥封住，以预防风害。

④连续作业：一个草垛不能拖延或中断几天，最好当天完成。

干草的堆藏可由人工操作完成，也可由悬挂式干草堆垛机或干草液压堆垛机完成。

散干草的堆藏虽经济简便，但易遭雨淋、日晒、风吹等不良条件的影响，使干草褪色，不仅损失营养成分，还可能使干草霉烂变质。因此，堆垛时应尽量压紧，加大密度，缩小与外界环境的接触面，垛顶用塑料薄膜覆盖，以减少损失。试验结果表明，干草露天堆藏，营养物质的损失重者可达20%~30%，胡萝卜素损失最多可达50%以上。长方形草垛贮藏一年后，周围变质损失的干草，在草垛侧面厚度为10cm，垛顶损失厚度为25cm，基部为50cm，其中，以两侧所受损失为最小。适当增加草垛高度可减少干草贮藏中的损失。

（2）草棚贮存。草棚贮存主要是针对散干草而言的。此方法适宜气候潮湿、干草需要量不大的专业户或畜牧场，可大大减少干草的营养损失。例如，苜蓿干草分别在露天和草棚内贮藏，8个月后干物质损失分别为25%和10%。只要建一个有顶棚和底垫，防雨雪和防潮湿即可，能减少风吹、日晒、霜打和雨淋所造成的损失。在堆草时草棚顶与干草应保持一定的距离，以便通风散热。也可利用能避雨的屋檐前后和空房贮存。

3. 干草捆的贮藏

散干草堆成垛，体积大，贮运也不方便，还极易造成营养损失。为使损失减至最低限度并保持干草的优良品质，现在都采用草捆的方法，即把青干草压缩成长方形或圆形草捆进行贮藏。草捆生产是近几十年以来发展的新技术，也是最先进、最好的干草贮藏方式。目前，发达国家的干草生产基本上全部采用草捆技术贮藏干草，而且干草捆的生产已经成为美国、加拿大等国家的一项重要产业。一般禾本科牧草含水量在25%以下，豆科牧草在20%以下即可打捆贮藏。这种方法便于运输，减少贮藏空间，经压缩打捆的干草一般可节省劳力1/2，而且在积草装卸过程中，叶片、嫩枝及细碎部分也不会损失。高密度草捆可缩小与日光、空气、风、雨等外界条件的接触面积，从而减少营养物质，特别是胡萝卜素的损失，且不易发生火灾。压捆干草也便于家畜自由采食，并能提高采食量，减少饲喂的损失。而且有利于机械化作业。

干草捆体积小，密度大，便于运输，特别是远距离运输，也便于贮藏。一般露天堆成干草捆草垛，顶部加防护层或贮藏于干草棚中。小方草捆应在挡风遮雨的条件下贮存，否则，由于其暴露的表面积较大，将受天气影响而发生较大损失。通常最好的方法是室内贮存方草捆。方草捆垛也可以露天贮存，并用塑料布或防水油布覆盖，但其效果并不理想。贮存期间，风力可能会掀起干草垛的部分或全部覆盖物。另外，覆盖物下面的干草垛顶部还经常聚集水分，从而引起腐烂。用塑料膜覆盖的草垛这种情况尤其严重。

一般大型圆草捆和草垛的贮存方式最为普遍。大型草捆的优点之一是可以露天贮存，但有时这种做法也有风险。用茎秆粗大的禾草如高粱-苏丹草杂交种以及作物秸秆打成的草捆不够紧实，易透水。另外，与大多数禾草相比，露天贮存的豆科干草损失较大。对于这类干草，要使其损失降低至最低，最好室内贮存。如果不能室内贮存，就要尽早饲喂以使其损失降至最低。

草垛的大小一般为宽5~6m，长20m，高18~20层。干草捆堆垛时，下面第一层（底层）草捆应将干草捆的宽面相互挤紧，窄面向上，整齐铺平，不留通风道和任何空隙。其余各层堆平（窄面在侧，宽面在上下）。为了使草捆位置稳固，上层草捆之间的接缝应和下层草捆之间接缝错开。从第二层草捆开始，可在每层中设置25~30cm宽的通风道，在双数层开纵通风道，在单数层开横通风道，通风道的数目可根据草捆的水分含量确定。干草捆的垛壁一直堆到8层草捆高，第9层为"遮檐层"，此层的边缘突出于8层之外，作为遮檐，第十、第十一、第十二……成阶梯状堆置，每一层的干草纵面比下一层缩进2/3捆或1/3捆长，这样可堆成带檐的双斜面垛顶，每垛顶共需堆置9~10层草捆。垛顶用草帘、篷布或塑料布覆盖，以防雨水侵入。纵横通风道应设在同一层，以便可以相互穿通通风。

调制完成的干草，除露天堆垛贮藏外，还可以贮藏在专用的仓库或干草棚内。简单的干草棚只设支柱和顶棚，四周无墙，成本低。不论何种类型的干草捆，均以室内贮存为最好。如空间允许的话，圆草捆也应在室内贮存。一旦使干草避开风雨侵蚀，即使贮存数年其营养价值也不会有大的损失。干草棚贮藏可减少营养物质的损失，营养物质损失在1%~2%，胡萝卜素损失为18%~19%。然而，其色泽会发生变化。有时在室内贮存大型草捆不可行的情况下，可用圆形草捆机制作能防水的高密度草捆（禾草或禾草/豆草）。

大型圆草捆或草垛在露天贮存时，其贮存地点的选择至关重要。干草堆放场地一般应选择在畜舍附件不远处,这样取运方便。规模较大的贮草场应设在交通方便,地势开阔,平坦干燥,排水良好,光线充足,离居民区较远的地方。贮草场周围应设置围栏或围墙。大型圆草捆不宜贮存在金属丝围栏或其他可遭雷击的物体附近。除非对草垛加以覆盖,否则将圆草捆摞在一起的堆放方式是不可取的。比较理想的办法是将草捆多处贮存,品质相近的草捆可贮存一处,以便于饲喂。草捆贮存区之间的道路也可起到防火道的作用。

露天贮存的大型干草捆,大部分腐烂是由于其从地面吸潮,而并非顶部透水所致。因此,应尽可能避免或减少干草与地面的接触。可将草捆置于废旧轮胎、铁路枕木、碎石或水泥地面上。如将草捆置于山坡上,应从上到下排成纵行,这样就不会像水坝一样对地表水起到拦截作用。将草捆平整的一面南北向存放较好,这能使草捆干燥的时间加长。

制成的大型草捆或草垛应立即转移到贮存地点,以防止因草捆遮盖而导致干草田间出现死草斑块。草捆之间最好留 45cm 左右的间距,以便降水过后尽快干燥。可将草捆首尾相接(平整的一面相接)贮存,而圆的一面相接贮存的方式不可取,因为这样会产生积水点。

推荐的干草储备量一般大于计划饲喂量,否则,一旦遭遇漫长的严冬或伏旱就会使毫无准备的生产者陷入困境。冬季饲喂期的最短期限取决于地点、草地上现有的牧草种类以及天气状况。

4. 半干草的贮藏

为了调制优质干草,在雨水较多的地区,可在牧草含水量达到 35%~40% 时即打捆,打捆用机械,要压紧,使草捆内部形成厌氧条件,不会发生霉变。在湿润地区、雨季或调制叶片易脱落的豆科牧草时,为了适时刈割牧草加工优质干草,可在牧草半干时加入氨或防腐剂后进行贮藏。这样既可缩短牧草的干燥期,减少低水分含量打捆时叶片的损失,又因防腐剂可以抑制微生物的繁殖,预防牧草发霉变质。贮藏半干草选用的防腐剂应对家畜无毒,价格低,并具有轻微的挥发性,以便在干草中均匀散布。

(1)氨水处理。氨和胺类化合物能减少高水分干草贮藏过程中的微生物活动。氨已被成功地用于高水分干草的贮藏过程。牧草适时刈割后,在田间短期晾晒,当含水量为 35%~40% 时,即可打捆,并逐捆注入浓度为 25% 的氨水,然后堆垛用塑料膜覆盖密封。氨水用量是干草重的 1%~3%,处理时间根据温度不同而异,一般在 25℃ 左右时,至少处理 21 天以上。氨具有较强的杀菌作用和挥发性,对半干草的防腐效果较好。用氨水处理半干豆科牧草后,可减少营养物质损失,与通风干燥相比,粗蛋白含量提高 8%~10%,胡萝卜素提高 30%,干草的消化率提高 10%。用 3% 的无水氨处理含水量 40% 的多年生黑麦草,贮藏 20 周后其体外消化率为 65.1%,而未处理者为 56.1%。

(2)尿素处理。尿素通过脲酶作用在半干草贮藏过程中提供氨,其操作要比氨容易得多。高水分干草上存在足够的脲酶使尿素能迅速分解为氨。添加尿素与对照相比草捆中减少了一半真菌,降低了草捆的温度,提高了牧草的适口性和消化率。禾本科牧草中添加尿素,贮藏 8 周后,与对照相比,消化率从 49.5% 上升到 58.3%,贮藏 16 周后干物质损失率减少 6.6%。

(3)有机酸处理。有机酸能有效防止高水分(25%~30%)干草的发霉和变质,并减少贮藏过程中营养物质的损失。丙酸、醋酸等具有阻止高水分干草上真菌的活动和降低草捆温度的效应。生产实践中常用于打捆干草。有机酸的用量对于含水量为 20%~25% 的小方捆为 0.5%~1.0%，含水量为 25%~30% 的小方捆，使用量不低于 1.5%。据 M. E. 恩斯明格（1980）报道，豆科干草含水量 20%~25% 时，用 0.5% 的丙酸；25%~30% 的青干草，用 1% 的丙酸喷洒效果较好。研究表明，打捆前每 100kg 紫花苜蓿喷 0.5kg 丙酸处理含水量为 30% 的半干草，与含水量为 25% 的半干草（为进行任何处理）相比，粗蛋白的含量高出 20%~25%，并且获得了最佳色泽、气味（芳香）和适口性。

此外，用丙酸铵、二丙酸铵、异丁酸铵等，也能有效地防止产生热变和保存高水分干草的品质。这些化合物中所含的非蛋白氮，不仅有杀菌作用，而且可以提高青干草粗蛋白质的含量。

（4）微生物防腐剂处理。由美国先锋公司生产的先锋 1155 号微生物防腐剂专门用于紫花苜蓿半干草的防腐。这种防腐剂使用的微生物是从天然抵抗发热和真菌的高水分苜蓿干草上分离出来的短小芽孢杆菌菌株，它应用于苜蓿干草，在空气存在的条件下，能够有效地与干草捆中的其他腐败微生物进行竞争。先锋 1155 号微生物防腐剂在含水量 25% 的小方捆和含水量 20% 的大圆草捆中使用，效果明显，其消化率、家畜采食后的增重都优于对照。

5. 青草粉、草颗粒及草块的贮藏

青草粉是将适时刈割的牧草经快速干燥后，粉碎而成的青绿状草粉。目前，许多国家已把青草粉作为重要的蛋白质、维生素饲料资源。青草粉加工业已逐渐形成一种产业称为青饲料脱水工业。即把优质牧草经人工快速干燥，然后粉碎成草粉或再加工成草颗粒，或者切成碎段后压制成草块、草饼等。这种产品是比较经济的蛋白质、维生素补充饲料。如美国每年生产苜蓿草粉 190 万 t，绝大部分用于配合饲料，配比一般为 12%~13%。

我国青草粉生产尚处于起步阶段，在配合饲料中草粉占的比例很小，有的饲料加工厂需要优质草粉，但受生产条件限制，特别是烘干设备、原料的运输，还不能很好衔接。但我国饲草资源丰富，富含蛋白质的牧草很多，很适宜加工成草粉、草颗粒、草块。目前，北京、东北、内蒙古、新疆、河北、山东等省市区已建立了饲草生产基地，并建立了草粉生产工厂。随着我国饲料工业的发展，草产品生产必将快速发展起来。

（1）青草粉、碎干草的贮藏。加工优质青草粉的原料主要是高产优质的豆科牧草，如苜蓿、3 叶草、沙打旺、红豆草、野豌豆以及豆科和禾本科混播的牧草等。青草粉的质量与原料刈割时期有很大关系，务必在营养价值最高时期进行刈割。一般豆科牧草第一次刈割应在孕蕾初期，以后各次刈割应在孕蕾末期；禾本科牧草不迟于抽穗期。刈割后，最好用人工的干燥方法。快速人工干燥是将切碎的牧草，放入烘干机中，通过高温空气，使牧草迅速脱水，时间依机械型号而异，从几小时到几十分钟，使牧草的含水量由 80% 迅速降到 15% 以下。牧草干燥后，一般用锤式粉碎机粉碎。草屑长度应根据畜禽种类与年龄而定，一般为 1~3mm。对家禽类和仔猪来说，草屑长度为 1~2mm，成年猪 2~3mm，其他大家畜可长一些。

草粉属粉碎性饲料，颗粒较小，比面积（表面积与体积之比）大，与外界接触面积大。在贮藏和运输过程中，一方面营养物质易于氧化，造成营养物质损失；另一方面草粉的吸湿性较强，容易吸潮结块，微生物及害虫也乘机侵染和繁殖，严重时导致发热霉变、变色、变味，丧失饲用价值。

因此，贮藏优质干草粉时，必须采取适当的措施，尽量减少蛋白质及维生素等营养物质的损失。

①干燥低温贮藏：将草粉装入袋内或散装于大容器内，含水量为 12% 时，于 15℃ 以下贮藏，含水量在 13% 以上时，贮藏温度应为 5~10℃。

②密闭低温贮藏：干草粉营养价值的重要指标是胡萝卜素含量的多少，在密闭低温条件下贮藏草粉，可大大减少胡萝卜素、蛋白质等营养物质的损失。将草粉密封在牢固的牛皮纸袋内，置于仓库内，使温度降低到 3~9℃，180 天后胡萝卜素的损失可减少 3 倍，粗蛋白质、维生素 B_1、维生素 B_2 及胆碱含量变化不大，而在常温下贮藏胡萝卜素损失 80%~85%，蛋白质损失 14%，维生素 B_2 损失 80% 以上，维生素 B_1 损失 41%~53%。在我国北方寒冷地区，可利用自然条件进行低温密闭贮藏。

③在密闭容器内调节气体环境：将草粉置于密闭容器内，借助气体发生气和供气管道系统，把容器内的空气改变为下列成分：氮气 85%~89%，二氧化碳 10%~12%，氧气 1%~3%。在这种条件下贮藏青草粉，可大大减少营养物质的损失。

④添加抗氧化剂和防腐剂贮藏：草粉中所含有的脂肪、维生素等物质均会在贮藏过程中因氧化而变质，不仅影响草粉的适口性，降低采食量，甚至引起家畜拒食，食入后也因影响消化而降低饲用价值。草粉中添加抗氧化剂和防腐剂可防止草粉的变质。常用的抗氧化剂有乙氧喹、丁羟甲苯、丁羟甲基苯，防腐剂有丙酸钙、丙酸铜、丙酸等。

碎干草又称干草段，是将适时刈割的牧草，快速干燥后，切碎（或干燥前切碎）成 8~15cm 的草段进行保存，它是草食家畜的优质饲料。其优点是营养丰富，与青干草相比，体积小，便于贮运和机械化饲喂。

干燥联合机组加工碎干草时的工作效率，要比加工草粉时的效率高 20% 左右。这是由于制作青干草粉时，牧草含水量要求降低到 15% 以下，否则，难以粉碎和贮存，而制作碎干草时，牧草含水量在 17% 左右即可。

（2）草颗粒、草块的贮藏。为了减少草粉在贮存过程中的营养损失和便于贮运，生产中常把草粉压制成草颗粒。一般草颗粒的容重为散草粉的 2~2.5 倍，可减少与空气的接触面积，从而减轻氧化作用。并且在压粒的过程中，还可加入抗氧化剂，以防止胡萝卜素的损失。据姚维祯报道（1985），刚生产出的青草粉能保留 95% 左右的胡萝卜素，但置于纸袋中贮藏 9 个月后，胡萝卜素损失 65%，蛋白质损失 1.6%~15.7%；而草颗粒分别损失 6.6% 和 0.35%。在需要远销长途运输的情况下，可显著减少运输和贮藏的费用。而且装卸方便，无飞扬损失。

干草块是将牧草压制成高密度的草块。草块密度一般为 500~900kg/m³，便于贮运，并有保鲜（减少牧草在贮运过程中的营养损失）、防潮、放火及促进牧草商品流通出口等优点。缺点是功耗较大，价格高于压捆。

草颗粒、草块安全贮藏的含水量一般应在 12%~15%。贮藏期间要注意防潮。南方较潮湿地区，安全贮存含水量一般为 10%~12%，北方较干燥地区为 13%~15%。草颗粒、草块最好用塑料袋或其他容器密封包装，以防止在贮藏和运输过程中吸潮发霉变质。

在高温、高湿地区，草颗粒、草块贮藏时应加入防腐剂，常用的防腐剂有甲醛、丙酸、丙酸钙、丙酸醇、乙氧喹等。许多试验证明，丙酸钙作为草颗粒的防腐剂效果较好，安全可靠。丙酸钙能抑制菌体细胞内酶的活性。使菌体蛋白变性，而达到防霉目的，其效果稳定无毒性。据陈锡能（1988）报道，用 1% 左右的丙酸钙，对含水量 19.92%~

21.36%的颗粒饲料作防霉剂，在平均温度25.73~31.84℃，平均相当湿度为68%~72%的条件下，贮存90天，没有发霉现象。而且开口与封口保存，差异不明显。生产实践中，还应注重筛选来源广、价格低廉、效果好的防霉剂。如利用氧化钙（CaO）作为防霉剂，不仅来源广、成本低，而且还可作为畜禽的钙源。据张秀芬（1989）试验表明，在利用新鲜豆科牧草加工颗粒时，加入1%~1.2%（占干物重）的氧化钙，此时原料的pH值为7.23~7.46。然后将颗粒料干燥（晒干或晾干）到含水量为15%~21.5%时，在平均温度为22.6℃，平均相对湿度为34%~54%的条件下，贮存30天。结果无论在晒干、阴干在贮藏过程中，均无发霉现象，而对照组在阴干过程中，72小时即开始出现霉点。

四、贮藏应注意的事项

1. 干草贮藏应注意的事项

（1）防止垛顶塌陷漏雨。干草堆垛后2~3周，多易发生塌顶现象。因此，应经常检查，及时修整。

（2）防止垛基受潮。草垛应选择地势高燥的场所，垛底应尽量避免与泥土接触，要用木头、树枝、秸秆、石砾等垫起铺平，高出地面40~50cm，垛底四周挖一排水沟，深20~30cm，底宽20cm，沟口宽40cm。

（3）防止干草过度发酵与自燃。干草堆垛后，养分继续发生变化，影响养分变化的主要因素是含水量。凡含水量在17%~18%的干草，由于植物体内酶及外部微生物活动而引起发酵，使温度上升到40~50℃。适度的发酵可使草垛紧实，并使干草产生特有的芳香味；但若发酵过度，可导致干草品质下降。实践证明，当干草水分含量下降到20%以下时，一般不至于发生发酵过度的危险；如果堆垛使干草水分在20%以上，则应设通风道。

如果堆贮的干草含水量超过25%时，则有自燃的危险。因此，新鲜的青干草绝不能与干燥的旧干草靠得太紧。一般，可以用一根一端用尖塞封闭，直接为5cm，长度3m的探管来检测干草的温度。先将管子插入草垛或大型草捆中，再向管内放入一支温度计。要从草捆的不同位置和深度测定温度。温度计在每个测温点要放置10~15分钟后方可读数。如果干草温度低于50℃时视为安全；如在50~60℃则视为危险区，应密切监视干草情况；如温度高于70℃，就有可能自燃。当发现垛温上升到65℃以上时，应立即穿垛降温或倒垛，将其转移到防火区域。一般2~3周自燃的危险性就会消除。

（4）减少胡萝卜素的损失。草堆外层的干草因阳光漂白作用，胡萝卜素含量最低，草垛中间及底层的干草，因挤压紧实，氧化作用较弱，因而胡萝卜素的损失较少。因此，贮藏干草时，应注意尽量压实，集中堆大垛，并加强垛顶的覆盖等。

2. 草粉、碎干草贮藏时应注意的事项

（1）仓库要求。贮藏草粉、碎干草的库房，可因地制宜，就地取材。但应保持干燥、凉爽、避光、通风，注意防火、防潮、灭鼠，及其他酸、碱、农药等造成污染。

（2）包装堆放。草粉袋以坚固的牛皮纸袋、塑料袋为好，通透性良好的植物纤维袋也可。要特别注意贮存环境的通风，以防吸潮。包装重量以50kg为宜，以便于人力搬运及饲喂。一般库房内堆放草粉袋时，按2袋1行的排放形式，堆码成高2m的长方形垛。

第四章 饲料的加工、贮存与饲喂

饲料加工的目的是根据牛羊的生理和消化特点以及饲料的营养特点和利用饲喂特点，通过加工获得饲料中最大的潜在营养价值，获得最大的生产效益。

一、精饲料的加工

1. 能量饲料的加工

能量饲料加工的目的主要是提高饲料中淀粉的利用效率和便于进行饲料配合，促进饲料消化率和饲料利用率的提高。能量饲料的加工方法比较简单，常用的方法有以下几种。

（1）粉碎和压扁。粉碎可使饲料中被外皮或壳所包围的营养物质暴露出来，利于接受消化过程的作用，提高这些营养物质的利用效果。饲料粉碎的粒度不应太小，否则，影响反刍，容易造成消化不良。一般要求将饲料粉碎成两半或 1/4 颗粒即可。谷类饲料也可以在湿、软状态下压扁后直接喂羊或者晒干后饲喂，同样可以起到粉碎的饲喂效果。

（2）水浸。将坚硬的饲料和具有粉尘性质的饲料在饲喂前用少量水将饲料拌湿放置一段时间，待饲料和水分完全渗透，在饲料表面上没有游离水时即可饲喂。一方面可使坚硬饲料得到软化、膨化，便于采食；另一方面可减少粉尘饲料对呼吸道的影响和改善适口性。

（3）液体培养—发芽。液体培养的作用是将谷物整粒饲料在水的浸泡作用下发芽，以增加饲料中某些营养物质的含量，提高饲喂效果。谷粒饲料发芽后，可使一部分蛋白质分解成氨基酸，糖分、维生素与各种酶增加，纤维素增加。发芽饲料对饲喂种公羊、母羊和羔羊有明显的效果。一般将发芽的谷物饲料加到营养贫乏的日粮中会有所助益，日粮营养越贫乏，收益越大。

2. 蛋白质饲料的加工

蛋白质饲料分为动物性蛋白质饲料和植物性蛋白质饲料，植物性蛋白质饲料又可分为豆类饲料和饼类饲料。不同种类饲料的加工方法不一样。

（1）豆类蛋白质饲料的加工。常用蒸煮和焙炒的方法来破坏大豆中对细毛羊消化有影响的抗胰蛋白酶，不仅可提高大豆的消化率和营养价值，而且增加了大豆蛋白质中有效的蛋氨酸和胱氨酸，提高了蛋白质的生物学价值。但有资料表明，对于反刍家畜，由于瘤胃微生物的作用，不用加热处理。

（2）豆饼饲料的加工。豆饼根据生产工艺不同可分为熟豆饼和生豆饼，熟豆饼经粉碎后可按日粮的比例直接加入饲料中饲喂，不必进行其他处理。生豆饼由于含有抗胰蛋白酶，在粉碎后须经蒸煮或焙炒后饲喂。豆饼粉碎的细度应比玉米要细，便于配合饲料和防止羊挑食。

（3）棉籽饼的加工。棉籽饼中含有有毒物质棉酚，这是一种复杂的多元酚类化合物，饲喂过量时容易引起中毒，所以在饲喂前一定要进行脱毒处理，常用的处理方法有水煮法和硫酸亚铁水溶液浸泡法。

水煮法：将粉碎的棉籽饼加适量的水煮沸，并不时搅动，煮沸半小时冷却后饲喂。水煮法的另一种办法是将棉籽饼放于水中煮沸，待水开后搅拌棉籽饼，然后封火过夜后捞出打碎拌入饲料或饲草中饲喂。煮棉籽饼的水也可以拌入饲料中饲喂。如果没有水煮的条件，可以先将棉籽饼打成碎块用水浸泡 24 小时，然后将浸透的棉籽饼再打碎饲喂，将水倒掉。

硫酸亚铁水溶液浸泡法：其原理是游离棉酚与某些金属离子能结合成不被肠胃消化吸收的物质，丧失其毒性作用。用 1.25kg 工业用硫酸亚铁，溶于 125kg 的水中配制成 1% 的硫酸亚铁溶液，浸泡 50kg 的棉籽饼，中间搅拌几次，经一昼夜浸泡后即可饲用。

（4）菜籽饼的加工。菜籽饼含有苦味，适口性较差，而且还含有含硫葡萄糖甙抗营养因子，这种物质可致使家畜甲状腺肿大。因此，对菜籽饼的脱毒处理十分重要。菜籽饼的脱毒处理常用的方法有 2 种。

土埋法：挖一土坑（土的含水量为 8% 左右），铺上草席，把粉碎成末的菜籽饼加水（饼水的比例为 1∶1）浸泡后装入坑内，2 个月后即可饲用。土埋后的菜籽饼蛋白质的含量平均损失 7.93%，异硫氰酸盐的含量由埋前的 0.538% 降到 0.059%，脱毒率为 89.35%（国家允许的残毒量的指标为 0.05）。

氨、碱处理法：氨处理法是用 100 份菜籽饼（含水 6%~7%），加含 7% 氨的氨水 22份，均匀地喷洒在菜籽中，闷盖 3~5 小时，再放进蒸笼中蒸 40~50 分钟，再炒干或晒干。碱处理法是 100 份菜籽饼加入 24 份 14.5%~15.5% 的纯碱溶液，其他的处理同上。

3. 薯类及块根茎类饲料的加工利用

这类饲料的营养较为丰富，适口性也较好，是羊冬季不可多得的饲料之一。加工较为简单，应注意 3 个方面：一是霉烂的饲料不能饲喂；二是要将饲料上的泥土洗干净，用机械或手工的方法切成片状、丝状或小块状，块大时容易造成食道堵塞；三是不喂冰冻的饲料。饲喂时最好和其他饲料混合饲喂，并现切现喂。

二、秸秆饲料的加工方法

秸秆加工的目的就是要提高秸秆的采食利用率、增加羊的采食量、改善秸秆的营养品质。秸秆饲料常用的加工方法有 3 种：物理方法、化学方法和生物方法。

1. 物理方法

（1）切碎。切碎是秸秆饲料加工最常用和最简单的加工方法，是用铡刀或切草机将秸秆饲料和其他粗饲料切成 1.5~2.5cm 长的碎料。

（2）粉碎。用粉碎机将粗饲料粉碎成 0.5~1cm 的草粉，使粗硬的作物秸秆、牧草的茎秆破碎。由于草粉较细，不仅可以和饲料混合饲喂，还利于饲料的发酵处理和加工成颗粒饲料。粉碎可以最大限度地利用粗饲料，使浪费减少到最低限度，并且投资少，不受场地限制。但应注意粉碎的粒度不能太小。

（3）青、干饲料的混合碾青法。碾青法是指将青绿饲料或牧草切碎后和切碎的作物秸秆或干秸秆一起用石轨碾压，使青草的水分挤出渗入干秸秆饲料中，然后一起晾干备用。其特点是碾压时青草的水分和营养随着液体渗入到秸秆饲料中，使营养损失降低，同时，也利于青草的迅速制干。

2. 化学方法

（1）氨化处理法。氨化法就是用尿素、氨水、无水氨及其他含氮化合物溶液，按一定比例喷洒或灌注于粗饲料上，在常温、密闭条件下，经过一段时间后使粗饲料发生化学变化。氨处理可分为尿素氨化法和氨水氨化法。

尿素氨化法：在避风向阳干燥处，依氨化粗饲料的多少，挖深 1.5~2m、宽 2~4m、长度不定的长方形土坑，在坑底及四周铺上塑料薄膜，或用水泥抹面形成长久的使用坑，然后将新鲜秸秆切碎分层压入坑内，每层厚度为 30mm，并用 10% 的尿素溶液喷洒，其用量为 100kg 秸秆需 10% 的尿素溶液 40kg。逐层压入、喷洒、踩实、装满，并高出地面 1m，上面及四周仍用塑料薄膜封严，再用土压实，防止漏气，土层的厚度约为 50cm。在外界温度为 10~20℃时，经 2~4 周后即可开坑饲喂，冬季则需 45 天左右。使用时应从坑的一侧分层取料，然后将氨化的饲料晾晒，放净氨气味，待呈糊香味时便可饲喂。饲喂时应由少到多逐渐过渡，以防急剧改变饲料引起羊的消化道疾病。

氨水氨化法：用氨水和无水氨氨化粗饲料，比尿素氨化的时间短，需要有氨源和容器及注氨管。氨化的形式同尿素法相同。向坑内填压、踩实秸秆时，应分点填夹注氨塑料管，管直通坑外。填好料后，通过注氨管按原料重的 12% 比例注入 20% 的氨水，或按原料重的 3% 注入无水氨，温度不低于 20℃。然后用薄膜封闭压土，防止漏气。经 1 周后即可饲喂。饲喂前也要通风晾晒 12~24 小时放氨，待氨味消失后才能饲喂。此法能除去秸秆中的木质素，既可提高粗纤维的利用率，还可提高秸秆中的氨，改善其饲料营养价值。用氨水处理的秸秆，其营养价值接近于中等品质的干草。用氨化秸秆饲喂羊，可促进增重，并可降低饲料成本。

（2）氢氧化钠及生石灰处理法（碱化处理法）。碱化处理最常用而简便的方法是氢氧化钠和生石灰混合处理。方法是：每 100kg 切碎的秸秆饲料分层喷洒 160~240kg、1.5%~2% 的氢氧化钠和 1.5%~2% 的生石灰混合液，然后封闭压实。堆放 1 周后，堆内的温度达 50~55℃，即可饲喂。经处理后的秸秆可提高其饲料的消化利用率。

三、微干贮饲料的加工方法

微干贮就是用秸秆生物发酵饲料菌种秸秆饲料（包括青贮原料和干秸秆饲料）进行发酵处理，以提高秸秆饲料利用率和营养价值的饲料加工方法。此方法是耗氧发酵和厌氧保存，与青贮饲料的制作原理不同。其菌种的主要成分为：发酵菌种、无机盐、磷酸盐等。每 500g 菌种可制作干秸秆 1t 或青贮 3t。每吨干秸秆加水 1t，食盐 2kg，麸皮 3kg。海星牌"微贮王"秸秆发酵活干菌为 3g，可处理稻麦秸秆、黄玉米秸秆 1 000kg，或青玉米秸秆 2 000kg。食盐和水的用量分别为 12kg、1 500kg、8kg、1 000kg，青玉米鲜秸秆可加食盐，加水适量。

1. 菌液的配制

将菌种倒入适量的水中，加入食盐和麸皮，搅拌均匀备用。"微贮王"活干菌的配制方法是将菌种倒入 200mL 的自来水中，充分溶解后在常温下静置 1~2 小时，使用前将菌液倒入充分溶解的 1% 食盐溶液中拌匀。菌液应当天用完，防止隔夜失效。

2. 饲料加工

微干贮时先按青贮饲料的加工方法挖好坑、铺好塑料薄膜，饲料切碎和装窖的方式与注意事项和青贮饲料相同，只是在装窖的同时将菌液均匀地洒在窖内切碎的饲料上，边洒边踩边装。装满后在饲料上面盖上塑料布，但不密封，过 3~5 天，当窖内的温度达 45℃以上时，均匀地覆土 15~20cm 厚，封窖时窖口周围应厚一些踩实，防止进气漏水。

3. 饲料的取用

窖内饲料经 3~4 周后变得柔软呈醇酸香味时就可以饲喂，成年羊的饲喂量为 2~3kg/日，同时，应加入 20%的干秸和 10%精饲料混合饲喂。取用时的注意事项与青贮相同。

第五章　肉牛饲养管理

一、常见肉牛品种

1. 我国五大黄牛品种

（1）秦川牛。秦川牛产于陕西省渭河流域关中平原地区因"八百里秦川"而得名。属中国五大良种黄牛之一。毛色以紫红和红色为主，鼻镜肉红色。公牛头大额宽，母牛头清秀。角短而钝，向后或向外下方伸展。公牛颈短、粗，有明显的肩峰，母牛鬐甲低而薄。缺点是牛群中常见有尻稍斜的个体，也有前肢外弧、后肢呈X飞节的。

初生公犊牛重27.4kg左右，母犊牛25kg左右；成年公牛平均体高142cm，母牛125cm；公牛平均体重594kg，母牛381kg；平均屠宰率为58.28%，净肉率为50.5%，眼肌面积为97.02cm^2。秦川牛的役用性能较好，肉用性能尤为突出，具有育肥快，瘦肉率高，肉质细，大理石纹状明显等特点。公牛12月龄性成熟。公牛、母牛初配年龄为2岁。母牛可繁殖到14~15岁。

全国已有21个省（区）引入秦川牛，进行纯种繁育或改良当地黄牛，都取得了很好的效果。秦川牛作为母本，曾与丹麦红牛、兼用短角牛、荷斯坦牛等品种杂交，其后代产肉、产乳性能有所提高。由于该牛优质肉块比例大，繁殖性能好，若用作杂交母本，可生产出大量的高档优质牛肉。秦川牛是我国优秀的地方良种，是理想的杂交配套品种，通过精心培育，有望成为我国优秀的肉用品种。

（2）南阳牛。南阳牛产于河南省南阳地区白河和唐河流域的平原地区。现群体总头数有130多万头。南阳牛具有适应性良好，耐粗饲，肉质性能好等特点。多年来已向全国23个省（区）输入种牛改良当地黄牛，效果良好。作为母本与夏洛来牛杂交改良，选育出了我国第一个肉牛新品种——夏南牛。公牛以萝卜头角为多，肩峰高。母牛角细，一般中、后躯发育良好，乳房发育差。部分牛有斜尻。毛色多为枣红色。初生公犊牛重平均达29.9kg，母犊牛平均达26.4kg。成年公牛平均体重达650kg，成年母牛重达382kg。耕作能力强，持久力大，最大腕力约为体重的55%。16~24月龄屠宰、净肉率分别为59%~63%和49%~53%，肥育期平均日增重为681~961g。母牛性成熟期较早，初情期为8~12月龄，性成熟期为9~10月龄，母牛初次配种年龄为2岁。

发情周期为21天，发情持续期为1~1.5天，妊娠期平均为291.6天。2岁初配，利用年限5~9年。

（3）晋南牛。晋南牛产于山西省南部汾河下游的晋南盆地。母牛头较清秀，角尖为枣红色，角形较杂。鼻镜、蹄壳为粉红色，毛色多为枣红色。公牛额短稍凸，角粗、圆，为顺风角。尻较窄略斜。乳房发育不足，乳头细小。犊牛初生重，公犊牛为25.3kg，母犊牛为24.1kg。在一般肥育条件下，16~24月龄屠宰率为50%~58%，净肉率为40%~

50%，肥育期平均日增重为 631～782g；强度肥育条件下，屠宰率、净肉率分别为 59%～63% 和 49%～53%，肥育期平均日增重为 681～961g，眼肌面积为 77.59cm²。在农村一般饲养条件，泌乳期 8 个月，平均产乳量为 745.1kg，乳脂率 5.5%～6.1%。性成熟期为 9～10 月龄，母牛初次配种年龄为 2 岁。繁殖年限，公牛为 8～10 岁，母牛为 12～13 岁。发情周期为 18～24 天，平均 21 天。妊娠期为 285 天。产犊间隔为 14～18 个月。

（4）鲁西牛。鲁西牛产于山东省济宁市、菏泽地区，目前群体总头数有 100 余万头。体格高大而稍短，骨骼细，肌肉发育好，体躯近似长方形，具有肉用型外貌。公牛头短而宽，角较粗，鬐甲高，垂皮发达。母牛头稍窄而长，颈细长，后躯宽阔。毛色似黄色为最多，约 70% 的牛具有完全或不完全的"三粉特征"（即眼圈、嘴圈和腹下至股内侧呈粉色或毛色较浅）。成年公牛平均体高 146cm，母牛高 124cm。成年公牛平均体重 644kg，成年母牛重 366kg。18 月龄平均屠宰率 57.2%、净肉率 49.0%。骨肉比为 1：6，眼肌面积 89.1cm²。肉质细，脂肪分布均匀，大理石状花纹明显。母牛性成熟较早，一般 10～12 月龄开始发情，1.5～2 岁初配，终生可产犊 7～8 头。鲁西牛耐粗饲，性情温驯，易管理，适应性好。耐寒力较弱，有抗结核病及焦虫病的特性。

（5）延边牛。延边牛产于吉林省延边朝鲜族自治州，分布于吉林、辽宁及黑龙江等省，约有 120 万头以上。体质粗壮结实，结构匀称。两性外貌差异明显。公牛角根粗，多向后方伸展，成一字形或倒"八"字形，颈短厚而隆起。母牛角细而长，多为龙门角。背、腰平直，尻斜。前躯发育比后躯好。毛色为深、浅不同的黄色。产肉性能良好，易肥育，肉质细嫩，呈大理石纹状结构。经 180 天肥育于 18 月龄屠宰的公牛，平均日增重 813g，胴体重 265.8kg，屠宰率 57.7%，净肉率 47.2%，眼肌面积 75.8cm²。泌乳期约 6 个月，产乳量为 500～700kg，乳脂率为 5.8%。成年公牛平均体重达 480kg，成年母牛平均体重达 380kg。母牛 8～9 月龄初情期，一般 20～24 月龄初配，发情周期平均为 20.5 天，发情持续期平均为 20 小时。

以利木赞牛为父本，延边黄牛为母体，经过杂交、正反回交和横交固定 3 个阶段，形成了含 75% 延边黄牛、25% 利木赞牛血统的我国肉牛品种——延黄牛。

2. 常见引进肉牛品种

（1）海福特牛。

产地与分布：海福特牛原产于英格兰西部的海福特郡，是英国最古老的中小型早熟肉牛品种之一。典型的肉用牛体型，分布于世界各地，尤其是在美国、加拿大、澳大利亚、新西兰饲养较多，在我国于 1913 年开始引进。

外貌特征：体躯毛色为橙黄色或黄红色，头部、颈、腹下、尾帚、肢下部为白色。头短额宽，体躯宽深，前胸发达，背腰宽平，臀部宽厚，肌肉丰满，四肢短，体呈为长方形的典型肉用牛体形。分有角和无角 2 种。

生产性能：早熟、增重快、产肉性能好、肉质细嫩多汁、味道鲜美。屠宰率：60%～65% 高者达 70%。初生重公犊牛平均为 41.3kg，母犊牛平均为 38.7kg，犊牛生长快，到 12 月龄可保持平均日增重 1.4kg 水平，18 月龄达到 725kg（早熟品种）。优点是早熟、生长快、肉质好、耐粗抗病、适应性强。缺点是肢蹄不良、带有跛行、单睾现象。海福特牛耐粗饲，对环境条件适应性强。繁殖能力强，比较耐寒抗病，性情温顺，适于集约饲养。遗传稳定，繁殖性能好，极少难产。改良我国小型黄牛效果显著，可作为经济杂交的父本或山区黄牛的改良者。

（2）安格斯牛。

原产地的分布：安格斯牛原产于苏格兰北部，是英国最古老的小型肉用品种之一。体格较低矮，体质结实，全身肌肉丰满，具有典型的肉牛外貌。分布于世界各地、是英国、美国、加拿大、澳大利亚、新西兰和阿根廷的主要肉牛品种。我国于1994年开始引进北方各省。

外貌特征：一是被毛黑色和无角为其重要的外貌特征、故亦称无角黑牛；二是头小额宽、颈中等长、背腰平直、臀部发育良好；三是体躯宽而深、呈圆筒状、四肢短；四是成年公牛体重800~900kg，母牛500~600kg。

生产性能：早熟、胴体品质好、出肉率高、肉嫩味美、大理石状较好。被认为是世界上各种专门化肉用品种中肉质很好的品种。屠宰率：60%~65%。优点是早熟、肉质好、对环境适应性好、耐粗抗寒。缺点是母牛稍有神经质，冬季被毛较长而易感外寄生虫。

（3）夏洛来牛。

产地的分布：夏洛来牛原产于法国夏洛来地区和涅夫勒省，是现代大型肉用育成品种之一。我国于1964年开始引进，主要分布于北方地区。

外貌特征：毛色为白色或乳黄色。体型大、额宽脸短、角前方或两侧伸展，常形成"双肌"特征；全身肌肉非常丰满，尤其是后腿肌肉圆厚（发达）；胸宽深，肋骨弓圆，背宽肉厚，体躯呈圆筒状，四肢粗壮结实；成年公牛体重1 100~1 200kg；成年母牛体重700~800kg。初生公犊牛约40kg左右；初生母犊牛30kg左右。

生产性能：生长速度快，瘦肉产量高，肉质好。屠宰率60%~70%，眼肌面积为82.9cm^2，胴体瘦肉率为80%~85%。初生重公犊牛为45kg，母犊牛为42kg。优点是体型大、早熟、生长快、适应性强，产肉性能和泌乳性能好。缺点是母牛繁殖方面存在难产率高的缺点，公牛常有双鬐和凹背的弱点。

用夏洛来牛同我国当地黄牛杂交，杂交牛体格明显加大，增长速度加快，杂种优势明显。在粗放饲养的条件下，以当地牛为母本，夏杂一代公牛1.5岁屠宰时即可获得胴体重111kg的效果，很容易达到目前国内平均水平；当选配的母牛是其他品种的改良牛时，尤其是西门塔尔改良母牛，则效果更明显，夏洛来牛的三元杂交后代1.5岁屠宰时胴体重可以达到180kg。由于夏洛来牛晚熟，繁殖性能低，难产率高，不宜作小型黄牛的第一代父本，应选择与体型较大的经产母牛杂交，在肉牛经济杂交生产中适宜作"终端"公牛。

（4）利木赞牛。

产地与分布：利木赞牛也叫利木辛牛，原产于法国利木辛高原，属大型肉用品种。分布于世界各地，我国于1974年开始引进、改良黄牛。

外貌特征：毛色黄棕色；头短额宽，体躯长而宽，肌肉丰满，肩部和臀部肌肉特别发达。胸宽，肋骨开张，背腰宽直，尻平。体重：成年公牛950~1 200kg；成年母牛600~800kg。初生公犊牛重36kg左右；初生母犊牛重35kg左右。

生产性能：一是生长发育快、早熟、产肉性能高。二中该品种为生产早熟小牛肉的主要品种，8月龄小牛就具有成年牛大理石纹状的肌肉，肉质细嫩，沉积的脂肪少，瘦肉多。三是12月龄体重达480kg。四是屠宰率63%~71%。优点是耐粗饲，生长快，出肉率高。缺点是毛色多、体型欠佳。因毛色接近中国黄牛，比较受群众欢迎，是用于改良我国本地牛的主要引入的品种。

改良我国地方黄牛时，杂种后代体型改善，肉用特征明显，生长快，18月龄体重比本地黄牛高31%，22月龄屠宰率达58%~59%，既可用于开发高档牛肉和生产小牛肉，又能改善黄牛臀部发育差的缺点，是优秀的父本品种。

（5）皮埃蒙特牛。

产地与分布：皮埃蒙特牛原产于意大利北部的皮埃蒙特地区，是意大利的新型肉用品种。由于其具有"双肌"基因，是目前国际公认的终端父本，已被世界20多个国家引进，用于杂交改良。

外貌特征：体格大，体质结实，背腰较长而宽，全身肌肉很丰满，呈圆筒状。毛色为白晕色或浅灰色。成年公牛体重不低于1 100kg，母牛平均为500~600kg。公牛、母牛平均体高分别为150cm和136cm。平均初生体重公犊牛为41.3kg，母犊牛为38.7kg。

生产特征：一是皮埃蒙特牛以屠宰率、净肉率高，眼肌面积大，肉质鲜嫩而著名。二是该品种选育注重肌肉发达程度和皮薄骨细，该品种胴体含骨量较小，脂肪低，屠宰率及瘦肉率高，比较适合当今国际肉牛市场的需要。

我国1986年开始从意大利引进皮埃蒙特牛的冻精及胚胎，对我国的肉牛生产起到了一定的作用。与南阳牛杂交，杂种公牛在适度肥育下，18月龄活重达496kg。开展三元杂交或四元杂交，已取得一定的改良效果。皮埃蒙特牛与西门塔尔牛和本地牛的三元杂交组合的后代，在生长速度和肉用体型上都有父本的特征。其级进杂交的后代已与皮埃蒙特牛纯种形状十分接近。

（6）黑毛和牛。

产地的分布：黑毛和牛原产地为日本，是日本分布最广，数量最多的肉用牛。

外貌特征：毛色黑色、分有角与无角2个类型。有角和牛系日本土种牛选育而成，无角和牛是由安格斯牛与当地土种母牛杂交育种而形成的。体重：成年公牛可达920~1 000kg；成年母牛可达510~610kg。

生产性能：18~20月龄体重可达650~750kg；屠宰率可达到65%。

（7）西门塔尔牛。

产地的分布：西门塔尔牛原产于瑞士，主要分布于瑞士、法国、德国、奥地利等。

外貌特征：毛色黄白色或红白花，但头、胸、腹下、尾帚为白色肋骨开张，前身躯发育好，尻宽平，乳房发育好。体重：成年公牛体重可达800~1 200kg；成年母牛体重可达600~750kg。

生产性能：一是原产地瑞士向乳用型发展，$\overline{X}$=产乳量4 074kg，乳脂率3.9%；二是平均日增重可达1.6kg，1.5岁体重可达到达440~480kg，屠宰率65%左右。优点是耐粗放，适应性好，抗病力强，产肉产乳性能好。缺点是皮偏厚。

（8）短角牛。

产地与分布：短角牛原产地为英国，分布于很多国家。

外貌特征：被毛多为深红色，少数为沙毛、白毛，体躯宽深，乳用性能较为明显，乳房发达。成年公牛体重在1 000~1 200kg；成年母牛可达600~800kg。

生产性能：一是年产奶量为2 800~3 500kg，乳脂率为3.5%~4.2%；二是18个月龄体重公牛可达400~480kg，母牛可达360~420kg；屠宰率65%~68%。优点是体格大，耐粗抗病，早熟，肉质细嫩，脂肪沉积均匀，呈大理石纹状。缺点是乳角淡，体型毛色一致。

二、牛的生活习性

（1）睡眠。每日睡觉 1~1.5 小时，因此夜间有充分的时间采食和反刍。

（2）群居性。放牧时，牛喜欢 3~5 头结帮活动。舍饲时，仅有 2%单独散卧，40%以上 3~5 头结帮合卧。牛群经过争斗建立起优势序列，优势者各方面得以优先。因此，放牧时牛群不宜过大，否则，影响牛的辨识能力，争斗次数增加。

（3）视觉、听觉、嗅觉灵敏，记忆力强。公牛的性行为主要由视觉、听觉和嗅觉等所引起，并且视觉比嗅觉更为重要（鹿是嗅觉比视觉更为重要）。公牛的记忆力强，对它接触过的人和事，印象深刻，例如兽医或打过它的人接近它时常有反感的表现。

（4）牛的繁殖行为。牛是单胎家畜，繁殖年限为 10~12 年，一般无明显的繁殖季节，尤其在气候温和的条件下，常年发情，常年配种。幼牛发育到一定时期，开始表现性行为。公牛通过听觉、嗅觉判别母牛的发情状态。公牛发情无周期性，而母牛发情具有明显的周期性。

三、牛的消化特点

牛的消化特点决定了牛能利用各种粗饲料和农副产品。牛是反刍动物，具有特殊的消化机能，能充分利用各种青粗饲料和农副产品，将饲料转化成为人类所需的肉、奶、皮等畜产品供人类利用。

牛的消化系统比较复杂，共分为 4 个胃：瘤胃、网胃、瓣胃和皱胃。瘤胃容积最大，可以看成是高度自动化的"饲料发酵罐"。牛的消化特点为发展节粮型畜牧业创造了生物学基础。

牛具有较高的粗纤维消化能力。牛属于复胃动物，和一些单胃动物如猪、马和禽类相比，具有较高的消化率。因此，牛比其他畜禽更能有效地利用秸秆等粗饲料。

瘤胃微生物主要为厌氧型纤毛虫、细菌和真菌，1g 瘤胃内容物中含细菌 150 亿~250亿和纤毛虫 60 万~180 万，总体积约占瘤胃液的 3.6%，其中，细菌和纤毛虫约各占一半。瘤胃内大量繁殖的微生物随食糜进入瘤胃消化道后，被消化液分解而解体，可为牛体提供优质的单细胞蛋白质。

因此，瘤胃微生物对饲料粗纤维消化能力强；可将饲料中低品质蛋白饲料转变为高品质的菌体蛋白；另外，还可合成 B 族维生素和维生素 K。牛对人类的特殊贡献其实质主要就是靠瘤胃特殊的消化生理机能。

四、牛采食行为特点

（1）采食。牛无上切齿，啃食能力差，但舌很发达。牛依靠高度灵活的舌采食饲料，把草卷入口中，在牧食时，依靠舌和头的转摆动作扯断牧草。牛一天牧食时间 4~9 小时。牛日采食量约为其体重的 10%，折合干物质量为其体重的 2%左右。牛是草食性反刍动物，以植物为食物，主要草是植物的根、茎、叶和籽实。牛采食时非常粗糙，饲料未经仔细咀嚼吞咽入胃。在休息时瘤胃中经过浸泡的食团经逆呕重新回到口腔，再咀嚼，再混唾液，再吞咽，这一过程称为反刍。每日反刍行为的建立与瘤胃的发育有关，一般在 9~11 周龄时出现反刍。每日反刍次数为 9~16 次，每次反刍 15~45 分钟。牛反刍频率和时间受牛年龄和牧草质量的影响。牛适宜在牧草较高的草地放牧，当草高未度超过 5~10cm 时，牛难以吃饱，并会因"跑青"而大量消耗体力；牛有竞食性，即在自由采食时，互相抢食。利用这一特性，群食可增加对劣质饲料的采食量；牛喜欢吃青绿饲料，精料和多汁饲料，其次是优质干草，低水分的青贮料，最不爱吃秸秆饲料，同一类饲料种，牛爱吃 $1cm^3$ 的颗粒料，最不喜欢吃粉料；牛爱吃新鲜饲料，不爱吃长时间拱食而黏附鼻镜黏液的饲料。

（2）饮水。牛的饮水量较非反刍动物大，放牧饲养牛较舍饲牛需水多 50%。牛的需水量可按每 kg 干物质需水 3~5kg 供给。

五、牛的环境适应性和应激

牛一般耐寒畏热，特别不能耐受高温。当外界气温高于其体温 5℃时便不能长期生存。牛最适温度范围为 10~20℃。牛在相对湿度 47%~91%、11.1~14.4℃的低温环境中不产生异常生理反应。而在同样湿度下，当环境气温上升到 23.9~38℃，牛将伴随明显的体温上升、呼吸加快、产奶量下降和发情抑制。

牛的性情温顺，易于管理，但若经常粗暴对待就可能产生顶人，踢人等恶习。

牛对突然的意外刺激，也会引起恐惧，奶牛产奶量减少，公牛抑制其性行为。

因此，对牛不要打骂、恫吓，应经常刷拭牛体，使牛养成温顺的性格，利于饲养与管理。

六、肉牛的管理

不同饲养管理水平对肉牛的肥育性能有较大影响。饲养管理水平越高，增重速度越快，达到出栏体重时间缩短，牛肉品质提高。由于我国肉牛来源复杂，各地肉牛饲养管理和育肥的方式不尽相同，应在一般饲养管理原则的基础上，因地制宜，制订可行的饲养育肥方案。

1. 肉牛饲养管理的一般原则

（1）满足肉牛的营养需要。首先提供足够的粗料，满足瘤胃微生物的活动，然后根据不同生理阶段牛的生产目的和经济效益，组织日粮。应全价营养，种类多样化，适口性强，易消化，精、粗饲料合理搭配。初生犊牛尽早哺足初乳；哺乳犊牛及早放牧，补喂植物性饲料，促进瘤胃机能发育，并锻炼适应能力；生长牛日粮以粗料为主，并根据生产目的和粗料品质，合理配比精料；育肥牛则以高精料日粮为主进行肥育；繁殖母牛妊娠后期适当补饲，以保证胎儿正常的生长发育。

（2）严格执行兽医卫生制度。定期进行消毒，保持清洁卫生的饲养环境，防止病原微生物的增加和蔓延；经常观察牛的精神状态、食欲、粪便等情况；制订科学的免疫计划，及时防病、治病，按计划适时免疫接种。对断奶犊牛和育肥前的架子牛要及时驱虫健胃。要坚持进行牛体刷拭，保持牛体清洁。

（3）加强饮水，定期运动。保证饮水清洁充足，冬季适当饮用温水。适当运动有利于牛只新陈代谢，促进消化，增强牛对外界环境急剧变化的适应能力，防止牛体质衰退和肢蹄病的发生。

2. 肉牛的肥育

肉牛在出售或屠宰前的一定时期内，集中加强饲养，以提高产肉量和改善肉品质的方法称为肉牛的肥育。幼龄牛和成年牛均可进行肥育，但前者主要是肌肉增长，而后者则主要为脂肪的沉积。在营养充足的条件下，12月龄以前的肉牛生长速度最快，以后逐渐变慢，当达到牛体成熟时，生长更慢，在生产上要根据实际情况，应合理利用这一生理特点，充分发挥其经济潜力。

肌体组织影响牛的体重和牛肉质量，肌肉组织在1周岁前生长最快，以后是脂肪沉积加快。优质牛肉要求脂肪适度沉积，所以，在肥牛生产中，不同年龄的牛，要控制好适度的肥育期，以保证牛肉的质量。根据牛肥育时年龄的不同，它的最佳育肥期也有所不同。肉牛肥育方法主要有以下几种。

（1）持续肥育法。持续肥育法是指犊牛断奶后，立即转入肥育阶段进行肥育，一直到出栏体重（12~18月龄，体重400~500kg）。持续肥育由于在饲料利用率较高的生长阶段保持较高的增重，加上饲养期短，故总效率高。

①放牧加补饲持续肥育法：在牧草条件较好的地区，犊牛断奶后，以放牧为主，根据草场情况，适当补充精料或干草，使其在18月龄体重达400kg。要实现这一目标，随母牛哺乳阶段，犊牛平均日增重达到0.9~1kg。冬季日增重保持0.4~0.6kg，第二个夏季日增重在0.9kg，在枯草季节，对杂交牛每天每头补喂精料1~2kg。放牧时应做到合理分群，每群50头左右，分群轮放。在我国，1头体重120~150kg牛需1.5~2hm² 草场。放牧时，要注意牛的休息和补盐。

②放牧—舍饲—放牧持续肥育法：此种肥育方法适应于9—11月出生的秋犊。犊牛出生后随母牛哺乳或人工哺乳，哺乳期日增重0.6kg，断奶时体重达到70kg。断奶后以喂粗饲料为主，进行冬季舍饲，自由采食青贮料或干草，日喂精料不超过2kg，平均日增重0.9kg。到6月龄体重达到180kg。然后在优良牧草地放牧（此时正值4—10月），要求平均日增重保持1.2kg。到12月龄可达到430kg。转入舍饲，自由采食青贮料或青干草，日喂精料2~5kg，平均日增重0.9kg，到18月龄，体重达490kg。

③舍饲持续肥育法：采取舍饲持续肥育法首先制订生产计划，然后按阶段进行饲养。犊牛断奶后即进行持续肥育，犊牛的饲养取决于培育的强度和屠宰时的月龄，强度培育和12~15月龄屠宰时需要提供较高的饲养水平，以使肥育牛的平均日增重在1kg以上。制订肥育生产计划，要考虑到市场需求、饲养成本、牛场的条件、引种技术、青贮饲料、效益分析、人工授精、改良误区、流动配种、秸秆微贮、饲养规程、牛粗饲料、羊病防治、牛添加剂、牛病防治、品种、培育强度及屠宰上市的月龄等。按阶段饲养就是按肉牛的生理特点、生长发育规律及营养需要特征将整个肥育期分成2~3个阶段，分别采取相应的饲养管理措施。

（2）后期集中肥育。对2岁左右未经肥育的或不够屠宰体况的牛，在较短时间内集中较多精料饲喂，让其增膘的方法称为后期集中肥育。这种方法对改良牛肉品质，提高肥育牛经济效益有较明显的作用。后期集中肥育有放牧加补饲法，秸秆加精料日粮类型的舍饲肥育、青贮料日粮类型舍饲肥育及酒精日粮类型舍饲肥育等。

①放牧加补饲肥育：此方法简单易行，以充分利用当地资源为主投入少，效益高。我

国牧区、山区均可采用。

②处理后的秸秆+精料：农区有大量作物秸秆，是廉价的饲料资源。秸秆经过化学、生物处理后提高其营养价值，改善适口性及消化率。秸秆氨化技术在我国农区推广范围最大，效果较好。经氨化处理后的秸秆粗蛋白提高 1~2 倍，有机物质消化率可提高 20%~30%，采食量可提高 15%~20%。以氨化秸秆为主加适量的精料进行肉牛肥育。

（3）架子牛的育肥管理技术。

选购架子牛时应注意以下几个问题：一是要选择杂交改良品种，如西门塔尔、夏洛莱、利木赞、海福特等纯种牛与当地牛的杂交后代。二是要选择年龄在 1~2 周岁，体重在 250~300kg 的架子大但较瘦的牛。三是没去势的公牛为最好，其次为阉牛。四是让有经验，懂得饲养管理技术的人员去采购牛。多年的饲养实践表明，杂种牛与当地牛相比，不仅生长速度和饲料利用率高，而且采食量大，日增重高，饲养周期短，育肥效果好，资金周转快。

架子牛从引进到出栏，一般需要 120 天左右，分为育肥过渡期、育肥中期和育肥后期。肉牛育肥过渡期大约 15 天。通常情况下，新购进的架子牛经过长时间、长途运输以及环境条件的改变，应激反应都比较大，所以要注意过渡期的饲养管理。其做法是：一是对刚买的架子牛进行称重，按体重大小和健康状况进行分群饲养。二是前 1~2 天不喂草料，只饮水，适量加盐，目的是调理肠胃，促进食欲。适应过渡期一般为 15 天左右。在这段时间内，前 1 周只喂草不喂料，以后逐渐加料，每头架子牛每天喂精料 2kg，主要是玉米面，不喂饼类。三是新购进的架子牛在 3~5 天时进行 1 次体内外驱虫。过渡期完成后，也就是从第 16 天到第 60 天是架子牛快速育肥的第二阶段，即肉牛育肥中期。这期间，架子牛对干物质的采食量要逐渐达到 8kg，日粮粗蛋白质水平为 11%，精粗饲料比为 6∶4。这阶段，肉牛日增重 1.3kg 左右。肉牛育肥中期结束后就转入快速育肥后期，即从第 61 天到第 120 天的育肥期。这时架子牛对干物质的采食量已达到 10kg，日粮中粗蛋白质为 10%，精粗料比为 7∶3。这阶段，日增重约为 1.5kg 左右。架子牛经过 3~4 个月的饲养，体重达到 500kg 左右就可出栏。在整个架子牛快速育肥期间，需要特别注意的是，要尽量减少新到架子牛的应激反应，让其尽快适应育肥饲料。同时，饲养管理人员要把握好饲料用量与饲喂方式。同样条件下，架子牛的育肥速度也是有一定差别的，一般公牛比阉牛的增重速度大约高出 10%，阉牛比母牛的增重速度高出 10% 左右。因此，在选择架子牛时，应考虑性别对增重的影响。

肉牛育肥需要采取技术措施：一般来说，架子牛有较强的适应性，在冬季，牛有抵抗寒冷的能力，但这是要消耗自身能量来产生热量，这样会增加饲养成本。因此，如果要减少能量消耗，就要做到以下几点：一是牛舍要挡风保温，尽量减小湿度。要保证运动场和牛床干燥。要让牛少活动，多晒太阳，多刷拭牛体。二是要合理配制日粮，提高能量水平。适当增加玉米面在日粮中的比例，保证所需维生素和微量元素的供应和平衡。增强肉牛的免疫力，减少疾病的发生。三是冬季育肥时，每天早 6∶00、晚 18∶00 各喂 1 次，晚 22∶00 再加 1 次干草，用少量水拌湿后饲喂。需要注意的是，冬季不要饲喂冰冻的饲草饲料，还要给肉牛定时饮水，有条件的话，最好用温水饮牛。育肥牛体重达到 500kg 左右时就要及时出栏，否则，当体重超过 500kg 时，日增重会下降，育肥成本就会提高，利润降低。育肥牛适时出栏，是架子牛周转快、见效快的一大特点。

架子牛的育肥又称短期快速育肥或强度育肥。一般育肥期为 3~4 个月，在这段期间内，饲料的营养水平要求较高，从而改善牛肉品质，提高育肥的经济效益。架子牛的后期集中育肥有放牧加补饲肥育和舍饲肥育法，舍饲育肥法包括秸秆加精料日粮类型育肥法、青贮料日粮类型肥育法以及酒糟日粮类型肥育法等。下面介绍几种简单的育肥方法：

①放牧加补饲育肥：此方法简单易行，能充分利用当地资源，投入少，效益高。7~12 月龄放牧架子牛每日补饲玉米 5kg，生长素 20kg，人工盐 25kg，尿素 25kg，补饲时间一般在晚上 20：00 以后；16~18 月龄的架子牛经驱虫后，进行强度肥育，全天放牧，每日补喂精料 1.5kg，生长素 40kg，人工盐 25kg，尿素 50kg，另外，还应适当补饲青草。11 月后进入枯草季节，继续放牧达不到育肥目的，应转入舍内进行舍饲育肥。

②处理后的秸秆加精料肥育：我国农区有大量作物秸秆，是廉价的饲料资源。秸秆经化学、生物处理后能改善适口性及提高消化率，大大提高其营养价值。秸秆氨化处理技术在我国农区大范围推广，效果较好。经氨化处理后的秸秆粗蛋白可提高 1~2 倍，有机物质消化率可提高 20%~30%，采食量可提高 10%~20%。以氨化秸秆为主加适量的精料配以专用复合添加剂进行秦川牛肥育，其秦川牛平均日增重可达 1.21kg。

③青贮饲料加精料育肥：青贮玉米是肥育牛的优质饲料，不仅制作方便，而且育肥牛效果较好。但青贮的玉米种缺乏蛋白质，因此，在日粮精料中应加入蛋白类物质。据研究，在低精料水平下，饲喂青贮料也能达到较高的增重。下面提供 2 种参考育肥方案。

方案 1：以青贮玉米为主要粗饲料进行架子牛肥育，任牛自由采食青贮玉米秸秆，每日每头饲喂占其体重 1.6% 的精料，精料的组成为（每 100kg 的日粮中所含的 kg 数）：玉米 43.9kg、棉籽饼 25.7kg、麸皮 29.2kg、贝壳粉 1.2kg，另加食盐少许。

方案 2：用青贮玉米秸秆育肥 1.5~2 岁的阉牛，日头均饲喂 5kg 精料（精料组成为玉米 53.03kg、棉籽饼 16.1%、麸皮 28.41%、贝壳粉 1.51%、食盐 0.95%），青贮玉米秸秆自由采食，平均日增重可达 1.3kg 以上。

④糟渣类饲料加精料育肥。糟渣类饲料包括酿酒、制粉、制糖的副产品，大多是提取了原料中的碳水化合物后剩下的多水分的残渣物质。糟渣类饲料，除了水分含量较高（70%~90%）外，粗纤维、粗蛋白、粗脂肪等的含量也都较高，而无氮浸出物含量低。下面推荐几种方案。

方案 1：随着啤酒生产量的增大，啤酒糟的产量急剧增加，利用其育肥肉牛效果良好，参考日粮配方见下表。

试验饲料配方表（以干物质为基础） （单位:%）

饲料种类	前期	中期	后期
玉米	13	30	47.5
大麦	10	10	15
麸皮	10	10	5
棉籽饼	10	8	6
粗料	25	20	10
食盐	30	20	15
矿物质添加剂	0.5	0.5	0.5
	1.5	1.5	1.0

方案 2：以酒糟为主对 400kg 以上的架子牛进行育肥的全期饲料配方，酒糟 18~20kg、干草 4~5kg、玉米 2~3kg、尿素 60~80g、添加剂 50g、食盐 40g。

方案 3：选择体重 300kg 左右的架子牛，整个育肥期分为 3 个阶段。

第一阶段（15~20 天）：饲料比例为：酒糟 15kg、干草 2.5kg、玉米面 1kg、尿素 50g，每天饲喂食盐 10g。

第二阶段（30 天）：饲料比例为：酒糟 15kg、干草 3.5kg、玉米面 1kg、尿素 50g，每天饲喂食盐 10g。

第三阶段（后期 45 天）：饲料比例为：酒糟 22.5kg、干草 2kg、玉米面 1kg、尿素 22.5g，每天饲喂食盐 50g。

七、合理利用精饲料进行肉牛育肥

在利用农作物秸秆和糟渣类饲料作为粗饲料育肥肉牛时，每天必须供应混合精饲料，精饲料的饲喂量视牛的个体重量而定，一般每 100kg 体重饲喂精料 0.5kg 左右。过多增加精饲料喂量虽然会引起育肥牛的日增重明显上升，但易导致育肥牛发生疾病及饲料的浪费。在不影响牛体健康的前提下，可分阶段增加精料喂量，当牛日增重达到一定限度，再增加精料不利经济效益时，就可以停止继续增加精料。因此，掌握适宜的精料喂量，对于提高育肥效益非常重要。

精料用量的多少还与饲养牛的品种、年龄、体重、性别有关，国外肉牛品种、杂交牛、淘汰奶牛等大型牛种精料用量可适当多一些，地方品种牛的精料喂量应少一些。犊牛（包括奶牛公犊）的育肥，到 1.5~2 月龄断奶时，喂给粗蛋白质含量 17% 的混合精料，在体重达到 100kg 以上时精料中可消化粗蛋白质降低到 14%，体重达到 250kg 时，把精料中的可消化粗蛋白质降到 12%，使育肥犊牛在周岁时体重达到 400kg 左右即可出栏。犊牛育肥时精饲料的喂量要随着体重的增大而不断增加，日饲喂量相当于牛体重的 0.6%~1%，幼龄期比例适当高些，粗饲料不限制。

对于 1.5~2 岁、体重 300kg 左右的架子牛（一般为杂交公牛），采用短期强度育肥方案（整个育肥期以精饲料为主）经 3~4 月，体重可达 500~600kg。精粗料配比如下：购牛后前 20 日是适应期，日粮粗料占 55%，每日每头干物质 8kg；21~60 日，日粮中粗料占 45%，每日每头干物质 8.5kg；61~150 日，日粮中粗料比例为 30%，每日每头干物质 10kg。

八、肉牛育肥需要掌握的关键因素

（1）育肥牛的选择。挑选口阔体正，性情温顺，腹部发育良好（肋骨圆而直的牛采食不好，较难育肥）的健康牛，对购进的牛首先要进行仔细检查，发现患病的，根据病情轻重立即采取相应措施，患较难治愈疾病的牛应马上处理，以减少经济损失。

（2）精料选择。棉饼、菜籽饼、芝麻饼（小磨油饼）等饼粕的育肥效果较好，特别是对 200~400kg 的育肥牛，建议这些饼粕在精料中的比例应达到 50% 以上。

（3）育肥牛的管理。购牛后要立即进行驱虫、健胃和疫病防控（注射疫苗和添加保健药物等）工作；150kg 以下的育肥牛要有一定的运动时间，每隔两天自由运动 1 次，每次 2 个小时，以增强育肥牛的体质；200kg 以上的育肥牛要限制运动，舍内拴系，缰绳不可过长，一般在 60cm 即可。每天坚持对牛体刷拭 5 分钟，这样不但保持牛体卫生清洁，还能使牛代谢旺盛，增强牛体抗病能力。保持饮水卫生，冬季防冰冻，夏季要新鲜；注意天气炎热时，饲喂后牛槽内要经常有一定量的清洁饮水。

（4）适时出栏。当育肥牛体重达到 400～600kg，后臀丰满，双脊宽平，食量下降，日增重减少时，即可出栏。

第六章　奶牛饲养管理

一、常见奶牛品种

荷斯坦牛是世界上著名的主要乳用牛品种，原产于荷兰北部的北荷兰省（North Holland）和西弗里生省（West Friesland），被称为荷斯坦—弗里生牛，简称荷斯坦牛或弗里生牛。其后代分布到荷兰全国乃至法国北部以及德国的荷斯坦省（Holstein）。因被毛为黑白相间的斑块，因此，又称为黑白花牛（Blank and White Dairy Cattle）。

这种优良品种早在15世纪就以高产奶量闻名于世，其形成与原产地的自然环境和社会条件密切相关。荷兰地势低洼，土壤肥沃，气候温和，雨量充沛，牧草生长茂盛，草地面积大，且沟渠纵横贯穿，形成了天然的放牧栏界，是奶牛放牧的天然宝地。同时，荷斯坦牛曾是重要的海陆交通枢纽，牛只及干酪和奶油随着发达的海陆交通运往世界各地。由于荷斯坦牛及其乳制品出口量大，很大程度上促进了奶牛的选育及品质的提高。

荷斯坦牛风土驯化能力强，目前分布在世界大多数国家。由于被输入国长期的驯化及多年的培育，育成了能够适应当地环境条件，各具特点的荷斯坦牛，并冠以该国名称，如美国荷斯坦牛、加拿大荷斯坦牛、日本荷斯坦牛、中国荷斯坦牛等。

1. 中国荷斯坦牛

中国荷斯坦牛原称中国黑白花牛，为了与国际接轨，1992年农业部批准更名为"中国荷斯坦牛"。中国荷斯坦牛是利用从不同国家引进的纯种荷斯坦牛经过频繁、纯种牛与我国当地黄牛杂交，并用纯种荷斯坦牛级进杂交，高代杂种相互横交固定，后代自群繁育，经过长期选育而培育出的我国唯一的奶牛品种。

（1）外貌特征。目前，中国荷斯坦牛多为乳用型，华南地区有少数个体稍偏兼用型。体质细致结实，结构匀称，毛色为黑白相间，花片分明，额部有白斑，腹下、四肢膝关节以下及尾帚呈白色。乳房附着良好，质地柔软，乳静脉明显，乳头大小、分布适中，其体尺、体重见表2-6-1。

表 2-6-1　中国荷斯坦牛体尺和体重

地区	性别	体重（kg）	体高（cm）	体长（cm）	胸围（cm）	管围（cm）
北方	公	1 100	155	200	240	24.5
	母	600	135	160	200	19.5
南方	母	586	132	170	196	–

（引自梁学武《现代奶牛生产》）

（2）生产性能。据1997年全国25个省、市、区调查，现有荷斯坦成年母牛1 150 908头，其中，黑龙江省数量最多达438 000头。全国成母牛平均产奶量为4 774kg，平均乳脂率在3.4%以上，其中，育种水平较高的京、沪、津等市达7 000kg左右，个别高产牛群产奶量已超过8 000kg，如光明乳业2000年成年母牛平均单产达8 029kg，有800余头305天产奶量超过10 000kg。总体上北方地区产奶量较高，平均为5 000~6 000kg，南方地区由于气候炎热，产奶水平相对较低，为4 500~5 500kg。

中国荷斯坦牛今后选育的方向是：加强适应性的选育，特别是耐热、抗病能力的选育，重视牛的外貌结构和体质，提高优良牛在牛群中的比例，稳定优良的遗传特性。对牛的生产性能选择，仍以提高产奶量为主，并具有一定肉用性能，注意提高乳脂率。

2. 中国西门塔尔牛

中国内门塔尔牛属乳肉兼用品种。是由20世纪50年代、70年代末和80年代初，集中引进的欧洲西门塔尔牛，在中国的生态条件下，经过与本地黄牛级进杂交选育而成。2001年10月通过国家品种审定，目前有山区、草原、平原三大类群，核心群达2万头，育种区种群规模近100万头，改良群600万头。

（1）外貌特征。体躯深宽高大，结构匀称，体质结实，肌肉发达，行动灵活，被毛光亮，毛色为红（黄）白花，花斑分布整齐，头部白色或带眼圈，尾帚、四肢和肚腹为白色，乳房发育良好，结构均匀紧凑。成年公牛体重850~1 000kg，体高145cm，母牛体重550~650kg，体高130cm。

（2）生产性能。育种核心群2 178头平均产奶量为4 300kg，乳脂率为4.03%。最高个体产奶量达11 740kg，乳脂率4.0%。西门塔尔牛产肉性能良好。经强度肥育，97头西门塔尔牛杂交改良22月龄平均体重573 kg，屠宰率61%，净肉率50%。同时，西门塔尔牛具有适应性强，耐高寒，耐粗饲，寿命长等特点，深受各地群众欢迎。

3. 三河牛

三河牛是我国培育的乳肉兼用品种，由于它主要分布在呼伦贝尔盟的三河地区（根河、得勒布尔河、哈布尔河）而得名。三河牛育成历史悠久，最早是由修建中东铁路的员工及后来逃亡到东北的白俄带入国内。这些奶牛中大部分为西伯利亚牛改良牛，公牛多为西门塔尔牛以及少量的霍尔莫哥尔牛、雅罗斯拉夫牛和瑞典牛等十多个品种。在这些牛群的基础上，经过长期互交、选育，形成了以红（黄）白花牛为主的三河牛雏形。三河牛真正的选育是从1954年开始，经30多年的选育才逐步形成了一个耐寒、适应性强，乳脂率高，乳用性能好，体型趋于一致的新品种。该品种于1986年9月通过验收，并由内蒙古自治区人民政府批准正式命名。目前，该品种牛约有11万头。

（1）外貌特征。体躯高大、结实，骨骼粗壮，被毛多为红（黄）白花，花片分明，头白色或额部有白斑，四肢膝关节以下、腹下及尾帚呈白色。有角，角稍向上、向前方弯曲。乳房发育较好，但乳头不够整齐。成年三河牛体尺、体重见表2-6-2。

表2-6-2　成年三河牛体尺与体重

性别	体重（kg）	体高（cm）	体斜长（cm）	胸围（cm）	管围（cm）
公	1 050	156.8	205.5	240.1	25.7
母	548	131.8	167.7	192.5	19.4

（引自梁学武《现代奶牛生产》）

（2）生产性能。产奶量平均为 2 500kg，乳脂率 4.1%。核心群产奶量为 3 000~4 000kg，个别高产可达 8 000kg 以上。2~3 岁公牛屠宰率为 50%~55%，净肉率 44%~48%。在繁殖性能上，三河母牛一般 20~24 月龄初配，终生可繁殖 10 胎以上。在内蒙古条件下，该牛的繁殖成活率为 60%~77%。同时，该牛种耐粗饲、宜牧，能适应严寒环境，抗病力强。

4. 草原红牛

草原红牛属乳肉兼用品种，主要分布于吉林省白城地区、内蒙古的昭乌达盟和锡林郭勒盟南部、河北省张家口地区。草原红牛是由乳肉兼用短角牛与蒙古牛杂交选育而成。早在 1936 年，内蒙古乌兰浩特就引进兼用短角牛与当地黄牛杂交。正式开展育种工作是从 1952 年开始，其进程大致可分为 3 个阶段：一是 1952—1972 年，继续引用兼用短角公牛杂交改良当地蒙古牛，生产级进二代和三代的杂交改良阶段；二是 1973—1979 年，选择理想型的级进二代和三代杂种牛，采用同质或异质选配所进行的横交固定阶段；三是 1980—1985 年进行自群繁育阶段。1986 年通过国家验收，正式命名为"中国草原红牛"，并制定了国家标准。目前，该品种牛约有 14 万头。

（1）外貌特征。体格中等，头较轻，角细短，向上方弯曲。被毛为紫红色或红色，部分牛的腹下或乳房有小片白斑。颈肩结合良好，胸宽深，背腰平直，四肢端正。乳房发育较好。成年公牛体重 700~800kg，成年母牛为 450~500kg。犊牛初生重 30~32kg。

（2）生产性能。在放牧加补饲的条件下，平均产奶量为 1 800~2 000kg，乳脂率 4.0%。在纯放牧条件下，仅在青草期挤奶（约 100 天，6 月初至 9 月中下旬），第一胎平均产奶量 824 kg，且在 4 月以前分娩的母牛，其泌乳曲线呈现双峰，即分娩后 1 个月左右出现泌乳高峰，以后逐渐下降，4 月末至 5 月初降至最低，5 月中旬"跑青"后，产奶量又逐渐上升，出现第二个泌乳高峰。

草原红牛繁殖性能良好，初情期多在 18 月龄。在放牧条件下，繁殖成活率为 68.5%~84.7%。

5. 新疆褐牛

新疆褐牛属于乳肉兼用品种，主产于新疆伊犁和塔城地区。早在 1935—1936 年，伊犁和塔城地区就曾引用瑞士褐牛与当地哈萨克牛杂交。1951—1956 年，又先后从苏联引进几批含有瑞士褐牛血统的阿拉塔乌牛和少量的科斯特罗姆牛继续进行改良。1977 年和 1980 年又先后从原西德和奥地利引入 3 批瑞士褐牛，这对进一步提高和巩固新疆褐牛的质量起到了重要的作用。历经半个世纪的选育，1983 年通过鉴定，批准为乳肉兼用新品种。目前，该品种牛有 45 万余头。

（1）外貌特征。被毛为深浅不一的褐色，额顶、角基、口轮周围及背线为灰白色或黄白色，眼睑、鼻镜、尾帚、蹄呈深褐色。体躯健壮，头清秀，角中等大小、向侧前上方弯曲，呈半椭圆形。成年公牛体重为 951kg，母牛体重为 431kg。犊牛初生重 28~30kg。

（2）生产性能。圈舍饲养时，新疆褐牛平均产奶量为 2 100~3 500kg，乳脂率 4.03%~4.08%。个别高的产奶量可达 5 212kg。放牧饲养时，泌乳期约 100 天，产奶量 1 000kg 左右，乳脂率 4.43%。在自然放牧条件下，中上等膘情 1.5 岁的阉牛，宰前体重 235kg，屠宰率 47.4%；成年公牛 433kg 时屠宰，屠宰率 53.1%，眼肌面积 76.6cm^2。

该牛适应性好，抗病力强，在草场放牧可耐受严寒和酷暑环境。

6. 科尔沁牛

科尔沁牛属乳肉兼用品种，因主产于内蒙古东部地区的科尔沁草原而得名。科尔沁牛是以西门塔尔牛为父本，蒙古牛、三河牛以及蒙古牛的杂种母牛为母本，采用育成杂交方法培育而成。1990 年通过鉴定，并由内蒙古自治区人民政府正式验收命名为"科尔沁牛"。1994 年约有 8.12 万头。

（1）外貌特征。体格粗壮，体质结实，结构匀称，胸宽深，背腰平直，四肢端正，被毛为黄（红）白花，白头。后躯及乳房发育良好，乳头分布均匀。成年公牛体重 991kg，母牛 508kg。犊牛初生重 38.1~41.7kg。

（2）生产性能。科尔沁母牛 280 天产奶 3 200kg，乳脂率 4.17%，高产母牛达 4 643kg。在自然放牧条件下 120 天产奶 1 256kg。科尔沁牛在常年放牧加短期补饲条件下，18 月龄屠宰率为 53.3%，净肉率 41.9%。经短期强育肥，屠宰率可达 61.7%，净肉率为 51.9%。

科尔沁牛适应性强、耐粗饲、耐寒、抗病力强、易于放牧，是牧区比较理想的一种乳肉兼用品种。

二、奶牛的生物学特性

奶牛是大型反刍动物，世界各地均有分布，是目前人类饲养的主要家畜之一。在漫长的进化过程中，经过长期的自然和人工选择，通过适应各个地区的自然环境条件，逐步形成了不同于其他动物的生活习性和特点。只有掌握奶牛的这些习性和特点，进行科学合理的饲养管理，才能达到提高生产性能和经济效益的目的。

（一）奶牛的生理学特性

奶牛的生理学特性主要表现在其特殊的消化生理和泌乳生理方面。

1. 消化生理特点

奶牛为反刍动物（ruminant），具有庞大的复胃（stomachus compositus）或称四室胃，包括瘤胃（remen）、网胃（reticulum）、瓣胃（omasum）和皱胃（abomasum 又称真胃），其中的前三室合称为前胃（forestomach）。前胃的黏膜没有胃腺（gastric gland），只有第四室即皱胃具有胃腺，能够分泌胃液（gastric juice）。奶牛消化系统的结构和消化生理功能与单胃动物相比有很大差别，瘤胃虽然不能分泌消化液（digestive juice），但其中富含大量的微生物，对各种饲料的分解与营养物质的合成起着重要的作用。因此，奶牛具有较强的采食、消化、吸收和利用多种粗饲料（roughage）的能力。

（1）采食和饮水。

①牛味觉生理特点：研究发现，牛喜欢采食带有酸甜味的饲料。因此，在生产实践中，可以用带有酸味和甜味的调味剂调制低质粗饲料，如玉米、高粱、小麦等农作物的秸秆，改善其适口性，提高采食量，降低饲养成本。常用甜味调味剂有糖蜜和甜蜜素等；有机酸调味剂主要有柠檬酸、苹果酸、酒石酸、乳酸等。

②牛采食速度快，饲料在口中不经仔细咀嚼即咽下，在休息时进行反刍。牛舌大而厚，有力而灵活，舌的表面有许多向后凸起的角质化刺状乳头，会防止口腔内的饲料掉出来。如饲料中混有铁钉、铁丝、玻璃碴等异物时，很容易吞咽到瘤胃内，当瘤胃强烈收缩时，尖锐的异物会刺破胃壁，造成创伤性胃炎，甚至引起创伤性心

包炎，危及奶牛生命。当牛吞入过多的塑料薄膜或塑料袋时，会堵塞网胃、瓣胃孔，严重时会造成死亡。

③牛无上门齿，而有齿垫，嘴唇厚，吃草时靠舌头把草卷入口中，放牧时牧草在30～45cm高时采食最快，而不能啃食过矮的草，故春季不宜过早放牧，应等草长到12cm以上再开始放牧，否则牛难以吃饱。自由采食的牛通常每天需要采食6小时，易咀嚼、适口性好的饲料的采食时间短，秸秆的采食时间较长。

④牛饮水时把嘴浸入水里吸水，鼻孔露在水面上，一般每天至少饮水4次以上，饮水行为多发生在午前和傍晚，很少在夜间或黎明时饮水。饮水量因环境温度和采食饲料的种类不同而存在差异，每天饮水为15～30L。

（2）唾液分泌。牛的唾液（saliva）分泌量大。据研究，每头牛每天的唾液分泌量为100～200L，唾液分泌有助于消化饲料和形成食团。唾液中含有碳酸盐和磷酸盐等缓冲物质和尿素等，对维持瘤胃内环境和内源性氮的重新利用起着重要作用。唾液的分泌量及各种成分的含量受牛采食行为、饲料的物理性状和水分含量、饲粮适口性等因素的影响。奶牛需要分泌大量的唾液才能维持瘤胃内容物随瘤胃蠕动而翻转，使粗糙未嚼细的饲草料位于瘤胃上层，反刍时再返回口腔，嚼细的已充分发酵吸收水分的细碎饲草料沉于胃底，随着反刍运动向后面的胃中转移。

（3）瘤胃和网胃的微生物消化。牛的复胃消化与单胃动物消化的主要区别在前胃，除了特有的反刍、食管沟反射（oesophageal groove reflex）和瘤胃运动外，更特殊的是前胃内进行的微生物消化过程。瘤胃和网胃内可消化饲料中含70%～85%的可消化干物质和约50%的粗纤维（crude fiber），并产生挥发性脂肪酸（VFA）、CO_2、NH_3以及合成蛋白质和某些维生素。因此，前胃消化在反刍动物的消化过程中起着特别重要的作用。

①瘤胃微生物的生存条件：前胃消化又主要是微生物的消化作用，主要为种类复杂的厌氧性纤毛虫、细菌和真菌类等微生物。据研究，1g瘤胃内容物中，细菌和纤毛虫总体积约占瘤胃内容物的3.6%，其中，细菌和纤毛虫约各占一半。瘤胃内大量生存的微生物随食糜进入真胃后被胃酸杀死而解体，被消化液分解后，可为牛提供大量的优质单细胞蛋白质营养。所以，瘤胃可看做是一个能连续接种和高效率的活体发酵罐（fermentation vat）。它具有厌氧微生物生存并繁殖的良好条件：一是食物和水分相对稳定地进入瘤胃，供给微生物繁殖所需要的营养物质；二是瘤胃的节律性运动将内容物混合，并使未消化的食物残渣和微生物均匀地排入消化道后段；三是瘤胃内容物的渗透压维持在接近血浆的水平；四是由于微生物的发酵作用，瘤胃内的温度通常高达39～41℃；五是pH值变动为5.5～7.5。饲料发酵产生的大量酸类，被随唾液进入的大量碳酸氢盐中和。发酵产生的VFA被瘤胃壁吸收进入血液以及瘤胃食糜经常地排入消化道后段，使pH值维持在一定范围；六是瘤胃内高度缺氧。瘤胃背囊的气体中，通常含二氧化碳、甲烷及少量氮、氢、氧等气体。

②瘤胃微生物的种类：一是纤毛虫（ciliophoran）：瘤胃内的纤毛虫可分为全毛与贫毛两类，都属于厌氧微生物，能发酵糖类产生乙酸、丁酸和乳酸、CO_2、H_2或少量丙酸。全毛类主要分解淀粉等糖类产生乳酸和少量VFA，并合成支链淀粉储存于体内。贫毛类有的也是以分解淀粉为主，有的则能发酵果胶、半纤维素和纤维素类。纤毛虫还具有水解

脂类、氢化不饱和脂肪酸、降解蛋白质及吞噬细菌的能力。纤毛虫的上述消化代谢能力，完全靠其体内有关酶类的作用。由于纤毛虫具有分解多种营养物质的能力，并有一些细菌在其体内共生，所以有"微型反刍动物"之称。另外，纤毛虫蛋白质的消化率高于细菌蛋白质，并富含各种必需氨基酸，是奶牛蛋白质营养的主要来源之一。二是细菌（bacteria）：瘤胃内的细菌除有发酵糖类和分解乳酸的区系外，主要还有分解纤维素、蛋白质以及合成菌体蛋白质和合成维生素等菌类。纤维素分解菌约占瘤胃内细菌的1/4，包括厌气拟杆菌属、梭菌属和球虫属等，能分解纤维素、纤维二糖及果胶，产生甲酸、乙酸和丁酸等。

③瘤胃微生物的作用：一是分解和利用碳水化合物：饲料中的纤维素主要靠瘤胃微生物的纤维素分解酶的作用，通过逐级分解，最终产生 VFA，其中主要是乙酸、丙酸、丁酸三种有机酸和少量高级脂肪酸，可供牛体利用。饲料中的淀粉、葡萄糖和其他可溶性糖类，由微生物酶分解利用，产生低级脂肪酸、二氧化碳和甲烷等。同时能利用饲料分解所产生的单糖和双糖合成糖原，并储存于其细胞内，当进入小肠后，微生物糖原再被动物所消化利用，成为牛体的葡萄糖来源之一。二是分解和合成蛋白质：瘤胃微生物能将饲料蛋白质分解为氨基酸，再分解为氨、二氧化碳和有机酸，然后利用氨或氨基酸再合成微生物蛋白质。瘤胃微生物还能利用饲料中的非蛋白含氮物质，如尿素、铵盐、酰胺等，被微生物分解产生的氨用于合成微生物蛋白质。在瘤胃微生物利用氨合成氨基酸时，还需要碳链和能量，糖、VFA 和 CO_2 都是碳链的来源，其中糖还是能量的主要供给者。所以，饲粮中供给充足的易消化糖类，是使微生物能更多利用氨合成蛋白质的必要条件。三是合成维生素：瘤胃微生物能以饲料中的某些物质为原料合成 B 族维生素，其中，包括硫胺素（维生素 B_1）、核黄素（维生素 B_2）、生物素（维生素 B_7）吡哆醇（维生素 B_6）、泛酸（维生素 B_3）和钴氨素（维生素 B_{12}）及维生素 K。

（4）反刍。牛在采食时，饲料一般不经充分咀嚼，就匆匆吞咽进入瘤胃，通常在休息时返回到口腔再仔细地咀嚼，这种独特的消化活动，称为反刍（rumination）。反刍可分4 个阶段，即逆呕（食物从胃返回口腔的过程）、再咀嚼、再混合唾液和再吞咽。一般饲喂后经 0.5~1.0 小时开始出现反刍，每一次反刍的持续时间平均为 40~50 分钟，然后间歇一段时间再开始第二次反刍。这样，一昼夜进行 6~8 次反刍，而犊牛的次数则更多。一天牛反刍的时间累计起来有 6~8 小时。

（5）食管沟反射。食管沟（oesophageal groove）始于贲门，延伸至网胃瓣胃口，它是食道的延续，收缩时为一中空闭合的管子，可使食物穿过瘤胃网胃，进而直接进入瓣胃。犊牛在吸吮母牛乳头或用奶嘴吸吮液体饲料时，能反射性地引起食管沟两侧的唇状肌肉收缩卷曲，使食管沟闭合成管状，形成食管沟闭合反射。因此，乳或饮料不能进入前胃，而由食管经食管沟和瓣胃管直接进入皱胃进行消化。成年牛的食管沟则失去完全闭合能力。

（6）瓣胃的消化。瓣胃接受来自网胃的流体食糜，这类食糜含有许多微生物和细碎的饲料以及微生物的发酵产物。当这些食糜通过瓣胃的叶片之间时，大量水分被移去，因此，瓣胃起了过滤器的作用。截留于叶片之间的较大食糜颗粒，被叶片的粗糙表面揉搓和研磨，使之变得更为细碎。

（7）排泄。牛一天的排泄次数和排泄量因饲料的性质和采食量、环境温度、湿度、产奶量和个体状况的不同而异，正常牛每天平均排尿 9 次，排粪 12~18 次。例如，吃青草时比吃干草排粪次数多，产奶牛比干奶牛排粪次数多。牛的排尿次数与环境相对湿度有关，如奶牛在相对湿度为 20% 的干热环境下，平均每天排尿 3~4 次，而在 80% 的湿热环境下，每天排尿达 10 次以上。一般牛在正常情况下，每天的排尿量为 10~15kg。

2. 泌乳生理特点

泌乳是牛为哺育犊牛而表现的正常生理功能，乳用牛的泌乳性能是评价其生产力的重要指标。牛的泌乳包括乳的分泌和排出两个独立而又相互联系的过程。

（1）乳房的内部结构。牛的乳房是泌乳器官，乳腺（mammary gland）是由皮肤腺体衍生而来的。

①乳区的结构：乳房（udder）由乳房中部的一条中悬韧带和两侧的两条侧悬韧带（suspensory ligament）将其悬吊于腹壁上。乳房的中悬韧带将乳房分为左右两半，每一半乳房的中部又各被结缔组织隔开，分为前、后 2 个乳区，于是乳房就被分为前后、左右四个乳区。各个乳区互不相通，每个乳区都有各自独立的乳汁分泌系统，各有 1 个乳头（teat）。

②乳腺的结构：乳房内主要有两种组织：一是由乳腺泡（mammary gland alveolus）和乳腺导管系统（mammary duct system）构成的腺体组织或实质；二是由纤维结缔组织和脂肪组织构成的间质，它保护和支持腺体组织。此外在乳房内还分布有丰富的血管和神经组织。乳腺的最小单位是乳腺泡，它由一层分泌上皮细胞构成，其中，心是空的，称乳腺泡腔（mammary gland alveolus antrum），是生成乳汁的部位。每个乳腺泡连接一条细小乳导管，无数条细小乳导管连接起来形成葡萄穗状的乳腺小叶（lobule of mammary gland）。许多乳腺小叶由小叶导管连接起来构成乳腺叶（lobe of mammary gland）。乳腺导管系统包括一系列复杂的管道与腔道，导管起始于细小乳导管，相互汇合成中等乳导管，再汇合成粗大的乳导管，最后汇合成乳池（cistern）。乳池是乳房下部及乳头内储存乳汁的较大腔道，分为乳腺乳池和乳头乳池两部分，经乳头末端的乳头管向外界开口。乳腺泡分泌的乳汁，经过这样的导管系统最后流入乳池。牛的每一乳区各有一个乳池和乳头管。乳腺泡和细小乳导管的外面围绕有一层星状的肌上皮细胞，互相联结成网状。当这些细胞收缩时，可使蓄积于腺泡中的乳汁排出。乳房和乳头皮肤中存在有机械和温度等外感受器，而乳腺内的腺泡、血管、乳导管等处则具有丰富的化学、压力等内感受器，所有这些神经纤维和各种感受器，保证了对泌乳活动的反射性调节。

（2）乳腺的发育。随着母犊牛的生长，乳腺中的结缔组织和脂肪组织逐步增加。到初情期时，乳腺的导管系统开始生长，形成分支复杂的细小导管系统，而腺泡一般还没有形成，这时乳房的体积开始膨大。母牛妊娠时，乳腺组织生长比较迅速，乳腺导管的数量继续增加，并且每个导管的末端开始形成没有分泌腔的腺泡。到妊娠中期，腺泡逐渐出现分泌腔，腺泡和导管的容积不断增大，逐渐代替脂肪组织和结缔组织。到妊娠后期，腺泡的分泌上皮开始具有分泌机能。临产前，腺泡分泌初乳（colostrum）。分娩后，乳腺开始正常的泌乳活动。经过一定时期的泌乳活动后，腺泡的容积又重新逐渐缩小，分泌腔逐渐消失，与腺泡直接相连的细小乳导管萎缩，乳腺组织被结缔组织和脂肪组织所代替。于是，泌乳量逐渐减少，乳房体积缩小，最后泌乳活动停止。乳腺的恢复需要母牛在每个泌乳期有 40~60 天的干奶期（dry-period）。

（3）乳的分泌。

①乳腺的选择性吸收：乳中的球蛋白、酶、激素、维生素和无机盐类等物质，是乳腺的分泌上皮细胞对血浆进行选择性吸收和浓缩的结果。每生成 1 L 乳汁，需要 400~500 L 血液流过乳房。

②乳腺的合成过程：一是乳脂肪（milkfat）：几乎完全是以甘油三酯状态存在的，组成甘油三酯的脂肪酸是 C_4~C_{18} 饱和脂肪酸以及不饱和脂肪酸—油酸。甘油三酯的甘油部分主要由葡萄糖转变而来，也可来自血液甘油三酯的甘油。二是乳蛋白质（lactoprotein）：乳中的主要蛋白质（酪蛋白、ß-乳球蛋白和 a-乳清蛋白）是在乳腺分泌上皮合成的，其原料来自血液中的游离氨基酸。三是乳糖（lactose）：合成乳糖的主要原料是血液中的葡萄糖。在乳糖合成酶的作用下，一部分葡萄糖先在乳腺内转变成半乳糖，然后再与葡萄糖结合生成乳糖。

（4）排乳（milk ejection）。乳在乳腺泡的上皮细胞内形成后，连续不断地分泌进入腺泡腔，当乳充满腺泡腔和细小乳导管时，依靠腺泡周围的肌上皮和导管系统平滑肌的反射性收缩，将乳周期性地转入乳导管和乳池内进行排乳。在哺乳或榨乳刺激作用下，反射性地引起乳房容纳系统紧张度改变，使乳腺泡和乳导管中的乳再迅速流入乳池。同时，使乳头管开放，乳汁排出体外。

（二）奶牛的行为学特性

1. 群居行为（gregavious behavior）

牛是群居动物，具有合群行为。牛群经过争斗会建立优势序列，优势者在各方面都占有优先地位。因此，放牧时，牛群不宜太大，一般以 70 头以下为宜，否则影响牛的辨识能力，增加争斗次数，同时，影响牛的采食。分群时应考虑到牛的年龄、健康状况和生理状态，以便于进行统一的饲养管理。根据牛的群居性，圈养牛应有一定的运动场面积，面积太小，容易发生争斗。一般每头成年牛的运动场面积应为 15~30 m^2。驱赶牛转移时，单个牛不易驱赶，小群牛驱赶则容易些，而且群体性强，不易离散。

2. 放牧行为（grazing behavior）

牛的放牧行为即放牧吃草行为。牛在放牧时的主要活动是吃草。牛的放牧吃草活动是有一定规律的，但也会受到季节变化的影响。牛一天用于吃草的累计时间为 8~9 小时，每次连续吃草的时间为 0.5~2.0 小时。牛吃草活动最活跃的两个时间是黎明和黄昏，一昼夜吃草 6~8 次，其中白天约占 65%，夜间占 35%。放牧行为受草场面积的影响，通常是面积越大，牛行走的距离越远，一般每天行走 3~6 km，花费 2 小时。在热天、风天时，行走距离延长，在老放牧地行走的距离要比在新放牧地远一倍。另外，放牧的牛群，每头牛大体上都在同一时间吃草、休息或反刍。

3. 母性行为（maternal behavior）

母性行为的表现是母牛能哺育、保护和带领犊牛，这种行为以生单胎的母牛要比生双胎的母牛反应性强些。初产母牛的保姆性不成熟，但经产较强。而当两只双胞胎犊牛分开时，这种反应会加强。母牛在产犊后 2 小时左右即与犊牛建立牢固的相互联系。母子相识，除通过互相认识外貌外，更重要的是气味，其次是叫声。母牛识别犊牛是在舔初生犊牛被毛上的胎水时开始，当犊牛站立吸吮母乳时，尾巴摆动，母牛回头嗅犊牛的尾巴和臀部时，进一步巩固对亲犊的记忆，发挥保姆性，保护亲犊吮乳，拒绝非亲犊吮乳。

4. 牛鼻唇腺分泌的意义

牛的鼻镜通常由于鼻唇腺的分泌而湿润，从腺体分泌的本质上来看，它属于唾液腺。这种分泌物可蒸发冷却鼻镜。牛患病时鼻唇腺分泌停止，于是鼻镜干燥、结痂和发热，为疾病表现的症状。成年牛的腺体分泌率为 0.8mg/（m^2·分钟），当给予适口性好的饲料时，其分泌量可增加两倍。新生犊牛（10 日龄以内）的鼻镜在哺乳以外的其他时间，相对是干燥的，这一期间鼻镜的潮湿程度随年龄的增长而增加，这与腺体的逐渐成熟和分泌量增加有关。

5. 性行为（mating behavior）

公牛的求偶行为表现为驱使母牛向前移动，并对所追逐的母牛表现出以头贴近母牛尾站立的"守护"行为。如见有其他公牛靠近，便表现出用前蹄刨地、低头弯颈、扩张鼻孔、喘粗气或发出吼叫声等威吓性行为。公牛的交配动作非常迅速，由爬跨交配后跳下，总共只有数秒钟。母牛发情全过程可分为互嗅阶段（发情牛嗅其他牛，也叫对头阶段）、尾随阶段（发情母牛在前面走，后面追随着一头以上的其他牛）、爬跨阶段（发情母牛接受任何性别牛的爬跨，也叫发情盛期），以后退回到尾随、互嗅阶段，然后发情终止。母牛发情一般是指从尾随到被尾随的这段时间。

适于配种的发情母牛的反应是站立不动的姿势，称为站立发情。这种姿势易于公牛爬跨交配并对公牛产生性刺激，母牛发情行为的主要特征是接受公牛的求偶和交配活动。发情母牛的主要行为表现是：兴奋不安，食欲减退，反刍时间减少或停止，对周围环境的敏感性提高，哞叫和趋向公牛。在没有公牛存在时，嗅闻其他母牛的外阴，追随爬跨或接受其他母牛的爬跨，弓腰举尾，频频排尿。发情母牛外生殖器充血，肿胀，流出黏液，并附着于尾根、阴门附近而形成结痂。被爬跨母牛若发情，则站立不动，举尾；如不是发情牛则拱背逃走。所以，要在互相爬跨的母牛中找出真正处于发情期的母牛，只有根据其"站立反应"来进行准确鉴别。

三、奶牛的营养需要

（一）干物质采食量（dry matter intake，DMI）

干物质进食量是配合奶牛日粮的一个重要指标，它对奶牛的健康和生产至关重要。预测干物质进食量可有效防止奶牛营养的过食或不足，提高营养物的利用率。如果奶牛的营养摄入不足，不仅影响生产水平的发挥，而且也影响奶牛的健康；相反，营养过食增加饲养成本、影响健康、导致过多的营养物排泄到环境、甚至引起中毒。NRC（2001）提出荷斯坦泌乳牛的干物质进食量为：

$$DMI(千克/天) = (0.372 \times FCM + 0.0968 \times BW^{0.75}) \times \{1 - e^{[-0.192 \times (WOL + 3.67)]}\}$$

式中，DMI——Z 为干物质进食量；

　　FCM——4%乳脂率校正奶量（kg/天）；

　　BW——体重（kg）；

　　WOL——泌乳周。

一般奶牛的产奶高峰在产后 4~8 周出现，而最大干物质进食量一般发生在产后 10~14 周，最大干物质进食量迟于泌乳高峰，因此，奶牛在泌乳早期能量呈负平衡，必须动用体组织特别是体脂（亦包括蛋白质）产奶，以克服能量的不足，结果导致体重下降。式中，$1——e^{[-0.192\times(WOL+3.67)]}$用于调节泌乳早期干物质进食量的降低。

在上述等式中并没有考虑热应激的影响，Eastridge 等（1998）建议当环境温度超过等热区时，奶牛干物质进食量作如下调整：当温度超过 20℃时，$DMI\times\{1—[（x℃—20）\times 0.005\,922]\}$，而环境温度低于 5℃，$DMI/\{1—[（5—x℃）\times 0.004\,644]\}$。上式中 x 为测定日环境温度。

NRC（2001）提出荷斯坦后备母牛的干物质进食量为：

$$DMI(kg/天)= BW^{0.75}\times(1.018\,8\times NE_m—0.815\,8\times NE_m^2—0.112\,8)/4.184NE_m$$

式中，BW——体重（kg）；

NE$_m$——维持净能（MJ/kg）。

奶牛干物质采食量受体重、产奶量、泌乳阶段、饲料能量浓度、日粮类型、环境条件、饲养方法，以前的饲养水平、体况，饲料类型与品质（包括粗饲料的类型与品质）等因素影响。如奶牛在产后前 3 周干物质采食量通常较泌乳后期低 18%；当日粮含有发酵饲料时，水分含量超过 50%，每增加 1%水分，奶牛每 100kg 干物质采食量减少 0.02kg；当日粮中性洗涤纤维超过 25%，奶牛干物质采食量普遍下降等.

（二）能量需要（energy requirement）

奶牛能量的需要可以分为维持、生长、妊娠和泌乳几个部分。

1. 维持能量需要

维持能量需要是根据奶牛在一定日粮和环境条件下的热平衡而计算的，该维持需要受奶牛的品种、年龄、性别、生理状况、活动量、前期营养状况、环境温度等多种因素的影响。

舍饲的成年未孕奶牛维持需要（NRC，2001）的产奶净能（NE$_L$，MJ）为 $0.335BW^{0.75}$，BW 为体重（kg）。维持需要包含有 10%的额外添加量，用于拴养奶牛平常活动的能量消耗。

奶牛放牧时，能量消耗明显增加。其所增加的能量需要与行走距离，放牧场的地形以及奶牛体重有关，一般奶牛水平行走 1km，维持产奶净能需要增加 0.001 88MJ/kg。同时，放牧牛的采食活动所需的产奶净能较舍饲牛高 0.008 37MJ/kg。如一头 600kg 的奶牛，在平缓的草场放牧（牧草占全部日粮的 60%），从挤奶厅至放牧场的距离为 0.5km，每天挤奶 2 次，则每天行走 2km，其增加的维持需要：一是行走 2km 的能量需要为 $2\times0.001\,88\times600=2.26MJ$；二是采食活动所需能量为 $0.008\,37\times0.6\times600=3.01MJ$；两者共计约 5.27MJ 产奶净能，即维持需要大约增加 12%。

奶牛在丘陵草场放牧，其所消耗的能量较平缓草场多。据英国 ARC（1980）估计，奶牛每走 1km 垂直高度，每千克体重所需的产奶净能为 0.126MJ。此外，放牧奶牛维持需要还与草场质量有关。

奶牛的维持能量需要均以适宜环境温度为标准。在低温条件下，体热的损失明显增加。据国内外试验表明，在 18℃基础上平均每下降 1℃，每天牛体产热增加 2.51MJ/BW$^{0.75}$，BW 为体重（kg）。因此，在低温条件下应提高维持的能量需要。我国奶牛饲养标准（2000）推荐的低温环境维持能量需要增加量见表 2-6-3。

表 2-6-3　我国奶牛饲养标准对低温环境推荐的维持能量需要增加量

环境温度（℃）	维持能量需要（MJ/$W^{0.75}$）
5	0.389
0	0.402
-5	0.414
-10	0.427
-15	0.439

（引自梁学武《现代奶牛生产》）

2. 生长能量需要

根据 NRC（2001）营养标准，后备母牛生长的能量需要由以下公式推算+

$$EQSBW = SBW \times (478/MSBW)$$

式中，EQSBW——减缩体重当量（kg）；

SBW——减缩体重（kg），SBW = BW×0.96；

BW——体重（kg）；

MSBW——成熟体重当量（kg）。

$$RE(MJ) = 0.265\ 7 \times EQEB^{0.75} \times EQEBG^{1.097}$$

式中，RE——生长所需的净能；

EQEBW——空腹体重当量（kg），EQEBW = 0.891×EQSBW；

EQEBG——空腹体组织增重（kg），EQEBG = 0.956×SWG；

SWG——减缩体增重（kg）。

例如，计算一头日增重为 0.7kg，体重为 313kg 的青年荷斯坦母牛的生长所需的净能：假定荷斯坦母牛的成熟体重为 650kg，则：

减缩体重（SBW）= 313kg×0.96 = 300kg；

减缩体重当量（EQSBW）= 300×（478/650）= 221kg；

空腹体重当量（EQEBW）= 221×0.891 = 197kg；

空腹体组织增重（EQEBG）= 0.7×0.956 = 0.669kg；

生长所需的净能（RE）= 0.265 7×（197）$^{0.75}$×（0.669）$^{1.097}$ = 8.99MJ。

3. 妊娠能量需要量

根据 Bell 等（1995）对妊娠最后 100 天的能量需要所做的研究，NRC（2001）推荐奶牛妊娠能量需要为：

$$NE_L(MJ/天) = [(0.003\ 18 \times D - 0.035\ 2) \times (CBW/45)]/0.052\ 1$$

式中，D——妊娠天数（从妊娠第 190 天为 0 开始计算，至第 279 天止）；

CBW——犊牛初生重（kg）。

4. 产奶能量需要

牛奶中各成分（乳脂、乳蛋白及乳糖）的能量含量就是产奶净能的需要量，因此，准确地评定牛奶的能量含量是确定产奶净能需要的基础。由于在生产条件下难以对所有奶样进行测热，因此，国际上均采用牛奶成分与能量的回归公式进行估计。据报道，每千克乳脂、乳蛋白及乳糖的燃烧热分别为 38.87MJ、23.89MJ 和 16.53MJ。牛奶中的粗蛋白质通常是以氮（N）×6.38计算的，其中，包含了近7%的非蛋白含氮物（NPN），而牛奶的非蛋白含氮物中大约含有50%的尿氮，其余为氨、肽、肌酸、肌酸酐、马尿酸、尿酸及其他含氮物。每千克非蛋白含氮物的平均燃烧热为9.25MJ，即每千克牛奶中的粗蛋白质燃烧热为22.89MJ。因此，牛奶中的产奶净能（NRC，2001）为：

$$NE_L(MJ/kg) = 0.388\ 7 \times 乳脂率(\%) + 0.228\ 9 \times 乳粗蛋白率(\%) + 0.165\ 3 \times 乳糖率(\%)$$

由于乳糖含量相对比较稳定，通常为4.85%，则牛奶中的产奶净能为：

$$NE_L(MJ/kg) = 0.388\ 7 \times 乳脂率(\%) + 0.228\ 9/乳粗蛋白率(\%) + 0.803$$

牛奶成分中仅测定乳脂率，则牛奶中的产奶净能为：

$$NE_L(MJ/kg) = 1.506 + 0.405\ 4 \times 乳脂率(\%)$$

5. 泌乳牛组织的代谢和恢复与能量需要

奶牛能量贮存的优化管理至关重要，体况过肥或过瘦都将影响健康和生产性能。在泌乳早期，由于日粮干物质进食量的增加速度迟后于产奶量，奶牛往往动用体内贮存的能量用以满足产奶的需要；而在泌乳后期，则需恢复体况，为下一泌乳期作准备。由于奶牛体重的增减未能真实反映机体组织能量的变化，NRC（2001）提出采用体况评分。奶牛体况能够反映65%的体脂、52%体蛋白质及66%的机体能量变化。

$$空腹体脂比例 = 0.037683 \times BCS(9)$$

$$空腹体蛋白比例 = 0.200886 - 0.0066762 \times BCS(9)$$

式中，BCS(9)——9分制体况评分。

对于5分制体况评分可按下式进行转换：

$$BCS(9) = [(奶牛体况分—1) \times 2] + 1$$

以上两式用于估测机体组织的变化所需的能量供应，由于每千克体脂和体蛋白质的燃烧热分别为39.33MJ和23.22MJ，NRC（2001）奶牛恢复体况所需的能量为：

$$储备的能量(MJ/kg) = 空腹体脂比例 \times 39.33 + 空腹体蛋白比例 \times 23.22$$

由于机体贮备的能量用于产奶的效率为0.82，则由机体贮备的能量所提供的产奶净能为：

$$机体失重所提供的产奶净能(MJ/kg) = 贮备的能量 \times 0.82$$

泌乳牛日粮代谢能（ME）用于产奶和增重的效率分别为0.64和0.75，则在泌乳期每增重1kg所需的产奶净能为：

$$机体增重所需要的产奶净能(MJ/kg) = 贮备的能量 \times (0.64/0.75)$$

对于非泌乳牛，日粮代谢能用于增重的效率为0.60，则其每增重1千克所需的产奶净能为：

$$机体增重所需要的产奶净能(MJ/kg) = 贮备的能量 \times (0.64/0.60)$$

例如：一头原体重为600kg的奶牛，当其体况从3分降至2分时，其体重变为517.8kg（600kg×0.863），即失重82.2kg，其所提供或需要的能量就用体重的变化量乘以贮备的能量即可。

（三）蛋白质需要（protein requirement）

1. 产奶母牛的蛋白质需要

（1）维持的蛋白质需要。维持的粗蛋白质 = $4.6W^{0.75}(g)$，维持的可消化粗蛋白质 = $3.0W^{0.75}(g)$。维持的小肠可消化粗蛋白质的需要为 $2.5W^{0.75}(g)$。式中 w 表示体重（kg）。

（2）产奶的蛋白质需要。产奶的蛋白质需要量取决于奶中的蛋白质含量。

$$产奶的可消化粗蛋白质需要量=牛奶的蛋白质量/0.60$$

$$产奶的小肠可消化粗蛋白质需要量=牛奶的蛋白质量/0.70$$

乳蛋白率（%）应根据实测确定。在没有测定的情况下，可根据乳脂率进行推算：

$$乳蛋白率(\%)=2.36+0.24×乳脂率$$

2. 妊娠母牛的蛋白质需要

妊娠的蛋白质需要按牛妊娠各阶段子宫和胎儿所沉积的蛋白质量进行计算。可消化粗蛋白用于妊娠的效率为65%，小肠可消化粗蛋白质的效率为75%。在维持的基础上，妊娠的可消化粗蛋白质的需要量：妊娠6个月时为50g/天，7个月时为84g/天，8个月时为132g/天，9个月时为194g/天；妊娠的小肠可消化粗蛋白质需要量：妊娠6个月时为43g/天，7个月时为73g/天，8个月时为115g/天，9个月时为169g/天。

3. 生长奶牛的蛋白质需要

维持的可消化粗蛋白质需要：体重200kg以下为$2.3W^{0.75}$（g），200kg以上为$3W^{0.75}$（g）。小肠可消化粗蛋白质的需要为200kg体重以下用$2.2W^{0.75}$（g）。式中W表示体重（kg）。

生长奶牛增重的蛋白质需要量取决于体蛋白质的沉积量。

$$增重的蛋白质沉积(g/d)=\Delta W(170.22-0.173\ 1W+0.000\ 17W^2)×(1.12-0.125\ 8\Delta W)$$

式中，ΔW——日增重（kg）；

   W——体重（kg）。

生长奶牛日粮可消化粗蛋白质用于体蛋白质沉积的利用效率为55%，但幼龄时效率较高，体重40~60kg为70%，70~90kg为65%。生长奶牛日粮小肠可消化粗蛋白质的利用效率为60%。

$$增重的蛋白质需要量=增重的蛋白质沉积/蛋白质利用效率$$

（四）矿物质需要（mineral requirement）

1. 钙和磷需要量

奶牛每天从奶中排出大量钙、磷。用于日粮中钙、磷含量不足，钙、磷利用率过低而造成奶牛缺钙、磷的现象比较常见，是奶牛饲养的一个重要问题。

（1）钙需要量。产奶母牛维持需要量为每100kg体重6g，产奶需要为每千克标准乳4.5g。生长奶牛的钙维持需要量为每100kg体重6g，增重需要为每千克增重20g。

（2）磷需要量。产奶母牛维持需要量为每100kg体重4.5g，产奶需要为每千克标准乳3g。生长奶牛的磷维持需要量为每100kg体重5g，增重需要为每千克增重10g。

钙、磷比例以2∶1~1.3∶1为宜。

2. 食盐的需要量

食盐用来满足钠和氯的需要。产奶母牛食盐的维持需要量为每100kg体重3g，每产1k94%标准乳给1.2g。NRC建议的食盐的最大耐受量对于泌乳母牛不超过总干物质采食量的4%，对于非泌乳牛不超过总干物质采食量的9%。一般情况下，食盐可占日粮干物质的0.5%~1.5%。奶牛饲喂青贮饲料时，需食盐量比饲喂干草时多；饲喂高粗料日粮时要比喂高精料日粮时多；喂青绿多汁的饲料时要比喂枯老饲料时多。

3. 钾、硫、镁的需要量

奶牛钾的需要量为日粮干物质的 0.8%，泌乳牛日粮粗料多时不会缺钾，在热应激条件下，钾应增加到 1.2%。

硫占饲料干物质的 0.1% 或 0.2%（喂尿素时）可满足泌乳母牛需要，而非泌乳及其他奶牛的需要量可按 12:1 的氮硫比例由它们对蛋白质的最低需要量来计算。

犊牛日粮中镁的推荐量为占日粮的 0.07%。饲喂大量干草或精料的产奶牛的推荐量为占日粮的 0.20%。在易发生低血镁抽搐症的情况下和在泌乳早期的高产母牛，推荐的镁水平为占日粮的 0.25%~0.30%。NRC 将 0.4% 的镁水平定为日粮中镁的最大耐受水平，但究竟什么水平能引起奶牛镁中毒尚不清楚。为了防止乳脂下降，在高精料日粮中加入 0.8% 的氧化镁，除偶尔引起腹泻外没有发现其他明显的不利影响，此日粮中的总镁含量可能已达到 0.61%。

4. 微量元素需要量

奶牛日粮中微量元素推荐量见表 2-6-4（NRC，2001）。

表 2-6-4　奶牛日粮中微量元素推荐量

阶段	Fe（mg/kg）	Cu（mg/kg）	Co（mg/kg）	I（mg/kg）	Zn（mg/kg）	Mn（mg/kg）	Se（mg/kg）
生长牛（6~18 月龄）	43~13	10~9	0.11	0.27~0.3	32~18	22~14	0.3
青年母牛	26	16	0.11	0.4	30	22	0.3
泌乳牛	12.3~18	11	0.11	0.4~0.6	43~55	13~14	0.3
干奶牛	13~18	12~18	0.11	0.4~0.5	21~30	16~24	0.3

（引自昝林森《牛生产学》）

（五）维生素需要（vitamin requirement）

（1）维生素 A 需要量。乳用生长牛每日每 100kg 体重胡萝卜素需要量为 10.6mg（或 4 240IU 维生素 A），妊娠和泌乳牛为 19mg 胡萝卜素（或 7 600IU 维生素 A）。每产 1 kg 含脂 4% 标准乳需要维生素 A 1 930IU。

（2）维生素 D 需要量。乳用犊牛、生长牛和成年公牛每 100kg 体重需 660IU 维生素 D。泌乳及怀孕母牛按每 100kg 体重需要 3 000IU 维生素 D 供给。每产 1kg 含脂 4% 标准乳需 1 930IU 维生素 D。

（3）维生素 E 需要量。正常饲料中不缺乏维生素 E。犊牛日粮中需要量为每千克干物质含 25IU，成年牛为 15~16IU。

（4）维生素 K 需要量。维生素 K 是一种醌化合物，具有抗出血作用。奶牛需要维生素 K 用于合成至少 12 种蛋白质，其中包括四种凝血因子蛋白以及其他组织和器官内未知功能的蛋白质。正常情况下，奶牛瘤胃内微生物能合成大量的维生素 K。

（六）中性纤维需要（neutral fiber requirement）

奶牛日粮最低中性洗涤纤维（neutral detergent fiber, NDF）含量与奶牛的体况、生产水平、日粮结构、加工工艺、日粮中饲料纤维长度、总干物质进食量、饲料的缓冲能力以及饲喂次数等有关。在以苜蓿或玉米青贮作为主要粗料，玉米作为主要淀粉源的日粮，NDF 含量至少占日粮干物质的 25%，其中，19% 的 NDF 必须来自粗饲料。当来自于粗饲料的 NDF 含量低于 19% 时，每降低 1%，日粮中的最低 NDF 含量相应需提高 2%。Kawas (1984) 报道，日粮干物质中 NDF 和 ADF（酸性洗涤纤维，acid detergent fiber，ADF）的含量分别为 24%~26% 和 17%~21% 时，可获得最大的 4% 标准乳产量。

我国奶牛饲养标准（1986，2004）中规定，奶牛日粮粗纤维含量以 17% 为宜，下限不低于日粮干物质的 13%，NDF 应不低于 25%（表 2-6-5）。

表 2-6-5　奶牛泌乳期全混合日粮中 NDF 的最低要求和 NFC
的最高限量（以干物质为基础，%）

粗料最低 NDF	日粮最低 NDF	日粮最低 ADF	日粮 NFC 最高限量
19	25	17	44
18	27	18	42
17	29	19	40
16	31	20	38
15	33	21	36

注：NDF 为中性洗涤纤维；ADF 为酸性洗涤纤维；NFC 为无纤维性碳水化合物。
（引自 NRC，2001）

对于育成牛应使用高 NDF 日粮。体重小于 180kg，日粮 NDF 含量占日粮 DM 的 34%；体重 180~360kg 时为 42%；180~540kg 时为 50%。

（七）水的需要量（water requirement）

水是一种非常重要的必需养分。若脱水 5% 则食欲减退，脱水 10% 则生理失常，脱水 20% 即可死亡。奶牛比其他牛种需水量更多（牛奶的含水量为 87%）。正常情况下，母牛身体含水量为 55%~65%，比较肥的牛身体含水量较少（约 50%），瘦牛则含水量较高（70%）。饲养实践证明，牛体缺水不仅健康受损，生长滞缓，产奶量下降，而且会遭受经济损失。所以，在饲养过程中必须保证有充足的清洁饮水。

通常奶牛的需水量（kg/d）多按下列公式计算：DMI×5.6 或日产奶量×4~5。但当气温达到 27℃ 时，饮水量则应比气温 4℃ 提高 40%~50%。据报道，饮凉水有利于抗热应激，保持稳产。

水对处于热应激环境的牛非常重要。气温 30℃ 较 18℃，奶牛的饮水量增加 29% 粪水减少 33%，但通过尿、皮肤和呼吸损失的水分分别增加 15%、59% 和 50%（McDowell，1972）。奶牛在高湿环境下的水消耗量比低湿环境下少。对热应激奶牛的水的需要量了解很少。建议在热应激环境下，泌乳牛的水需要量较适宜气温时增加 1.2~2 倍。

四、不同生理阶段奶牛的饲养管理

（一）犊牛的饲养管理

犊牛是指从出生到 6 月龄的小牛。犊牛的生理机能处于剧变阶段，抵抗力差，死亡率高，因此犊牛阶段是最难饲养的时期；同时，这一时期也是奶牛生长过程中生长强度最大的阶段。该阶段的饲养管理方式和营养水平直接影响奶牛日后乳用特征的形成和产奶潜能的发挥。

1. 初乳期犊牛的饲养管理

初乳期（colostrum period，也称新生期）指犊牛出生 5 天以内的时间段。犊牛出生后头几天，由于组织器官未完全发育，对外界不良环境抵抗力差，消化道黏膜容易被细菌感染，皮肤防御能力低，神经系统反应性不足，导致犊牛在这段时间容易受病菌侵袭而产生疾病，甚至死亡。所以，初生期犊牛的饲养管理尤为重要。

（1）脐带消毒。在分娩过程中，犊牛的脐带一般会自然扯断，将脐带内的血液挤出，然后用 5%~10%碘酒消毒；未扯断时，用消毒剪刀在距腹部 8~10cm 处剪断，将脐带内血液和黏液挤净，然后再用碘酒消毒即可。当处理完脐带后，用柔软干草或毛巾擦干犊牛身体的黏液，去掉软蹄，然后对犊牛进行称重并记录其初生重。

（2）灌服初乳。母牛产后 5 天内分泌的乳称为初乳。初乳具有以下的生物学功能和保健作用。

①初乳含有较多的干物质（第一次挤出的初乳干物质高达 24%），黏度大，能覆盖在消化道表面，起到黏膜的作用，可阻止细菌侵入血液。

②初乳含有较高的酸度（45~50°T），可使胃液变成酸性，从而刺激消化道分泌消化液，而且有助于抑制有害细菌的繁殖。

③初乳中含有丰富而易消化的养分，其中蛋白质含量比常乳高 4~7 倍，乳脂肪多 1 倍左右，维生素 A、维生素 D 多 10 倍左右，各种矿物质含量也很丰富。

④初乳中含有溶菌酶和免疫球蛋白（2%~12%），其中，抗体主要包括 IgG、IgA 和 IgM，分别占到免疫球蛋白的 80%~85%、8%~10%和 5%~12%。IgG 和 IgM 能消灭进入血液的多种病菌，防止系统感染；IgA 则保护各种器官黏膜，特别是小肠黏膜免受感染，防止腹泻，同时阻止微生物进入血液。

⑤初乳中含有较多的镁盐，有利于胎粪的排出。

饲喂初乳最好用经过严格消毒的带橡胶奶嘴的奶壶来喂，出生后的第一天喂奶 3~4 次，以后每天喂奶两次，每次约 2kg，即每次喂奶量为体重的 5%，全天喂奶量应占到体重的 8%~10%。为防止犊牛得痢疾，可补喂抗生素。

（3）犊牛登记。犊牛在吃完初乳后应立即进行登记，填写犊牛卡片，内容包括其父母的名号、本身的名号、出生日期、性别、初生重、毛色及其特征等，并给新生小牛打上永久的标记。

2. 常乳期犊牛的饲养管理

犊牛经过 5 天的初乳期之后，即可开始饲喂常乳，进入常乳期饲养。

（1）犊牛常乳期饲养。

①喂奶量：犊牛哺乳期长短因所处环境、饲养条件等不同，各地不尽一致，一般为 2~3 个月，哺乳量 250~300kg。实践证明，缩短哺乳期，减少哺乳量的犊牛，虽然前 3 个月体重增长较慢，但只要精心饲养，在断奶前训练好采食精料的能力，断奶后保证精料及青粗饲料的数量和品质，则犊牛会将逐渐地赶上正常的生长速度，不至于影响其后续的繁殖和产奶能力（表 2-6-6）。

②喂奶次数：犊牛出生后的第六天开始用奶桶喂常乳，我国部分地区每天喂奶三次，时间与母牛挤奶时间一致，但也有部分企业每天喂奶两次。实践证明喂奶次数不同，对犊牛生长并无影响。同时，无论 2 次还是 3 次喂奶，一经采用不可随意更改。为防止犊牛食管沟反射异常，消化不良，哺乳时应遵循定时、定温和定量的原则。

表 2-6-6 犊牛哺乳方案

犊牛日龄	日喂奶量（kg）	阶段奶量（kg）
0~5（初乳）	6.0	30.0
6~20（常奶）	6.0	90.0
21~30（常奶）	4.5	45.0
31~45（常奶）	3.0	45.0
0~45		210

注：（引自昝林森《牛生产学》）

③哺乳期补料及早期断奶：对犊牛来说，牛奶虽然是最好的营养来源，但在哺乳期阶段喂奶的同时，应该尽早训练犊牛采食精料及一些植物性饲料，从而促进瘤胃和其他消化器官的发育。研究发现，适当的缩短哺乳期不仅不会影响犊牛健康，反而可节省大量鲜奶，节约人工和培育成本。现介绍一般的早期断奶喂奶方案如下，以供参考。

犊牛在出生 30 分钟内灌喂初乳。1~3 日龄初乳每天喂 6kg，4~10 日龄改喂全乳或发酵初乳，每天喂 4~5kg，11~20 日龄减为 3kg，21~30 日龄每天喂 2kg。4~5 周龄断奶，断奶时共喂液体饲料 100kg。犊牛从 4~7 日龄开始训练采食开食料和干草。当犊牛连续 3 天采食 0.7kg 以上开食料即可断奶。在此之前应适当控制干草喂量，以免影响开食料采食量，但要保证日粮中所含中性洗涤纤维不低于 25%。犊牛断奶的时间主要取决于开食料的采食量，而与年龄无关。

（2）犊牛常乳期管理。

①做到"三勤"和"三净"："三勤"即勤打扫，勤换垫草，勤观察。因为犊牛生活的环境应保持清洁、干燥、温暖、宽敞和通风，所以，要勤打扫、勤更换垫草。并做到"喂奶时观察食欲、运动时观察精神、扫地时观察粪便"。"三净"即饲料净、牛体净和工具净。饲料净是指牛饲料和饮用的乳汁不能有发霉变质和冻结冰块现象，不能含有铁丝、铁钉、牛毛、粪便等杂质。牛体净就是保证犊牛不被污泥浊水和粪便污染，减少疾病发生。工具净是指人工哺乳时，奶及喂奶工具要讲究卫生。所以，每次用完的奶具、补料槽、饮水槽等一定要洗刷干净，保持清洁。

②饮水：牛奶中虽含大量水分，但犊牛每天喂奶有限，不能满足自身代谢水分需要，因此，哺乳期要供给充足的饮水。

③运动：气温合适的情况下，生后 10 天左右的犊牛即可在运动场短时间活动，几周后还应适当进行驱赶促使其运动（每日 1 小时左右），以增进体质。

④防止舐癖：犊牛舐癖指犊牛互相吸吮，对犊牛伤害很大。其吸吮部位包括嘴巴、耳朵、脐带、乳头、牛毛等。防止舐癖，首先初生犊牛最好单栏饲养，其次犊牛每次喂奶完毕，应将犊牛口鼻处的残奶擦净。对于已形成舐癖的犊牛，可在鼻梁前套一小木板来纠正。同时，避免用奶瓶喂奶，最好使用水桶。

⑤去角：7~10 日龄去角，最晚不超过 15 日龄。常用方法如下：一是电烙铁去角：用特制的电烙铁去角，电烙铁顶端做成杯状，大小与犊牛角的底部一致，通电加热后，烙铁的温度各部分一致，没有过热和过冷的现象。使用时将烙铁顶部放在犊牛角部，烙 15~20 秒，或者烙到犊牛角四周的组织变为古铜色为止。用此法去角不出血，在全年任何季节都

可用。二是苛性钠去角：剪去犊牛角周围的毛，将凡士林涂在犊牛角基部的四周，用苛性钠棒（手拿部分用布或纸包上，以免烧伤）在犊牛角的基部涂抹、摩擦，直到微量出血为止，涂上紫药水即可。这种去角方法简单，效果好，但在操作时应注意安全，要防止含有苛性钠的液体流入犊牛眼内及面部。

⑥切除副乳头：正常情况下奶牛应有四个乳头。多余乳头（即副乳头）一般长在4个正常乳头的后边，切除时先固定小牛，识别出多余乳头，对乳房进行清洗和消毒，然后将副乳头向下拉直，用锋利剪刀从乳头基部剪下，在伤口上涂2%碘酊即可。

（3）断奶到6月龄犊牛饲养管理。犊牛断奶后必须精心管理，使其尽快适应以精粗饲料为主的饲养方式。为了顺利地度过断奶期，犊牛的日粮结构和营养水平要保持相对稳定，做到断奶后犊牛继续饲喂2周犊牛料，再逐渐过渡成混合精料。3月龄以后的犊牛采食量逐渐增加，应特别注意控制精料饲喂量，每头每天不应超过2kg，此时瘤胃还没有充分发育，容积较小，还无法采食大量粗料，所以此阶段不要饲喂劣质粗草，而尽量以优质青粗饲料为主，以便更好地促使其向乳用体型发展。

犊牛6月龄时的理想体重应为168kg，日增重为500~580g，体高为102cm，胸围为124cm。此时的营养需要为NND 7~9个，DM 3.5~4.5kg，钙23~24g，磷13~16g。

（二）育成牛的饲养管理

育成牛指断奶后到配种前的母牛。育成牛培育的主要任务是保证牛的正常发育和适时配种。

1. 育成牛的饲养

（1）育成牛生长发育特点。

①瘤胃发育迅速：随着年龄增长，瘤胃功能日渐完善，7~12月龄的育成牛瘤胃容量增大，利用青粗饲料能力提高，12月龄左右接近成年水平。合理的饲养方法有助于瘤胃功能的完善。

②生长发育快：此阶段是牛的骨骼、肌肉发育最快时期，7~8月龄以骨骼发育为中心，7~12月龄期间是体架生长最快阶段，生产中必须利用好这一特点。在此阶段科学合理的饲养管理有助于塑造乳用性能良好的体型。

③生殖机能变化大：一般情况下，9~12月龄的育成牛，体重达到250kg、体长113cm以上时可出现首次发情；13~14月龄的育成牛正式进入体成熟的时期，生殖器官和卵巢的内分泌功能更趋健全；15~16月龄达到380kg以上体重时可进行首次配种。有的牛场在17~18月龄时达到400kg时才进行配种。

（2）育成牛的饲养。育成牛的饲养要结合其生长发育特点和保持优良乳用体型进行科学合理饲养。为了使瘤胃进一步发育，消化器官容量增大，育成牛的饲料应以优质粗饲料为主，精料进行合理的补充即可。这样才能培育出乳用型明显的奶牛。

①7~12月龄：此阶段的育成牛瘤胃的容量大增，利用青粗饲料的能力明显提高。因此，日粮以优质青粗饲料为主，每天青粗饲料的采食量可按体重的7%~9%。正常饲养条件下，12月龄育成牛体重应达到280kg。

②13~16月龄：此阶段的育成牛瘤胃功能已完善，对粗饲料的利用进一步提高，可大量利用低质粗饲料。为了促进此期奶牛乳腺和性器官的进一步发育，在日粮中要适量增加青贮、块根和块茎饲料。研究表明，此阶段奶牛因营养丰富，过于肥胖而容易引起不孕

或难产，因此，此时期应注意营养水平的调控（表 2-6-7）。

表 2-6-7　育成牛饲养方案

月龄	混合精料（kg）	干草（kg）	青贮（kg）	糟渣类（kg）
7~8	2.0	0.5	10.8	—
9~10	2.3	1.4	11.0	—
11~12	2.5	2.0	11.5	—
13~14	3.0	2.5	12~14	2.5
15~16	3.5	3.0	13~16	3.3

7~12 月龄建议精料配方组成为（%）：玉米 54，豆饼 15，麸皮 28，磷酸氢钙 2，食盐 1；13~16 月龄建议精料配方组成为（%）：玉米 46，豆饼 20，麸皮 31，磷酸氢钙 2，食盐 1。

2. 育成牛的管理

（1）分群。育成牛正处于生长发育时期，应根据月龄和体型大小进行合理分群，这样有利于避免频繁转群应激对生长发育的影响。分群后，奶牛可有足够的运动空间，随着运动量的增加，奶牛的体质也会相对增强。

（2）称重。在育成牛 6 月龄、12 月龄和配种前进行体尺、体重测量，并做好记录，作为培育选种的基本资料。

（3）初次配种。育成母牛的初次配种应根据其年龄和发育情况而定。一般在 15~16 月龄、体重达到成年母牛体重的 65% 时才开始初配。

（三）青年牛的饲养管理

青年牛指 14~16 月龄配种妊娠后到第一次产犊前的母牛。

1. 青年牛的特点

一般情况下，15~16 月龄出生发育正常的母牛，已配种怀孕，到 18~19 月龄时已进入妊娠中期，但此时母牛和胎儿所需养分增加不多，可按一般水平饲喂，而到产犊前 2~3 个月，胎儿发育较快，子宫体和妊娠产物（羊水、尿水等）增加，乳腺细胞也开始迅速发育，在此期间每日每头牛增重 700~800g，高的可达 1 000g。

2. 青年牛的饲养

青年母牛不能过肥，怀孕初期，营养需要与配种前相近。分娩前两个月，精料应逐渐增加，以满足胎儿后期发育的需要。但不可使牛体过肥，控制在分娩时达到理想的体况评分（3.5 分）。青年母牛的营养需要为：NND18~20 个，DM7~9kg，CP750~850kg，Ca45~47g，P32~34g。精料配方组成（%）：玉米 46，豆饼 25，麸皮 26，磷酸氢钙 2，食盐 1。

3. 青年牛的管理

青年母牛由于怀有胎儿，因此管理上必须非常耐心。初次怀胎的母牛，未必和经产母牛一样温驯，需要经常通过刷拭、按摩等与之接触，使其养成温驯习性，便于产后管理。运动可持续到分娩以前，运动量要加大，每日 1~2 小时，可防止难产，保持牛的体质健康。分娩前 1 周放入产房进行单独饲养。严禁打牛踢牛。

（四）成母牛的饲养管理

成母牛是指第一次产犊后的母牛。

1. 成母牛生理及生产特点

奶牛生产周期通常是指从这次产犊开始到下次产犊为止的整个过程，在时间上与产犊间隔等同。根据成年母牛的生理生产特点和规律；将生产周期分为干奶期（停止挤奶至分娩前15天），围产期（母牛分娩前、后各15天以内的时间）、泌乳盛期（产后16~100天）、泌乳中期（产后101~200天）和泌乳后期（产后201天至干奶）5个阶段，对成年牛按照不同的生理和泌乳阶段给予规范化饲养，这样既可保证奶牛体质健康，同时，可充分发挥其生产潜力。

奶牛泌乳受内分泌激素的影响，产犊后泌乳量急剧上升，多数母牛在产后4~6周达到泌乳高峰，而此时的消化系统正处于恢复期，食欲差，采食量增加缓慢，12~14周才达到高峰，这种泌乳性能和采食消化生理机能的不协调，致使高产乳牛营养食入量和泌乳营养产出量呈负平衡，营养赤字长达1.5~2个月，母牛不得不动用体贮支持泌乳，体重下降。

2. 成母牛饲养管理技术

（1）饲喂技术。合理的饲喂技术，可提高产奶量10%，减少饲料浪费，节约饲料20%左右。

①定时饲喂：长时间的饲养会使奶牛形成固定的条件反射，这对保持消化道内环境稳定和正常消化机能有重要作用。饲喂过迟或过早，均会打乱奶牛的消化腺活动，影响消化机能。只有定时饲喂，才能保证牛消化机能的正常和提高饲料营养物质消化率。

②稳定日粮：奶牛瘤胃内微生物区系的形成需要30天左右的时间，一旦打乱，恢复很慢。因此，有必要保持饲料种类的相对稳定。在必须更换饲料种类时，一定要逐渐进行，以便使瘤胃内微生物区系能够逐渐适应。尤其是在青粗饲料之间的更换时，应有7~10天的过渡时间，这样才能使奶牛能够适应，不至于产生消化紊乱现象。时青时干或时喂时停，均会使瘤胃消化受到影响，造成产奶量下降，甚至导致疾病。

③饲喂有序：目前国内普遍采取3次上槽饲喂、3次挤奶的工作日程。也有人建议，对于泌乳量3 000~4 000kg的奶牛，可实行2次饲喂、2次挤奶制度，因为两种制度的平均产奶量没有明显变化。但对于产奶量超过5 000kg的奶牛，应采取3次饲喂、3次挤奶制，否则产奶量平均下降16%~30%，也可根据平均间隔时间6~8小时确定饲喂和挤奶制度。试验表明，粗料日喂3次或自由采食，精料少量多次饲喂，可降低奶牛酮血症、乳房炎、产后瘫痪等发病率。

在饲喂顺序上，应根据精粗饲料的品质、适口性，安排饲喂顺序，当奶牛建立起饲喂顺序的条件反射后，不得随意改动，否则会打乱奶牛采食饲料的正常生理反应，影响采食量。一般的饲喂顺序为：先粗后精、先干后湿、先喂后饮；如干草—副料—青贮料—块根、块茎类—精料混合料。但喂牛最好的方法是精粗料混喂，采用完全混合日粮（TMR日粮）。

④防异物、防霉烂：由于奶牛的采食特点，饲料不经咀嚼即咽下，故对饲料中的异物反应不敏感，因此饲喂奶牛的精料要用带有磁铁的筛子进行过筛，而在青粗饲料切草机入口处安装磁铁，以除去其中夹杂的铁针、铁丝等尖锐异物，避免网胃—心包创伤。对于含

泥较多的青粗饲料，还应浸在水中淘洗，晾干后再进行饲喂。严防将铁钉、铁丝、玻璃、沙石等异物混入饲料喂牛；切忌使用霉烂、冰冻的饲料喂牛，保证饲料的新鲜和清洁。

（2）日粮组成。

①饲料原料多样化：泌乳牛营养需求高，进食量大，尤其是高产奶牛，每天饲料干物质进食量高达体重的 3.5%~4.0%。由于各种饲料之间的容量和营养成分均不相同，任何一种单一饲料的使用都不能满足奶牛在各个时期的营养需求，所以泌乳牛的日粮原料组成应力求多样化。饲料合理搭配不仅可起到养分间的互补作用，提高日粮的总营养价值，使奶牛能获得全价的营养，而且，还可降低饲养成本。

一般来说，奶牛日粮组成中精料至少 4~5 种，粗料要有 3 种以上，此外还须提供多汁料及副产品饲料。

②精、粗饲料要合理搭配：泌乳牛的日粮由其瘤胃消化生理特点所决定，应以青粗饲料为主，适当搭配精料，精料的喂量应根据泌乳牛的生理阶段、生产性能和青粗饲料所含的蛋白质水平和能量浓度而定。同时，日粮体积大小，干物质多少，也是组成日粮的参考依据，既要做到满足营养需要，又要体积适当能吃得进。各阶段日粮的改变应该有 7~10 天的过渡。奶牛日粮组成（按干物质计）的基本原则如下。

第一，精粗比例：干奶期：30∶70；围产期：50∶50；泌乳盛期：60∶40（极限值为70∶30）；泌乳中期：50∶50；泌乳后期：45∶55。

第二，钙、磷比例：（1.5~2）∶1。

第三，粗纤维占 H 粮干物质比例：14%~18%。

第四，保持能量与蛋白质的平衡。

第五，保证各种微量元素及维生素的合理比例。

（3）定时定量，少给勤填。奶牛在长期的采食过程中可形成条件反射，按时饲喂将有益于消化液分泌，这对提高饲料中营养物质的消化率极为重要。所以，定时定量利于采食和消化。

（4）饲料更换切忌突然。由于奶牛瘤胃内微生物区系的形成需要 30 天左右的时间。因此，在更换日粮组分时，必须逐渐进行，应有 1~2 周的过渡期，以便使瘤胃微生物区系能够逐渐调整，最后适应。奶牛日粮要求稳定，最忌经常变动，饲料供应不稳定，不仅造成牛群消化失调，腹泻增多而且直接影响产奶量。因此，奶牛场必须做到按计划、按质、按量稳定供应饲料。

3. 干奶牛的饲养管理

（1）干奶牛的饲养。干奶牛宜从泌乳牛群分出，单独饲养。日粮以青粗饲料为主，日粮干物质喂量控制在奶牛体重的 1.8%~2.2%，其中，粗料的干物质进食量至少达到体重的 1%~1.5%。比较理想的粗料为干草（禾本科干草较好，少喂豆科干草），这有助于瘤胃正常功能的恢复与维持。此期玉米青贮或精料只能适量饲喂，以防母牛出现肥胖症，造成难产和代谢紊乱。

干奶前期奶牛体况最好保持在 3 分，而到干奶后期时过渡到 3.5~4 分。因此，干奶牛精料喂量应视母牛体况和青粗饲料质量而定。对体况良好（4 分）的母牛，精料一般需少量补充或不喂。当粗料质量差、采食量减少，且体况不良（低于 3 分）时，或冬季气候寒冷时，除给予青粗饲料外，还需要酌情给予 1.5~3kg 的精料，使母牛产前有适当的增重，体况达 3.5 分。

总之，干奶期母牛营养要适当，不可过多增重，否则，易导致难产。不仅如此，干奶期过肥的母牛产后食欲下降，易引发酮血症和脂肪肝。

（2）干奶牛的管理。干奶牛和青年牛一样，为了保胎的需要，应单独分群进行饲养管理。

①适当运动：干奶母牛每天要保持适当的运动，通过运动和光照，有利于奶牛的健康，有利于减少难产和胎衣滞留。但不可驱赶，以逍遥运动为宜。

②防止流产：饲喂干奶母牛的日粮，应做到饲料必须新鲜、干净，绝不能供给冰冻、腐败、变质的草料，而且不宜喂冷水。注意干奶期不宜进行采血、接种及修蹄。

③保持牛体卫生：干奶牛新陈代谢旺盛，容易产生皮垢，因此，要加强对牛体的刷拭，要求每天至少刷拭 2 次，同时，保持牛床清洁干燥，勤换垫料。

④按摩乳房：当乳房变软收缩后，可实施乳房按摩，每天 1 次，每次 5min，将有助于促进乳腺发育，但对产前出现水肿的牛应停止按摩。

⑤保证阴阳离子平衡：在产前的 2~3 周为奶牛提供阴离子盐（如 NH_4Cl、$MgSO_4$ 等），能有效降低产后瘫痪的发病率。

4. 围产期奶牛的饲养管理

（1）围产前期饲养管理。

①围产前期饲养：这一时期常采用"引导"饲养法（lead feeding），方法是从产犊前 2 周开始，每天在原精料水平的基础上增加 0.5kg，直到采食精料量达到体重的 1%~1.5% 为止。这有助于母牛适应产后大量采食精料的变化。临产前母牛除减喂食盐外，还应饲喂低钙日粮。其钙含量减至平时喂量的 1/3~1/2。临产前 2~3 天，精料中可适当增加麸皮含量，以防便秘，利于分娩。产犊后的前 7 天可视奶牛健康和乳房肿胀情况继续进行采用引导饲养，以便于奶牛体况的恢复。围产前期奶牛体况以维持在 3.5~4 分为宜。过肥过瘦都不利于奶牛产犊和产后健康。

②围产前期管理：临产前母牛生殖器最易感染病菌。为此，母牛产前 2 周应转入产房，单独进行饲养管理。产房预先打扫干净，用 2% 火碱或 20% 的石灰水喷洒消毒，铺上干净而柔软的褥草，并建立常规的消毒制度。母牛后躯和阴部用 2%~3% 来苏儿溶液刷洗。

产房昼夜有人值班，勤换垫草、坚持运动和刷拭。发现母牛有临产症状时，助产员用 0.1% 高锰酸钾溶液洗涤外阴部和臀部附近，并擦干，铺好垫草，任其自然产出。如果发现异常、难产等，助产员应及时进行助产。奶牛分娩后应尽早使其站立，以免因腹压过大而造成子宫和阴道翻转脱出。

（2）围产后期饲养管理。

①围产后期饲养：为照顾母牛产后消化机能较弱的特点，母牛产后 2 天内应以优质干草为主，适当补喂易消化的精料，如玉米、麸皮，并恢复钙在日粮中的水平和食盐的含量。对产后 3~5 天的母牛，如食欲良好、健康、粪便正常、乳房水肿消失，则可随其产奶量的增加，逐渐增加精料和青贮喂量。一般每天精料增加量以 0.25~0.5kg 为宜。这一时期的饲养应以恢复奶牛健康，不过分减重为目标。

产后母牛泌乳机能迅速增强，采食增加，代谢旺盛，常发生代谢紊乱而患酮病和其他代谢病，需要及时补糖补钙。产后 15 天内的母牛，其饲养的重点应当以尽快促使母牛恢复健康为原则。母牛产后 12~14 天肌注促性腺激素释放激素，可有效预防产后早期卵巢囊肿，并使子宫提早康复。

②围产后期管理：奶牛分娩后应及时将躯体尤其后躯、乳房和尾部等部位的污物、黏液，用温水洗净并擦干，还要将污染的垫草及粪便清理干净。对地面消毒后换上厚的干垫草。

此外，初产母牛的乳房体积较小，乳头短，乳管较细，还不习惯于挤奶，所以管理上要有耐心，慢慢抚慰、调教，切忌捆绑或鞭打，以免养成踢人、仇视人的恶癖；其次初产母牛胆子小，采食量和采食速度都不及经产母牛，故初产母牛最好是单独组群，合理饲喂，科学管理。

产后 1 周内的母牛，不宜饮用冷水，以免引起胃肠炎，应坚持饮温水，水温 37~38℃，一周后可降至常温，为了促进食欲，要尽量多饮水。

5. 泌乳盛期奶牛的饲养管理

（1）泌乳盛期饲养。此期通常采用"预付"饲养法（或"挑战"饲养法），逐渐增加精饲料的饲喂。除了根据产奶量按饲养标准给予饲料外，再另外多给 1~2kg 精料，以满足其产奶量继续提高的需要。在泌乳盛期加喂"预付"饲料以后，母牛产奶也随之增加，如果在 10 天之内产奶量增加了，还应该继续"预付"，直到产奶量不再增加，才停止"预付"。

研究表明，采用"预付"饲养法，可提高奶牛的产乳高峰，使牛奶增加的优势持续整个泌乳期．因而能显著提高全泌乳期的产奶量。

（2）泌乳盛期管理。

①多次饲喂：保证饲料新鲜是提高母牛营养的有效措施，因为此期间饲喂精料的数量很大，为了保持瘤胃微生物的正常活动，有助营养物质的消化吸收，可将精料分多次饲喂（6~8 次），粗料则每天喂 3 次，或自由采食。同时，适当增加食盐、钙、磷等矿物质饲料和优质粗饲料的采食，以最大限度保持泌乳盛期奶牛日粮营养的平衡。

②增加挤奶次数：此期产奶量占全泌乳期的 40%~45%，高产奶牛则产奶更多，若适当增加挤奶次数，由原来 3 次挤奶改为 4 次，将促进乳的合成与分泌，有利于提高整个泌乳期的产奶量（此期易发乳房炎，要加强挤奶和乳房护理）。

③及时配种：一般奶牛产后 1 个月左右生殖道基本康复，随之开始发情。此时应详细做好记录工作，在随后的 1~2 个性周期，即可抓紧配种。对产后 45~60 天尚未出现发情征候的奶牛，应及时进行健康、营养和生殖道系统的检查，发现问题，尽早解决。

6. 泌乳中期奶牛的饲养管理

泌乳中期指产后 70~140 天。这个时期，乳牛食欲旺盛，采食量达高峰，奶牛所摄入的营养足以支持产奶需要，奶牛体重不再下降，并可略为增加。在正常情况下，多数奶牛处于妊娠早期。然而，此时由于受内分泌的影响，产奶量开始逐渐下降，每月奶量下降幅度应能保持在 8%~10%，为稳定下降的泌乳曲线，若下降幅度达 10% 以上，则为反常。这一时期饲养管理的中心任务，就是维持奶牛饲养水平和环境的相对平衡，力争保持泌乳量平稳，防止下降过快。饲养上可加大青粗饲料喂量，逐渐降低精料比例。

泌乳中期，日粮中干物质应占体重 3.0%~3.2%，每千克饲料干物质含 NND 2.13 个，

CP 13%，Ca 0.45%，P 0.4%，精粗比 40∶60，粗纤维含量不少于 17%。

7. 泌乳后期奶牛的饲养管理

泌乳后期指产后 201 天至干奶前这段时间。这段时期，受胎盘激素和黄体激素的作用，奶牛产奶量开始大幅度下降，采食量也开始下降。营养摄入量不仅能够满足产奶需求，而且可以弥补泌乳早期所丢失的体重。同时，由于胎儿生长和胎盘增大，因此，这一时期奶牛常常增重。

泌乳后期是奶牛增加体重、恢复体况的最好时期。凡是泌乳盛期体重消耗过多和瘦弱的牛，此期应适当比维持和产奶需要多喂一些，使奶牛在进入干奶期时，牛的体况已基本恢复（3.5 分）。这不仅有利于母牛健康，还提高了饲料转化效率。

泌乳后期，日粮干物质应占体重 3.0%~3.2%，每千克饲料干物质含 NND 1.87 个，CP 12%，Ca 0.45%，P 0.35%，精粗比 30∶70，粗纤维含量不少于 20%。

第七章　绵羊饲养管理技术

一、常见绵羊品种

（一）常见地方绵羊品种

1. 蒙古羊（Monggola sheep）

蒙古羊产于蒙古高原，是一个十分古老的地方品种，也是在中国分布最广的一个绵羊品种，除分布在内蒙古自治区外，东北、华北、西北均有分布。

蒙古羊属短脂尾羊，其体形外貌由于所处自然生态条件、饲养管理水平不同而有较大差别。一般表现为体质结实，骨骼健壮，头略显狭长。公羊多有角，母羊多无角或有小角，鼻梁隆起，颈长短适中，胸深，肋骨不够开张，背腰平直，四肢细长而强健。体躯被毛多为白色，头、颈与四肢则多有黑或褐色斑块。繁殖力不高，产羔率低，一般一胎一羔。

蒙古羊被毛属异质毛，一年春秋共剪两次毛，成年公羊剪毛量 1.5~2.2kg，成年母羊为 1~1.8kg。春毛毛丛长度为 6.5~7.5cm。各类型纤维重量比，不同地区差异较大，无髓毛和两型毛的重量比从东北向西南逐渐递增，而干、死毛的重量比则相反。呼伦贝尔高原区蒙古羊的有髓毛、两型毛和干、死毛的重量比为 52.41%、5.16%、0% 和 42.43%；乌兰察布高原区相应为 59.24%、3.65%、3.45% 和 33.66%；阿拉善高原区相应为 58.56%、15.09%、5.87% 和 24.38%；河套平原区相应为 76.83%、3.02%、15.53% 和 4.56%。

蒙古羊从东北向西南体形由大变小。苏尼特左旗成年公、母羊平均体重分别为 99.7kg 和 54.2kg；乌兰察布盟公、母羊分别为 49kg 和 38kg；阿拉善左旗成年公、母羊分别为 47kg 和 32kg。

蒙古羊的产肉性能较好。据 1981 年苏尼特左旗家畜改良站测定，成年羯羊屠宰前体重为 67.6kg，胴体重 36.8kg，屠宰率 54.3%，净肉重 27.5kg，净肉率 40.7%；1.5 岁羯羊分别为 51.6kg、26.0kg、50.6%、19.5kg、37.7%。

蒙古羊无髓毛平均细度为 19.34~22.27μm，有髓毛平均细度为 39.50~48.21μm。

据 1986 年调查存量为 2 000 万只。

2. 西藏羊（Tibetan sheep）

西藏羊又称藏羊，藏系羊，是中国三大粗毛绵羊品种之一。西藏羊产于青藏高原的西藏和青海，四川、甘肃，云南和贵州等省也有分布。

由于藏羊分布面积很广，各地的海拔、水热条件差异大，在长期的自然和人工选择下，形成了一些各具特点的自然类群。主要有高原型（草地型）和山谷型两大类型。各省、区根据本地的特点，又将藏羊分列出一些中间或独具特点的类型。如西藏将藏羊分为雅鲁藏布型藏羊、三江型西藏羊；青海省分出欧拉型藏羊；甘肃省将草地型西藏羊分成甘加型、欧拉型和乔科型 3 个型；云南省分出一个腾冲型；四川省又分出一个山地型西藏羊。

高原型（草地型）：这一类型是藏羊的主体，数量最多。西藏境内主要分布于冈底斯山、念青唐古拉山以北的藏北高原和雅鲁藏布江地带；青海境内主要分布在海北、海南、海西、黄南、玉树、果洛 6 州的高寒牧区；甘肃境内，80%的羊分布在甘南藏族自治州的各县；四川境内分布在甘孜、阿坝州北部牧区。

产区海拔 2 500~5 000m，多数地区年均气温-1.9~6℃，年降水量 300~800mm，相对湿度 40%~70%。草场类型有高原草原草场、高原荒漠草场、亚高山草甸草场、半干旱草场等。

高原型藏羊体质结实，体格高大，四肢较长，体躯近似方型。公、母羊均有角，公羊角长而粗壮，呈螺旋状向左右平伸，母羊角细而短，多数呈螺旋状向外上方斜伸。鼻梁隆起，耳大。前胸开阔，背腰平直，十字部稍高，紧贴臀部有扁锥形小尾。体躯被毛以白色为主，被毛异质，毛纤维长，两型毛含量高，光泽和弹性好，强度大，两型毛和有髓毛较粗，绒毛比例适中，因此，由它织成的产品有良好的回弹力和耐磨性，是织造地毯、提花毛毯等的上等原料。这一类型藏羊所产羊毛，即为著名的"西宁毛"。

高原型藏羊成年公、母羊体重为 51.0kg 和 43.6kg，公、母羊剪毛量为 1.40~1.72kg和 0.84~1.20kg，净毛率 70%左右。被毛纤维类型组成中，按重量百分比计，无髓毛占53.59%，两型毛占 30.57%，有髓毛占 15.03%，干、死毛占 0.81%。无髓毛羊毛细度为20~22μm，两型毛为 40~45μm，有髓毛为 70~90μm，体侧毛辫长度 20~30cm。

高原型藏羊繁殖力不高，母羊每年产羔 1 次，每次产羔 1 只，双羔率极少。屠宰率43.0%~47.5%。藏羊的小羔皮、二毛皮和大毛皮为制裘的良好原料。

山谷型藏羊：该羊主要分布在青海省南部的班玛、昂欠两县的部分地区，四川省阿坝南部牧区，云南的昭通、曲靖、丽江等地区及保山市腾冲县等。

产区海拔在 1 800~4 000m，主要是高山峡谷地带，气候垂直变化明显。年平均气温2.4~13℃，年降水量为 500~800mm。草场以草甸草场和灌丛草场为主。

山谷型藏羊体格较小，结构紧凑，体躯呈圆桶状，颈稍长，背腰平直。头呈三角形，公羊多有角，短小，向后上方弯曲，母羊多无角，四肢矫健有力，善爬山远牧。被毛主要有白色、黑色和花色，多呈毛丛结构，被毛中普遍有干、死毛，毛质较差。剪毛量一般0.8~1.5kg。成年公羊体重 40.65kg，成年母羊为 31.66kg。屠宰率约为 48%左右。

欧拉型藏羊：该羊是藏系绵羊的一个特殊生态类型，主产于甘肃省的玛曲县及毗邻地区，青海省的河南县和久治县也有分布。

欧拉型羊具有草地型藏羊的外形特征，体格高大粗壮，头稍狭长，多数具肉髯。公羊前胸着生黄褐色毛，而母羊不明显。被毛短，死毛含量很高，头、颈、四肢多为黄褐色花斑，全白色羊极少。成年公羊体重 75.85kg，剪毛重 1.08kg，成年母羊体重 58.51kg，剪毛量 0.77kg。欧拉型藏羊产肉性能较好，成年羯羊宰前活重 76.55kg，胴体重 35.18kg，屠宰率为 50.18%。

藏羊对高寒地区恶劣气候环境和粗放的饲养管理条件具有良好的适应能力，是产区人民赖以为生的重要畜种之一。

据调查，目前青藏高原地区藏羊存量为 5 000 余万只。

3. 哈萨克羊（Hazake sheep）

哈萨克羊主要分布在新疆天山北麓、阿尔泰山南麓和塔城等地，甘肃、青海、新疆三省（区）交界处亦有少量分布。

产区气候变化剧烈，夏热冬寒。1 月平均气温为 -15 ~ -10℃，7 月平均气温为 22 ~ 26℃。年降水量为 200~600mm，年蒸发量 1 500~2 300mm，无霜期 102~185 天。草地类型主要有高寒草甸草场、山地草甸草场、山地草原草场和山地荒漠草原草场等。

哈萨克羊的饲养管理粗放，终年放牧，很少补饲，一般没有羊舍。因而形成了哈萨克羊结实的体格，四肢高，善于行走爬山，在夏、秋较短暂的季节具有迅速积聚脂肪的能力。

哈萨克羊体质结实，公羊多有粗大的螺旋形角，母羊多数无角，鼻梁明显隆起，耳大下垂。背腰平直，四肢高、粗壮结实。异质被毛，毛色棕褐色，纯白或纯黑的个体很少。脂肪沉积于尾根而形成肥大椭圆形脂臀，称为"肥臀羊"，属肉脂兼用品种，具有较高的肉脂生产性能。

成年公、母羊春季平均体重为 60.34kg 和 44.90kg，周岁公、母羊为 42.95kg 和 35.80kg。成年公、母羊剪毛量 2.03kg 和 1.88kg，净毛率分别为 57.8% 和 68.9%。成年公羊体侧部毛股自然长度约为 13.57cm。哈萨克羊肌肉发达，后躯发育好，产肉性能高，屠宰率 45.5%。初产母羊平均产羔率为 101.24%，成年母羊为 101.95%，双羔率很低。

据 1986 年调查，在新疆境内存量为 150 万只。

4. 大尾寒羊（Large Tailed Han sheep）

大尾寒羊原属寒羊的大尾型，脂肉性能好，尾农区绵羊品种。

产地和分布：大尾寒羊产于冀东南、鲁西聊城市及豫中密县一带。自 20 世纪 60 年代开展绵羊杂交改良工作以来，大尾寒羊的分布地区和数量逐渐缩小和减少，现主要分布在河北省的黑龙港地区，邯郸、邢台地区以东各县及沧州地区运河以西；山东省聊城市的临清、冠县、高唐及河南省等地。据 1980 年统计，共有羊 47 万只，其中，河北省占 89.36%，山东省占 6.38%，河南省占 4.26%。

品种形成：大尾寒羊按尾型分类属脂尾羊的一个亚型——长脂尾型羊。据明正德丙寅（1506 年）版记载，大尾寒羊已列为贡品，说明大尾寒羊存在于中原地带约有 400 余年的历史。

大尾寒羊产区为华北平原的腹地，属典型的温带大陆性季风气候，冬季寒冷干燥，夏季炎热多雨。是我国北方小麦、杂粮和经济作物的主要产区之一。农作物一年两熟或两年三熟，为大尾寒羊提供较丰富的农副产品。野生牧草生长期长，绵羊可终年放牧。

长期以来，受中原地区优越的自然生态环境影响，当地群众对公母羊进行有意识的选择，使大尾寒羊形成了具有毛被基本同质、裘皮品质好的大脂尾的特点。

特征和特性：

①体形外貌：大尾寒羊性情温驯。鼻梁隆起，耳大下垂，产于山东、河北地区的公母羊均无角，河南的公、母羊有角。前躯发育较差，后躯比前躯高，因脂尾庞大肥硕下垂，而使尻部倾斜，臀端不明显。四肢粗壮，蹄质坚实。公、母羊的尾都超过飞节，长者可接近或拖及地面，形成明显尾沟。体躯毛被大部为白色，杂色斑点少。

②体重：大尾寒羊羔羊初生重，公羔平均为 3.70kg，母羔平均为 3.7kg。断奶重（3月龄），公羔平均为 25.0kg，母羔平均为 17.5kg。周岁公羊平均为 41.6kg，周岁母羊平均为 29.2kg。成年公羊平均为 72.0kg（最大达 105.0kg），成年母羊平均为 52.0kg。成年公羊脂尾重一般为 15~20kg，最重的可达 35.0kg。成年母羊的脂尾一般为 4.0~6.0kg，最重的达 10.0kg 以上。

③生产性能：（a）剪毛量和羊毛品质产区一年剪毛 2 次或 3 次，剪毛量，公羊平均为 3.30（1.80~4.80）kg，母羊平均为 2.70（0.5~4.30）kg。毛被长度（据春季测量体侧部），公羊平均为 10.40（8.90~11.50）cm，母羊平均为 10.20（5.0~13.0）cm。羊毛伸直长度为 12.0~18.0cm。毛被同质或基本同质。毛被纤维类型重量百分比：细毛和两型毛占 95.0%，粗毛约占 5.0%（内有极少量死毛）。羊毛细度，肩部平均为 26μm，体侧平均为 32μm。净毛率为 45.0%~63.0%。（b）裘皮品质，大尾寒羊的羔皮和二毛皮，毛股洁白、光泽好，有明显的花穗，毛股弯曲由大浅圆形到深弯曲构成，一般有 6~8 个弯曲。毛皮加工后质地柔软，美观轻便，毛股不易松散。以周岁内羔皮质量最好，颇受群众欢迎。（c）产肉性能，大尾寒羊具有屠宰率和净肉率高、尾脂肪多的特点。据河北省邢台和邯郸两地区 1980 年 12 月屠宰测定结果，1 岁公、母羊的屠宰率平均为 55.0%~64.0%，净肉率为 46.0%~48.0%，脂尾重为 8.5kg。2~3 岁公、母羊的屠宰率为 62.0%~69.0%，净肉率为 46.0%~57.0%。成年母羊脂尾平均重为 10.7kg。大尾寒羊由于脂肪蓄积在尾部，胴体内脂肪少。肉质鲜嫩多汁、味美，以羔羊肉较佳。膘情好的羊的脂尾出油多，炼油率可达 80.0%。（d）繁殖性能，大尾寒羊母羊 5~7 个月龄、公羊 6~8 个月龄达性成熟。母羊发情周期为 18（17~20）天，发情持续期为 2.5（1.5~3）天。妊娠期为 149~155 天。母羊初配年龄为 10~12 月龄。母羊一年四季发情，一年 2 胎或两年 3 胎。一般一始多产双羔，个别的一胎产 3 羔、4 羔，产羔率为 185.0%~205.0%。

饲养管理：大尾寒羊全年以放牧为主，多数农家以放牧和舍饲结合饲养。尾型较大的羊只多舍饲，羊只抗炎热及腐蹄病的能力强。

评价和展望：大尾寒羊毛被同质性好，羊毛可用于纺织呢绒、毛线等。成年羊和羔羊的毛皮轻薄，毛股的花穗美观，毛裘皮和羔皮深受群众欢迎。产肉性能和肉质好，繁殖力高。为此，应将山东省聊城市和河北省的黑龙港及河南省地区划为保种区，开展本品种选育，提高毛被品质。同时，着重选育多胎性，推行生产肥羔。

5. 小尾寒羊（Small Tailed Han sheep）

小尾寒羊是我国乃至世界著名的肉裘（皮）兼用、多胎、多产的地方优良绵羊品种。具有繁殖力高、早熟、生长发育快、体格高大、产肉性能高、裘皮品质优、遗传性能稳定和适应性强等优良特点。小尾寒羊为蒙古羊的亚系，迄今已有 2 000 余年的繁育史。随着时代推移、社会变革、民族迁移、贸易往来，这种生长在草原地区、终年放牧的蒙古羊逐渐繁殖于中原地区。由于气候条件和饲养条件的改善以及经过长期的选育，蒙古羊逐渐变成了具有新的特点的小尾寒羊。1980 年有羊 77 万多只。

外貌特征：小尾寒羊体形结构匀称，侧视略成正方形；鼻梁隆起，耳大下垂；短脂尾呈圆形，尾尖上翻，尾长不超过飞节；胸部宽深、肋骨开张，背腰平直。体躯长呈圆筒状；四肢高，健壮端正。公羊头大颈粗，有发达的螺旋形大角，角根粗硬；前躯发达，四肢粗壮，有悍威、善抵斗。母羊头小颈长，大都有角，形状不一，有镰刀状、鹿角状、姜芽状等，极少数无角。全身被毛白色、异质、有少量干死毛，少数个体头部有色斑。按照被毛类型可分为裘皮型、细毛型和粗毛型三类，裘毛型毛股清晰、花弯适中美观。

生长发育：小尾寒羊生长发育快、成熟早，周岁时，生长发育即近于成熟，早于一般国外品种。在一般饲养管理条件下，周岁公羊体高平均可达效 100cm，体长 100cm，体重 130kg；周岁母羊体高 85cm，体长 85cm，体重 80kg。成年公羊体高平均可达 105cm，体长 110cm，体重 170kg。成年母羊体高平均达 90cm，体长 95cm，体重 90kg。公羊最大体高达 115cm，体重 190kg；母羊最大体高达 105cm，体重 140kg。

繁殖率：小尾寒羊，四季发情，一年可产 2 胎或两年 3 胎，平均产羔量第一胎 2.5只，第二胎 3 只，第三胎 5 只，第四胎 6 只，各胎次平均为 4.125 只，最多一胎能产7 羔。

生产性能：5 月龄即可发情，6 月龄即可配种，当年即可产羔。全年均可发情，但多集中于春、秋两季。发情周期 17~21 天，发情持续期约 36 小时，妊娠期 148~152 天。一年 2 胎或两年 3 胎，每胎 2~6 只，也有达 8 只的。产羔率：初产母羊 200% 以上，经产母羊 260% 以上。公、母羊的繁殖利用年限为 6~8 岁。周岁羊体重 75kg，胴体重 42kg，净肉重 35kg，屠宰率为 55%，净肉率为 41%。肉质好，无膻味。生长快、成熟早。羔羊日增重可达 300g 以上，周岁体重可达 95kg，成年体重可达 130~182kg。体尺体重在周岁时已占到成年时（3 岁）的 85%。

经济效益：4 月龄即可育肥出栏，年出栏率可达 400% 以上。劳动回报率高，它是农户脱贫致富奔小康的最佳项目之一，也是国家扶贫工作的最稳妥工程。

适应地区：小尾寒羊适宜于舍饲，也可放牧。小尾寒羊虽是蒙古羊系，但由于千百年来在鲁西南地区已养成"舍饲圈养"的习惯，舍饲圈养能使日晒、雨淋、严寒等自然条件得到调节，能使灾害性气候的危害程度得到缓解，能使羊的抗逆性增强，因此，小尾寒羊有广泛的适应地区。养羊专家陈济生的经验是：凡是人能生活的地方，只要能坚持舍饲不跑山，饲养小尾寒羊就能成功。

6. 同羊（Tong sheep）

同羊又名同州羊，据考证该羊已有 1 200 多年的历史。主要分布在陕西渭南、咸阳两地区北部各县，延安地区南部和秦岭山区有少量分布。据 1981 年调查，存量为 3.6 万余只。

产区属半干旱农区，地形多为沟壑纵横山地，海拔 1 000m 左右。年平均气温为 9.1~14.3℃，最高气温 36.3~43℃，最低气温-24.3~-20.1℃，年平均降水量为 550~730mm，无霜期为 150~240 天。

同羊有"耳茧、尾扇、角栗、肋筋"四大外貌特征。耳大而薄（形如茧壳），向下倾斜。公、母羊均无角，部分公羊有栗状角痕。颈较长，部分个体颈下有一对肉垂。胸部较宽深，肋骨细如筋，拱张良好。背部公羊微凹，母羊短直较宽，腹部圆大。尾大如扇，按其长度是否超过飞节，可分为长脂尾和短脂尾两大类型，90% 以上为短脂尾。全身被毛洁白，中心产区 59% 的羊只产同质毛和基本同质毛，其他地区同质毛羊只较少。腹毛着生不良，多由刺毛覆盖。

周岁公、母羊平均体重为 33.10kg 和 29.14kg；成年公、母羊体重为 44.0kg 和36.2kg。剪毛量成年公、母羊为 1.40kg 和 1.20kg，周岁公、母羊为 1.00kg 和 1.20kg。毛纤维类型重量百分比：绒毛 81.12%～90.77%，两型毛占 5.77%～17.53%，粗毛占 0.21%～3.00%，死毛占 0%～3.60%。羊毛细度，成年公、母羊为 23.61μm 和 23.05μm。周岁公、母羊羊毛长度均在 9.0cm 以上。净毛率平均为 55.35%。同羊肉肥嫩多汁，瘦肉绯红，肌纤维细嫩，烹之易烂，食之可口。具有陕西关中独特地方风味的"羊肉泡馍""腊羊肉"和"水盆羊肉"等食品，皆以同羊肉为上选。周岁羯羊屠宰率为 51.75%，成年羯羊为 57.64%，净肉率 41.11%。

同羊生后 6～7 月龄即达性成熟，1.5 岁配种。全年可多次发情、配种，一般两年 3 胎，但产羔率很低，一般 1 胎 1 羔。

7. 乌珠穆沁羊（Ujumqin sheep）

乌珠穆沁羊主产于内蒙古自治区锡林郭勒盟东北部乌珠穆沁草原，主要分布在东乌珠穆沁旗和西乌珠穆沁旗，以及毗邻的阿巴哈纳尔旗、阿巴嘎旗部分地区。是肉脂兼用短脂尾粗毛羊品种。据 1980 年调查，该羊存量为 100 余万只。

产区处于蒙古高原东南部，海拔 800～1 200m。气候寒冷，年平均气温 0～1.4℃，1 月平均气温-24℃，最低温度达-40℃，7 月平均气温 20℃，最高温度 39℃。年降水量 250～300mm，无霜期 90～120 天。草原类型为森林草原、典型草原、干旱草原，牧草以菊科和禾本科为主，羊群终年放牧。

乌珠穆沁羊体质结实，体格高大，体躯长，背腰宽平，肌肉丰满。公羊多数有角，呈螺旋形，母羊多数无角。耳大下垂，鼻梁隆起。胸宽深，肋骨开张良好，背腰宽平，后躯发育良好，有较好的肉用羊体型。尾肥大，尾中部有一纵沟，将尾分成左右两半。毛色全身白色者较少，约 10%左右，体躯花色者约 11%，体躯白色，头颈黑色者占 62%左右。

乌珠穆沁成年公、母羊年平均剪毛量为 1.9kg 和 1.4kg，周岁公、母为 1.4kg 和 1.0kg，为异质毛，各类型毛纤维重量百分比为：成年公羊绒毛占 52.98%，粗毛 1.72%，干毛占 27.9%，死毛占 17.4%，成年母羊相应为 31.65%、12.5%、26.4%和 29.5%。净毛率 72.3%。产羔率 100.69%。

乌珠穆沁羊生长发育较快，早熟，肉用性能好。6～7 月龄的公、母羊体重达 39.6kg 和 35.9kg。成年公羊体重 74.43kg，成年母羊为 58.4kg，屠宰率 50.0%～51.4%。

8. 阿勒泰羊（Altay Fat-rumped sheep）

阿勒泰羊是哈萨克羊中的一个优良分支，属肉脂兼用粗毛羊。主要分布在新疆维吾尔自治区北部阿勒泰地区。1980 年有该品种羊 129 万只。

阿勒泰羊体格大，体质结实。公羊鼻梁隆起，具有较大的螺旋形角，母羊 60%以上的个体有角，耳大下垂。胸宽深，背平直，肌肉发育良好。四肢高而结实，股部肌肉丰满，沉积在尾根基部的脂肪形成方圆形大尾，下缘正中有一浅沟将其分成对称的两半。母羊乳房大，发育良好。背毛 41.0%为棕褐色，头为黄色或黑色，体躯为白色的占 27%，其余的为纯白、纯黑羊，比例相当。

成年公、母羊平均体重为 85.6kg 和 67.4kg；1.5 岁公、母羊为 61.1kg 和 52.8kg；4 月龄断奶公、母羔为 38.93kg 和 36.6kg。3～4 岁羯羊屠宰率 53.0%，1.5 岁羯羊为 50.0%。

阿勒泰羊毛质较差，用以擀毡。成年公、母羊剪毛量为 2.4kg 和 1.63kg，毛纤维类型的重量百分比为：绒毛占 59.55%，两型毛占 3.97%，粗毛占 7.75%，干死毛占 28.73%。

无髓毛的平均细度为 21.03μm，长度为 9.8cm，有髓毛的平均细度为 41.89μm，长度为 14.3cm。净毛率为 71.24%。产羔率为 110.0%。

9. 湖羊（Hu sheep）

湖羊产于太湖流域，分布在浙江省的湖州市（原吴兴县）、桐乡、嘉兴、长兴、德清、余杭、海宁和杭州市郊，江苏省的吴江等县以及上海的部分郊区县。湖羊以生长发育快、成熟早、四季发情、多胎多产、所产羔皮花纹美观而著称，为我国特有的羔皮用绵羊品种，也是目前世界上少有的白色羔皮品种。据 1980 年调查，该品种羊存量为 170 万只。

产区为蚕桑和稻田集约化的农业生产区，气候湿润，雨量充沛。年平均气温为 15～16℃。1 月最冷，月平均气温在 0℃ 以上，最低气温 -7～-3℃，7 月最热，月平均气温 28℃ 左右，最高气温达 40℃。年降水量 1 006～1 500mm，年平均相对湿度高达 80%，无霜期 260 天。

湖羊头狭长，鼻梁隆起，眼大突出，耳大下垂（部分地区湖羊耳小，甚至无突出的耳），公、母羊均无角。颈细长，胸狭窄，背平直，四肢纤细。短脂尾，尾大呈扁圆形，尾尖上翘。全身白色，少数个体的眼圈及四肢有黑、褐色斑点。成年公羊体重为 42～50kg，成年母羊为 32～45kg。湖羊生长发育快，在较好饲养管理条件下，6 月龄羔羊体重可达到成年羊体重的 87.0%。湖羊毛属异质毛，成年公、母羊年平均剪毛量为 1.7kg 和 1.2kg。净毛率 50% 左右。成年母羊的屠宰率为 54%～56%。

羔羊生后 1～2 天内宰剥的羔皮称为"小湖羊皮"，为我国传统出口商品。羔皮毛色洁白光润，如丝一般光泽，皮板轻柔，花纹呈波浪形，紧贴皮板，扑而不散，在国际市场上享有很高的声誉，有"软宝石"之称。

羔羊生后 60 天以内时屠剥的皮称为"袍羔皮"，皮板轻薄，毛细柔，光泽好，也是上好的裘皮原料。

湖羊繁殖能力强，母性好，泌乳性能高，性成熟很早，母羊 4～5 月龄性成熟。公羊一般在 8 月龄、母羊在 6 月龄配种。四季发情，可年产 2 胎或两年 3 胎，每胎多产，产羔率平均为 229%，产单羔的可占 17.35%，2～3 羔的 79.56%，4 羔的占 3.03%，6 羔的占 0.06%。

湖羊对潮湿，多雨的亚热带产区气候和长年舍饲的饲养管理方式适应性强。

10. 滩羊（Tan sheep）

滩羊是我国独特的裘皮用绵羊品种，以产二毛皮著称。

产地和分布：滩羊主要产于宁夏贺兰山东麓的银川市附近各县。主要分布于宁夏、甘肃、内蒙古、陕西和宁夏毗邻的地区。

为发展滩羊，提高品质，20 世纪 50 年代末在宁夏回族自治区建立了选育场。1962 年制定了发展区域规划及鉴定标准，广泛地开展滩羊选育工作。1973 年成立宁夏滩羊育种协作组。1977 年成立陕西、甘肃、内蒙古、宁夏四省、自治区滩羊育种协作组。通过以上措施和进行科研活动，促使滩羊的数量和质量有了一定的发展和提高。

据 1980 年统计，共有羊 250 万只，其中，宁夏占 60.0%，甘肃占 32.0%，内蒙古和陕西占 8.0%。

品种形成：产区地貌复杂，海拔一般在 1 000～2 000m。气候干旱，年降水量为 180～300mm，多集中在 7—9 月，年蒸发量为 160～2 400mm，为降水量的 8～10 倍。热量资源丰富，日照时间长，年日照时数为 2 180~3 390 小时，日照率为 50%~80%，年平均气温为 7~8℃，夏季中午炎热，早晚凉爽，冬季较长，昼夜温差较大。土壤有灰钙土、黑炉土、栗钙土、草甸土、沼泽土、盐渍土等。土质较薄，土层干燥，有机质缺乏。但矿物质含量丰富，主要含碳酸盐、硫酸盐和氯化物，水质矿化度较高，低洼地盐碱化普遍。

产区植被稀疏低矮，以耐旱的小半灌木、短花针茅、小禾草及豆科、菊科、藜科等植物为主。产草量低，但干物质含量高，蛋白质丰富，饲用价值较高。

据考证，清乾隆二十年（公元 1755 年）《银川小志》记载："宁夏各州，俱产羊皮，狐皮亦随处多产。"正如我国各地人民把滩羊花穗叫做"麦穗花""萝卜丝子花""绿豆丝花"一样，也就是目前所说的"串字花"之类。可见，早在清朝乾隆时期以前，不仅有了滩羊，而且有了花穗的名称。清乾隆四十五年编写的《宁夏府志》中记有："中卫、灵州、平罗地近边，畜牧之利尤广"。并把"香山之羊皮"列为宁夏当时"富著"的四大物产之一。到了清末，滩羊裘皮已成为我国裘皮之冠。《甘肃新通志》称："裘，宁夏特佳"《朔方道志》写道："裘，羊皮狐皮皆可作裘，而洪广（位于贺兰山东麓，今宁夏贺兰县与平罗交界处。原为毛皮集散地）的羊皮最佳，俗称滩皮"。将滩羊裘皮与狐裘相提并论，可见滩羊皮在人们心目中的地位。滩羊是在上述历史和生态环境条件影响下，经劳动人民长期定向选育而形成的一个裘皮羊品种。

特征和特性。

体型外貌：滩羊体格中等，体质结实。鼻梁稍隆起，耳有大、中、小 3 种，公羊角呈螺旋形向外伸展，母羊一般无角或有小角。背腰平直，胸较深。四肢端正，蹄质结实。属脂尾羊，尾根部宽大，尾尖细呈三角形，下垂过飞节。体躯毛色纯白，多数头部有褐、黑、黄色斑块。毛被中有髓毛细长柔软，无髓毛含量适中，无干死毛，毛股明显，呈长毛辫状。

滩羊羔初生时从头至尾部和四肢都长有较长的具有波浪形弯曲的结实毛股。随着日龄的增长和绒毛的增多，毛股逐渐变粗变长，花穗更为紧实美观。到 1 月龄左右宰剥的毛皮称为"二毛皮"。二毛期过后随着毛股的增长，花穗日趋松散，二毛皮的优良特性即逐渐消失。

生产性能。

①毛皮品质：二毛皮是滩羊的主要产品，为羔羊 1 月龄左右时宰剥的毛皮。其特点是：毛色洁白，毛长而呈波浪形弯曲，形成美丽的花案，毛皮轻盈柔软。滩羊羔不论在胎儿期还是出生后，毛被生长速度比较快，为其他品种绵羊所不及。初生时毛股长为 5.4cm 左右，生后 30 天毛股长度可达 8cm 左右。这时，毛股长而紧实，制成的裘皮衣服长期穿着毛股不松散。

根据二毛皮毛股粗细、弯曲形状、弧度大小和绒毛含量的不同，属于优等花穗的有以下 2 种。

串字花——毛股弯曲数较多，一般为 5~7 个，弧度均匀，呈波浪形弯曲排列在同一水平面上，形似"串"字，故称串字花。串字花毛股紧，根部柔软，能向四方弯倒，弯曲部分占毛股全长 2/3—3/4，光泽柔和呈玉白色。这种花穗紧实清晰，花穗顶端是扁的，不易松散和毡结。有少数具有串字花的二毛皮，其毛股较细小，弯曲多（6~8 个）而弧度小，称为小串字花。

软大花——较串字花的毛股粗大，而不甚紧实，弯曲的弧度也较大，一般每个毛股上有弯曲4~6个，弯曲部分占毛股全长的1/2—2/3。花穗顶端呈柱状，扭成卷曲，这类花穗由于下部绒毛含量较多，裘皮保暖性较强，但不如串字花美观。

此外，还有"卧花""核桃花""笔筒花""钉字花""头顶一枝花""蒜瓣花"等花型。由于这些花穗散乱，弯曲数少，弧度不匀，毛股粗短而松散，绒毛长而含量多，易于毡结，欠美观，故品质不及前2种。

二毛皮的毛纤维较细而柔软，有髓毛平均细度为26.6μm，无髓毛为17.4μm。两者的细度差异不大。毛被纤维类型数量百分比：无髓毛占15.3%，有髓毛占84.7%；其重量百分比为：无髓毛占15.3%，有髓毛占84.7%。毛纤维类型和密度与羔羊日龄有关，初生时绒毛含量少，随着日龄的增长，绒毛含量也在增加。二毛裘皮保暖性良好，并且有髓毛与无髓毛比例适中，不易毡结。

二毛皮皮板弹性好，致密结实，皮板厚度平均为0.78mm。鞣制好的二毛裘皮平均重为0.35kg。一般8~10张，重量2kg左右；74~80cm长的皮衣需皮5~6张，重量约1.5kg左右，比较轻便。

②产肉性能：滩羊肉质细嫩，脂肪分布均匀，无膻味。在放牧条件下，成年羯羊体重可达51.0~60.0kg，屠宰率为45%；成年母羊体重达41~50kg，屠宰率为40%。二毛羔羊体重为6~8kg，屠宰率为50%。脂肪含量少，肉质更为细嫩可口。

③繁殖性能：滩羊公羊长到6~7月龄、母羊长到7~8月龄时，性已成熟。适宜繁殖年龄，公羊为2.5~6岁，母羊为1.5~7岁。每年于7月开始发情，8~9月为发情旺季，发情周期为17~18天，发情持续期为26~32小时。妊娠期为151~155天。产羔率为101%~103%。

（11）岷县黑裘皮羊（Minxian Black fur sheep）

岷县黑裘皮羊产于甘肃省洮河和岷江上游一带，主要分布在岷县境内洮河两岸及其毗邻县区。该品种又称"岷县黑紫羔羊"，以生产黑色二毛裘皮著称。据1986年调查，有该品种羊10.4万只。

岷县黑裘皮羊体质细致，结构紧凑。头清秀，公羊有角，母羊多数无角，少数有小角。背平直，全身背毛黑色。成年公羊体高56.2cm，体长58.7cm，体重31.1kg；成年母羊体高54.3cm，体长55.7cm，体重27.5kg；平均剪毛量0.75kg。成年羯羊屠宰率44.2%。繁殖力差，一般一年1胎，多产单羔。

岷县黑二毛皮的特点是毛长不少于7cm，毛股明显呈花穗，尖端呈环形或半环形，有3~5个弯曲，毛纤维从尖到根全黑，光泽悦目，皮板较薄，面积1 350cm²。

12. 贵德黑裘皮羊（Guide Black fur sheep）

贵德黑裘皮羊，亦称"贵德黑紫羔羊"或"青海黑藏羊"，以生产黑色二毛皮著称。主要分布在青海海南藏族自治州的贵南、贵德、同德等县。据1986年调查，在贵南县该品种羊存量为2万只。

贵德黑裘皮羊所处环境条件与草原型白藏羊基本相似，其外貌特征，除毛色及皮肤为黑色外，其他与白藏羊相同。毛色初生时为纯黑色，随年龄增长，逐渐发生变化。成年羊的毛色，黑微红色占18.18%，黑红色占46.59%，灰色占35.22%。成年公羊体高75cm，体长75.5cm，体重56.0kg；成年母羊体高70.0cm，体长72.0cm，体重43.0kg；成年公羊剪毛量 1.8kg，成年母羊 1.6kg，净毛率 70%，屠宰率 43%~46%。产羔率 101.0%。

贵德黑紫羔皮，主要是指羔羊生后 1 个月左右所产的二毛皮。其特点是，毛股长 4~7cm，每 1cm 上有弯曲 1.73 个，分布于毛股的上 1/3 或 1/4 处。毛黑艳，光泽悦目，图案美观，皮板致密，保暖性强，干皮面积为 1 765cm²。

13. 多浪羊（Duolang sheep）

产地：主要分布在塔克拉玛干大沙漠的西南边缘，叶尔羌河流域的麦盖提、巴楚、岳普湖、莎车等县。目前，该品种羊总数在 10 万只以上，因其中心产区在麦盖提县，故又称麦盖提羊。

根据刘大同等（1991）的考察，多浪羊是用阿富汗的瓦尔吉尔肥羊与当地土种羊杂交，经 70 余年的精心选育培育而成。

显著特点：多浪羊是新疆的一个优良肉脂兼用型绵羊品种，多浪羊头较长，鼻梁隆起，耳大下垂，眼大有神，公羊无角或有小角，母羊皆无角，颈窄而细长，胸深宽，肩宽，肋骨拱圆，背腰平直，躯干长，后躯肌肉发达，尾大而不下垂，尾沟深，四肢高而有力，蹄质结实。出生羔羊全身被毛多为褐色或棕黄色，也有少数为黑色、深褐色，个别为白色者。第一次剪毛后，体躯毛色多变为灰白色或白色，但头部、耳及四肢仍保持初生时毛色，一般终生不变。

品种概况：多浪羊头较长，鼻梁隆起，耳大下垂，眼大有神，公羊无角或有小角，母羊皆无角，颈窄而细长，胸深宽，肩宽，肋骨拱圆，背腰平直，躯干长，后躯肌肉发达，尾大而不下垂，尾沟深，四肢高而有力，蹄质结实。出生羔羊全身被毛多为褐色或棕黄色，也有少数为黑色、深褐色，个别为白色者。第一次剪毛后，体躯毛色多变为灰白色或白色，但头部、耳及四肢仍保持初生时毛色，一般终生不变。被毛分为粗毛型和半粗毛型两种，粗毛型毛质较粗，干死毛含量较多，半粗毛型中两型毛含量比例大，干死毛少，是较优良的地毯用毛。成年公羊产毛量 3.0~3.5kg，成年母羊 2.0~2.5kg。

多浪羊特点是生长发育快，体格硕大，母羊常年发情，繁殖性能高。饲养方式以舍饲为主，辅以放牧，小群饲养，精心管理。一般日喂鲜草 5~8kg，补饲精料 0.3~0.5kg；冬季饲料主要为玉米秸秆、麦秸秆及田间杂草，辅以农林副产品及少量苜蓿。

多浪羊肉用性能良好，周岁公羊胴体重 32.71kg，净肉重 22.69kg，尾脂重 4.15kg，屠宰率 56.1%，胴体净肉率 69.38%，尾脂占胴体重的 12.69%；周岁母羊上述指标相应为 23.64kg、16.90kg、2.32kg、54.82%、71.49%、9.81%；成年公羊相应为 59.75kg、40.56kg、9.95kg、59.75%、67.88% 和 16.70%；成年母羊相应为 55.20kg、25.78kg、3.29kg、55.20%、46.70% 和 9.25%。

多浪羊性成熟早，在舍饲条件下常年发情，初配年龄一般为 8 月龄，大部分母羊可以两年 2 产，饲养条件好时一年可 3 产，双羔率可达 50%~60%，3 羔率 5%~12%，并有产 4 羔者。据调查，80% 以上的母羊能保持多胎的特性，产羔率在 200% 以上。

应当指出，作为肉羊要求，多浪羊还有许多不足之处，如四肢过高，颈长而细，肋骨开张不理想，前胸和后腿欠丰满，有的个体还出现凹背、弓腰、尾脂过多，毛色不一致，毛被中含有干死毛等。今后应加强本品种选育，必要时可导入外血，使其向现代肉羊方向发展。

（二）中国培育绵羊品种

1. 新疆细毛羊（Xinjiang Merino）

1954年育成于新疆维吾尔自治区巩乃斯种羊场，是我国育成的第一个细毛羊品种。

新疆细毛羊的育种工作始于1934年。当时从苏联引入了一批高加索、泊列考斯等绵羊品种，分别饲养在伊犁、塔城、巴里坤、乌鲁木齐和喀什等地，主要用来对当时属于牧主、商人和国民党政府土产公司的哈萨克羊和蒙古羊进行杂交改良。巩乃斯种羊场的羊群是1939年从乌鲁木齐南山种畜场迁去的，主要是1代、2代杂种母羊及少量3代母羊，还从民间收集了部分杂种羊，共有2 600多只，在此基础上，继续用高加索羊、泊列考斯细毛公羊分两个父系进行级进杂交，比重以高加索公羊为主，1942年开始试行少量的4代横交。1944年以后，由于纯种公羊大部分损失或老死，绝大部分杂种羊不得不转入无计划的横交。从1946年开始，又加入了少数哈萨克粗毛母羊，并用高代杂种公羊交配。因此，巩乃斯种羊场1949年的羊群是以4代为主（包括少部分级进到5代、6代的杂种自交群），还有少数用杂种公羊配哈萨克母羊的后代，共9 000余只，当时称为"兰哈羊"。这些羊群饲养管理相当粗放，缺乏系统的育种工作和必要的育种记载，生产性能较低，品质很不整齐。但在新中国成立前后，已有部分"兰哈羊"作为细毛种羊推广。

新疆解放后，各级畜牧业务领导部门抓手以巩乃斯种羊场为重点的细毛羊育种工作。1950—1953年，对巩乃斯种羊场进行了整顿，加强了领导和技术力量，初步建立了饲料生产基地，逐步改善了饲养管理，建立了初步的育种记载系统，加强了羊群的选种选配等育种工作，大幅度淘汰品质差的个体，从而使羊群趋于整齐，品质得到迅速提高。与此同时，还扩大了羊群的繁育区，增建了新的育种基地，相继建立了霍城、察布查尔、塔城和乌鲁木齐南山等种羊场，共同进行细毛羊新品种的培育工作，使"兰哈羊"的质量有了较大的提高，数量有了较大增加，分布地区更加广泛。1953年由农业部、西北畜牧部和新疆畜牧厅联合组成鉴定工作组，对巩乃斯种羊场的羊群进行现场鉴定。1954年经农业部批准成为新品种，命名为"新疆毛肉兼用细毛羊"，简称"新疆细毛羊"。

新疆细毛羊育成后，针对该品种羊存在的问题，为进一步提高质量，1954—1957年，巩乃斯羊场从全场7 000只基础母羊中挑出700只优秀母羊组成育种核心群，进行较为细致的育种工作。育种核心群又根据品质特点的不同分成毛长组、毛密组、体重组和毛重组四个组。然后，为每组母羊选配符合其特点的公羊，目的在于巩固各组特点，再采用不同组之间交配的办法来达到提高新疆羊羊毛品质的目的。但育种结果除毛长组和毛密组的效果突出外，其他两组特点并不显著，说明按组的同质选配没有达到预期效果。

1958—1962年，育种期间改变了按组选配的方法，明确提出了新疆细毛羊的理想型，最低生产性能指标和鉴定分级标准，并以提高羊毛长度、产毛量和改善腹毛着生和覆盖为中心任务。在这一阶段工作中，细致地进行了等级群的选配。羊群被分为Ⅰ、Ⅱ、Ⅲ和Ⅳ个级别，其中Ⅰ、Ⅱ、Ⅲ级羊各分成2个类型：生产性能较高的属于A型，生产性能较低的属于B型（Ⅳ级羊本身没有一致的品质特点，个体差异大），然后为每个类型的母羊选配能改善其缺点的公羊。在这一阶段的育种工作中，还特别重视对后备种公羊的培育以及种公羊的后裔测验工作。

在1963—1967年的育种计划期间，主要任务是巩固已有的适应能力和放牧性能，继续改进和提高羊毛长度、产毛量、活重及腹毛覆盖，同时着手建立新品系等工作。通过以上几个阶段有目的、有计划的育种提高工作,使巩乃斯种羊场的新疆细毛羊在各个方面,与品种形成时相比,得到了比较显著的提高。与此同时,其他饲养新疆细毛羊的种羊场亦都加强了育种工作,引进了巩乃斯种羊场培育的优秀种公羊,使羊群的品质有较大幅度的提高。1966—1970年,在农业部、新疆畜牧厅和伊犁哈萨克自治州的组织领导下,开展了"伊犁—博尔塔拉地区百万细毛羊样板"工作,大大推进了这一地区新疆细毛羊和绵羊改良的发展,使羊群质量发生了很大的变化。到1970年,伊博地区12个县的同质细毛羊达到了150.9万只,其中,纯种新疆细毛羊为23.5万只。

为了迅速改进和提高新疆细毛羊的被毛品质和净毛产量,巩乃斯、南山及霍城等种羊场,在加强纯种繁育工作的同时,曾分别在部分羊群中导入阿尔泰、苏联美利奴、斯塔夫洛波、哈萨克和波尔华斯等品种的血液,后因未获得预期效果而中止,但对这些羊场的部分羊群产生了一定的影响。从1972年起,巩乃斯和乌鲁木齐南山种羊场的新疆细毛羊导入澳洲美利奴羊的血液,结果得到:新疆细毛羊导入适量的澳洲美利奴羊的血液以后,在基本保持体重或稍有下降的情况下,可以显著提高羊毛长度、净毛率、净毛量和改善羊毛的光泽及油汗颜色,经毛纺工业大样试纺,认为羊毛品质已达到进口澳毛的水平。

1981年国家标准局正式颁布了《新疆细毛羊国家标准(GB2426-81)》。

新疆细毛羊体质结实,结构匀称。公羊鼻梁微有隆起,母羊鼻梁呈直线或几乎呈直线。公羊大多数有螺旋形角,母羊大部分无角或只有小角。公羊颈部有1~2个完全或不完全的横皱褶,母羊有一个横皱褶或发达的纵皱褶,体躯无皱,皮肤宽松。胸宽深,背直而宽,腹线平直,体躯深长,后躯丰满。四肢结实,肢势端正。有的个体的眼圈、耳、唇部皮肤有小的色斑。毛被闭合性良好。羊毛着生头部至两眼连线,前肢到腕关节,后肢至飞节或以下,腹毛着生良好。成年公羊平均体高75.3cm,成年母羊为65.9cm;成年公羊体长平均81.9cm,成年母羊为72.6cm;成年公羊胸围平均101.7cm,成年母羊为86.7cm。

新疆细毛羊在全年以四季轮换放牧为主,部分羊群在冬春季节少量补饲条件下,较之一些外来品种更能显示出其善牧耐粗、增膘快、生活力强和适应严峻气候的品种特色。以巩乃斯种羊场为例,该场海拔900~2 900m,每年11月降雪,3月融雪,积雪期130~150天,最低气温-34℃,积雪厚度阴山谷地70~120cm,阳山坡地为50~60cm,该羊在冬季扒雪采食,夏季高山放牧,每年四季牧场的驱赶往返路程250km左右,羊群依靠夏季放牧抓膘,从6月剪毛后到9月配种前,75天个体平均增重10kg以上。现新疆细毛羊的主要生产性能如下:周岁公羊剪毛后体重42.5kg,最高100.0kg;周岁母羊35.9kg,最高69.0kg;成年公羊88.0kg,最高143.0kg;成年母羊48.6kg,最高94.0kg。周岁公羊剪毛量4.9kg,最高17.0kg,周岁母羊4.5kg,最高12.9kg;成年公羊11.57kg,最高21.2kg;成年母羊5.24kg,最高12.9kg。净毛率48.06%~51.53%。12个月羊毛长度周岁公羊7.8cm,周岁母羊7.7cm;成年公羊9.4cm,成羊母羊7.2cm。羊毛主体细度64支,据毛纺厂对几个羊场的新疆细毛羊羊毛分选结果,64~66支的羊毛占80%以上,66支毛的平均直径21.0μm,断裂强度6.8g,伸度41.6%。64支毛的平均直径22.2μm,断裂强度8.1g,伸度41.6%。羊毛油汗主要为乳白色及淡黄色,含脂率12.57%~14.96%。经产母羊产羔率130%左右。2.5岁以上的羯羊经夏季牧场放牧后的屠宰率为49.47%~51.39%。

新疆细毛羊自育成以来,向全国20多个省(区)大量推广。经长期饲养和繁殖实践证明，在全国大多数饲养绵羊的省（区），都表现出较好的适应性，获得了良好的效果。

新疆细毛羊是我国育成历史最久，数量最多的细毛羊品种，具有较高的毛肉生产性能及经济效益。它的适应性强，抗逆性好，具有许多外来品种所不及的优点。但新疆细毛羊若与居于世界首位的澳洲美利奴羊相比，还有相当差距。主要表现在个体平均净毛产量低，毛长不足，羊毛的光泽、弹性、白度不理想；在体型结构方面，后躯不够丰满，背线不够宽平，胸围偏小等。因此，新疆细毛羊今后的发展方向应当是：在保持生活力强，适应性广的前提下，坚持毛肉兼用方向，既要提高净毛产量、羊毛长度和改善羊毛品质，又要重视改善体型结构，提高体重和产肉性能。

2. 中国美利奴羊（Chinese Merino）

中国美利奴羊是1972—1985年在新疆的巩乃斯种羊场、紫泥泉种羊场、内蒙古嘎达苏种畜场和吉林查干花种畜场联合育成，1985年经鉴定验收正式命名。它是我国细毛羊中的一个高水平新品种。它的育成，标志着我国细毛羊养羊业进入了一个新的阶段。

（1）育种工作简况。新中国成立以来，我国的细毛养羊业有了较大发展，但细毛及改良毛的产量和质量远远不能满足毛纺工业对细毛原料的需要。毛纺工业上使用外毛的比例已超过国毛。由于我国原有培育的细毛羊品种及其改良羊的羊毛品质较差，普遍存在羊毛偏短，净毛量和净毛率低的缺点，羊毛强度、弯曲、油汗、色泽和羊毛光泽都不及澳毛。因此，培育我国具有产毛量高、羊毛品质好、遗传性稳定的细毛羊新品种，提高现有细毛羊及改良羊羊毛品质，是自力更生地解决毛纺工业优质细毛原料的关键，也是我国细毛养羊业上的一个迫切任务。

1972年，国家克服了种种困难，从澳大利亚引进29只澳洲美利奴品种公羊，分配给新疆、吉林、内蒙古和黑龙江等地饲养。1975年，农业部多次召开会议，研究并组织良种细毛羊的培育工作。1976年将良种细毛羊培育工作列为国家重点科学技术研究项目。1977年农业部成立良种细毛羊培育领导小组和技术小组，并确定在新疆巩乃斯种羊场、柴泥泉种羊场、内蒙古嘎达苏种羊场、吉林查干花种羊场进行有计划、有组织的联合育种工作，并组织有关科研单位和高等院校协作。1982年，国家科委攻关局为了加快良种细毛羊的培育工作，在北京两次召开该课题的论证会。1983年将"良种细毛羊的选育"列为国家"六·五"期间科技攻关项目，由国家经委与承担单位内蒙古畜牧科学院、新疆紫泥泉绵羊研究所、吉林农科院畜牧所、北京农业大学畜牧系签订专项合同（以后又增加新疆巩乃斯协作组），明确规定了四个育种场完成的良种细毛羊数量和质量攻关指标。1986年5—6月，3省（区）科委和畜牧主管部门及邀请的专家教授组成鉴定委员会，分别对本省（区）的良种细毛羊按攻关指标进行鉴定验收。结果表明，四个育种场提前一年超额完成各项攻关指标。1985年8月在新疆紫泥泉绵羊研究所召开课题总结会上，提请国家正式验收时，将新品种命名为"中国美利奴羊"。1985年12月由国家经委和农牧渔业部在石家庄召开鉴定验收会议，鉴于良种细毛羊的生产性能和羊毛品质已达到国际上同类细毛羊的先进水平，由国家经委负责同志在会上正式宣布命名为"中国美利奴羊"。中国美利奴羊再按育种场所在地区区分为中国美利奴新疆型、军垦型、内蒙古科尔沁型和吉林型。各型内各场还可以培育不同品系。中国美利奴羊的育成历时13年。

（2）育种方法。在农业部畜牧局的直接领导下，制定了良种细毛羊的育种目标，确定了理想型的外貌特征和育成羊与成年羊剪毛后体重、净毛量、净毛率和毛长四项指标。总体上，类型应一致，被毛密度大，毛丛长度在 9.0cm 以上，羊毛细度 60~64 支，腹毛着生良好，油汗白色或乳白色，大弯曲，羊毛光泽好，并要求适应性强，遗传性能稳定。

1972 年引进的澳洲美利奴公羊属中毛型，体型结构良好，四个育种场主要用的 9 只公羊，剪毛后体重在 90kg 以上，净毛产量在 8kg 以上，净毛率在 50% 以上，毛长在 11cm以上，羊毛细度 60~64 支，符合育种目标的要求。

4 个育种场的基础母羊分别有波尔华斯羊和澳美与波尔华斯的杂交羊、新疆细毛羊、军垦细毛羊。一般剪毛后平均体重 40kg 左右，净毛产量 2.5~2.7kg，净毛率 50% 左右，毛长 7.5~10cm，羊毛细度以 64 支为主体。

根据不同杂交代数和育种工作的分析，以 2 代、3 代中出现的理想型羊只较多，既具有澳洲美利奴羊羊毛品质好的特点，又具有原有细毛羊品种适应性强的优点。经过严格选择，各场都选择出一些优良的种公羊，并与理想型母羊进行横交固定，经进一步选择和淘汰不符合要求的个体后，所留羊只不仅类型一致，而且主要经济性状都能达到要求。采用复杂育成杂交方法，后代的遗传性稳定，各项主要经济性能指标均超过原有母本，也出现一批优良种公羊，其个体品质超过引进的种公羊，因此，有的种羊场的这些公羊已成为育成新品种的核心和建立新品系的基础。

（3）中国美利奴羊的生产性能。根据 1985 年 6 月鉴定时统计，4 个育种场羊只总数达 4.6 万余只，其中，基础母羊 18 万只左右。4 个育种场达到攻关指标的特级母羊，剪毛后平均体重 45.84kg，毛量 7.21kg，体侧净毛率 60.87%，平均毛长 10.5cm。一级母羊平均剪毛后体重 40.9kg，剪毛量 6.4kg，体侧净毛率 60.84%，平均毛长 10.2cm，这一生产水平已达到国际同类羊的先进水平。

羊毛经过试纺，64 支的羊毛平均细度 22μm，单纤维强度在 8.4g 以上，伸度 46% 以上，卷曲弹性率 92% 以上，净毛率 55% 左右，比 56 型澳毛低 10% 左右。毛纤维长度在8.5cm 以上，比 56 型澳毛低 0.5cm 左右。油汗呈白色，油汗高度占毛丛长度 2/3 以上。单位长度弯曲数与进口 56 型澳毛相似，经过试纺证明，产品的各项理化性能指标与进口56 型澳毛接近，可做高档精纺产品衣料。

根据嘎达苏种羊场屠宰试验的结果（1979—1980 年），淘汰公羔去势后单独组群饲养，常年放牧，不补精料，仅在 12 月至翌年 3 月末补喂野干草 90kg，2.5 岁羊屠宰前平均体重 42.8kg，胴体重 18.5kg，净肉重 15.2kg，屠宰率 43.4%，净肉率 35.5%，骨肉比为 1:4.5；3.5 岁的分别为 50.6kg，22.2kg，19.0kg，43.9%，37.5% 和 1:5.82。

各场经产母羊产羔率 120% 以上。

根据各场羊只主要经济性状的分析，遗传力都在中等以上，主要经济性状的遗传变异基本处于稳定状态，个体表型选择获得良好效果，适合在干旱草原地区饲养。

近年来，根据各地引用中国美利奴羊与细毛羊进行大量杂交试验证明，平均可提高毛长 1.0cm，净毛量 300~500g，净毛率 5%~7%，大弯曲和白油汗比例在 80% 以上，羊毛品质显著改善，由于净毛产量的增加和羊毛等级的提高，经济效益也显著提高。

（4）建立繁育体系，加速转化为生产力。中国美利奴羊的培育成功，标志着我国细毛养羊业进入一个新的阶段。不仅可以节省购买国外种羊的大量外汇，也可以减少优质细毛的进口量。为加速这一成果转化成生产力，1992 年 10 月，正式成立了中国美利奴羊品种协会。在品种协会领导下，进行有组织、有计划、有步骤地开展选育提高工作和推广工作。首先是在已有的 4 个中心育种场的基础上，分别在 4 片地区组织二级场和三级场，并组织科研单位和院校、地方业务部门和畜牧兽医站等，充分发挥各方面的力量，把繁育体系建立了起来。

在繁育体系内，首要的是培育生产性能高的优良种公羊，组织好人工授精工作，扩大优良种公羊的利用，每年按中国美利奴羊的标准鉴定整群，根据各场具体情况建立核心群和育种群，为了缩短世代间隔，加速遗传进展，要精心培育羔羊以补充母羊群，要组织好冬春季节绵羊的饲养。为了节省冬春草场，合理利用天然草场和建立人工草场，繁育体系内中国美利奴羊数量越多，特、一级比例越大，育种工作水平就越高。中国美利奴羊的大量推广已产生了巨大的经济效益和社会效益，对我国养羊业的发展产生了深远影响。

3. 甘肃高山细毛羊（Gansu Alpine Merino）

甘肃高山细毛羊育成于甘肃皇城绵羊育种试验场皇城区和天祝藏族自治县境内的场、社。1981 年甘肃省人民政府正式批准为新品种，命名为"甘肃高山细毛羊"，属毛肉兼用细毛羊品种。

育种区内属高寒牧区，海拔 2 400～4 070m，年平均气温 1.9℃，最低为-30℃，最高为 31℃，年降水量为 257～461.1mm，无霜期 60～120 天。农作物主要为青稞、大麦、燕麦。天然草场分高山草甸草场、干旱草场和森林灌丛草场三大类型。羊只终年放牧，冬春补饲少量精料和饲草。

甘肃高山细毛羊的育成主要经历了 3 个阶段。即自 1950 年开始的杂交改良阶段，此阶段共进行了 6 个杂交组合的实验，以"新×蒙"和"新×高蒙"的杂交组合后代较理想，藏系羊的杂交后代不佳；自 1957 年起开始的横交固定阶段，此阶段以杂种 3 代羊为主，选择具有良好生产性能和坚强适应性能的 2 代、3 代中的理想型羊全面开展了横交固定工作；自 1974 年开始的选育提高阶段，此阶段成立了甘肃细毛羊领导小组，统一了育种计划和指标，制定了鉴定标准，实行了场、社联合育种，此期间还着重抓了改善羊群饲养管理条件，严格鉴定，建立和扩大育种核心群，加强种公羊的选择和培育，提高优良种公羊的利用率，建立品系，少量导入外血等措施，收到了统一羊群类型、提高生产性能、扩大理想型羊数量和稳定遗传性的良好效果。

甘肃高山细毛羊体格中等，体质结实，结构匀称，体躯长，胸宽深，后躯丰满。公羊有螺旋形大角，母羊无角或有小角。公羊颈部有 1～2 个横皱，母羊颈部有发达的纵垂皮，被毛闭合良好，密度中等。细毛着生于头部至两眼连线，前肢至腕关节，后肢至飞节。

成年公、母羊剪毛后体重为 80.0kg 和 42.91kg，剪毛量为 8.5kg 和 4.4kg，平均毛丛长度 8.24cm 和 7.4cm。主体细度 64 支，其断裂强度为 6.0～6.83g，伸度为 36.2%～45.7%。净毛率为 43%～45%。油汗多白色和乳白色，黄色较少。经产母羊的产羔率为 110%。

本品种羊产肉和沉积脂肪能力良好，肉质鲜嫩，膻味较轻。在终年放牧条件下，成年羯羊宰前活重 57.6kg，胴体重 25.9kg，屠宰率为 44.4%～50.2%。

甘肃高山细毛羊对海拔 2 600m 以上的高寒山区适应性良好。

4. 青海细毛羊（Qinghai Merino）

青海细毛羊是自 20 世纪 50 年代开始，由位于青海省刚察县境内的青海省三角城种羊场，用新疆细毛羊、高加索细毛羊、萨尔细毛羊为父系，西藏羊为母系，进行复杂育成杂交于 1976 年育成的，全名为"青海毛肉兼用细毛羊"，简称"青海细毛羊"。

成年公羊剪毛后体重 72.2kg，成年母羊 43.02kg；成年公羊剪毛量 8.6kg，成年母羊 4.96kg，净毛率 47.3%。成年公羊羊毛长度 9.62cm，成年母羊 8.67cm，羊毛细度 60~64 支。产羔率 102%~107%，屠宰率 44.41%。

青海毛肉兼用细毛羊体质结实，对高寒牧区自然条件有很好的适应能力，善于登山远牧，耐粗放管理，在终年放牧冬春少量补饲情况下，具有良好的忍耐力和抗病力，对海拔 3 000m 左右的高寒地区有良好的适应性。

5. 青海高原半细毛羊（Qinghai Plateau Semifine-wool sheep）

青海高原半细毛羊于 1987 年育成，经青海省政府批准命名，是"青海高原毛肉兼用半细毛羊品种"的简称。育种基地主要分布于青海的海南藏族自治州、海北藏族自治州和海西蒙古族、藏族、哈萨克族自治州的英德尔种羊场、河卡种羊场、海晏县、乌兰县巴音乡、都兰县巴隆乡和格尔木市乌图美仁乡等地。

产区地势高寒，冬春营地在海拔 2 700~3 200m，夏季牧地在 4 000m 以上。因地区不同，年平均气温为 0.3~3.6℃，最低月均温（1 月）为 −20.4~−13℃，最高月均温（7 月）为 11.2~23.7℃。年相对湿度为 37%~65%，年平均降水量为 41.5~434mm。枯草期 7 个月左右。羊群终年放牧。

该品种羊育种工作于 1963 年开始。先用新疆细毛羊和茨盖羊与当地的藏羊和蒙古羊杂交，后又引入罗姆尼羊增加羊毛的纤维直径，然后在海北、海南地区用含有 1/2 罗姆尼羊血液，海西地区含 1/4 罗姆尼羊血液的基础上横交固定而成。因含罗姆尼羊血液不同，青海高原半细毛羊分为罗茨新藏和茨新藏 2 个类型。罗茨新藏型头稍宽短，体躯粗深，四肢稍矮，蹄壳多为黑色或黑白相间，公、母羊均无角。茨新藏型体型外貌近似茨盖羊，体躯较长，四肢较高，蹄壳多为乳白色或黑白相间，公羊多有螺旋形角，母羊无角或有小角。成年公羊剪毛后体重 70.1kg，成年母羊为 35.0kg。剪毛量成年公羊 5.98kg，成年母羊 3.10kg。净毛率 60.8%。成年公羊羊毛长度 11.7cm，成年母羊 10.01cm。羊毛细度 50~56 支，以 56~58 支为主。羊毛弯曲呈明显或不明显的波状弯曲。油汗多为白色或乳黄色。公母羊一般都在 1.5 岁时第一次配种，多产单羔，繁殖成活率 65%~75%。成年羯羊屠宰率 48.69%。

青海高原半细毛羊对海拔 3 000m 左右的青藏高原严酷的生态环境，适应性强，抗逆性好。

6. 中国卡拉库尔羊（Chinese Karakul）

中国卡拉库尔羊是以卡拉库尔羊为父系，库车羊、哈萨克羊及蒙古羊为母系，采用级进杂交方法于 1982 年育成的羔皮羊品种。主要分布在新疆的库车、沙雅、新和、尉犁、轮台、阿瓦提等县和北疆准噶尔盆地莫索湾地区的新疆生产建设兵团农场，在内蒙古主要分布于伊克昭盟鄂托克旗、准格尔旗、阿拉善盟的阿拉善左、右旗和巴彦淖尔盟的乌拉特后旗等地。

主产区主要为荒漠、半荒漠地区。新疆主产区位于塔里木河流域的塔克拉玛干沙漠北缘，年平均气温 10℃ 左右，绝对最低气温为 −28.7℃，绝对最高气温 41.5℃，年降水量 40~60mm，无霜期为 191~249 天。内蒙古主产区年平均气温 6.3℃，绝对最低气温 −32.4℃，绝对最高气温 35℃，年平均降水量 276.7mm，无霜期 120~150 天。

中国卡拉库尔羊头稍长，耳大下垂，公羊多有螺旋形向外伸展的角，母羊多无角。胸深体宽，四肢结实，长肥尾羊。毛色主要为黑色、灰色、金色，银色较少。

成年公羊体重 77.3kg，成年母羊 46.3kg。异质被毛，成年公羊剪毛量 3.0kg，成年母羊 2.0kg，净毛率 65.0%。产羔率 105%～115%，屠宰率 51.0%。种羊羔皮光泽正常或强丝性正常，毛卷多以平轴卷、鬡形卷为主，毛色 99% 为黑色，极少数为灰色和苏尔色。被毛纤维类型重量百分比：绒毛占 20.79%，粗毛占 63.43%，两型毛占 15.78%。

(三) 常见引进国外绵羊品种

1. 澳洲美利奴羊（Australian Merino）

从 1797 年开始，由英国及南非引进的西班牙美利奴、德国萨克逊美利奴、法国和美国的兰布列品种杂交育成，是世界上最著名的细毛羊品种。

澳洲美利奴羊体形近似长方形，腿短，体宽，背部平直，后躯肌肉丰满；公羊颈部有 1～3 个发育完全或不完全的横皱褶，母羊有发达的纵皱褶。该品种羊的毛被，毛丛结构良好，毛密度大，细度均匀，油汗白色，弯曲均匀整齐而明显，光泽良好。羊毛覆盖头部至两眼连线，前肢至腕关节或腕关节以下，后肢至飞节或飞节以下。在澳大利亚，美利奴羊被分为 3 种类型，它们是超细型和细毛型（Super Fine & Fine Merino），中毛型（Medium Wool Merino）及强毛型（Strong Wool Merino），见下表所示。其中，又分为有角系与无角系 2 种。无角是由隐性基因控制的，通过选择无角公羊与母羊交配而培育出美利奴羊无角系。

不同类型的澳洲美利奴羊的生产性能表

类型	体重（kg）		产毛量（kg）		细度（支）	净毛率（%）	毛长（cm）
	公	母	公	母			
超细型	50～60	34～40	7～8	4～4.5	70	65～70	7.0～8.7
细毛型	60～70	34～42	7.5～8	4.5～5	64～66	63～68	8.5
中毛型	65～90	40～44	8～12	5～6	60～64	62～65	9.0
强毛型	70～100	42～48	8～14	5～6.3	58～60	60～65	10.0

超细型和细毛型美利奴羊主要分布于澳大利亚新南威尔士州北部和南部地区，维多利亚州的西部地区和塔斯马尼亚的内陆地区，饲养条件相对较好。其中，超细型美利奴羊体型较小，羊毛颜色好，手感柔软，密度大，纤维直径 18μm，毛丛长度 7.0～8.7cm。细毛型美利奴羊中等体型，结构紧凑，纤维直径 19μm，毛丛长度 7.5cm。此类型羊毛主要用于制造流行服装。

中毛型美利奴是美利奴羊的主要代表，分布于澳大利亚新南威尔士州、昆士兰州、西澳的广大牧区。体形较大，相对无皱，产毛量高，毛手感柔软，颜色洁白，纤维直径为 20～23μm，毛丛长度接近 9.0cm。此类型羊毛占澳大利亚产毛量的 70%，主要用于制造西装等织品。

强毛型美利奴羊主要分布于新南威尔士州西部、昆士兰州、南澳和西澳，尤其适应于澳大利亚的炎热、干燥的干旱、半干旱地区。该羊体形大，光脸无皱褶，易管理，纤维直径 23～25μm，毛丛长度约 10.0cm。此类型羊所产羊毛主要用于制作较重的布料以及运动衫。

我国于 1972 年以后开始引入澳洲美利奴羊，对提高和改进我国的细毛羊品质有显著效果。

2. 德国美利奴羊（German Merino）

原产于德国，是用泊列考斯和莱斯特品种公羊与德国原有的美利奴羊杂交培育而成。这一品种在苏联有广泛的分布，苏联养羊工作者认为，从德国引入苏联的德国美利奴羊与泊列考斯等品种有共同的起源，故他们把这些品种统称为"泊列考斯"。

德国美利奴羊属肉毛兼用细毛羊，其特点是体格大，成熟早，胸宽深，背腰平直，肌肉丰满，后躯发育良好，公、母羊均无角。成年公羊体重 90~100kg，成年母羊 60~65kg，成年公羊剪毛量 10~11kg，成年母羊剪毛量 4.5~5.0kg，毛长 7.5~9.0cm，细度 60~64 支，净毛率 45%~52%，产羔率 140%~175%。早熟，6 月龄羔羊体重可达 40~45kg，比较好的个体可达 50~55kg。

我国 1958 年曾有引入，分别饲养在甘肃、安徽、江苏、内蒙古、山东等省（区），曾参与了内蒙古细毛羊新品种的育成。但据各地反映，各场纯种繁殖后代中，公羊的隐睾率比较高。如江苏铜山种羊场的德美纯繁后代，1973—1983 年统计，公羊的隐睾率平均为 12.72%，这在今后使用该品种时应引起注意。

3. 边区莱斯特羊（Border Leicester）

边区莱斯特羊是 19 世纪中叶，在英国北部苏格兰，用莱斯特羊与山地雪维特品种母羊杂交培育而成，1860 年为与莱斯特羊相区别，称为"边区莱斯特羊"。

边区莱斯特羊体质结实，体型结构良好，体躯长，背宽平。公、母羊均无角，鼻梁隆起，两耳竖立，头部及四肢无羊毛覆盖。成年公羊体重 70~85kg，成年母羊为 55~65kg。成年公羊剪毛量 5~9kg，成年母羊 3~5kg，净毛率 65%~68%，毛长 20~25cm，细度 44~48 支。该羊早熟性能好，4~5 月龄羔羊的胴体重 20~22kg。母性强，产羔率高 150%~180%。

从 1966 年起，我国从英国和澳大利亚引入，在四川、云南等省繁育效果比较好，而饲养在青海、内蒙古的则比较差。该品种是培育凉山半细毛羊新品种的主要父系之一，也是各省（区）进行羊肉生产杂交组合中重要的参与品种。

4. 萨福克羊（Suffolk）

原产于英国，用南丘羊与黑头有角的诺福克绵羊（Norfolk）杂交，于 1859 年培育而成。体格较大，骨骼坚强，头长无角，耳长，胸宽，背腰和臀部长宽而平，肌肉丰满，后躯发育良好。脸和四肢为黑色，头肢无羊毛覆盖。成年公羊 113~159kg，成年母羊为 81~113kg，成年公羊剪毛量 5~6kg，成年母羊 2.5~3.6kg，被毛白色，毛长 8.0~9.0cm，细度 50~58 支。产羔率 130%~140%。4 月龄肥育羔羊胴体重公羔 24.2kg，母羔为 19.7kg。

我国新疆、宁夏已引进，适应性和杂交改良地方绵羊效果很好。

5. 无角陶赛特羊（Poll Dorset）

无角陶塞特是在澳大利亚和新西兰用有角陶塞特与考力代羊（Corriedale）或雷兰羊（Ryeland）杂交，然后回交保持有角陶塞特羊的特点，属肉用型羊。具有生长发育快、易肥育、肌肉发育良好、瘦肉率高的特点。在新西兰，用其作为生产反季节羊肉的专门化品种。

无角陶塞特光脸，羊毛覆盖至两眼连线，耳中等大，体躯长、宽而深，肋骨开张良好，肌肉丰满，后躯发育良好，全身白色，成年公羊体重 90~110kg，成年母羊 65~75kg，成年母羊净毛量为 2.3~2.7kg，毛长 8~10cm，细度 56~58 支，母羊四季发情，产羔率 110%~130%，4~6 月龄肥羔体重可达 38~42kg，胴体重公羔为 19~21kg。

我国新疆、甘肃、北京已引进，纯种羊适应性和用其改良地方绵羊效果良好。

6. 特克塞尔羊（Texel）

德克塞尔羊（Texel）源于荷兰北海岸的德克塞尔岛的老德克塞尔羊，19 世纪中期引入林肯和莱斯特与之杂交育成。具有肌肉发育良好，瘦肉多等特点。现在美国、澳大利亚、新西兰等有大量饲养，被用于肥羔生产。

德克塞尔羊公母无角，耳短，头及四肢无羊毛覆盖，仅有白色的发毛，头部宽短，鼻部黑色。背腰平直，肋骨开张良好。羊毛 46~56 支，剪毛量 3.5~4.5kg，毛长 10cm 左右。羔羊生长发育快，4~5 月龄可达 40~50kg。屠宰率 55%~60%，产羔率 150%~160%。该羊一般用于做肥羔生产的父系品种，并有取代萨福克羊地位的趋势。

我国黑龙江、宁夏等省区已引进，效果良好。

7. 波德代羊（Borderdale）

波德代羊是 20 世纪 30 年代开始在新西兰用边区莱斯特羊和考力代羊杂交，然后横交固定而育成的肉毛兼用型长毛种羊。1972 年成立品种协会。

波德代羊公母无角，耳朵直而平伸，脸部毛覆盖至两眼连线，四肢下部无被毛覆盖。背腰平直，肋骨开张良好。成年公羊 73~95kg，成年母羊体重 55~70kg，纤维直径 30~40μm，毛丛长度 10.0~15.0cm。剪毛量 4.5~6kg，净毛率 72%。产羔率 120%~160%。母羊泌乳量高，羔羊生长发育快，8 月龄体重可达 45 kg。适应性强，耐干旱，耐粗饲，羔羊成活率高。

2000 年甘肃省永昌肉用种羊场已引进，纯种繁育和杂交改良地方绵羊效果良好。

8. 杜泊羊（Dorper）

杜泊品种绵羊，原产于南非共和国。是该国在 1942—1950 年用从英国引入的有角陶赛特品种公羊与当地的波斯黑头品种母羊杂交，经选择和培育育成的肉用绵羊品种。南非于 1950 年成立杜泊肉用绵羊品种协会，促使该品种得到迅速发展。目前，杜泊绵羊品种已分布到南非各地，主要分布在干旱地区，但在热带地区，如 Kwa-Zulu-Nacal 省也有分布，总数约 700 万只。杜泊绵羊分长毛型和短毛型。长毛型羊生产地毯毛，较适应寒冷的气候条件；短毛型羊毛短，没有纺织价值，但能较好地抗炎热和雨淋。大多数南非人喜欢饲养短毛型杜泊羊，因此，现在该品种的选育方向主要是短毛型。

杜泊绵羊头颈为黑色，体躯和四肢为白色，也有全身为白色群体，但有的羊腿部有时也出现色斑。一般无角，头顶平直，长度适中，额宽，鼻梁隆起，耳大稍垂，既不短也不过宽。颈短粗，肩宽厚，背平直，肋骨拱圆，前胸丰满，后躯肌肉发达。四肢强健，肢势端正。长瘦尾。

杜泊绵羊早熟，生长发育快，100 日龄重：公羔 34.72kg。母羊 31.29kg。成年公羊体重 100~110kg，成年母羊体重 75~90kg；体高：1 岁公羊 72.7cm；3 岁公羊 75.3cm。

杜泊绵羊的繁殖表现主要取决于营养和管理水平，因此，在年度间、种群间和地区之间差异较大。正常情况下，产羔率为 140%，其中，产单羔母羊占 61%，产双羔母羊占

30%，产三羔母羊占 4%。但在良好的饲养管理条件下，可进行 2 年产 3 胎，产羔率 180%。同时，母羊泌乳力强，护羔性好。

杜泊绵羊体质结实，对炎热、干旱、潮湿、寒冷多种气候条件有良好的适应性。同时抗病力较强，但在潮湿条件下，易感染肝片吸虫病，羔羊易感球虫病。

9. 白萨福克（White Suffolk）

萨福克肉羊原产于英国，是世界公认的用于终端杂交的优良父本品种。澳洲白萨福克是在原有基础上导入白头和多产基因新培育而成的优秀肉用品种。体格大，颈长而粗，胸宽而深，背腰平直，后躯发育丰满，呈桶型，公母羊均无角。四肢粗壮。早熟，生长快，肉质好，繁殖率很高，适应性很强。

成年公羊体重为 110～150kg，成年母羊 70～100kg，4 月龄 56～58kg，繁殖率 175%～210%。

10. 澳洲白绵羊

"澳洲白"是澳大利亚第一个利用现代基因测定手段培育的品种。该品种集成了白杜泊绵羊、万瑞绵羊、无角道赛特绵羊和特克赛尔绵羊等品种基因，通过对多个品种羊特定肌肉生长基因标记和抗寄生虫基因标记的选择（MyoMAX，LoinMAX，WormSTAR），培育而成的专门用于与杜泊绵羊配套的、粗毛型的中、大型肉羊品种，2009 年 10 月在澳大利亚注册。

澳洲白绵羊的特点是体形大、生长快、成熟早、全年发情，有很好的自动换毛能力。在放牧条件下 5～6 月龄可达到 23kg 胴体，舍饲条件下，该品种 6 月龄胴体重可达 26kg，且脂肪覆盖均匀，板皮质量具佳。此品种使养殖者能够在各种养殖条件下用作三元配套的终端父本，可以产出在生长速率、个体重量、出肉率和出栏周期短等方面理想的商品羔羊。

澳洲白绵羊的外貌特征为头略短小，软质型（soft head，颌下、脑后、颈脂肪多），鼻宽，鼻孔大；皮肤及其附属物色素沉积（嘴唇、鼻镜、眼角无毛处、外阴、肛门，蹄甲）；体高，躯深呈长筒形、腰背平直；皮厚、被毛为粗毛粗发。

头：侧面观，头部呈三角形状，鼻尖钝。下颌宽大，结实，肌肉发达，牙齿整齐。头部宽度适中。鼻梁宽大，略微隆起。额平。公母均无角。耳朵中等大小，半下垂。公羊，头部刚健，雄性特征明显。母羊，头部略窄，清秀。

颈：长短适中，公羊，颈部强壮，宽厚。母羊，颈部结实，但更加精致。

肩：宽度适中，肩胛与背平齐。肩胛骨宽平，附着肌肉发达。肩部紧致，运动时，无耸肩。

胸部：胸深，深度达到肘关节，呈桶状，胸宽适中，利于运动。

前腿：粗大有力，垂直，腕关节以上部分长，腕骨略短，关节大而结合紧凑，趾骨短且直立。

臀部：臀部宽而长，后躯深，肌肉发达饱满，臀部后视，呈方形。

后腿：后腿分开宽度适中。粗壮，垂直于骨盆，没有可辨别的向外或向内弯曲，无镰刀形，后腿上部肌肉发达，向外鼓起，腿关节大，飞节上部长，下部短，趾骨短，结构紧致。

被毛和颜色：澳洲白被毛白色，在耳朵和鼻偶见小黑点，季节性换毛，头部和腿被毛短。嘴唇，鼻、眼角无毛处、外阴、肛门，蹄甲有色素沉积，呈暗黑灰色。

二、绵羊的生活习性和群体行为

（一）绵羊的生活习性

了解绵羊的生活习性，有助于人们更好地饲养管理和利用它，只有通过实践，多和它接触，才能更好地熟悉绵羊的生活习性。现将绵羊的主要生活习性说明如下。

1. 合群性强

绵羊有较强的合群性，受到侵扰时，互相依靠和拥挤在一起。驱赶时，有跟"头羊"的行为和发出保持联系的叫声。但由于群居行为强，羊群间距离近时，容易混群。所以，在管理上应避免混群。

2. 觅食能力强，饲料利用范围广

绵羊嘴较窄、嘴唇薄而灵活、牙齿锋利，能啃食接触地面的短草，利用许多其他家畜不能利用的饲草饲料。而且羊四肢强健有力，蹄质坚硬，能边走边采食。利用饲草饲料资源广泛，如多种牧草、灌木、农副产品以及禾谷类籽实等均能利用。在冬天，当草地积雪时，绵羊可扒开雪面采食牧草。试验证明，绵羊可采食占给饲植物种类80%的植物，对粗纤维的利用率可达50%～80%。

3. 爱清洁

绵羊具有爱清洁的习性。羊喜吃干净的饲料，饮清凉卫生的水。草料、饮水一经污染或有异味，就不愿采食、饮用。因此，在舍内补饲时，应少喂勤添，以免造成草料浪费。平时要加强饲养管理，注意绵羊的饲草饲料清洁卫生，饲槽要勤扫，饮水要勤换。

4. 喜干燥，怕湿热

绵羊适宜在干燥、凉爽的环境中生活。羊舍潮湿、闷热，牧地低洼潮湿，容易使羊感染寄生虫病和传染病，导致羊毛品质下降，腐蹄病增多，影响羊的生长发育。汗腺不发达，散热机能差，在炎热天气应避免湿热对羊体的影响。

5. 性情温驯，胆小易惊

绵羊性情温驯，在各种家畜中是最胆小的畜种，自卫能力差。突然的惊吓，容易"炸群"。羊一受惊就不易上膘，管理人员平常对羊要和蔼，不应高声吆喝、扑打，以免引起惊吓。

6. 嗅觉和听觉灵敏

绵羊嗅觉灵敏，母羊主要凭嗅觉鉴别自己的羔羊，视觉和听觉起辅助作用。分娩后，母羊会舔干羔羊体表的羊水，并熟悉羔羊的气味。羔羊吮乳时母羊总要先嗅一嗅羔羊后躯部，以气味识别是不是自己的羔羊。利用这一特点，寄养羔羊时，只要在被寄养的孤羔和多胎羔羊身上涂抹保姆羊的羊水，寄养多会成功。个体羊有其自身的气味，一群羊有群体气味，一旦两群羊混群，羊可由气味辨别出是否是同群的羊。在放牧中一旦离群或与羔羊失散，靠长叫声互相呼应。

7. 扎窝特性

由于羊毛被较厚、体表散热较慢，故怕热不怕冷。夏季炎热时，常有"扎窝子"现象。即羊将头部扎在另一只羊的腹下取凉，互相扎在一起，越扎越热，越热越扎挤在一起，很容易伤羊。所以，夏季应设置防暑措施，防止扎窝子，要使羊休息乘凉，羊场要有遮阴设备，可栽树或搭遮阴棚，或驱赶至高山。

8. 抗病力强

绵羊的抗病力较强。体况良好的羊只对疾病有较强的耐受能力，病情较轻，一般不表现症状，有的甚至临死前还能勉强跟群吃草。因此，在放牧管理中必须细心观察，才能及时发现病羊。如果等到羊只已停止采食或反刍时再进行治疗，疗效往往不佳，会给生产带来很大损失。

9. 绵羊的调情特点

公羊对发情母羊分泌的外激素很敏感。公羊追嗅母羊外阴部的尿水，并发生反唇卷鼻行为，有时用前肢拍击母羊并发出求爱的叫声，同时，做出爬胯动作。母羊在发情旺盛时，有的主动接近公羊，或公羊追逐时站立不动，母羊胆子小，公羊追逐时惊慌失措，在公羊竭力追逐下才接受交配。

（二）绵羊的群体行为

绵羊是合群性的动物，主要活动在白天进行。合群活动时，个体间相互以视线保持全群联系。低头采食，不时伴以抬头环视同伴，是一明显特征。鸣叫是合群性的另一表征。离群羊用鸣叫呼唤同伴，同伴则应答以同样鸣叫，召唤离群羊回群。离群羊在听不到同伴应答声时，鸣叫加剧，骚动不安，摄食行为中断。

羊群多半按直线前进，宽道上的行进比窄道上的行进顺利。行进道路中遇有阻碍，即使是一不大的陌生物体，羊群往往在阻碍物前 3~5m 处止步，先止步的前头羊转身回走。另外，羊群行进途中，后面的羊要能看到前边的羊。走在拐弯处，前边的羊转过不见，对后面羊的跟上有影响。行进中不宜让前边的羊看到后面的羊，不然，前边的羊会停步不前，甚至转过来往回走。

绵羊胆怯，可以从暗处到明处，而不愿从明处走向暗处。遇有物体的遮光、反光或闪光，例如，药浴池和水坑的水面，门窗栅条的折射光线，板缝和洞眼的透光等，常表现畏惧不前。这时，指挥带头羊先入或关进几头羊，哪怕是人抓、绳拴，也能带动全群移动。

绵羊喜登高。在山地，羊群行进走上坡路比下坡路好，上坡时能采食头前够得到的草叶，但不吃下坡草。在山道狭窄时，能自动列队，首尾相衔，随带头羊前走。

绵羊怕孤单，特别是刚离群时，单个被赶路、单圈时都难指挥，不易接近，表现激动不安，但当同圈同路有一两个同伴，能减轻其不安程度。

三、羊饲养的一般原则

（一）多种饲料合理化搭配

应以饲养标准中各种营养物质的建议量作为配合日粮的依据，并按实际情况进行调整。尽可能采用多种饲料，包括青饲料（青草、青贮料）、粗饲料（干草、农作物秸秆）、精饲料（能量饲料、蛋白质饲料）、添加剂饲料（矿物质、微量元素非蛋白氮）等，发挥营养物质的互补作用。

（二）切实注意饲料品质，合理调制饲料

要考虑饲料的适口性和饲用价值，有些饲料（如棉、菜籽饼等）营养价值虽高，但适口性差或含有害物质，应限制其在日粮中的用量，并注意脱毒处理。青、粗及多汁饲料在羊的日粮中占有较大比例，其品质优劣对羊的生长发育影响较大，在日常饲养中必须引起足够重视，特别是秸秆类粗饲料，既要注意防霉变质，又要在饲喂前铡短或柔碎。

（三）更换饲料应逐步过渡

在反刍动物饲养中，由于日粮的变化处理不当而引起死亡的例子很多。对于单胃动物如猪，改变饲料成分很少有什么危险，而反刍动物如羊、突然改变日粮成分则可能是致命的，或者至少会引起消化不良。这是因为反刍动物瘤胃微生物区系对特定日粮饲料类型是相对固定的，日粮中饲料成分变化，会引起瘤胃微生物区系的变化，当日粮饲料成分突然变化时，特别是从高比例粗饲料日粮突然转变为高比例精饲料日粮，此时瘤胃微生物区系还未进行适应性改变，瘤胃中还不存在许多乳酸分解菌，最后由于产生过多的乳酸积累而引起酸中毒综合征。为了避免发生这种情况，日粮成分的改变应该逐渐进行，至少要过渡2~3周，过渡时间的长短取决于喂饲精料的数量，精料加工的程度以及喂饲的次数。

（四）制订合理的饲喂制度

为了给瘤胃微生物群落创造良好的环境条件，使其保持对纤维素分解的最佳状况，繁殖生长更多的微生物菌体蛋白，在羊的饲养中除要注意日粮蛋白、能量饲料的合理搭配及日粮饲料成分的相对稳定外，还要制订合理的饲喂方式、喂量及饲喂次数。反刍动物瘤胃分解纤维素的微生物菌群对瘤胃过量的酸很敏感，一般 pH 值为 6.4~7.0 时最适合，如果pH 值低于 6.2，纤维发酵菌的生长速率将降低，若 pH 值低于 6.0 时，其活动就会完全停止。所以在饲喂羊时，需要设方延长羊的采食时间和反刍时间，通过增加唾液（碱性的）分泌量来中和瘤胃中的酸，提高瘤胃液的 pH 值。合理的饲喂制度应该是定时定量，"少吃多餐"，形成良好的条件反射，能提高饲料的消化率和饲料的利用率。

（五）保证清洁的饮水

羊场供水方式有井水、河水、湖塘水、降水等分散式给水和自来水供水的集中式给水。提供饮羊的井要建在没有污染的非低洼地方，井周围 20~30m 范围内不得设置渗水厕所、渗水坑、粪坑、垃圾堆和废渣堆等污染源。在水井 3~5m 的范围内，最好设防护栏，禁止在此地带洗衣服、倒污水和脏物，水井至少距畜舍 30~50m。湖、塘水周围应建立防护设施，禁止在其内洗衣或让其他动物进入饮水区。利用降水、河水时，应修带有沉淀，过滤处理的贮水池，取水点附近 20 米以内，不要设厕所、粪坑和堆放垃圾。

四、羊管理的一般程序

（一）注意卫生，保持干燥

羊喜吃干净的饲料，饮清凉卫生的水。草料、饮水被污染或有异味，宁可受饿、受渴也不采食、饮用。因此，在舍内补饲时，应少喂勤添。给草过多，一经践踏或被粪尿污染，羊就不吃。即使有草架，如投草过多，羊在采食时呼出的气体使草受潮，羊也不吃而造成浪费。

羊群经常活动的场所，应选高燥、通风、向阳的地方。羊圈潮湿、闷热，牧地低洼潮湿，寄生虫容易滋生，易导致羊群发病，使毛质降低，脱毛加重，腐蹄病增多。

（二）保持安静，防止兽害

羊是胆子较小的家畜，易受惊吓，缺乏自卫能力，遇敌兽不抵抗，只是逃窜或团团不动。所以羊群放牧或在羊场舍饲，必须注意保持周围环境安静，以避免影响其采食等活动。另外，还要特别注意防止狼等兽害对羊群的侵袭，造成经济损失。

（三）夏季防暑，冬季防寒

绵羊夏季怕热，山羊冬季怕冷。绵羊汗腺不发达，散热性能差，在炎热天气相互间有借腹蔽阴行为（俗称"扎窝子"）。

一般认为羊对于热和寒冷都具有较好的耐受能力，这是因为羊毛具有绝热作用，既能阻止体热散发，又能阻止太阳辐射迅速传到皮肤，也能防御寒冷空气的侵袭。相比之下，绵羊较为怕热而不怕冷，山羊怕冷而不怕热。在炎热的夏季绵羊常有停止采食、喘气和"扎窝子"等现象，应注意遮阴避热。山羊对于寒冷都具有一定的抵御能力，到秋后羊体肥壮，皮下脂肪增多，羊皮增厚，羊毛长而密，虽能减少体热散发和阻止寒冷空气的影响。但环境温度过低，低于3~5℃以下，则应注意挡风保暖。

（四）合理分群，便于管理

由于绵羊和山羊的合群性、采食能力和行走速度及对牧草的选择能力有差异，因而放牧前应首先将绵羊与山羊分开。绵羊属于沉静型，反应迟钝，行动缓慢。不能攀登高山陡坡，采食时喜欢低着头、采食短小、稀疏的嫩草。山羊属活泼型，反应灵敏，行动灵活，喜欢登高采食，可在绵羊所不能利用的陡坡和山峦上放牧。

羊群的组织规模（1人一群的管理方式）如下。

种公羊群：	20~50只；
绵羊母羊群：	300~350只；
青年羊群：	300~350只；
断奶羔羊群：	250~300只；
羯羊群：	400~450只。

若采用放牧小组管理法，由2~3个放牧员组成放牧小组，同放一群羊，这种羊群的组织规模如下。

绵羊母羊群：	500~700只；
青年羊群：	500~600只；
断奶羔羊群：	400~450只；
羯羊群：	700~800只。

（五）适当运动，增强体质

种羊及舍饲养必须有适当的运动，种公羊必须每天驱赶运动2小时以上，舍饲养羊要有足够的畜舍面积和羊的运动场地，可以供羊自由进出，自由活动。山羊青年羊群的运动场内还可设置小山、小丘、供其踩跋，以增强体质。

五、绵羊的营养需要

绵羊的营养需要按生理活动可分为维持需要和生产需要两大部分。按生产活动又可分为妊娠、泌乳、产肉、产毛。维持需要是指羊为了维持其正常的生命活动所需要的营养，如空怀的母羊，它不妊娠，亦不泌乳，只需维持需要。而生产需要则是以维持需要为基数，再加上繁殖、生长、泌乳、肥育和产毛的营养需要。

（一）绵羊需要的主要营养物质

1. 碳水化合物

碳水化合物又称为"糖类"。是自然界的一大类有机物质。是家畜的主要能源。它含有碳、氢、氧3种元素。其中氢和氧的比例大多数为2∶1。它可分为"单糖"（葡萄糖）、"双糖"（麦芽糖）和"多糖"（淀粉、纤维素）。植物性饲料中，碳水化合物含量很高。子实饲料中，如淀粉、青草、青干草和蒿秆中的纤维素以及甘蔗与甜菜中的蔗糖，都属于碳水化合物。碳水化合物是绵羊的主要能量来源。

2. 蛋白质

蛋白质又叫"真蛋白质""纯蛋白质"。由多种氨基酸合成的一类高分子化合物，也是动植物体各种细胞与组织的主要组成物质之一。绵羊食入饲料蛋白质，能合成畜体蛋白质，是形成新的畜体细胞与组织的主要物质。蛋白质是家畜生命活动的基础物质。畜产品，如肉、奶、毛、角等均是蛋白质形成的。完成消化作用的淀粉酶、蛋白酶和脂肪酶，完成呼吸作用的血红素与碳酸酐酶，促进家畜代谢的磷酸酶、核酸酶、酰胺酶、脱氢酶及辅酶等都是蛋白质。畜体内产生的免疫抗体也是蛋白质。因此，绵羊日粮中必须供给足够的蛋白质，如果长期缺乏蛋白质就会使羊体消瘦、衰弱，发生贫血，同时，也降低了抗病力、生长发育强度、繁殖功能及生产水平（包括产肉、产毛、泌乳等）。种公羊缺乏会造成精液品质下降。母羊缺乏会造成胎儿发育不良，产死胎、畸形胎，泌乳减少，幼龄羊生长发育受阻，严重者发生贫血、水肿，抗病力弱，甚至引起死亡。豆科子实、各种油饼（如亚麻仁油饼、菜籽饼、花生饼、棉籽饼和葵花籽饼）及其他蛋白质补充饲料（如肉粉、血粉、鱼粉、蚕蛹和虾粉）等均含有丰富的蛋白质，是绵羊的良好蛋白质饲料。

3. 脂肪

脂肪又称"乙醚提出物"。由甘油和各种脂肪酸构成。脂肪酸又分为饱和脂肪酸和不饱和脂肪酸。在不饱和脂肪酸中，亚油酸（十八碳二烯酸，又称亚麻油酸）、亚麻酸（十八碳三烯酸，又称次亚麻油酸）和花生油酸（二十碳四烯酸）是动物营养中必不可缺的脂肪酸，称为必需脂肪酸，羊的各种器官、组织、如神经、肌肉、皮肤、血液等都含有脂肪。脂肪不仅是构成羊体的重要成分，也是热能的重要来源。另外，脂肪也是脂溶性维生素的溶剂，饲料中的脂溶性维生素包括维生素A、维生素D、维生素E、维生素K和胡萝卜素，只有被脂肪溶解后，才能被羊体吸收利用。羊体内脂肪主要有饲料中的碳水化合物转化为脂肪酸后再合成体脂肪，但羊体不能直接合成十八碳二烯酸（亚麻油酸）、十八碳三烯酸（次亚麻油酸）和二十碳四烯酸（花生油酸）3种不饱和脂肪酸，必须从饲料中获得。若日粮中缺乏这些脂肪酸，羔羊生长发育缓慢，皮肤干燥，被毛粗直，成年羊消瘦，有时易患维生素A、维生素D、维生素E缺乏症。必需脂肪酸缺乏时，会出现皮肤鳞片化，尾部坏死，生长停止，繁殖性能降低，水肿和皮下出血等症状，羔羊尤为明显。豆科作物子实、玉米糠及稻糠等均含丰富脂肪，是羊脂肪重要来源，一般羊日粮中不必添加脂肪，羊日粮中脂肪含量超过10%，会影响羊的瘤胃微生物发酵，阻碍羊体对其他营养物质的吸收和利用。

4. 粗纤维

粗纤维是植物饲料细胞壁的主要组成部分，其中，含有纤维素、半纤维素、多缩戊糖和镶嵌物质（木质素、角质等）。是饲料中最难消化的营养物质。各类饲料的粗纤维含量不等。饲料中以秸秆含粗纤维最多，高达30%～45%；秕壳中次之，有15%～30%；糠麸类在10%左右；禾本科子实类较少，除燕麦外，一般在5%以内。粗纤维是羊不可缺少的饲料，有填充胃肠的作用，使羊有饱腹感，能刺激胃肠，有利于粪便排出。

5. 矿物质

矿物质是羊体组织、细胞、骨骼和体液的重要成分，有些是酶和维生素的重要成分，如钴是维生素 B_{12} 的重要成分；硒是谷胱甘肽过氧化物酶、过氧化物歧化酶、过氧化氢酶的主要成分；锌是碳酸酐酶、羧肽酶和胰岛素的必需成分。羊体缺乏矿物质，会引起神经系统、肌肉运动、消化系统、营养输送、血液凝固和酸碱平衡等功能紊乱，直接影响羊体的健康、生长发育、繁殖和生产性能及其产品质量，严重时可导致死亡。羊体内的矿物质以钙最多，磷次之，还有钾、钠、氯、硫、镁，这 7 种元素称为常量元素；铁、锌、铜、锰、碘、鲭、钼、硒、铬、镍等称为微量元素。羊最易缺乏的矿物质是钙、磷和食盐。成年羊体内钙的 90%、磷的 87% 存在于骨组织中，钙、磷比例为 2∶1，但其比例量随幼年羊的年龄增加而减少，成年后钙、磷比例应调整为 (1～1.2)∶1。钙、磷不足会引起胚胎发育不良、佝偻病和骨软化等。植物性饲料中所含的钠和氯不能满足羊的需要，必须给羊补充氯化钠。

6. 维生素

维生素是羊体所必需的少量营养物质，但不是供应机体能量或构成机体组织的原料。在食入饲料中它们的含量虽少，但参加羊体内营养物质的代谢作用。是机体代谢过程中的催化剂和加速剂，是羊正常生长、繁殖、生产和维持健康所必需的微量有机化合物，生命活动的各个方面均与它们有关。如维生素 B，参与碳水化合物的代谢；维生素 B_2 参与蛋白质的代谢；维生素 B。参与蛋白质、碳水化合物与脂肪的代谢。维生素 D 参与钙、磷的代谢；当体内维生素供给不足时，即可引起体内营养物质代谢作用紊乱；严重时，则发生维生素缺乏症。缺乏维生素 A，能促使羊只上皮角质化，如消化器官上皮角质化后，可使大、小肠发生炎症，导致溃疡，妨碍消化和产生腹泻，羔羊因缺乏维生素 A，经常引起腹泻；呼吸器官上皮角质化后，羊只易患气管炎及肺炎；泌尿系统上皮组织角质化后，羊容易发生肾结石及膀胱结石；皮肤上皮组织角质化后，则羊体脂肪腺与汗腺萎缩，皮肤干燥，失去光泽；眼结膜上皮角质化后，则羊只发生干眼症。胡萝卜素在一般青绿饲料中含量较高，如胡萝卜、黄玉米中含胡萝卜素丰富。羊主要通过小肠将胡萝卜素转化为维生素 A。多用这类饲料喂羊，可防止维生素 A 缺乏症。维生素 E 是一种抗氧化物质，能保护和促进维生素 A 的吸收、贮存，同时在调节碳水化合物、肌酸、糖原的代谢起重要作用。维生素 E 和硒缺乏都易引起羔羊白肌病的发生，严重时，则病羊死亡。青鲜牧草、青干草及谷实饲料，特别是胚油，都含丰富的维生素 E。B 族维生素和维生素 K 可由羊消化道中的微生物合成，其他维生素一般都由植物性饲料中获得。尽管反刍动物瘤胃微生物可以合成 B 族维生素，在羔羊阶段仍要在日粮中添加 B 族维生素。

7. 水

水是组成羊体液的主要成分，对羊体的正常物质代谢有特殊的作用。羊体的水摄入量与羊体的消耗量相等。羊体摄入的水包括饲料中的水、饮水与营养物质代谢产生的水；羊体消耗的水包括粪中、尿中、泌乳、呼吸系统、皮肤表面排汗与蒸发的水。如果羊体摄入的水不能满足羊体消耗的水量，则羊体存积水减少，严重时造成脱水现象，影响羊体的生理功能与健康。如果水的摄入量多于水的消耗量，则羊体中水的存积量增加。水是羊体内的一种重要溶剂，各种营养物质的吸收和运输，代谢产物的排出需溶解在水中后才能进行；水是羊体化学反应的介质，水参与氧化—还原反应、有机物质合成以及细胞呼吸过程；水对体温调节起重要作用，天热时羊通过喘息和排汗使水分蒸发散热，以保持体温恒定。水还是一种润滑剂，如关节腔内的润滑液能使关节转动时减少摩擦，唾液能使饲料容易吞咽等。缺水可使羊的食欲减低、健康受损，生长羊生长发育受阻，成年羊生产力下降。轻度缺水往往不易发现，但常不知不觉地造成很大经济损失。羊如脱水5%则食欲减退，脱水10%则生理失常，脱水20%即可致死。构成机体的成分中以水分含量最多，是羊体内各种器官、组织的重要成分，羊体内含水量可达体重的50%以上。初生羔羊身体含水80%左右，成年羊含水50%。血液含水量达80%以上，肌肉中含水量为72%~78%，骨骼中含水量为45%。羊体内水分的含量随年龄增长而下降，随营养状况的增加而减少。一般来讲，瘦羊体内的含水量为61%，肥羊体内的含水量为46%。羊体需水量受机体代谢水平、环境温度、生理阶段、体重、采食量和饲料组成等多种因素影响。每采食1kg饲料干物质，需水1~2kg。成年羊一般每日需饮水3~4kg。春末、夏季、秋初饮水量较大，冬季、春初和秋末饮水量较少。舍饲养殖必须供给足够的饮水，经常保持清洁的饮水。

（二）维持需要

绵羊在维持阶段，仍要进行生理活动，需要从饲草、饲料中摄入的营养物质，包括碳水化合物、粗蛋白质、粗脂肪、粗纤维、矿物质、维生素和水等。绵羊从饲草饲料中摄取的营养物质，大部分用来作维持需要，其余部分才能用来长肉、泌乳和产毛。羊的维持需要得不到满足，就会动用体内贮存的养分来弥补亏损，导致体重下降和体质衰弱等不良后果。只有当日粮中的能量和蛋白质等营养物质超出羊的维持需要时，羊才具有一定的生产能力。空怀母羊和非配种季节的成年公羊，大都处于维持状态，对营养水平要求不高。

（三）生产需要

1. 公、母羊繁殖对营养的需要

要使公、母羊保持正常的繁殖力，必须供给足够的粗蛋白质、脂肪、矿物质和维生素，因为精液中包含有白蛋白、球蛋白、核蛋白、黏液蛋白和硬蛋白。羊体内的蛋白质随年龄和营养状况而有所不同的含量，瘦羊体内蛋白质含量为16%，而肥羊则为11%。纯蛋白质是羊体所有细胞、各种器官组织的主要成分，体内的酶、抗体、色素及对其起消化、代谢、保护作用的特殊物质均由蛋白质所构成。合理调整日粮的能量和蛋白质水平，公、母羊只有获得充分的蛋白质时，性功能才旺盛，精子密度大、母羊受胎率高。公羊的射精量平均为1mL，每毫升精液所消耗的营养物质约相当于50g可消化蛋白质。繁殖母羊在较高的营养水平下，可以促进排卵、发情整齐、产羔期集中，多羔顺产。

当羊体内缺乏蛋白质时，羔羊和幼龄羊生长受阻，成年羊消瘦，胎儿发育不良，母羊泌乳量下降，种公羊精液品质差，繁殖力降低。碳水化合物对繁殖似乎没有特殊的影响，但如果缺少脂肪，公、母羊均受到损害，如不饱和脂肪酸、亚麻油酸、次亚麻油酸和花生油酸，是合成公、母羊性激素的必需品，严重不足时，则妨碍繁殖能力。维生素A对公、母羊的繁殖力影响也很大，不足时公羊性欲不强，精液品质差。母羊则阴道、子宫和胎盘的黏膜角质化，妨碍受胎，或早期流产。维生素D不足，可引起母羊和胚胎钙、磷代谢的障碍。维生素E不足，则生殖上皮和精子形成上发生病理变化，母羊早期流产。B族维生素虽然在羊的瘤胃内可合成，但它不足时，公羊出现睾丸萎缩，性欲减退，母羊则繁殖停止。维生素C亦是保持公羊正常性功能的营养物质。饲料中缺磷，母羊不孕或流产，公羊精子形成受到影响，缺钙亦降低繁殖力。

2. 胎儿发育对营养物质的需要

母羊在妊娠前期（前 3 个月），对日粮的营养水平要求不高，但必须提供一定数量的优质蛋白质、矿物质和维生素，以满足胎儿生长发育的营养需要。在放牧条件较差的地区，母羊要补喂一定量的混合精料或干草。妊娠后期（后 2 个月），胎儿和母羊自身的增重加快，对蛋白质、矿物质和维生素的需要明显增加，50kg 重的成年母羊，日需可消化蛋白质 90~120g、钙 8.8g、磷 4.0g，钙、磷比例为 2：1 左右。更重要的是，丰富而均匀的营养，羔裘皮品质较好，其毛卷、花纹和花穗发育完全，被毛有足够的油性，良好的光泽，优等羔裘皮的比例高。如果母羊妊娠期营养不良，膘情状况差，则使胎儿的毛卷和花穗发育不足，丝性和光泽度差，小花增多，弯曲减少，羔裘皮面积变小，同时，羔羊体质虚弱，生活力降低，抗病力差，影响羔羊生长发育和羔裘皮品质。但母羊在妊娠后期若营养过于丰富，则使胚胎毛卷发育过度，造成卷曲松散，皮板特性和毛卷紧实性降低，大花增多，皮板增厚，也会大大降低羔裘皮品质。因此，后期通常日粮的营养水平比维持营养高 10%~20%，已能满足需要。

3. 生长时期的营养需要

营养水平与羊的生长发育关系密切，羊从出生、哺乳到 1.5~2 岁开始配种，肌肉、骨骼和各器官组织的生长发育较快，需要供给大量的蛋白质、矿物质和维生素，尤其在出生至 5 月龄这一阶段，是羔羊生长发育最快的阶段，对营养需求量较高。羔羊在哺乳前期（8 周）主要以母乳供给营养，采食饲料较少，哺乳后期（8 周）靠母乳和补饲（以吃料为主，哺乳为辅），整个哺乳期羔羊生长迅速，日增重可达 200~300g。要求蛋白质的质量高，以使羔羊加快生长发育。断奶后到了育成阶段则单纯靠饲料供给营养，羔羊在育成阶段的营养充足与否，直接影响其体重与体型，营养水平先好后差，则四肢高，体躯窄而浅；营养水平先差后好，则影响长度的生长，体型表现不匀称。因此，只有均衡的营养水平，才能把羊培育成体大、背宽、胸深各部位匀称的个体。

4. 肥育对营养的需要

肥育的目的就是增加羊肉和脂肪，以改善羊肉的品质。羔羊的肥育以增加肌肉为主，而成年羊肥育主要是增加脂肪，改善肉质。因此，羔羊肥育蛋白质水平要求较高；成年羊的肥育，对日粮蛋白质水平要求不高，只要能提供充足的能量饲料，就能取得较好的肥育效果。

5. 泌乳对营养的需要

哺乳期的羔羊，每增重 100g，就需母羊奶 500g，即羔羊在哺乳期增重量同所食母乳量之比为 1：5。而母羊生产 500g 的奶，需要 0.3kg 的饲料、33g 的可消化蛋白质、1.2g 的磷、1.8g 的钙。羊奶中含有乳酪素、乳白蛋白、乳糖和乳脂、矿物质及维生素，这些营养成分都是饲料中不存在的，都是由乳腺分泌的。当饲料中蛋白质、碳水化合物、矿物质和维生素供给不足时，都会影响羊乳的产量和质量，且泌乳期缩短。因此，在羊的哺乳期，给羊提供充足的青绿多汁饲料，有促进产奶的作用。

6. 产毛对营养的需要

羊毛是一种复杂的蛋白质化合物，其中，胱氨酸的含量占角蛋白总量的 9%~14%。产毛对营养物质的需要较低。但是，当日粮的粗蛋白水平低于 5.8% 时，就不能满足产毛的最低需要。矿物质对羊毛品质也有明显影响，其中以硫和铜比较重要。毛纤维在毛囊中发生角质化过程中，有机硫是一种重要的刺激素，既可增加羊毛产量，也可改善羊毛的弹性和手感。饲料中硫和氮的比例以 1 : 10 为宜。缺铜时，毛囊内代谢受阻，毛的弯曲减少，毛色素的形成也受影响。严重缺铜时，还能引起铁的代谢紊乱，造成贫血，产毛量也下降。维生素 A 对羊毛生长和羊皮肤健康十分重要。放牧羊在冬、春季节因牧草枯黄后，维生素 A 已基本上被破坏，不能满足羊的需要。对以舍饲饲养为主的羊，应提供一定的青绿多汁饲料或青贮料，以弥补维生素的不足。

放牧羊的营养状况则显示营养成分不均衡，牧草丰盛期，蛋白质远远高于营养需要，成年母羊的粗蛋白质采食量甚至比营养需要高出 127.07%，羔羊也高出营养 81.25%。而在枯草季节则各种养分均处于贫乏状态。

六、不同生理阶段羊的饲养管理

（一）种公羊的饲养管理

种公羊应常年保持健壮的体况，营养良好而不过肥，这样才能在配种期性欲旺盛，精液品质优良。

1. 不同生理阶段种公羊的饲养管理

配种期：即配种开始前 45 天左右至配种结束这阶段时间。这个阶段的任务是从营养上把公羊准备好，以适应紧张繁重的配种任务。这时把公羊应安排在最好的草场上放牧，同时给公羊补饲富含粗蛋白质、维生素、矿物质的混合精料和干草。蛋白质对提高公羊性欲、增加精子密度和射精量有决定性作用；维生素缺乏时，可引起公羊的睾丸萎缩、精子受精能力降低、畸形精子增加、射精量减少；钙、磷等矿物质也是保证精子品质和体质不可缺少的重要元素。据研究，一次射精需蛋白质 25～37g。一只主配公羊每天采精 5～6次，需消耗大量的营养物质和体力。所以，配种期间应喂给公羊充足的全价日粮。

种公羊的日粮应由种类多、品质好、且为公羊所喜食的饲料组成。豆类、燕麦、青稞、黍、高粱、大麦、麸皮都是公羊喜吃的良好精料；干草以豆科青干草和燕麦青干草为佳。此外，胡萝卜、玉米青贮料等多汁饲料也是很好的维生素饲料；玉米籽实是良好的能量饲料，但喂量不宜过多，占精料量的 1/4～1/3 即可。

公羊的补饲定额，应根据公羊体重、膘情和采精次数来决定。目前，我国尚没有统一的种公羊饲养标准。一般在配种季节每头每日补饲混合精料 1.0～1.5kg，青干草（冬配时）任意采食，骨粉 10g，食盐 15～20g，采精次数较多时可加喂鸡蛋 2～3 个（带皮揉碎，均匀拌在精料中），或脱脂乳 1～2kg。种公羊的日粮体积不能过大，同时，配种前准备阶段的日粮水平应逐渐提高，到配种开始时达到标准。

非配种期：配种季节快结束时，就应逐渐减少精料的补饲量。转入非配种期以后，应以放牧为主，每天早晚补饲混合精料 0.4～0.6kg、多汁料 1.0～1.5kg，夜间添给青干草 1.0～1.5kg。早晚饮水 2 次。

2. 加强公羊的运动。

公羊的运动是配种期种公羊管理的重要内容。运动量的多少直接关系到精液质量和种公羊的体质。一般每天应坚持驱赶运动 2 小时左右。公羊运动时，应快步驱赶和自由行走相交替，快步驱赶的速度以使羊体皮肤发热而不致喘气为宜。运动量以平均 1 小时 5km 左右为宜。

3. 提前有计划地调教初配种公羊

如果公羊是初配羊，则在配种前 1 个月左右，要有计划地对其进行调教。一般调教方法是让初配公羊在采精室与发情母羊进行自然交配几次；如果公羊性欲低，可把发情母羊的阴道分泌物抹在公羊鼻尖上以刺激其性欲，同时每天用温水把阴囊洗干净、擦干，然后用手由上而下地轻轻按摩睾丸，早、晚各 1 次，每次 10 分钟，在其他公羊采精时，让初配公羊在旁边"观摩"。

有些公羊到性成熟年龄时，甚至到体成熟之后，性机能的活动仍表现不正常，除进行上述调教外，配以合理的喂养及运动，还可使用外源激素治疗，提高血液中睾酮的浓度。方法是每只羊皮下或肌肉注射丙酸睾酮 100mg，或皮下埋藏 100~250mg；每只羊一次皮下注射孕马血清 500~1 200 国际单位，或注射孕马血清 10~15mL，可用两点或多点注射的方法；每只羊注射绒毛膜促性腺激素 100~500 国际单位；还可以使用促黄体素（LH）治疗。将公羊与发情母羊同群放牧，或同圈饲养，以直接刺激公羊的性机能活动。

4. 定合理地操作程序，建立良好的条件反射

为使公羊在配种期养成良好的条件反射，必须制定严格的种公羊饲养管理程序，其日程一般如下。

上午：6：00　舍外运动。

7：00　饮水。

8：00　喂精料 1/3，在草架上添加青干草。放牧员休息。

9：00　按顺序采精。

11：30　喂精料 1/3，鸡蛋，添青干草。

12：30　放牧员吃午饭，休息。

下午：13：30　放牧。

15：00　回圈，添青干草。

17：30　按顺序采精。

18：30　喂精料 1/3。

18：30　饮水，添青干草。放牧员吃晚饭。

21：00　添夜草，查群。放牧员休息。

（二）母羊的饲养管理

配种准备期，即由羔羊断奶至配种受胎时期。此期是母羊抓膘复壮，为配种妊娠贮备营养的时期，只有将羊膘抓好，才可能达到全配满怀、全生全壮的目的。

妊娠前期，在此期的 3 个月中，胎儿发育较慢，所需营养并无显著增多，但要求母羊能继续保持良好膘情。日粮可根据当地具体情况而定，一般来说可由 50% 的苜蓿青干草、25% 的氨化麦秸、15% 的青贮玉米和 10% 的精料来组成。管理上要避免吃霜冻饲草和霉变饲料，不使羊只受惊猛跑，不饮冰碴水，以防止早期流产。

妊娠后期，妊娠后期的 2 个月中，胎儿发育很快，90% 的初生重在此期完成。因此，应有充足的营养，如果营养不足，会造成羊出生重小，抵抗力弱的现象。所以，在临产前的 5~6 周内可将精料量提高到日粮的 22% 左右。此期的管理措施，要围绕保胎来考虑，进出圈要慢，不要使羊快跑和跨越沟坎等。饮水和喂精料要防止拥挤。治病时不要投服大量的泻药和子宫收缩药，以免因用药不当而引起流产。同时，妊娠后期让其适量运动和给

母羊增加适量的维生素 A、维生素 D，同样也是非常重要的。

围产期和哺乳期，产后两个月是哺乳母羊的关键阶段（尤其是前 1 个月），此时羔羊的生长发育主要靠母乳，应给母羊补些优质饲料，如优质苜蓿青干草、胡萝卜、青贮玉米及足量的优质精料等。待羔羊能自己采食较多的草料时，再逐渐降低母羊的精饲料用量。

另外，在产前 10 天左右可多喂一些多汁料和精料，以促进乳腺分泌。产后 3～5 天内应减少一些精料和多汁料，因为，此时羔羊较小，初乳吃不完，假如多汁料和精料过多，易患乳房炎。产后 10 天左右就可转入正常饲养。断奶前 7～10 天应少喂精料和多汁料，以减少乳房炎的发生。

（三）羔羊的饲养管理

1. 接产

首先剪去临产母羊乳房周围和后肢内侧的羊毛，用温水洗净乳房，并挤出几滴初乳，再将母羊尾根、外阴部、肛门洗净，用 1% 来苏儿消毒。母羊生产多数能正常进行，羊膜破水后 10～30 分钟，羔羊即能顺利产出，两前肢和头部先出，当头也露出后，羔羊就能随母羊努责而顺利产出。产双羔时，先后间隔 5～30 分钟，个别时间会更长些，母羊产出第一只羔羊后，仍表现不安，卧地不起，或起来又卧下，努责等，就有可能是双羔，此时用手在母羊腹部前方用力向上推举，则能触到一个硬而光滑的羔体。经产母羊产羔较初产母羊要快。

羔羊产出后，应迅速将羔羊口、鼻、耳中的黏液抠出，以免引起窒息或异物性肺炎。羔羊身上的黏液必须让母羊舔净，既可促进新生羔羊血液循环，并有助于母羊认羔。冬天接产工作应迅速，避免感冒。

羔羊出生后，一般母羊站起脐带自然断裂，这时用 0.5% 碘酒在断端消毒。如果脐带未断，先将脐带内血向羔羊脐部挤压，在离羔羊腹部 3～4cm 处剪断，涂抹碘酒消毒。胎衣通常在母羊产羔后 0.5～1 小时能自然排出，接产人员一旦发现胎衣排出，应立即取走，防止被母羊吃后养成咬羔、吃羔等恶癖。

2. 羔羊的饲养管理

（1）羔羊的饲养管理。羔羊生长发育快，可塑性大，合理地进行羔羊的培育，可促使其充分发挥先天的性能，又能加强对外界条件的适应能力，有利于个体发育，提高生产力。研究表明，精心培育的羔羊，体重可提高 29%～87%，经济收入可增加 50%。初生羔羊体质较弱，抵抗力差，易发病，搞好羔羊的护理工作是提高羔羊成活率的关键。

（2）尽早吃饱初乳。初乳是指母羊产后 3～5 天内分泌的乳汁，其乳质黏稠、营养丰富，易被羔羊消化，是任何食物不可代替的食料。同时，由于初乳中富含镁盐，镁离子具有轻泻作用，能促进胎粪排出，防止便秘；初乳中还含有较多的免疫球蛋白和白蛋白以及其他抗体和溶菌酶，对抵抗疾病，增强体质具有重要作用。

羔羊在初生后半小时内应该保证吃到初乳，对吃不到初乳的羔羊，最好能让其吃到其他母羊的初乳，否则，很难成活。对不会吃乳的羔羊要进行人工辅助。

（3）编群。羔羊出生后对母、仔羊进行编群。一般可按出生天数来分群，生后 3～7日母仔在一起单独管理，可将 5～10 只母羊合为一小群；7 天以后，可将产羔母羊 10 只合为一群；20 天以后，可大群管理。分群原则是：羔羊日龄越小，羊群就要越小，日龄越大，组群就越大，同时，还要考虑到羊舍大小，羔羊强弱等因素。在编群时，应将发育相似的羔羊编群在一起。

（4）羔羊的人工喂养。多羔母羊或泌乳量少的母羊，其乳汁不能满足羔羊的需要，应对其羔羊进行补喂。可用牛奶、羊奶粉或其他流动液体食物进行喂养，当用牛奶、羊奶喂羔羊，要尽量用鲜奶，因鲜奶其味道及营养成分均好，且病菌及杂质也较小，用奶粉喂羊时应该先用少量冷或开水，把奶粉溶开，然后再加热水，使总加水量达奶粉总量的5~7倍。羔羊越小，胃也越小，奶粉兑水量应该越少。有条件可加点植物油、鱼肝油、胡萝卜汁及多维，微量元素、蛋白质等。也可喂其他流体食物如豆浆、小米汤、代乳粉或婴幼儿米粉。这些食物在饲喂前应加少量的食盐及骨粉，有条件再加些鱼油、蛋黄及胡萝卜汁等。

（5）补喂。补喂关键是做好"四定"，即定人、定量、定温、定时，同时，要注意卫生条件。

①定人：是自始至终固定专人喂养，使饲养员熟悉羔羊生活习性，掌握吃饱程度、食欲情况及健康与否。

②定温：是要掌握好人工乳的温度，一般冬季喂1个月龄内的羔羊，应把奶晾到35~41℃，夏季还可再低些。随着日龄的增长，奶温可以降低。一般可用奶瓶贴到脸上，不烫不凉即可。温度过高，不仅伤害羔羊，而且羔羊容易发生便秘；温度过低，往往容易发生消化不良，下痢、鼓胀等。

③定量：是指限定每次的喂量掌握在七成饱的程度，切忌过饱。具体给量可按羔羊体重或体格大小来定。一般全天给奶量相当于初生重的1/5为宜。喂给粥或汤时，应根据浓度进行定量。全天喂量应低于喂奶量标准。最初2~3天，先少给，待羔羊适应后再加量。

④定时：是指每天固定时间对羔羊进行饲喂，轻易不变动。初生羔每天喂6次，每隔3~5小时喂1次，夜间可延长时间或减少次数。10天以后每天喂4~5次，到羔羊吃料时，可减少到3~4次。

（6）人工奶粉配制。有条件的羊场可自行配制人工奶粉或代乳粉。人工合成奶粉的主要成分是：脱脂奶粉、牛奶、乳糖、玉米淀粉、面粉、磷酸钙、食盐和硫酸镁。用法：先将人工奶粉加少量不高于40℃的温开水摇晃至全溶，然后再加水。温度保持在38~39℃。一般4~7日龄的羔羊需200g人工合成奶粉，加水1 000mL。

（7）代乳粉配制。代乳粉的主要成分有：大豆、花生、豆饼类、玉米面、可溶性粮食蒸馏物、磷酸二钙、碳酸钙、碳酸钠、食盐和氧化铁。可按代乳粉30%、玉米面20%、麸皮10%、燕麦10%、大麦30%的比例溶成液体喂给羔羊。代乳品配制可参考下述配方：面粉50%、乳糖24%、油脂20%、磷酸氢钙2%、食盐1%、特制料3%。将上述物品按比例标准在热锅内炒制混匀即可。使用时以1∶5的比例加入40℃开水调成糊状，然后加入3%的特制料，搅拌均匀即可饲喂。

（8）提供良好的卫生条件。卫生条件是培育羔羊的重要环节，保持良好的卫生条件有利于羔羊的生长发育。舍内最好垫一些干净的垫草，室温保持在5~10℃。

（9）加强运动。运动可使羔羊增加食欲，增强体质，促进生长和减少疾病，为提高其肉用性能奠定基础。随着羔羊日龄的增长，逐渐加长在运动场的运动时间。

以上各关键环节，任一出现差错，都可导致羔羊生病，影响羔羊的生长发育。

（10）断奶。采用一次性断奶法，断奶后母羊移走，羔羊继续留在原舍饲养，尽量给羔羊保持原来环境。

3. 育成羊的饲养管理

育成羊是指由断奶至初配，即 5~18 月龄时的公母羊。

羊在生后第一年的生长发育最旺盛，这一时期饲养管理的好坏，将影响羊的未来。育成羊在越冬期间，除坚持放牧外，首先要保证有足够的青干草和青贮料来补饲，每天补给混合精料 0.2~0.5kg，对后备公、母羊要适当多一些。由冬季转入春季，也是由舍饲转入青草期的过渡，主要抓住跑青环节，在饲草安排上，应尽量留些干草，以便出牧前补饲。

七、绵羊的放牧与补饲

（一）绵羊的放牧

羊是草食家畜，天然牧草是其主要饲料。科学的放牧，可以节省饲草料和管理费用，提高养羊业生产水平及加强畜产品开发利用。放牧是一项非常复杂的工作，应根据自然条件、季节、气候、品种和年龄等不同情况，因地制宜，灵活掌握。

1. 春季放牧

春季青草萌生，放牧时健康羊会一味领头往前跑，不但吃不饱，甚至会跑乏，使部分瘦弱羊只更加衰竭。因此，要切忌让羊"跑青"。一定要控制住羊群，走在前面挡住放。在山区先放滩地及阴坡吃枯草，等阴坡青草萌发时，再把羊群赶到阳坡进行全日放青。放牧时应照顾好瘦弱羊只，最好适当补给些精料，使其慢慢复壮，或分出就近放牧。

春季气候变化较大，如遇大风沙天，可采取背风方式放牧；暴风天应即时归牧，以免造成损失。

2. 夏季放牧

夏季青草旺盛，是羊只一年抓膘的好季节。夏季放牧应选在高山、丘陵及其他较高的地带，这里较干燥，风大风多，蚊虫少，羊能安静采食。由于绵羊怕热，要乘凉放牧，抓两头歇中间。夏季天长，一天可放牧 10 小时左右，清晨凉爽时早出发，中午天热时将羊群赶到山坡通风处或树荫下休息，下午凉爽时再抓紧放一段。

夏季如遇雷阵雨时，应尽量避开河漕及山沟，避免山洪对羊群造成损失。雨淋后的羊群，归牧后应先在圈外风干，再行入圈，以免羊体受热和影响被毛。

3. 秋季放牧

秋季牧草枯老，草籽成熟，是抓膘的又一个好时期，也是决定来年产羔好坏的重要季节。

应多变更牧地，使羊能吃到多种杂草和草籽。有条件的先放山坡草，等吃半饱后再放秋茬地。跑茬在农区对抓膘尤为重要，羊不仅可以吃到散落在地上的籽粒谷粮，还能吃到多样鲜嫩幼草和地埂上的杂草。在禾本科作物茬地放牧手法可松一些，放豆茬地前不宜空腹和牧后立即饮水。

秋季无霜时应早出晚归，晚秋霜降后应迟出早归，避免羊只吃霜草。同时要防止羊群吃霜后蓖麻叶、荞麦芽、高粱芽等，以免引起中毒。

4. 冬季放牧

冬季放牧不但可以锻炼羊的体质和抗寒能力，节省饲草料费用，而且对妊娠母羊的安全分娩和顺利越冬也是非常重要的。

冬季放牧，应选用背风向阳、干燥暖和、牧草较高的地方为冬季牧地。采用晴天放远坡，留下近坡以备天气恶劣时应用。放牧方法采用顶风出牧、顺风归牧。顶风出牧边走边吃，不至于使风直接吹开毛被受冷，顺风归牧则羊只行走较快，避免乏力走失。尽管冬季放牧草地广阔，也应准备气候变化和乏弱羊的补饲。

（二）绵羊的补饲

1. 补饲的意义

冬春不但草枯而少，而且粗蛋白质含量严重不足，加之此时又是全年气温最低，能量消耗加大，母羊妊娠、哺乳、营养需要增多的时期。此时单纯依靠放牧，往往不能满足羊的营养需要，越是高产的羊，其亏损越大。

实践证明，羔羊的发病死亡，总是主要出在母羊身上，而母羊的泌乳多少，问题又主要出在本身的膘情变化上。

2. 补饲时间

补饲开始的早晚，要根据具体羊群和草料储备情况而定。原则是从体重出现下降时开始，最迟不能晚于春节前后。补饲过早，会显著降低羊本身对过冬的努力，对降低经营成本也不利。此时要使冬季母羊体重超过其维持体重是很不经济的，补饲所获得的增益，仅为补充草料成本的1/6。但如补饲过晚，等到羊群十分乏瘦、体重已降到临界值时才开始，那就等于病危求医，难免会落个羊草两空，"早喂在腿上，晚喂在嘴上"，就深刻说明了这个道理。

补饲一旦开始，就应连续进行，直至能接上吃青。如果3天补2天停，反而会弄得羊群惶惶不安，直接影响放牧吃草。

3. 补饲方法

补饲安排在出牧前好，还是归牧后好，各有利弊，都可实行。大体来说，如果仅补草，最好安排在归牧后。如果草料俱补，对种公羊和核心群母羊的补饲量应多些。而对其他等级的成年和育成羊，则可按优羊优饲，先幼后壮的原则来进行。

在草料利用上，要先喂次草次料，再喂好草好料，以免吃惯好草料后，不愿再吃次草料。在开始补饲和结束补饲上，也应遵循逐渐过渡的原则来进行。

日补饲量，一般可按一羊0.5~1kg干草和0.1~0.3kg混合精料来安排。

补草最好安排在草架上进行，一则可避免干草的践踏浪费，再则可避免草渣、草屑的混入毛被。对妊娠母羊补饲青贮料时，切忌酸度过高，以免引起流产。

八、绵羊的育肥

1. 绵羊的育肥方式

（1）放牧育肥。利用天然草场、人工草场或秋茬地放牧，是绵羊抓膘的一种育肥方式。

大羊包括淘汰的公、母种羊，2年未孕不宜繁殖的空怀母羊和有乳房炎的母羊。因其活重的增加主要决定于脂肪组织，故适于放牧禾本科牧草较多的草场。羔羊主要指断奶后的非后备公羔羊。因其增重主要靠蛋白质的增加，故适宜在以豆科牧草为主的草场放牧。成年羊放牧肥育时，日采食量可达7~8kg，平均日增重150~280g。育肥期羯羊群可在夏场结束；淘汰母羊群在秋场结束；中下等膘情羊群和当年羔在放牧后，适当抓膘补饲达到上市标准后结束。

（2）舍饲育肥。按饲养标准配制日粮，是肥育期较短的一种育肥方式，舍饲肥育效果好、肥育期短，能提前上市，适于饲草料资源丰富的农区或半农半牧区。

羔羊，包括各个时期的羔羊，是舍饲育肥羊的主体。大羊主要来源于放牧育肥的羊群，一般是认定能尽快达到上市体重的羊。

舍饲肥育的精料可以占到日粮的45%~60%，随着精料比例的增高，羊只育肥强度加大，故要注意预防过食精料引起的肠毒血症和钙磷比例失调引起的尿结石症等。料型以颗粒料的饲喂效果较好，圈舍要保持干燥、通风、安静和卫生，育肥期不宜过长，达到上市要求即可出售。

（3）混合育肥。放牧与舍饲相结合的育肥方式。它既能充分利用生长季节的牧草，又可取得一定的强度育肥效果。

放牧羊只是否转入舍饲肥育主要视其膘情和屠宰重而定。根据牧草生长状况和羊采食情况，采取分批舍饲与上市的方法，效果较好。

2. 绵羊育肥前的准备工作

（1）根据绵羊来源、大小和品种类型，制定育肥的进度。绵羊来源不同，体况、大小相差大时，应采取不同方案，区别对待。绵羊增重速度有别，育肥指标不强求一致。羔羊育肥，一般10月龄结束。采用强度育肥，结合舍饲育肥和精料型日粮，可提高增重指标。如采取放牧育肥，则成本较低，但需加强放牧管理，适当补饲，并延长育肥期。

（2）根据育肥方案，选择合适的饲养标准和育肥日粮。能量饲料是决定日粮成本的主要消耗，应以就地生产、就地取材为原则，一般先从粗饲料计算能满足日粮的能量程度，不足部分再适当调整各种饲料比例，达到既能满足能量需要，又能降低饲料开支的最优配合。日粮中蛋白质不足，首先考虑豆、粕类植物性高蛋白质饲料。

（3）结合当地经验和资源并参考成熟技术，确定育肥饲料总用量。应保证育肥全期不断料，不轻易变更饲料。同时，对各种饲料的营养成分含量有个全面了解，委托有关单位取样分析或查阅有关资料，为日粮配制提供依据。

（4）做好育肥圈舍消毒和绵羊进圈前的驱虫工作，特别注意肠毒血症和尿结石的预防。防止肠毒血症，主要靠注射四联苗。为防止尿结石，在以谷类饲料和棉籽饼为主的日粮中，可将钙含量提高到0.5%的水平或加0.25%的氯化铵，避免日粮中钙、磷比例失调。

（5）自繁自养的羔羊，最好在出生后半月龄提前隔栏补饲，这对提高日后育肥效果，缩短育肥期限，提前出栏等有明显作用。

（6）提高有关绵羊生产人员的业务素质，逐步改变传统育肥观念。

3. 绵羊育肥开始后的注意事项

（1）育肥开始后，一切工作围绕着高增重、高效益进行安排。进圈育肥羊如果来源杂，体况、大小、壮弱不齐，首先要打乱重新整群，分出瘦弱羔，按大小、体重分组，针对各组体况、健康状况和育肥要求，变通日粮和饲养方法。育肥开始头2~3周，勤检查、勤观察，一天巡视2~3次，挑出伤、病羊，检查有无肺炎和消化道疾病，改进环境卫生。

（2）收购来的绵羊到达当天，不宜喂饲，只饮水和给以少量干草，在遮阴处休息，避免惊扰。休息过后，分组称重，注射四联苗和灌药驱虫。

（3）羊进圈后，应保持有一定的活动、歇卧面积，羔羊每头按 $0.75 \sim 0.95 m^2$，大羊按 $1.1 \sim 1.5 m^2$ 计算。

（4）保持圈舍地面干燥，通风良好。这对绵羊增重有利。据估计，一只大羊一天排粪尿 2.7kg，一只羔羊 1.8kg。如果圈养 100 只羊，粪尿加上垫草和土杂等，一天可以堆成 $0.28 m^3$（大羊）和 $0.18 m^3$（羔羊）。

（5）保证饲料品质，不喂湿、霉、变质饲料。喂饲时避免拥挤、争食，因此，饲槽长度要与羊数相称，一只大羊应有饲槽长度按 $40 \sim 50cm$，羔羊按 $23 \sim 30cm$ 计算。给饲后应注意绵羊采食情况，投给量不宜有较多剩余，以吃完不剩为最理想，说明日粮中营养物质和饲料干物质计算量与实际进食量相符。必要时，可以重新计算日粮配制用量，核查有无计算错误及少给日粮投给量。

（6）注意饮水卫生，夏防晒，冬防冻。被粪尿污染的饮水，常是内寄生虫扩散的途径。羔羊育肥圈内必须保证有足够的清洁饮水，多饮水，有助于减少消化道疾病、肠毒血症和尿结石的出现率，同时也有较高的增重速度。冬季不宜饮用雪水或冰水。

（7）育肥期间应避免过快地变换饲料种类和日粮类型，绝不可在 $1 \sim 2$ 天内改喂新换饲料。精饲料间的变换，应以新旧搭配，逐渐加大新饲料比例，$3 \sim 5$ 天内全部换完。粗饲料换精饲料，换替的速度还要慢一些，14 天换完。如果用普通饲槽人工投料，一天喂 2 次，早饲时仍给原饲料，午饲时将新饲料加在原饲料上面，混合喂，逐步加多新饲料，$3 \sim 5$ 天替换完。

（8）天气条件允许时，可以育肥开始前剪毛，对育肥增重有利，同时，也可减少蚊蝇骚扰和羔羊在天热时扎堆不动的现象。

4. 羔羊早期育肥

1.5 月龄断奶的羔羊，可以采用任何一种谷物类饲料进行全精料育肥，而玉米等高能量饲料效果最好。饲料配合比例为，整粒玉米 83%、豆饼 15%、石灰石粉 1.4%、食盐 0.5%、维生素和微量元素 0.1%。其中维生素和微量元素的添加量按每公斤饲料计算为维生素 A 5 000 IU、维生素 D 1 000 IU、维生素 E 20 IU；硫酸锌 150mg，硫酸锰 80mg，氧化镁 200mg，硫酸钴 5mg，碘酸钾 1mg。若没有黄豆饼，可用 10% 的鱼粉替代，同时把玉米比例调整为 88%。

羔羊自由采食、自由饮水，饲料的投给最好采用自制的简易自动饲槽，以防止羔羊四肢踩入槽内，造成饲料污染，降低羔羊摄入量，扩大球虫病与其他病菌的传播；饲槽离地高度应随羔羊日龄增长而提高，以饲槽内饲料不堆积或不溢出为宜。如发现某些羔羊啃食圈墙时，应在运动场内添设盐槽，槽内放入食盐或食盐加等量的石灰石粉，让羔羊自由采食。饮水器或水槽内应始终有清洁的饮水。

羔羊断奶前半月龄实行隔栏补饲；或让羔羊早、晚一定时间与母羊分开，独处一圈活动，活动区内设料槽和饮水器，其余时期母子仍同处。羔羊育肥期常见的传染病是肠毒血症和出血性败血症。肠毒血症疫苗可在产羔前给母羊注射或断奶前给羔羊注射。一般情况下，也可以在育肥开始前注射快疫、猝疽和肠毒血症三联苗。

断奶前补饲的饲料应与断奶后育肥饲料相同。玉米粒不要加工成粉状，可以在刚开始时稍加破碎，待习惯后则以整粒饲喂为宜。羔羊在采食整粒玉米初期，有吐出玉米粒的现象，反刍次数增加，此为正常现象，不影响育肥效果。

育肥期一般为50~60天，此间不断水和断料。育肥期的长短主要取决于育肥的最后体重，而体重又与品种类型和育肥初重有关，故适时屠宰体重应视具体情况而定。

哺乳羔羊育肥时，羔羊不提前断奶，保留原有的母子对应，提高隔栏补饲水平，3月龄后挑选体重达到25~27kg的羔羊出栏上市，活重达不到此标准者则留群继续饲养。其目的是利用母羊的繁殖特性，安排秋季和冬季产羔，供节日应时特需的羔羊肉。

5. 断奶后羔羊育肥技术

断奶后羔羊育肥须经过预饲期和正式育肥期两个阶段，方可出栏。

预饲期大约为15天，可分为3个阶段。每天喂料2次，每次投料量以30~45分钟内吃净为佳，不够再添，量多则要清扫；料槽位置要充足；加大喂量和变换饲料配方都应在3天内完成。断奶后羔羊运出之前应先集中，空腹1夜后次日早晨称重运出；入舍羊只应保持安静，供足饮水，1~2天只喂一般易消化的干草；全面驱虫和预防注射。要根据羔羊的体格强弱及采食行为差异调整日粮类型。

第一阶段1~3天，只喂干草，让羔羊适应新的环境。第二阶段7~10天，从第三天起逐步用第二阶段日粮更换干草日粮至第七天换完，喂到第十天。日粮配方为：玉米粒25%、干草64%、蜜糖5%、油饼5%、食盐1%、抗生素50mg。此配方含蛋白质12.9%、钙0.78%、磷0.24%、精粗比为36∶64。第三阶段是10~14天，日粮配方为：玉米粒39%、干草50%、蜜糖5%、油饼5%、食盐1%、抗生素35mg。此配方含蛋白质12.2%、钙0.62%、精粗比为50∶50。预饲期于第十五天结束后，转入正式育肥期。

精料型日粮仅适于体重较大的健壮羔羊肥育用，如初重35kg左右，经40~55天的强度育肥，出栏体重达到48~50kg。日粮配方为：玉米粒96%、蛋白质平衡剂4%、矿物质自由采食。其中，蛋白质平衡剂的组分为上等苜蓿62%、尿素31%、粘固剂4%、磷酸氢钙3%、经粉碎均匀后制成直径约0.6cm的颗粒；矿物质成分为石灰石50%、氯化钾15%、硫酸钾5%、微量元素成分是在日常喂盐、钙、磷之外，再加入双倍食盐量的骨粉，具体比例为食盐32%，骨粉65%，多种微量元素3%。本日粮配方中，每kg风干饲料含蛋白质12.5%，总消化养分85%。

管理上要保证羔羊每只每日食入粗饲料45~90g，可以单独喂给少量秸秆，也可用秸秆当垫草来满足。进圈羊只活重较大，绵羊为35kg左右。进圈羊只休息3~5天注射三联疫苗，预防肠毒血症，再隔14~15天注射1次。保证饮水，从外地购来羊只要在水中加抗生素，连服5天。在用自动饲槽时，要保持槽内饲料不出现间断，每只羔羊应占有7~8cm的槽位。羔羊对饲料的适应期一般不低于10天。

粗饲料型日粮可按投料方式分为两种，一种普通饲槽用，把精料和粗料分开喂给；另一种自动饲槽用，把精粗料合在一起喂给。为减少饲料浪费，对有一定规模化的肉羊饲养场，采用自动饲槽用粗饲料型日粮。自动饲槽日粮中的干草应以豆科牧草为主，其蛋白质含量不低于14%。按照渐加慢换原则逐步转到肥育日粮的全喂量。每只羔羊每天喂量按1.5kg计算，自动饲槽内装足1天的用量，每天投料1次。要注意不能让槽内饲料流空。配制出来的日粮在质量上要一致。带穗玉米要碾碎，以羔羊难以从中挑出玉米粒为宜。

6. 成年羊育肥技术

成年羊育肥，由于品种类型、活重、年龄、膘情、健康状况等差异较大，首先要按品种、活重和计划日增重指标，确定育肥日粮的标准。做好分群、称重、驱虫和环境卫生等准备工作。

夏季，成年羊以放牧育肥为主，适当补饲精料，每日采食 5~6kg 青绿饲料和 0.4~0.5kg 精料，折合干物质 1.6~1.9kg 和 150~170g 可消化蛋白质。日增重水平大致在 160~180g。

秋季，育肥成年羊来源主要为淘汰老母羊和瘦弱羊，除体躯较大、健康无病、牙齿良好、无畸形损征者外，一般育肥期较长，可达 80~100 天，投料量大，日增重偏低，饲料转化率不高。有一种传统做法是使淘汰母羊配上种，母羊怀胎后行动稳重，食欲增强，采食量增大，膘长得快，在怀胎 60 天前可结束育肥。也有将淘汰母羊转入秋草场放牧和进农田秋茬地放牧，膘情好转后再进圈舍饲育肥，以减少育肥开支。淘汰母羊育肥的日粮中应有一定数量的多汁饲料。

7. 当年羔羊的放牧育肥

所谓当年羔羊的放牧育肥是指羔羊断奶前主要依靠母乳，随着日龄的增长、牧草比例增加、断奶到出栏一直在草地上放牧，最后达到一定活重即可屠宰上市。

育肥条件：当年羔羊的放牧育肥与成年羊放牧育肥不同之处，必须具备一定条件方可实行。其一，参加育肥的品种具有生长发育快，成熟早，肥育能力强，产肉力高的特点。如甘肃省的绵羊，是我国著名的绵羊地方类型。是放牧育肥的极好材料。其二，必须要有好的草场条件，如绵羊的原产地，在甘肃省玛曲县及其毗邻的地区，这里是黄河第一弯，降水量多，牧草生长繁茂，适合于当年羔羊的育肥。

育肥方法：主要依靠放牧进行育肥。方法与成年羊放牧相似，但需注意羔羊不能跟群太早，年龄太小随母羊群放牧往往跟不上群，出现丢失现象，在这个时候如果因草场干旱，奶水不足，羔羊放牧体力消耗太大，影响本身的生长发育，使得繁殖成活率降低。其次在产冬羔的地区，3~4 月羔羊随群放牧，遇到地下水位高的返潮地带，有时羔羊易踏入泥坑，造成死亡损失。

影响育肥效果的因素：产羔时间对育肥效果有一定影响，早春羔的胴体重高于晚春羔，在同样营养水平的情况下，早春羔屠宰时年龄为 7~8 月龄，平均产肉 18kg，晚春羔羊为 6 月龄，平均产肉 15kg，前者比后者多产 3kg，从而看出将晚春羔提前为早春羔，是增加产肉量的一个措施，但需要贮备饲草和改变圈舍条件，另外与母羊的泌乳量有关系，绵羊羔羊生长发育快，与母羊产奶量存在着正相关。整个泌乳期平均产奶量 105kg，产后 17 天左右每昼夜平均产奶 1.68kg，羔羊到 4 月龄断奶时出栏体重已达 35kg，再经过青草期的放牧育肥，可取得非常好的育肥效果。

8. 绵羊老母羊的肥育

对年龄过大或失去繁殖能力的绵羊老母羊进行补饲肥育，其目的是增加体重和产肉量，提高羊肉品质，降低成本，提高经济效益。

通过对老母羊进行放牧加补饲肥育结果看，经肥育的老母羊平均每只活重可达到 55~65kg，比肥育前增重 8~12kg，肥育能增加体脂沉积，改善肉质，提高屠宰率；而仅作放牧不加补饲的母羊活重只能达到 42 千克；经肥育后的母羊皮板面积也有所增大，毛长增长，经济效益增加。同时，可以节省草场，节约的草场可供其他羊利用。绵羊老母羊的肥育期在 60~90 天，超过 90 天后饲养成本加大，经济效益降低。

近些年来，甘南藏族自治州一些地方养羊户对老龄淘汰母羊进行肥育，这样可大大增加养羊的经济效益。

绵羊老母羊肥育精料参考配方：玉米 50%，料饼 20%，黑面 10%，麸皮 5%，精料 4%，食盐 1%。饲喂量：果渣 1.0kg/只·天，青贮饲料 0.5kg/只·天，草粉 0.5kg/只·天，精料 1.0kg/只·天。

九、羊的常规管理技术

1. 捉羊方法

捕捉羊是管理上常见的工作，有的捉毛扯皮，往往造成皮肉分离，甚至坏死生蛆，造成不应有的损失。正确的捕捉方法是：右手捉住羊后腱部，然后左手握住另一腱部，因为腱部的皮肤松弛，不会使羊受伤，人也省力，容易捕捉。

引羊前进时，如拉住颈部和耳朵时，羊感到疼痛，用力挣扎，不易前进。正确的方法是一手在额下轻托，以便左右其方向，另一手在坐骨部位向前推动，羊即前进。

放倒羊的时候，人应站在羊的一侧，一手绕过羊颈下方，紧贴羊另一侧的前肢上部，另一只手绕过后肢紧握住对侧后肢飞节上部，轻拉后肢，使羊卧倒。

2. 分群管理

（1）种羊场羊群一般分为繁殖母羊群，育成母羊群，育成公羊群，羔羊群及成年公羊群。一般不留羯羊群。

（2）商品羊场羊群一般分为繁殖母羊群、育成母羊群、羔羊群、公羊群及羯羊群，一般不专门组织育成公羊群。

（3）肉羊场羊群一般分为繁殖母羊群，后备羊群及商品育肥羊群。

（4）羊群大小一般欧拉羊母羊 400~500 只，羯羊 800~1 000 只，育成母羊 200~300 只，育成公羊 200 只。

3. 羊年龄鉴定

羊年龄的鉴定可根据门齿状况、耳标号和烙角号来确定。

（1）根据门齿状况鉴定年龄。绵羊的门齿依其发育阶段分作乳齿和永久齿 2 种。

幼年羊乳齿计 20 枚，随着绵羊的生长发育，逐渐更为永久龄，成年时达 32 枚。乳齿小而白，永久齿大而微带黄色。上下颚各有白齿 12 枚（每边各 6 枚），下颚有门齿 8 枚，上颚没有门齿。

羔羊初生时下颚即有门齿（乳齿）一对，生后不久长出第二对门齿，生后 2~3 周长出第三对门齿，第四对门齿于生后 3~4 周时出现。第一对乳齿脱落更换成永久齿时年龄为 1~1.5 岁，更换第二对时年龄为 1.5~2 岁，更换第三对时年龄为 2~3 岁，更换第四对时年龄为 3~4 岁。四对乳齿完全更换为永久齿时，一般称为"齐口"或"满口"。

4 岁以上绵羊根据门齿磨损程度鉴定年龄。一般绵羊到 5 岁以上牙齿即出现磨损，称"老满口"。6~7 岁时门齿已有松动或脱落的，这时称为"破口"。门齿出现齿缝、牙床上只剩点状齿时，年龄已达 8 岁以上，称为"老口"。

绵羊牙齿的更换时间及磨损程度受很多因素的影响。一般早熟品种羊换牙比其他品种早 6~9 个月完成；个体不同对换牙时间也有影响。此外，与绵羊采食的饲料亦有关系，如，采食粗硬的秸秆，可使牙齿磨损加快。

（2）耳标号、烙角号。现在生产中最常用的年龄鉴定还是根据耳标号、烙角号（公羊）进行。一般编号的头一个数是出生年度，这个方法准确、方便。

4. 编号

为了科学地管理羊群，需对羊只进行编号。常用的方法有：带耳标法、剪耳法。

（1）耳标法。耳标材料有金属和塑料 2 种，形状有圆形和长方形。耳标用以记载羊的个体号、品种等号及出生年月等。以金属耳标为例，用钢字钉把羊的号数打在耳标上，第一个号数中打羊的出生年份的后一个字，接着打羊的个体号，为区别性别，一般公羊尾数为单，母羊尾数为双。耳标一般戴在左耳上。用打耳钳打时，应在靠耳根软骨部，避开血管，用碘酒在打耳处消毒，然后再打孔，如打孔后出血，可用碘酒消毒，以防感染。

（2）剪耳法。用特制的剪缺口剪，在羊的两耳上剪缺刻，作为羊的个体号。其规定是：左耳作个位数，右耳作十位数，耳的上缘剪一缺刻代表 3，下缘代表 1，耳尖代表 100，耳中间圆孔为 400；右耳上缘一个缺刻为 30，下缘为 10、耳尖为 200，耳中间的圆孔为 800。

5. 记录

羊只编号以后，就可对其进行登记做好记录，要记清楚其父母编号、出生日期、编号、初生重、断奶体重等，最好绘制登记表格。

6. 断尾

尾部长的羊为避免粪便污染羊毛及防止夏季苍蝇在母羊外阴部下蛆而感染疾病和便于母羊配种，必须断尾。断尾应在羔羊出生后 10 天内进行，此时尾巴较细不易出血，断尾可选在无风的晴天实施。常用方法为结扎法，即用弹性较好的橡皮筋套在尾巴的第三尾椎、第四尾椎之间，紧紧勒住，断绝血液流通。大约过 10 天尾即自行脱落。

7. 去势

对不做种用的公羊都应去势，以防止乱交乱配。去势后的公羊性情温顺，管理方便，节省饲料，容易育肥。所产羊肉无膻味且较细嫩。去势一般与断尾同时进行，时间一般为 10 天左右，选择无风、晴暖的早晨。去势时间过早或过晚均不好，过早睾丸小，去势困难；过晚流血过多，或可发生早配现象，去势方法主要有以下几种。

（1）结扎法。当公羊 1 周龄时，将睾丸挤在阴囊里，用橡皮筋或细线紧紧地结扎于阴囊的上部，断绝血液流通。经过 15 天左右，阴囊和睾丸干枯，便会自然脱落。去势后最初几天，对伤口要常检查，如遇红肿发炎现象，要及时处理。同时要注意去势羔羊环境卫生，垫草要勤换，保持清洁干燥，防止伤口感染。

（2）去势钳法。用特制的去势钳，在阴囊上部用力紧夹，将精索夹断，睾丸则会逐渐萎缩。此法无创口、无失血、无感染的危险。但经验不足者，往往不能把精索夹断，达不到去势的目的，经验不足者忌用。

（3）手术法。手术时常需两人配合，一人绑定羊，使羊半蹲半仰，置于凳上或站立；另一人用 3% 石炭酸或碘酒消毒，然后手术者一只手捏住阴囊上方，以防止睾丸缩回腹腔中，另一只手用消毒过的手术刀在阴囊侧面下方切开一个小口约为阴囊长度的 1/3，以能挤出睾丸为度，切开后，把睾丸连同精索拉出撕断。一侧的睾丸摘除后，再用同样的方法摘除另一侧睾丸。也可把阴囊的纵膈切开，把另一侧的睾丸挤过来摘除。这样少开一个口，利于康复。睾丸摘除后，把阴囊的切口对齐，用消毒药水涂抹伤口并撒上消炎粉。过

1~2 天进行检查，如阴囊收缩，则为正常；如阴囊肿胀发炎，可挤出其中的血水，再涂抹消毒药水和消炎粉。

8. 剪毛

羊一般年剪毛 1 次，剪毛开始的时间，主要决定于当地气候和羊群膘度，宜在气候稳定和羊只体力恢复之后进行。各种羊剪毛的先后，可按羯羊、公羊、育成羊和带羔母羊的顺序来安排。患疥癣和痘疹的羊最后剪，以免传染。

剪毛应注意的事项如下。

（1）应选在干净平整的地面进行，否则，应下铺苫布或苇席。因为大量混有草刺、草棍和粪末的羊毛，在交售时是要降低等级和多扣分头的。

（2）毛在雨雪淋湿状态下绝对不能开剪，因湿毛在保存运输中易发热变黄，还易滋生衣蛾幼虫而蛀蚀羊毛。

（3）羊体上的任何临时编号和记号，都只能用专门的涂料来进行。绝不能用油漆或沥青，因这两种物质在羊毛加工时不易洗掉，影响毛产品质量。

（4）剪毛前 12 小时不应饮水和放牧，以保持空腹为宜。

（5）剪毛留茬高度，以保持 0.3~0.5cm 为宜。过高会影响剪毛量和降低毛长度。过低又易剪伤羊体皮肤。有时留茬即使偏高，也不要再剪第二刀，因二刀毛根本不能利用。

（6）对皱褶多的羊，可用左手在后面拉紧皮肤，剪子要对着皱褶横向开剪，否则易剪伤皮肤。

（7）剪时应力求保持完整套毛（这样有利于工厂化选毛），绝不能随意撕成碎片。

（8）对黑花毛、粪块毛、毡片毛、头腿毛、过胶毛及带有较多草刺草棍的混杂毛，要单独剪下和分别包装出售，千万不能与套毛掺混在一起。

（9）剪毛时注意不要剪破皮肤。

（10）对种公羊和核心群母羊，应作好剪毛量和剪毛后体重的测定和记录工作。

总之，适时剪毛，正确剪毛，并作好包装储存，一般可提高剪毛量 7%~10%，交售等级也较高。

9. 药浴

绵羊易感染疥癣病，疥癣病主要由螨虫寄生皮肤所引起，绵羊所寄生的主要是痒螨。

疥癣病对养羊业的危害很大，不仅造成脱毛损失，更主要在于羊只感染后瘙痒不安，采食减少，很快消瘦，严重者受冻致死。

药浴是治疗疥癣最彻底有效的方法。常用药剂有敌百虫、除癫灵等。目前采用的主要是敌百虫、敌百虫蝇毒磷合剂、磷丹、除癫灵等。但缺点是其残效期短，药效不够持久。"双甲脒"是一种能消灭疥癣、控制螨病扩大和蔓延的新药，特点是疗效高，残效期长，安全低毒，其废液在泥土中易降解，不污染环境。药浴浓度为 1kg 药液（20% 含量乳油）500~600 倍稀释。局部可用 2ml 的安培药液加水 0.5kg 涂擦或喷雾。

剪毛后的 10~15 天内，应及时组织药浴。为保证药浴的安全有效，应在大批入浴前，先用少量进行药效观察试验。不论是淋浴还是池浴，都应让羊多站停一会儿，使药物在身上停留时间长一些。力求全部羊只都能参加，无一漏洗。应注意有无中毒及其他事故发生。

平时应加强羊群检查，对冬季局部患有疥癣的羊，应及时用 0.1% 辛硫磷软膏涂患处，并短期隔离。羊舍应经常保持干燥通风。

10. 驱虫

在冬春季节，羊只抵抗力明显降低。经越冬后的各种线虫幼虫，在每年的3—5月将有一个感染高峰，头年蛰伏在羊体胃肠黏膜下的受阻型幼虫，此时也会乘机发作，重新发育成熟。

当大量虫体寄生时，就会分离出一种抗蛋白酶素，导致羊体胃腺分泌蛋白酶原障碍，对蛋白质不能充分吸收，阻碍蛋白质代谢机能，同时，还影响钙、磷代谢。寄生虫的代谢产物，也会破坏造血器官的功能和改变血管壁的渗透作用，从而引起贫血和消化机能障碍—拉稀或便秘。因此，对寄生虫感染较重的羊群，可在2—3月提前作1次治疗性驱虫。剪毛药浴后，再作1次普遍性驱虫。在寄生虫感染较重的地区，还有必要在入冬前再作1次驱虫。驱虫后要立即转入新的草场放牧，以防重新感染。

常用的驱虫药物有四咪唑、驱虫净、丙硫咪唑等。特别是丙硫咪唑，它是一种广谱、低毒、高效的新药，每千克体重的剂量为15mg，对线虫、吸虫和绦虫都有较好的治疗效果。

十、绵羊的饲养模式

1. 不同饲养方式的养殖模式

羊的饲养方式归纳起来有3种，即放牧饲养、舍饲饲养和半放牧半舍饲饲养。饲养方式的选择要根据当地草场资源、人工草地建设、农作物副产品数量、圈舍建设和技术水平来确定，原则是高效、合理利用饲草料和圈舍资源，保证羊正常的生长发育和生产需要，充分发挥生产性能，降低饲养成本，提高经济效益。

(1) 放牧饲养。放牧饲养方式是除极端天气外，如暴风雪和高降水，羊群一年四季都在天然草场上放牧，是我国北方牧区、青藏高原牧区、云贵高原牧区和半农半牧区羊的主要生产方式。这些地区天然草地资源广阔，牧草资源充足，生态环境条件适宜放牧生产。羊的放牧一般选择地势平坦、高燥，灌丛较少，以禾本科为主的低矮型草场。

放牧饲养投资小，成本低，饲养效果取决于草畜平衡，关键在于控制羊群的数量，提高单产，合理保护和利用天然草场。应注意的是，在春季牧草返青前后，冬季冻土之前的一段时间，要适当降低放牧强度，组织好放牧管理，兼顾羊群和草原双重生产性能。

(2) 舍饲饲养。舍饲饲养是把羊全年关在羊舍内饲喂，集约化和规模化程度较高，技术含量要求高，要有充足的饲草料来源、宽敞的羊舍和一定面积的运动场，以及足够的养羊配套设备，如饲槽、草架、水槽等。开展舍饲饲养的条件是必须种植大面积人工草地、饲料作物，收集和储备大量的青绿饲料、干草、秸秆、青贮饲料、精饲料，才能保证全年饲草料的均衡供应。

舍饲饲养的人力物力投资大，饲养成本高，饲养效果取决于羊舍等设施状况和饲草料储备情况，羊品种的选择、营养平衡、疫病防控和环境条件的综合控制。

(3) 半放牧半舍饲饲养。半放牧半舍饲饲养结合了放牧与舍饲的优点，既可充分利用天然草地资源，又可利用人工草地、农作物副产品和圈舍设施，规模适度，技术水平较高，产生良好的经济和生态效益，适合于羊生产。在生产实践中，要根据不同季节牧草生产的数量和质量、羊群自身的生理状况，规划不同季节的放牧和舍饲强度，确定每天放牧实践的长短和在羊舍内饲喂的次数和数量，实行灵活而不均衡的半放牧半舍饲饲养方式。一般夏秋季节各种牧草生长茂盛，通过放牧能满足羊的营养需要，可不补饲或少补饲。冬春季节，牧草枯萎，量少质差，只靠放牧难以满足羊的营养需要，必须加强补饲。

2. 不同经营方式的养殖模式

（1）农牧户分散饲养。农牧户分散饲养是目前我国羊饲养的主要形式，随着牧区草原承包经营责任制的深入推行，千家万户的分散饲养已成为羊生产的基本形式，饲养规模从数十只到成百上千只不等，主要由各家庭的劳动力和所承包的草原面积决定。这种饲养模式的特点是经营灵活，但经济效益不高，抗风险能力差，新技术的应用范围有限，对草原生态环境的破坏作用较大。

（2）"公司+农户"饲养。"公司+农户"饲养是由龙头企业牵头，根据市场需求设计产品生产方向，联合许多农牧户按照相对统一的生产标准进行羊的生产，由公司经营，农牧户仅仅发挥基地生产的作用。这种生产方式的标准化程度较高，产品的市场竞争能力较强，有一定的抵御风险能力，新技术的推广应用范围大，经济效益较高。

（3）专业合作社饲养。专业合作社饲养是由农牧区的细毛羊或半细毛羊生产经验"能人"以村或乡镇的管理机制组织养羊生产，成立专业合作社，有领导有组织，对生产职能分工负责，相互协调，统一规划草原、羊群、饲草料管理和贸易流通，是新兴的养羊生产模式，组织体系相对紧密，生产规模较大，新技术的转化能力较强。

（4）协会饲养。协会饲养主要是由当地牲畜经营大户组织农牧户开展细毛羊或半细毛羊的生产经营，组织体系较松散，主要目的是组织羊毛的市场交易，对羊的规范化生产有一定的促进作用。

（5）农牧户联户饲养。随着农牧区劳动力的转移和新牧区、养殖小区的建设，许多家庭联合生产，以节约劳动力和合理利用草场及饲草料资源为目的，进行农牧户联户饲养，组织有经验的家庭或成员统一组织羊群饲养，开展经营管理。这种饲养模式的优点是扩大了养殖规模，优化了草场和饲草料资源的利用，组织体系紧密，有利于进一步形成集约化、规模化的养殖模式。

3. 不同饲养规模的养殖模式

为了进一步做强做大羊产业，有关畜牧业管理部门、科研机构及企业和农牧民极研究探索羊生产规模化养殖模式，鉴于目前我国羊分布区域广、生态环境多样、养殖户相对分散、规模较小的实际情况，以下几种模式可以借鉴参考，以促进羊业的规模化发展。

（1）组建羊"托羊所"。"托羊所"免费提供草原、羊舍等养羊设施，农牧户出资购买羊进驻，托养或自养，吸引农牧户把手中的闲散资金集中投向羊产业，使有限资金得到整合，实现了有效利用和良性循环；把相对分散的养殖户联结成为相对集中和稳固的养殖联合体，实现靠规模增效益，稳产稳收的目标；通过规模化养殖，集中剪毛和羊毛的标准化生产，统一销售，实现组织经营管理者和农牧户的双赢。

（2）多种渠道建设羊养殖小区。通过政策扶持，采取招商引资、项目投资、群众集资、合作社社员入股等多种方式，建设羊养殖小区。养殖小区模式可以实现羊的规模养殖，降低饲养成本，提升羊养殖效益；节约劳动力资源，使更多的农牧区劳动力从羊产业中剥离出来，从事其他产业增收。同时，也可实现羊饲养的品种、饲料、技术、管理、防疫、剪毛和销售7个方面的统一，达到科学化、标准化、规范化。还可以通过统一管理，机械化剪毛，羊毛分级打包，有效地保障羊毛优质优价。

（3）建设羊养殖示范园区。要利用项目资金或政府扶持资金，组建高标准的羊养殖示范园区，引进优质羊新品种，运用先进技术和科学的管理理念，内设参观走廊，定期组织广大羊养殖户前去参观学习，集教学、科技应用、典型示范于一体。可以有效提高广大羊养殖户学科技、用科技的思想意识，提升羊产业科技含量，进而加快羊产业标准化、科学化、现代化、集约化和规模化养殖进程。

（4）建设大型现代化羊生产牧场。对现有的羊规模养殖大户进行资金、政策、占地等多方面的倾斜，加大扶持力度，促使其上规模、上档次、上水平，进而建成大型的现代化家庭牧场，应用高、新、精、尖技术，靠规模增加效益，靠科技提升效益。同时，还可就地转移农牧区剩余劳动力，加快了羊产品转化增值，实现资源优势向经济优势的转变。

第八章　养殖环境管理

一、养殖环境污染及监控

（一）空气污染的调控

1. 大气中的污染物

大气中的污染物主要分为自然来源和人为来源两大类。自然界的各种微粒、硫氧化物、各种盐类和异常气体等，有时可造成局部的或短期的大气污染。人为的来源有工农业生产过程和人类生活排放的有毒、有害气体和烟尘，如氟化物、二氧化硫、氮氧化物、一氧化碳、氧化铁微粒、氧化钙微粒、砷、汞、氯化物、各种农药产生的气体等。尤其是石化燃料的燃烧，特别是化工生产和生活垃圾的焚烧，是造成大气污染最主要的来源。燃烧完全产物主要有：二氧化碳、二氧化硫、二氧化氮、水蒸气、灰分（含有杂质的氧化物或卤化物，如氧化铁、氟化钙）等。燃烧不完全产物有一氧化碳、硫氧化物、醛类、碳粒、多环芳烃等。工业生产过程中向环境中排放大量的污染物。

2. 畜舍中的有害气体

集约化牛羊场以舍饲为主，牛羊起居和排泄粪尿都在畜舍内，产生有害气体和恶臭，往往造成舍内外空气污染。主要表现在空气中二氧化碳、水汽等增多，氮气、氧气减少；并出现许多有毒有害成分：如氨气、硫化氢、一氧化碳、甲烷、酰胺、硫醇、甲胺、乙胺、乙醇、丙酮、2-丁酮、丁二酮、粪臭素和吲哚等。

舍内有害气体的气味可刺激人的嗅觉，产生厌恶感，故又称为恶臭或恶臭物质，但恶臭物质除了家畜粪尿、垫料和饲料等分解产生的有害气体外，还包括皮脂腺和汗腺的分泌物、畜体的外激素以及黏附在体表的污物等，家畜呼出二氧化碳也会散发出不同的难闻气味。肉羊采食的饲料消化吸收后进入后段肠道（结肠和直肠），未被消化的部分被微生物发酵，分解产生多种臭气成分，具有一定的臭味。粪便排出体外后，粪便中原有的和外来的微生物和酶继续分解其中的有机物，生成的某些中间产物或终产物形成有害气体和恶臭，一般来说臭气浓度与粪便氮、磷酸盐含量成正比。有害气体的成主要成分是硫化氢、有机酸、酚、醛、醇、酮、酯、盐基性物质、杂环化合物、碳氢化合物等。

3. 空气污染

①合理确定牛、羊场位置是防止工业有害气体污染和解决畜牧场有害气体对人类环境污染的关键。场址应选择城市郊区、郊县、远离工业区、人口密集区，尤其是医院、动物产品加工厂、垃圾场等污染源。如宁夏大武口区潮湖村的羊正好处于发电厂煤烟走向的山沟里，结果造成2 000多只山羊因空气污染而生长停滞，发生空气氟中毒现象。

②设法使粪尿迅速分离和干燥，可以降低臭气的产生。放牧情况下牛、羊圈每半年或一年清理1次粪便。集约化牛、羊场因饲养密度大，必须每日清理。

③研究表明，当 pH 值>9.5 时，硫化氢溶解度提高，释放量减少；氨在 pH 值 7.0~10.0 时大量释放；pH 值<7.0 时释放量大大减少；pH 值<4.5 时，氨几乎不释放。

另外，保持粪床或沟内有良好的排水与通风，使排出的粪便及时干燥，则可大大减少舍内氨和硫化氢等的产生。

④应用添加剂可减少臭气、污染物数量。目前，常用的添加剂有微生态制剂沸石、膨润土、海泡石、蛭石和硅藻土等。

（二）水污染的调控

1. 水中微生物的污染

水中微生物的数量，在很大程度上取决于水中有机物含量，水源被病原微生物污染后，可引起某些传染病的传播与流行。由于天然水的自净作用，天然水源的偶然一次污染，通常不会引起水的持久性污染。但是如果长期地不间断的污染，就有可能造成流行病的污染。据报道，能够引起人类发病的传染病共有 148 种，其中，有 15 种是经水传播的。主要的肠道传染病有伤寒、副伤寒、副霍乱、阿米巴痢疾、细菌性痢疾、钩端螺旋传染病等。由病毒经水传播的传染病，到目前为止已发现 140 种以上。主要有肠病毒（脊髓灰质炎、柯萨奇病毒，人肠道外细胞病毒）、腺病毒。养羊场被水污染后，可引起炭疽、布鲁氏菌病、结核病、口蹄疫等疫病的传染。

2. 水中有机物质的污染

畜粪、饲料、生活污水等都含有大量的碳氢化合物、蛋白质、脂肪等腐败性有机物。这些物质在水中首先使水变混浊。如果水中氧气不足，则好气菌可分解有机氮为氨、亚硝酸盐，最终为稳定的硝酸盐无机物。如果水中溶解氧耗尽，则有机物进行厌氧分解，产生甲烷、硫化氢、硫醇之类的恶臭，使水质恶化不适于饮用。又由于有机物分解的产物是优质营养素，使水生生物大量繁殖，更加大了水的混浊度，消耗水中氧，产生恶臭，威胁贝类、藻类的生存，因而在有机物排放到水中时，要求水中应有充足的氧以对其进行分解，所以亦可按水中的溶解氧量，决定所容许的污染物排放量。

3. 水的沉淀、过滤与消毒

肉羊场大都处于农村和远郊，一般无自来水供应，大部分采用自备井。其深度差别较大，污染程度也有所区别，通常需进行消毒。地面水一般比较浑浊，细菌含量较多，必须采用普通净化法（混凝沉淀及沙滤）和消毒法来改善水质。地下水较为清洁，一般只需消毒处理。有的水源较特殊，则应采用特殊处理法（如除铁、除氟、除臭、软化等）。

（1）混凝沉淀水中较细的悬浮物及胶质微粒，不易凝集沉降，故必须加入明矾、硫酸铝和铁盐（如硫酸亚铁、三氯化铁等）混凝剂，使水中极小的悬浮物及胶质微粒凝聚成絮状物而加快沉降，此称"混凝沉淀"。

（2）沙滤是把浑浊的水通过沙层，使水中悬浮物、微生物等阻留在沙层上部，水即得到净化。

集中式给水的过滤，一般可分为慢沙滤池和快沙滤池 2 种。一目前大部分自来水厂采用快沙滤池，而简易自来水厂多采用慢沙滤池。

分散式给水的过滤，可在河或湖边挖渗水井，使水经过地层自然滤过。如能在水源和渗水井之间挖一沙滤沟，或建筑水边沙滤井，则能更好地改善水质。

（3）消毒饮水消毒的方法很多，如氯化法、煮沸法、紫外线照射法、臭氧法、超声波法、高锰酸钾法等。目前应用最广的是氯化消毒法，因为此法杀菌力强、设备简单、使用方便、费用低。

消毒剂的用量，除满足在接触时间内与水中各种物质作用所需要的有效氯量外，还应该使水在消毒后有适量的剩余，以保证持续的杀菌能力。

氯化消毒用的药剂为液态氯和漂白粉。集中式给水的加氯消毒，主要用液态氯。小型水厂和分散式给水多用漂白粉。漂白粉易受空气中二氧化碳、水分、光线和高温等影响而发生分解，使有效氯含量不断减少。因此，须将漂白粉装在密塞的棕色瓶内，放在低温、干燥、阴暗处。

（三）土壤中的矿物质与微生物

土壤原是牛羊生存的重要环境，但随着现代养牛、羊业向舍饲化方向一的发展，其直接影响越来越小，而主要通过饮水和饲料等间接影响肉羊健康和生产性能。

畜体中的化学元素主要从饲料中获得，土壤中某些元素的缺乏或过多，往往通过饲料和水引起家畜地方性营养代谢疾病。例如，土壤中钙和磷的缺乏可引起家畜的佝病和软骨症；缺镁则导致畜体物质代谢紊乱、异嗜，甚至出现痉挛症；宁夏盐池县为高氟地区，常发生慢性氟中毒现象。

土壤的细菌大多是非病原性杂菌，如丝状菌、酵母菌、球菌以及硝化菌、固氮菌等。土壤深层多为厌氧性菌。土壤的温度、湿度、pH 值、营养物质等不利病原菌生存。但富含有机质或被污染的土壤，或逆性较强的病原菌，都可能长期生存下来，如破伤风杆菌和炭疽杆菌在土壤中可存活 16~17 年甚至更多年以上，霍乱杆菌可生存 9 个月，布鲁氏杆菌可生存 2 个月，沙门氏杆菌可生存 12 个月。土壤中非固有的病原菌如伤寒菌、疾病菌等，在干燥地方可生存 2 周，在湿润地方可生存 2~5 个月。各种致病寄生虫的幼虫和卵，原生动物如蛔虫、钩虫、阿米巴原虫等，在低洼地、沼泽地生存时间较长，常成为肉羊寄生虫病的传染源。

二、养殖场环境的监控和净化

牛、羊场环境主要指场区和舍区的环境。这些地方环境的好坏，直接影响牛、羊生产力的发挥，对牛、羊场环境的监控主要依靠较好的消毒工作来实现。

1. 消毒的概念及分类

（1）概念。消毒是指运用各种方法消除或杀灭饲养环境中的各类病原体，减少病原体对环境的污染，切断疾病的传染途径，达到防止疾病发生、蔓延，进而达到控制和消灭传染病的目的。消毒主要是针对病原微生物和其他有害微生物，并不是消除或杀灭所有的微生物，只是要求把有害微生物的数量减少到无害化程度。

（2）分类。

①疫源地消毒系指对存在或曾经存在过传染病的场所进行的消毒。主要指被病源微生物感染的畜群及其生存的环境如羊群、畜舍、用具等。一般可分为随时消毒和终末消毒2 种。

②预防性消毒对健康或隐性感染的畜群，在没有被发现有传染病或其他疾病时，对可能受到某种病原微生物感染羊群的场所环境、用具等进行的消毒，谓之预防性消毒。对养牛、羊场附属部门如门卫室、兽医室等的消毒也属于此类型。

2. 消毒方法

（1）物理消毒。物理消毒包括过滤消毒、热力消毒（其中，干热消毒和灭菌有焚烧、烧灼、红外线照射灭菌、干烤灭菌等；湿热消毒有煮沸消毒、流通蒸汽消毒、巴氏消毒、低温蒸汽消毒、高压蒸汽灭菌等）、辐射消毒（包括紫外线照射消毒、电离辐射灭菌等）。常用的是热力消毒，其中，煮沸消毒最常用，优点是简便、可靠、安全、经济。其中常压蒸汽消毒是在101.325kPa（1个大气压下），用100℃的水蒸气进行的消毒；高压蒸汽消毒具有灭菌速度快，效果可靠、穿透力强等特点；巴氏消毒主要用于不耐高温的物品，一般温度控制在60~80℃，如牛奶类温度控制在62.8~65.6℃，血清56℃，疫苗56~60℃。

（2）化学消毒。化学消毒指用于杀灭或消除外界环境中病原微生物或其他有害微生物的化学药品。所使用的消毒剂按消毒程度可分为高效、中效、低效消毒剂3种。若按消毒剂的化学结构可分为醛类、酚类、醇类、季铵盐类、氧化剂类、烷基化气体类、含碘化合物类、双肌类、酸类、醋类、含氯化合物类、重金属盐类以及其他消毒剂等。常用的消毒剂有氢氧化钠、福尔马林、克辽林（臭药水）、来苏儿（煤酚皂溶液）、漂白粉、新吉尔灭等。复合消毒剂有美国生产的农福（复合酚）、国产的有菌毒杀、复合酚、菌毒净、菌毒灭、杀特灵等。

（3）生物消毒。生物消毒是利用某种生物杀灭或消除病原微生物的方法。发酵是消毒粪便和垃圾最常用的消毒方法。发酵消毒可分为地面泥封堆肥发酵法和坑式堆肥发酵法两种。

（4）常用的消毒方法。该方式主要有喷雾消毒，即用规定浓度的次氯酸盐、有机碘化合物、过氧乙酸、新吉尔灭、煤酚等，进行羊舍消毒、带羊环境消毒、羊场道路和周围以及进入场区的车辆消毒；浸液消毒即用规定浓度的新吉尔灭、有机碘混合物或煤酚的水溶液，洗手、洗工作服或对胶靴进行消毒；熏蒸消毒是指用甲醛等对饲喂用具和器械，在密闭的室内或容器内进行熏蒸；喷洒消毒是指在羊舍周围、入口、产房和羊床下面撒生石灰或氢氧化钠进行的消毒；紫外线消毒系指在人员入口处设立消毒室，在天花板上，离地面2.5m左右安装紫外灯，通常6~15m³用1支15W紫外线灯。用紫外线灯对污染物表面消毒时，灯管距污染物表面不宜超过1.0m，时间30分钟左右，消毒有效区为灯管周围1.5~2.0m。

3. 养殖场的消毒

（1）常规消毒管理。

①清扫与洗刷为了避免尘土及微生物飞扬，清扫时先用水或消毒液喷洒，然后再清扫。主要清除粪便、垫料、剩余饲料、灰尘及墙壁和顶棚上的蜘蛛网、尘土等。

②消毒药喷洒或熏蒸喷洒消毒液的用量为1L/m²，泥土地面、运动场为1.5L/m²左右。消毒顺序一般从离门远处开始，以墙壁、顶棚、地面的顺序喷洒1遍，再从内向外将地面重复喷洒1次，关闭门窗2~3小时，然后打开门窗通风换气，再用清水清洗饲槽、水槽及饲养用具等。

③饮水消毒肉羊的饮水应符合畜禽饮用水水质标准，对饮水槽的水应隔3~4小时更换1次，饮水槽和饮水器要定期消毒，为了杜绝疾病发生，有条件者可用含氯消毒剂进行饮水消毒。

④空气消毒一般畜舍被污染的空气中微生物数量每立方米10个以上，当清扫、更换

垫草，出栏时更多。空气消毒最简单的方法是通风，其次是利用紫外线杀菌或甲醛气体熏蒸。

⑤消毒池的管理在肉羊场大门口应设置消毒池、长度不小于汽车轮胎的周长，2m以上，宽度应与门的宽度相同，水深10～15cm，内放20%～30%氢氧化钠溶液或5%来苏儿溶液和草包。消毒液1周更换1次，北方在冬季可使用生石灰代替氢氧化钠。

⑥粪便消毒通常有掩埋法、焚烧法及化学消毒法几种。掩埋法是将粪便与漂白粉或新鲜生石灰混合，然后深埋于地下2m左右处。对患有烈性传染病家畜的粪便进行焚烧、方法是挖1个深75cm，宽75～100cm的坑，在距坑底40～50cm处加一层铁炉算子，对湿粪可加一些干草，用汽油或酒精点燃。常用的粪便消毒是发酵消毒法。

⑦污水消毒一般污水量小，可拌洒在粪中堆集发酵，必要时可用漂白粉按每立方米8～10g搅拌均匀消毒。

（2）人员及其他消毒。

①人员消毒：

（a）饲养管理人员应经常保持个人卫生，定期进行人畜共患病检疫，并进行免疫接种，如卡介苗、狂犬病疫苗等。如发现患有危害肉羊及人的传染病者，应及时调离，以防传染。

（b）饲养人员进入畜舍时，应穿专用的工作服、胶靴等，并对其定期消毒。工作服采取煮沸消毒，胶靴用3%～5%来苏儿浸泡。工作人员在工作结束后，尤其在场内发生疫病时，工作完毕，必须经过消毒后方可离开现场。具体消毒方法是：将穿戴的工作服、帽及器械物品浸泡于有效化学消毒液中，工作人员的手及皮肤裸露部位用消毒液擦洗、浸泡一定时间后，再用清水清洗掉消毒药液。对于接触过烈性传染病的工作人员可采用有效抗生素预防治疗。平时的消毒可采用消毒药液喷洒法，不需浸泡。直接将消毒液喷洒于工作服、帽上；工作人员的手及皮肤裸露处以及器械物品，可用蘸有消毒液的纱布擦拭，而后再用水清洗。

（c）饲养人员除工作需要外，一律不准在不同区域或栋舍之间相互走动，工具不得互相借用。任何人不准带饭，更不能将生肉及含肉制品的食物带入场内。场内职工和食堂均不得从市场购肉，所有进入生产区的人员，必须坚持在场区门前踏300mL氢氧化钠溶液池、更衣室更衣、消毒液洗手，条件具备时，要先沐浴、更衣，再消毒才能进入羊舍内。

（d）场区禁止参观，严格控制非生产人员进入生产区，若生产或业务必须，经兽医同意、场领导批准后更换工作服、鞋、帽，经消毒室消毒后方可进入。严禁外来车辆人内，若生产或业务必须，车身经过全面消毒后方可入内。在生产区使用的车辆、用具，一律不得外出，更不得私用。

（e）生产区不准养猫、养狗，职工不得将宠物带入场内，不准在兽医诊疗室以外的地方解剖尸体。建立严格的兽医卫生防疫制度，肉羊场生产区和生活区分开，入口处设消毒池，设置专门的隔离室和兽医室、做好发病时隔离、检疫和治疗工作，控制疫病范围，做好病后的消毒净群等工作。当某种疫病在本地区或本场流行时，要及时采取相应的防制措施，并要按规定上报主管部门，采取隔离、封锁等措施。

（f）长年定期灭鼠，及时消灭蚊蝇，以防疾病传播。对于死亡羊的检查，包括剖检等工作，必须在兽医诊疗室内进行，或在距离水源较远的地方检查。剖检后的尸体以及死亡的畜禽尸体应深埋或焚烧。本场外出的人员和车辆，必须经过全面消毒后方可回场。运送饲料的包装袋，回收后必须经过消毒，方可再利用，以防止污染饲料。

②饲料消毒：对粗饲料要通风干燥，经常翻晒和日光照射消毒，对青饲料防止霉烂，最好当日割当日用。精饲料要防止发霉，应经常晾晒，必要时进行紫外线消毒。

③土壤消毒：消灭土壤中病原微生物时，主要利用生物学和物理学方法。疏松土壤可增强微生物间的拮抗作用；使受到紫外线充分照射。必要时可用漂白粉或 10%~50%漂白粉澄清液、4%甲醛溶液、100%硫酸苯酚合剂溶液、20%~40%氢氧化钠热溶液等进行土壤消毒。

④畜体表消毒主要方法有药浴、涂擦、洗眼、点眼、阴道子宫冲洗等。

⑤医疗器械消毒 各种诊疗器械及用器按要求消毒。

⑥疫源地消毒 疫源的消毒包括病羊的畜舍、隔离场地、排泄物、分泌物及被病原微生物污染和可能污染的一切场所、用具和物品等。

⑦发生疫病羊场的防疫措施

（a）及时发现，快速诊断，立即上报疫情。确诊病羊，迅速隔离。如发现一类和二类传染病暴发或流行（如口蹄疫、痒病、蓝舌病、羊痘、炭疽等）应立即采取封锁等综合防疫措施。

（b）对易感羊群进行紧急免疫接种，及时注射相关疫苗和抗血清，并加强药物治疗、饲养管理及消毒管理。提高易感羊群抗病能力。对已发病的羊只，在严格隔离的条件下，及时采取合理的治疗，争取早日康复，减少经济损失。

（c）对污染的圈、舍，运动场及病羊接触的物品和用具都要进行彻底的消毒和焚烧处理。对传染病的病死羊和淘汰羊严格按照传染病羊尸体的卫生消毒方法，进行焚烧后深埋。

三、粪便及病尸的无害化处理

1. 粪便的无害化处理

（1）羊粪的处理。

①发酵处理即利用各种微生物的活动来分解粪中有机成分，有效地提高有机物质的利用率。根据发酵微生物的种类可分为有氧发酵和厌氧发酵两类。

（a）充氧动态发酵 在适宜的温度、湿度以及供氧充足的条件下，好气菌迅速繁殖，将粪中的有机物质分解成易被消化吸收的物质，同时，释放出硫化氢、氨等气体。在 45~55℃下处理 12 小时左右，可生产出优质有机肥料和再生饲料。

（b）堆肥发酵处理 堆肥是指富含氮有机物的畜粪与富含碳有机物的秸秆等，在好氧、嗜热性微生物的作用下转化为腐殖质、微生物及有机残渣的过程。堆肥过程产生的高温（50~70℃，可使病原微生物和寄生虫卵死亡。炭疽杆菌致死温度为 50~55℃，所需时间 1 小时，布氏杆菌分别为 0℃，2 小时。口蹄疫病毒在 50~60℃迅速死亡，寄生蠕虫卵和幼虫在 50~60℃，1~3 分钟即可杀灭。经过高温处理的粪便呈棕黑色、松软、无特殊臭味、不招苍蝇、卫生、无害。

（c）气发酵处理 沼气处理是厌氧发酵过程，可直接对水粪进行处理。其优点是产出的沼气是一种高热值可燃气体，沼渣是很好的肥料。经过处理的干沼渣还可作饲料。

②干燥处理：

（a）脱水干燥处理　通过脱水干燥，使其中的含水量降低到 150° 以下，便于包装运输，又可抑制畜粪中微生物活动，减少养分（如蛋白质）损失。

（b）高温快速干燥　采用以回转圆筒烘干炉为代表的高温快速干燥设备，可在短时间（10 分钟左右）内将含水率为 70% 的湿粪，迅速干燥至含水仅 10%~15% 的干粪。

（c）太阳能自然干燥处理　采用专用的塑料大棚，长度可达 60~90m，内有混凝土槽，两侧为导轨，在导轨上安装有搅拌装置。湿粪装入混凝土槽，搅拌装置沿着导轨在大棚内反复行走，通过搅拌板的正反向转动来捣碎、翻动和推送畜粪，并通过强制通风排出大棚内的水汽，达到干燥畜粪的目的。夏季只需要约 1 周的时间即可把畜粪的含水量降到 10% 左右。

（2）牛羊粪的利用。

①直接用作肥料　牛、羊粪作为肥料首先根据饲料的营养成分和吸收率，估测粪便中的营养成分。另外，施肥前要了解土壤类型、成分及作物种类，确定合理的作物养分需要量，并在此基础上计算出畜粪施用量。

②生产有机无机复合肥　牛、羊粪最好先经发酵后再烘干，然后与无机肥配制成复合肥。复合肥不但松软、易拌、无臭味，而且施肥后也不再发酵，特别适合于盆栽花卉和无土栽培及庭院种植业。

③制作生物腐殖质　将牛、羊粪与垫草一起堆成 40~50cm 高的堆后浇水，堆藏 3~4 个月，直至 pH 值达 6.5~8.2，粪内温度 28℃ 时，引入蚯蚓进行繁殖。蚯蚓在 6~7 周龄性成熟，每个个体可年产 200 个后代。在混合群体中有各种龄群。每个个体平均体重 0.2~0.3g，繁殖阶段为每平方米 5 000 个，产蚯蚓个体数为每平方米 3 万~5 万个。生产的蚯蚓可加工成肉粉，用于生产强化谷物配合饲料和全价饲料，或直接用于鸡、鸭和猪的饲料中。

（3）粪便无害化卫生标准。畜粪无害化卫生标准是借助卫生部制定的国家标准（GB7959-87）。适用于全国城乡垃圾、粪便无害化处理效果的卫生评价和为建设垃圾、粪便处理构筑物提供卫生设计参数。国家目前尚未制定出对于家畜粪便的无害化卫生标准，在此借鉴人的粪便无害化卫生标准，来阐述对家畜粪便无害化处理的卫生要求。

标准中的粪便是指人体排泄物；堆肥是指以垃圾、粪便为原料的好氧性高温堆肥（包括不加粪便的纯垃圾堆肥和农村的粪便、秸秆堆肥）；沼气发酵是以粪便为原料，在密闭、厌氧条件下的厌氧性消化（包括常温、中温和高温消化）。经无害化处理后的堆肥和粪便，应附和国家的有关规定，堆肥最高温度达 50~55℃ 甚至更高，应持续 5~7 天，粪便中蛔虫卵死亡率为 95%~100%，粪便大肠菌值 10-101，有效地控制苍蝇滋生，堆肥周围没有活动的蛆、蛹或新羽化的成蝇。沼气发酵的卫生标准是，密封贮存期应在 30 天以上，（53±2）℃ 的高温沼气发酵温度应持续 2 天，寄生虫卵沉降率在 95% 以上，粪液中不得检出活的血吸虫卵和钩虫卵，常温沼气发酵的粪大肠菌值应为 10-1，高温沼气发酵应为 10-1-101，有效地控制蚊蝇滋生，粪液中子了，池的周围无活的蛆，蛹或新羽化的成蝇。

2. 病畜尸体的无害化处理

（1）销毁。患传染病家畜的尸体内含有大量病原体，并可污染环境，若不及时做无害化处理，常可引起人畜患病。对确认为是炭疽、羊快疫、羊肠毒血症、羊猝狙、肉氏梭菌中毒症、蓝舌病、口蹄疫、李氏分枝杆菌病、布鲁氏菌病毒等传染病和恶性肿瘤或两个器官发现肿瘤的病畜的整个尸体，以及从其他患病畜割除下来的病变部分和内脏都应进行无害销毁，其方法是利用湿法化制和焚毁，前者是利用湿化机将整个尸体送人密闭容器中进行化制，即熬制成工业油。后者是整个尸体或割除的病变部分和内脏投入焚化炉中烧毁炭化。

（2）化制。除上述传染病外，凡病变严重、肌肉发生退行性变化的其他传染病、中毒性疾病、囊虫病、旋毛虫病以及自行死亡或不明原因死亡的家畜的整个尸体或胴体和内脏，利用湿化机将原料分类分别投入密闭容器中进行化制、熬制成工业油。

（3）掩埋。掩埋是一种暂时看作有效，其实极不彻底的尸体处理方法，但比较简单易行，目前还在广泛地使用。掩埋尸体时应选择干燥、地势较高，距离住宅、道路、水井、河流及牧场较远的偏僻地区。尸坑的长和宽经容纳尸体侧卧为度，深度应在 2m 以上。

（4）腐败。将尸体投入专用的尸体坑内，尸坑一般为直径 3m、深 10～13m 的圆形井，坑壁与坑底用不透水的材料制成。

（5）加热煮沸。对某些危害不是特别严重，而经过煮沸消毒后又无害的患传染病的病畜肉尸和内脏，切成重量不超过 2kg，厚度不超过 8cm 的肉块，进行高压蒸煮或一般煮沸消毒处理。但必须在指定的场所处理。对洗涤生肉的泔水等，必须经过无害处理；熟肉绝不可再与洗过生肉的潜水以及菜板等接触。

3. 病畜产品的无害化处理

（1）血液。

①漂白粉消毒法对患羊痘、山羊关节炎、绵羊梅迪/维斯那病、弓形虫病、雏虫病等的传染病以及血液寄生虫病的病羊血液的处理，是将 1 份漂白粉加入 4 份血液中充分搅匀，放入沸水中烧煮，至血块深部呈黑红色并成蜂窝状时为止。

②高温处理凡属上述传染病者均可高温处理。方法是将已凝固的血液切划成豆腐方块，放入沸水中烧煮，至血块深部呈黑红色并成蜂窝状时为止。

（2）蹄、骨和角。将肉尸作高温处理时剔出的病羊骨、蹄、角，放入高压锅内蒸煮至脱胶或胶脂时止。

（3）皮毛。

①盐酸食盐溶液消毒法此法用于被上述疫病污染的和一般病畜的皮毛消毒。方法是用 2.5%盐酸溶液与 15%食盐水溶液等量混合，将皮张浸泡在此溶液中，并使液温保持在 30℃左右，浸泡 40 小时，皮张与消毒液之比为 1:10 浸泡后捞出沥干，放入 20%氢氧化钠溶液中，以中和皮张上的酸，再用水冲洗后晾干。也可按 100mL 25%食盐水溶液中加入盐酸 1mL 配制消毒液，在室温 15℃条件下浸泡 48 小时，皮张与消毒液之比为 1:4。浸泡后捞出沥干，再放入 10%氢氧化钠溶液中浸泡，以中和皮张上的酸，再用水冲洗后晾干。

②过氧乙酸消毒法此法用于任何病畜的皮毛消毒。方法是将皮毛放人新鲜配制的 2%

过氧乙酸溶液中浸泡 30 分钟捞出，用水冲洗后晾干。

③碱盐液浸泡消毒法此法用于上述疫病污染的皮毛消毒。具体方法是将病皮浸入 5% 碱盐液（饱和盐水内加 50% 氢氧化钠）中室温（17～20℃）浸泡 24 小时，并随时加以搅拌，然后取出挂起，待碱盐液流净，放人 5% 盐酸液内浸泡，使皮上的碱被中和，捞出，用水冲洗后晾干。

④石灰乳浸泡消毒法此法用于口蹄疫和螨病病皮的消毒。方法是将 1 份生石灰加 1 份水制成熟石灰，再用水配成 10% 或 5% 混悬液（石灰乳）。将口蹄疫病皮浸入 10% 石灰乳中浸泡 2 小时；而将螨病病皮浸入 10% 石灰乳中浸泡 12 小时，然后取出晾干。

⑤盐腌消毒法主要用于布鲁氏菌病病皮的消毒。按皮重量的 15% 加入食盐，均匀撒于皮的表面。一般毛皮腌制 2 个月，胎儿毛皮腌制 3 个月。

四、养殖场污染物排放及其监测

集约化养养殖场（区）排放的废渣，是指牛、羊场向外排出的粪便、畜舍垫料、废饲料及散落的羊毛等固体物质。恶臭污染物是指一切刺激嗅觉器官，引起人们不愉快及损害生活环境的气体物质。臭气浓度是指恶臭气体（包括异味）用无臭空气稀释，稀释到刚刚无臭时所需的稀释倍数。最高允许排水量是指在养羊过程中直接用于生产的水的最高允许排放量。

1. 水污染物排放标准

集约化牛、羊场（区）的废水不得排入敏感水域和有特殊功能的水域。排放去向应符合国家和地方的有关规定。

（1）水污染物的排放标准。采用水冲工艺的肉羊场，最高允许排水量：每天每 100 只羊排放水污染物冬季为 1.1～1.3m^3，夏季为 1.4～2.0m^3。采用干清粪工艺的肉羊场，最高允许排水量；每天每百只羊冬季为 1.1m^3，夏季为 1.3m^3。集约化养羊场水污染物最高允许日均排放浓度：5 天生化需氧量 150mg/mL，化学需氧量 400mg/mL，悬浮物 200mg/mL，氨氮 80mg/mL，总磷（以磷计）8.0mg/mL，粪大肠杆菌数 1 000mL^{-1}，蛔虫卵 2L^{-1}。

（2）集约化养牛、羊场废渣的固定贮存设施和场所。贮存场所要有防止粪液渗漏、溢流的措施。用于直接还田的畜粪须进行无害化处理。禁止直接将废渣倾倒入地表水或其他环境中。粪便还田时，不得超过当地的最大农田负荷量，避免造成面源污染的地下水污染。

2. 废渣及臭气的排放

集约化养羊场经无害化处理后的废渣，蛔虫死亡率要大于 950a，粪大肠杆菌数小于每千克 10 个，恶臭污染物排放的臭气浓度应为 70，并通过粪便还田或其他措施对所排放进行综合利用。

3. 污染物的监测

污染物项目监测的采样点和采样频率应符合国家监测技术规范要求。监测污染物时生化需氧采用稀释与接种法，化学需氧用重铬酸钾法；悬浮物用重量法；氨氮用纳氏试剂比色法，水杨酸分光光度法；总磷用钼蓝比色法；粪大肠菌群数用多管发酵法；蛔虫卵用吐温-80 柠檬酸缓冲液离心沉淀集卵法；蛔虫卵死亡率用堆肥蛔虫卵检查法；寄生虫卵沉降法用粪稀蛔虫卵检查法；臭气浓度用三点式比较臭袋法。

第九章　牛羊疫病防治

一、避免疫病发生的预防措施

为了大力发展养羊业，尽量减少患病机会，必须建立行之有效的卫生防疫制度，贯彻执行防重于治的方针。

（1）加强饲养管理。加强日常饲养管理工作，配制全价日粮，提高饲料的营养价值和适口性，禁喂霉变腐烂的草料，注意饮水卫生，将羊养壮养好，增强抗病能力是防疫灭病的重要措施。

（2）引种实行检疫。引种前要了解该地区流行的疫病，并对羊进行检疫，无病时方能引入。引进的羊要隔离观察 15~20 天，确无疫病后方能与其他羊群接触或混群。

（3）定期预防制度。对健康羊要有组织、有计划地预防注射制度。接种前要弄清楚当地常患病及发病季节，有的放矢地用药。

（4）多在干燥牧地放牧。细菌、病毒在潮湿温暖的条件下生命力强，繁殖快，所以在夏秋多雨季节，要多在光照充足、通风、比较干燥的牧地放牧。羊在休息时，也应选择干燥、通风、能裸露出地表的地方。

（5）坚持消毒制度。每天定时打扫卫生，彻底清除羊舍内外的粪便污物，勤换垫草，保持羊舍、饮槽、饮水器、运动场所的清洁卫生。羊舍要定期消毒。春、夏、秋三季圈舍每月消毒 1 次，常用的消毒药如下。

①草木灰水：新鲜草木灰 5kg 加水 25kg，煮沸 30 分钟去渣后用于喷洒圈舍、地面。

②甲醛溶液（福尔马林）：配成 4% 的水溶液喷洒圈舍的墙壁、地面、用具、饲槽。也可用甲醛蒸汽消毒密闭房屋。每立方米的羊舍，用甲醛 25mL、高锰酸钾 12.5g 混合应用，消毒时间一般不少于 10 小时。

③来苏儿（煤酚皂溶液）：配成 3%~5% 水溶液，用于羊舍、器械，也可用于排泄物的消毒。

④氢氧化钠（烧碱）：配成 1%~2% 热水溶液消毒羊舍。氢氧化钠溶液腐蚀性强，消毒后要打开门窗通风半天，再用水冲洗饲槽后，方可进入，该消毒液多用于被病毒性传染病污染的羊舍地面和用具的消毒。

⑤新洁尔灭、洗必泰、消毒净、度米芬等：杀菌力强，对皮肤和黏膜刺激性小，通常配成 0.1% 水溶液用于浸泡器械、衣物、敷料和手的消毒。

⑥对羊群定期驱虫、药浴。为防止体内外寄生虫病的发生，每年春、秋两季对羊群要服药驱虫，剪毛后药浴。

二、绵羊的疾病防治

绵羊的疾病防治主要包括普通病和疫病两个方面，其中普通病又包括内科病、外科病和产科病三个方面，而疫病则涉及传染病和寄生虫病两个方面。本章就以上有关绵羊的疾病分别予以简要的阐述，详细的防治知识可参照有关绵羊疾病防治的教材。

（一）内科疾病

1. 消化系统疾病

（1）咽炎。

①概念：是指扁桃体、软腭、咽部淋巴结和咽部黏膜及肌层的炎症。

临床特点：流涎、吞咽障碍，咽部触诊肿胀、疼痛。

②咽炎的分类：a. 据渗出物性质分为卡他性咽炎、格鲁布性咽炎（纤维素性咽炎）、蜂窝织性咽炎。b. 据病程分为急性咽炎和慢性咽炎。c. 据病因分为原发性咽炎和继发性咽炎。

③病因：咽炎多由咽部黏膜损伤所致，故凡能引起咽部黏膜损伤的一切因素都能引起咽炎发生。a. 机械因子；b. 化学因子；c. 抵抗力下降　受寒、感冒或过劳，是咽炎的主要原因；d. 诱因，气候突变、长途运输、过劳、饲料中维生素缺乏等；e. 继发因素，如FMD、绵羊痘病、巴氏杆菌等。

④临床症状：主要表现为 a. 疼痛，头颈伸直，不安；b. 流涎，炎症刺激促进分泌物增多；c. 厌食，吞咽障碍，水及液体饲料能咽，干饲料吞咽后表现疼痛，痛苦，严重时饲料从口鼻反流；d. 咽部检查肿胀、增温，触诊时咽部敏感，有时出现咳嗽；e. 咳嗽，如咽炎蔓延到喉部，则出现频频咳嗽；f. 全身症状，如发生蜂窝织炎，则有：呼吸困难；听诊肺部无变化；体温升高；白细胞增多，核左移。而慢性咽炎主要是病程长，出现吞咽困难、咳嗽。

⑤病程及预后：原发性急性，3~4 天达到极期（高峰），1~2 天可愈。格鲁布性或蜂窝织性咽炎，病程长，往往继发肺炎及败血症。

⑥诊断：主要根据临床症状不难作出诊断。而与其他疾病的鉴别诊断。

A. 咽梗阻　由异物引起，咽部有异物阻塞，出现吞咽障碍。特点是：突然发生；咽部触诊发现有异物阻塞。

B. 食道阻塞　能在食道部触摸到阻塞物或有食入。

C. 喉炎　以咳嗽为主，而咽炎为吞咽障碍为主。

⑦治疗：

A. 加强护理　给予柔软易消化饲料，避免给予有刺激性的饲料；对吞咽障碍的，应及时输液，维持其营养。

B. 消肿、消炎　中成药，两种。一种是青黛散：青黛、儿茶、黄柏各 50g，磨碎过筛；冰片 5g，吸入或含服；明矾 25g。二是冰硼散：冰片、朱砂、炉甘石（为天然产的菱锌矿，一种含碳酸锌的矿石）、硼砂等成分。

a. 抗生素，可选用青霉素类、头孢菌素类等全身治疗。b. 清洁口腔，0.01mg/L 水（$KMnO_4$）、3%明矾液、1%硼酸。c. 收敛，碘甘油。d. 呼吸困难，气管切开。e. 封闭疗法，重剧性咽炎，呼吸困难、发生窒息现象时，用 0.25%普鲁卡因溶液 20mL，结合应用青霉素进行咽喉封闭，具有一定效果。

（2）食道阻塞。

①概念：食道阻塞是异物或食块阻塞于食道的某一段，引起以急性吞咽障碍为特征的一种急症。临床特点为：突然发生吞咽障碍，流涎，发生急性瘤胃臌气。

②分类：据阻塞的部位分为颈部食道阻塞和胸部食道阻塞；据阻塞的程度分为完全食道阻塞和不完全食道阻塞。

③病因：多由于唾液分泌障碍，或食块太大。

A. 原发性病因　a. 饲喂不规则。特别是长期饥饿，引起采食、唾液分泌、食管壁蠕动机能紊乱。b. 加工调制不当。块根、块茎类饲料太大。牛吃食时不细嚼，用舌头卷送，易引起阻塞。c. 饲喂过程中家畜受惊、争抢。如成群的狗在抢骨头时易发生。d. 过劳：肌肉、神经紧张性降低。

B. 继发性病因　a. 矿物质代谢障碍：异食癖；b. 手术麻醉后饲喂。

④症状：a. 采食突然停止骚动不安，摇头缩颈、头颈伸直、背腰弓起，空口咀嚼；b. 泡沫性流涎　口腔流出大量泡沫，转为安静；c. 料水反流　再次采食时咽不下去，饲料和饮水从鼻腔逆流而出。

⑤诊断：

A. 触诊　颈部阻塞可摸到坚硬阻塞物，有时咳嗽；胸部阻塞可摸到阻塞物上部食道有波动性（积存食物、液体），向上方摸压，可见液体、饲料从口腔、鼻腔流出。

B. 视诊　可见胸部食道肌肉发生自上而下的逆蠕动。

C. 胃管探诊　可发现阻塞物。

D. X 光检查　可判定阻塞部位、程度、性质。

E. 鉴别诊断　a. 咽炎。相同：吞咽障碍、流涎；不同：食道阻塞是在采食过程中突然发生。b. 瘤胃臌气：食道阻塞→嗳气障碍。而瘤胃臌气则与采食易发酵饲料有关；无饮水、饲料反流现象；显著的循环、呼吸障碍；发病急、死亡快。

⑥治疗：治疗方法取决于阻塞部位、阻塞程度及阻塞性质。

A. 金属物阻塞　尤其是尖锐、有角的金属，只能用外科手术法。

B. 非金属物颈部阻塞　把阻塞物推到咽部，打开口腔，用抓出器把食团拿出。

C. 胸部阻塞　a. 推入法。家畜保定好，瘤胃臌气时要先穿刺放气，插上胃导管，将食道中液体吸出，灌进少许液体石脂或油，或灌水反复冲洗，也可预先肌注 6% 毛果芸香碱（拟胆碱药）10mg（促进食道壁肌肉蠕动，促分泌），过半小时后用胃管将阻塞物推入瘤胃即可。b. 急骤通噎法。缰绳短系于左前肢前部，快步驱赶，异物急咽。c. 打水通噎法。胃导管触到异物，用水冲击异物。d. 打气通噎法。在胃管上连接打气管并适量打气将异物推入胃内。

D. 锤叩法　颈部食道阻塞，一边锤，一边叩击，将异物击碎。

E. 外科法　使用食管切开术取出异物。

（3）前胃弛缓。

①概念：又称单纯性消化不良（Simple indigestion）是由于支配前胃的运动神经兴奋性降低，导致瘤胃收缩力减弱，影响了正常消化吸收的一种前胃机能紊乱性疾病。临床特点为瘤胃收缩力减弱，反刍不全，无力，有明显的瘤胃内环境变化。可继发瘤胃壁坏死、

中毒性瘤胃炎等。

②病因：

A. 饲养管理不当　a. 长期应用单一饲料饲喂。长期饲喂粗纤维多、营养成分少的稻草、麦秸、豆秸等饲草，消化机能过于单调和贫乏，一旦变换饲料，即引起消化不良。b. 过多应用了精料。c. 应用了粗硬不易消化吸收的饲料。如野生杂草，作物秸秆，小杂树枝饲喂牛、羊，由于纤维粗硬，刺激性强，难于消化，常导致前胃弛缓。d. 饲喂了霉烂变质饲料。

B. 管理上的失误　a. 饲料突变；b. 饲养方式突变；c. 气候突变；d. 长途运输；过劳；e. 劳疫后立即饲喂或饲喂后立即劳疫。

C. 继发病因　许多传染病、寄生虫病及营养代谢性疾病过程中都可继发前胃弛缓。

③前胃弛缓：

A. 一般症状　皮温不均　末梢（鼻尖、尾尖）冰凉，耳根发热。鼻镜发凉，甚至干燥。产乳量减少；严重时出现明显的全身反应：体温下降，呼吸心跳加快，鼻镜皲裂。

B. 临床症状　前胃弛缓的基本症状是消化不良，即显著的消化机能紊乱。a. 食欲反常。拒食酸性料（发酵产酸的青饲料，如青饲玉米等），或仅食几口青料，严重时食欲废绝。b. 反刍不全，无力。c. 排便迟滞、干固　后发生下痢，出现水样便。d. 出现轻度瘤胃臌气。e. 听诊瘤胃蠕动次数减少至 $1 \sim 2$ 次/分钟，正常为 5 次/分钟左右。f. 瘤胃内瘤胃液 pH 值降低至 5.5 左右甚至更低（正常 pH 值为 $6.5 \sim 7$）；

④诊断：据发病原因、临床症状、检测瘤胃内容物的变化可以做出初步诊断。但要与瘤胃臌气、创伤性网胃炎、瘤胃积食和瓣胃阻塞等鉴别诊断。

⑤治疗：

A. 治疗原则　排出胃肠道积聚物（用泻剂），维持瘤胃内环境，恢复纤毛虫活性，促进胃肠蠕动，帮助消化，加强护理，注意营养，对症治疗。

B. 无论急性或慢性的前胃弛缓，均主张首先给予盐类泻剂或油类泻剂。然后在饮水或补液的条件下给予小苏打（$NaHCO_3$），以纠正瘤胃内环境变化，恢复纤毛虫活性；再用高渗盐水（促反也可）或拟胆碱药促进胃肠蠕动。当疾病恢复时，适当应用助消化药，在整个治疗过程中辅助全身疗法（补液、输糖等）。

C. 促进反刍动物胃肠道蠕动的方法与措施　a. 瘤胃兴奋剂　可用促反刍液（10%～20%浓盐水 $50 \sim 80mL$，安呐咖 $2 \sim 5mL$ 5%氯化钙 $40 \sim 60mL$　静脉注射）；也可用马钱子（酊）、姜酊、陈皮酊等口服健胃。b. 拟胆碱药。兴奋副交感神经，恢复体液调节机能，促进瘤胃蠕动，氨甲酰胆碱、毛果云香碱、新斯的明、加兰他敏等皮下或肌肉注射，但注意怀孕后期禁用；瘤胃臌气、心力衰竭禁用；瘤胃蠕动时用，如瘤胃不蠕动，效果不好。如以上药物中毒，用阿托品抢救。c. 临床应用方法。碱醋疗法，适用于慢性前胃弛缓，20%石灰水上清液，50mL（或小苏打45g）食醋 60mL。用 20%石灰水上清液灌服后半小时再用食醋 60mL 每天 1 次，连用 $4 \sim 5$ 次。可调节瘤胃内容物 pH 值，恢复瘤胃内微生物群系及其共生系，增进前胃消化机能。

（4）瘤胃积食。

①概念：瘤胃积食也叫"瘤胃扩张""瘤胃食滞"，是由于采食了大量易臌胀、不易消化吸收的饲料而引起的瘤胃容积急剧扩张，最后引起麻痹的一种前胃机能紊乱性疾病。

临床特点腹围急剧膨大，听诊蠕动音减弱甚至废绝，叩诊呈浊音；触诊内容物坚硬，有捻粉样感觉（手压留痕）。

②病因：

A. 原发性病因 a. 贪食、精料过多；b. 采食了大量不易消化吸收的饲料，如青草、苜蓿等；或易于膨胀的饲料，如玉米、大麦等。

B. 继发性病因 前胃弛缓、创伤性心包炎、瓣胃阻塞等继发引起。

③临床症状：

A. 亚急性临床症状 磨牙、拱背、努责、举尾、呻吟、踢腹。

B. 显著的消化紊乱 食欲、反刍、嗳气废绝，呕吐、便秘、腹泻。

C. 神经症状 血氨浓度增高→（血管壁）交感神经兴奋，使病畜出现兴奋不安、狂暴、昏睡等神经症状，同时视觉障碍、盲目徘徊。

D. 脱水和酸中毒 豆谷类饲料中毒特征。

E. 临床检查 a. 视诊腹围急剧膨大，下方突出，后视呈梨状（臌气为上方突）；b. 听诊瘤胃蠕动音废绝，但可听到水泡上升音；c. 叩诊左肷部呈浊音；d. 触诊：由于瘤胃内充满内容物，感觉到捏粉样感觉，手压留痕，如豆谷类饲料，可摸到颗粒样感觉，疼痛表现；e. 瘤胃左肷部穿刺，有少量气体放出，酸臭。

④诊断：根据采食了大量不易消化吸收的饲料，腹围膨大，听诊有水泡上升，叩诊呈浊音，触诊有捻粉样感觉等可以作出诊断。

⑤治疗：

A. 治疗原则 排出胃肠道积聚物，促进胃肠蠕动，纠正脱水，维持水、盐代谢，纠正酸碱平衡，防止酸中毒发生，帮助消化。

B. 治疗处方 a. 首先绝食1~2天，给予清洁饮水，对轻度积食进行瘤胃按摩，每天4次，每次20~30分钟，结合灌服活性酵母粉60~100g或适量温水，并进行迁遛，效果良好。b. 对较重的病例，除进行内服泻剂外，并配合使用制酵剂，如硫酸钠60~100g，液状石蜡或植物油100~200mL，鱼石脂5g，酒精10mL，温水1~2L，1次内服。c. 对病程较长的病例，除以上治疗外，需强心补液，解除酸中毒，如5%葡萄糖生理盐水500ml，10%安呐咖5mL，5%碳酸氢钠100mL，静脉注射，1~2次/日。d. 危重病例要紧急进行瘤胃切开术取出异物，并用温食盐水冲洗，接种健康瘤胃液。e. 也可用加味大承气汤：大黄10g，枳实10g，厚朴25g，槟榔10g，芒硝40g，麦芽10g，藜芦3g，共末，开水冲服，一日1剂，连用1~3天。

（5）瘤胃臌气。

①概念：中医又称"气胀"，是由于采食了大量易发酵的饲料，在瘤胃内微生物的作用下迅速发酵，产生大量气体，引起瘤胃、网胃急性臌胀，膈与胸腔器官受到压迫，影响呼吸与循环，并发生窒息现象的一种疾病。临床特点：发病急剧，左侧腹围显著膨大，瘤胃听诊可听到金属音，叩诊有鼓音，触诊紧张，弹性消失，嗳气抑制，显著的呼吸循环障碍。

②病因：

A. 原发性瘤胃臌气 a. 大量饲喂了易发酵、产气饲料，主要是豆科牧草：如苜蓿、紫云英、三叶草、野豌豆等。特别是在生长发育旺盛期、或幼嫩的含水量高的，或开花前期大量合用氮肥，其中含有植物浆蛋白，可引起泡沫性瘤胃臌气的发生。b. 过多饲喂了幼嫩青草，沼泽地生长的水草等，不含有植物细胞浆蛋白，不引起泡沫性瘤胃臌气的发生，但含有嗳气、反刍抑制因子，可引起非泡沫性瘤胃臌气的发生。c. 饲喂了冰霜冻结的饲料、淀粉渣、啤酒糟等。d. 过多饲喂了精料或配合不当的饲料。e. 饲喂了霉烂变质饲料（少→臌气，多→中毒）。f. 遗传因素和个体差异。

B. 继发性瘤胃鼓气　常继发于前胃迟缓、创伤性网胃炎、瓣胃阻塞、食道阻塞等疾病。

③临床症状：a. 发病急剧。急性瘤胃臌气，通常在采食大量饲料后迅速发病。采食后0.5~2小时急性发作，病程急剧，0.5~2小时内死亡。b. 出现疼痛症状，如背腰弓起，呻吟等。c. 反刍、嗳气变化。开始嗳气加强，频频嗳气，后来嗳气消失，反刍抑制。d. 显著的呼吸循环机能变化呼吸显著困难，气喘。e. 视诊。腹围臌大，特别是左侧；后视呈苹果状，突出背线。f. 听诊。初期蠕动亢进，后期逐渐抑制，可出现"矿性音""金属音"。g. 叩诊呈鼓音。h. 触诊瘤胃高度紧张，手压不留痕。

④诊断：a. 症状诊断。根据才是大量的易发酵的饲料后很快发病不难确诊。b. 胃管检查和瘤胃穿刺。能大量排出气体，膨胀明显减轻为非泡沫性臌气，若只能断断续续的排出气体，并有大量泡沫则为泡沫性臌气。

治疗1

⑤治疗：

A. 治疗原则　防止窒息，排气，消气，阻止胃肠道内容物继续腐败发酵，对症治疗。

B. 治疗　a. 排气。轻症：采用机械性压迫排气　按摩瘤胃或牵遛运动，上下坡驱赶。口腔内横一木棒，上涂松木油，促进排气，做拉舌运动。重症：在瘤胃最高点穿刺放气。注意事项：放气应缓慢，过快易引起脑贫血休克死亡；放气后注入止酵药；避免感染，应注射抗生素，防感染。胃导管放气对泡沫性瘤胃臌气效果差。b. 消气。用消泡剂：主要的消泡剂　植物油（食用油）：100~200mL灌服，6小时1次，用2~3次；松节油、酒精、鱼石脂、止酵膏、二甲基硅油（消气灵）、土霉素等；防止内容物继续腐败发酵可用2%~3%NaHCO$_3$溶液，进行瘤胃洗涤，调节瘤胃pH值。

⑥预防：预防泡沫性臌气是一个世界性难题。

A. 限制饲喂易发酵牧草　因原发性瘤胃臌气多发于牧草丰盛的夏季。每年于清明前后，到夏至之前最为常见，所以，在这个时候要特别注意。在放牧前，先喂给青干草、稻草，以免放牧时过食青料，特别是大量易发酵的青绿饲料。

B. 加油　在新西兰和澳大利亚，用自动投药器口服抗泡沫剂，每天给予2次，每次20~30mL的油，以预防瘤胃臌气，但只能维持几小时。可将油做成乳化剂，喷洒在将要饲喂的草料上。

C. 加非离子性的表面活性剂　即聚氧乙烯、聚氧丙烯。方法：羊在放牧前1~2周，先给予聚氧乙烯或聚氧丙烯5~7g，加豆油少量，然后再放牧，可以预防本病。

（6）瓣胃阻塞。

①概念：瓣胃阻塞又称"瓣胃秘结"，中兽医又称为"百叶干"是由于前胃运动神经机能障碍及兴奋性降低，而导致瓣胃收缩力量减弱，使瓣胃内容物不能运送到真胃，水分被吸干而引起的一种阻塞性疾病。临床特点：排便显著困难，频频作排便姿势，但不见粪

便排出；尿液开始色浓、少，而后无尿。听诊蠕动音废绝；穿刺感觉内容物坚硬，液体回抽困难，纤维长。羊发病较少，在秋冬季饲料枯萎季节多发。

②原因：本病的病因，通常见于前胃弛缓，可分为原发性和继发性两种。

A. 原发性 a. 饲喂粗硬的、不易消化的尖锐植物。如枯萎的茅草、蔓藤、竹梢、树梢等；b. 长期饲喂粉料。

B. 继发性 前胃弛缓、瘤胃积食、皱胃溃疡等。

③临床症状：a. 开始出现前胃弛缓症状，当小叶发生压迫性坏死，则出现瓣胃阻塞症状；b. 鼻镜干燥、龟裂；体温不均；c. 出现进行性消化紊乱，病程 1~2 周，食欲、反刍、嗳气减弱至废绝；d. 有渴欲，大量饮水，使腹围膨大；e. 显著的排便障碍病羊出现频频的排粪动作：拱背、努责、举尾，后肢拼命往后伸展、呻吟，或头向右侧观腹，左侧横卧。f. 排便停止粪便干硬、色黑，呈算盘珠状，内含不消化纤维，纤维长 6mm；粪表面有带血的黏液，后期仅见排粪动作而无粪便排出，或仅见胶冻样物；g. 尿液变化 开始色浓、量少，后来发展为无尿；h. 瓣胃检查位于右季肋部，与第 7~11 肋间隙相对，听诊多在右侧第 10 肋骨前缘，与肩关节水平线相交点或水平线上或下 1~2 指处。如为卧地状态，则在第 9 肋骨前缘。听诊要听 3~5 分钟，正常是捻发音、吹风音或踏雪音，发病时蠕动音消失；叩诊可出现疼痛变化；触诊右侧第 7~9 肋，可摸到坚硬而肿大的瓣胃；穿刺正常时为穿破牛皮时的感觉，如发病：注射液体时感觉阻力很大，打进去后回抽很困难，回收的液体中纤维长；实验室检查嗜中性白细胞增多，有核左移现象。

④治疗：

A. 治疗原则 加强护理，排出瓣胃内异物，促胃肠道蠕动，对症治疗。

B. 治疗措施

处方 1：

10%NaCI	100mL
5%CaCI$_2$	20（mL）×3（支）
10%安那咖	10（mL）×1/2（支） 混合，一次静注。

毛果芸香碱 10mg 皮下注射，或新斯的明 50mg，或氨甲酰胆碱 0.4mg 皮下注射。

处方 2：

MgSO$_4$	100g
液状石蜡	100mL
普鲁卡因	0.5g
土霉素	2.0g
常水（自来水）	100mL

进行第三胃注射，如采用保守治疗病情无明显好转，考虑其经济价值进行瘤胃切开术，用胃管冲洗瓣胃效果良好。

2. 常见呼吸系统疾病

（1）感冒。

①概念：由于寒冷作用引起的、以上呼吸道炎症为主的急性热性全身性疾病。临床上以咳嗽、流鼻液、羞明流泪、体温突然升高为特征。本病无传染性，一年四季均发，多以早春和晚秋、气候多变季节多发。

②病因：最常见的原因是寒冷因素的作用。如圈舍条件差，贼风侵袭；羊在寒冷的条件下露宿；出汗后被雨淋、风吹；营养不良、过劳等使抵抗力降低，致使呼吸道常在菌大量繁殖而引起本病。

③主要症状：发病较急，精神沉郁，食欲减退，体温升高，皮温不均，鼻端发凉；眼结膜潮红或轻度肿胀，羞明流泪，有分泌物，咳嗽，鼻塞，病初流浆液性鼻液，后转化为黏液或黏脓性鼻液；呼吸加快，肺泡呼吸音粗粝，并伴发支气管炎时出现干性或湿性啰音，心跳加快和前胃弛缓症状。

④诊断：根据受寒病史，体温升、皮温不均、流鼻液、流泪、咳嗽等症状可以诊断。但要注意与流行性感冒的鉴别诊断，流行性感冒时体温升高到 40~41℃，全身症状较重，传播较快，有明显的流行性，往往大批发病。

⑤治疗：a. 治疗原则。以解热镇痛为主，为防止继发感染，适当抗菌消炎。b. 治疗措施。充分休息，多给饮水，适当增加精料。解热镇痛可用安痛定、安乃近、氨基比林等，防止继发感染可用抗生素或磺胺类药物。

处方 1：

30%安乃近注射液 5~10mL　肌肉注射，每日 1~2 次

青霉素按每千克体重 2 万~3 万 IU，用适量注射用水溶解后肌肉注射，一日 2~3 次，连用 2~3 天

处方 2：

荆防败毒散：荆芥 8g，防风 8g，羌活 7g，柴胡 9g，前胡 8g，枳实 8g，桔梗 8g，茯苓 10g，川芎 4g，甘草 4g 共为细末，开水冲调，凉温后一次性灌服，可配合抗生素肌肉注射。

（2）支气管炎

①概念：支气管炎是指支气管黏膜表层或深层炎症。临床特点：咳嗽，流鼻液，肺部听诊有肺泡呼吸音增强，有捻发性啰音；叩诊无变化；X 光检查，支气管纹理增厚；不定型发热。

②分类：a. 根据炎症部位分。大支气管炎、细支气管炎、弥漫性支气管炎。b. 根据病程来分。急性和慢性支气管炎。

③发病情况：本病多发于年老体弱家畜，有气候变化剧烈时，秋冬早春多发。

④临床症状：a. 病初，咳嗽为短、干，并有疼痛表现，3~4 天咳嗽变为湿润、延长，疼痛也减轻，有时咳出痰液，多为连续、强咳（与肺炎区别：肺炎为湿音，半声），早上、傍晚、饲喂、饮水后严重，多由冷风刺激引起。b. 鼻液多为浆液性，如继发腐败性感染，则为脓性。c. 低热，不定型发热，一般升高 0.5℃左右。d. 呼吸困难。大支气管炎，不出现；细支气管炎，可出现呼吸困难，一般为呼气性困难，但也有混合性。e. 听诊。肺泡呼吸音增强，捻发性啰音，吸气时：肺泡呼吸音，呼气时：支气管音，听到支气管呼吸音，则至少为肺炎，空气为声音的不良导体，支气管音正常时听不到，只有炎性渗出物充满肺与胸膜，才能听到吸气时的支气管音，即支气管呼吸音。f. 触诊。触诊喉头或气管，其敏感性增高，常诱发持续性咳嗽。g. 痰液检查。初期：多量脓细胞、少量白细胞、红细胞，后期：脓细胞减少，红细胞、白细胞增多。h. X 光检查。支气管纹理增厚。

⑤治疗：

A. 平喘 0.1%麻黄素（喷雾或片剂）；复方异丙基肾上腺素液；阿托品：效果好，但易复发。

B. 祛痰剂 炎症渗出物黏稠，不易咳出时，可使用。如 NH_4Cl，用 3~5g。

C. 抗菌消炎 有病源微生物感染时用抗生素或磺胺药治疗。

（3）支气管肺炎。

①概念：支气管肺炎是指个别的肺小叶或几个肺小叶的炎症，故又称小叶性肺炎（lobular pneumonia）。通常由于肺泡内充满由上皮细胞、血浆与白细胞组成的卡它性炎症渗出物，故也称为卡他性肺炎。临床特点：咳嗽、流涕，弛张热，肺部听诊有捻发性啰音；叩诊有散在性浊音。

②发病情况：本病为常见病、多发病，多发于年老体弱、幼年羊。约占呼吸道病的 70%。

A. 原发性病因 引起支气管肺炎的发生，2 个条件：a. 机体屏障机能破坏。b. 病原微生物毒力增强。导致局部地区散发性发病，所以仅从体内分离出细菌，就认为是这种疾病，这种方法是错误的，发现本病，一定要作传染病处理，作隔离、消毒，以防病原扩散。

B. 继发性病因 支气管肺炎多是一种继发性疾病，通常是由支气管炎症蔓延，然后波及所属肺小叶，引起肺泡炎症和渗出现象，导致小叶性肺炎。继发于传染病、败血症等

③临床症状：a. 咳嗽，多为弱咳，单声（1~2 声），初为干、短、后为湿长，疼痛性逐渐减轻；b. 鼻液，初期为浆液性，后期为脓性、恶臭；c. 有明显的全身反应，精神沉郁、食欲废绝；体温升高，中度发热，高 1~2℃，弛张热型。由于各小叶的炎症不同时进行 首次升起的体温，可很快下降。每当炎症蔓延到新的小叶时，则体温升高；而当任何小叶的炎症消退时，则体温下降，但不会降到常温；d. 呼吸困难，其程度随炎症范围的大小而有差异，发炎的小叶越多，则呼吸越浅越困难，呼吸频率增加；e. 肺部检查，在病灶部分：病初肺泡呼吸音减弱，随病情发展，由于炎性渗出物阻塞了肺泡和细支气管，空气不能进入：从而肺泡呼吸音消失，可能听到支气管呼吸音；而在其他健康部位：则肺泡呼吸音亢盛；f. 叩诊，小叶群发炎面积达到 6~12cm，则可听到散在性浊音，浊音区周围，可听到过清音；g. X 光检查有散在性阴影病灶；h. 血液学检查，白细胞总数和嗜中性白细胞增多，并伴有核左移现象。

④诊断：根据有无发生支气管炎的病史和弛张热、听诊有捻发音，肺泡呼吸音减弱或消失、X 光检查出现散在的局灶性阴影不难作出诊断。

⑤治疗：加强护理，注意营养，保持安静，肺炎病灶易扩散。

A. 病畜要注意休息 吸收期或适当运动，给予维生素 A 或 B 族维生素。

B. 抗菌消炎，镇咳祛痰 痰液较黏稠，不易咳出时用 NH_4Cl：用 10~20g。

C. 减少渗出 促进炎性渗出物吸收。a. 钙制剂。注意：静注，不能皮下注射，如流入皮下或肌肉，可引起死。可用 10%$MgSO_4$ 中和用 5%$CaCl_2$ 50ml。10%葡萄糖酸钙 50~60mL 静注，每天 1 次，连用 2~3 天。b. 激素。氢化可的松 100mg 肌注，或地塞米松 20mg 肌注。

D. 防止酸中毒发生 5%碳酸氢钠，40mL 静注。

（4）大叶性肺炎

①概念：大叶性肺炎是指整个肺叶发生的急性炎症过程。因为炎性渗出物为纤维素性物质，故又称为纤维素性肺炎（fibrious pneumonia）或格鲁布性肺炎（croupous pneumonia）。临床特点表现：高热稽留，铁锈色鼻液，肺部的广泛性浊音区。

②病因：包括传染性和非传染性2种。

A. 传染性病因　大叶性肺炎是一种局限于肺脏中的特殊传染病，如羊的巴氏杆菌感染，此外，绿脓杆菌、大肠杆菌、坏死杆菌、链球菌等都可引起大叶性肺炎的发生。

B. 非传染性病因　大叶性肺炎是一种变态反应性疾病。侵入肺脏的微生物，通常开始于深部组织，一般在肺的前下部尖叶和心叶。侵入该部的微生物迅速繁殖并沿着淋巴、支气管周围及肺泡间隙的结缔组织扩散，引起肺间质发炎；并由此进入肺泡并扩散进入胸膜。细菌毒素和炎症组织的分解产物被吸收后，影响延脑的体温中枢调节机能，可引起动物机体的全身性反应，如高热、心脏血管系统紊乱以及特异性免疫体的产生。

③病理变化：典型的炎症过程，可分为4个时期，即充血水肿期，红色肝变期，灰色肝变期，吸收消散期（溶解期），具体变化见动物病理学大叶性肺炎。

④症状：咳嗽、流鼻液，可见干咳、气喘，呼吸困难；铁锈色鼻液，这是由于红细胞中的血红蛋白在酸性的肺炎环境中分解为含铁血红素所致。如果这种渗出物在后期继续流出，是说明疾病处于进行性发展阶段；结膜黄染；高热稽留，病初，体温迅速升高，可达40~41℃甚至更高，并维持至溶解为止，一般为6~9日；脉搏的增加与体温的升高不完全一致，体温升高2~3℃时，脉搏增加10~15次（一般体温每升高1℃，脉搏增加8~10次）。血液学检查时白细胞总数增多，淋巴细胞比例下降，单核细胞消失，中性粒细胞增多。

⑤诊断：主要根据高热稽留、铁锈色鼻液，不同时期听诊和叩诊的变化作出诊断，血液学检查和X射线检查有助于诊断。但要注意与胸膜炎和胸疫的鉴别诊断。

⑥治疗：

A. 治疗原则　加强护理，消除炎症，控制继发感染，防止渗出和促进炎性产物的吸收。

B. 治疗措施

处方1：

硫酸卡那霉素按每千克体重5~7.5mg肌肉注射，每日2次

阿莫西林　按每千克体重4~7mg　注射用水10~15mL　溶解后肌注每日2次

地塞米松　4~12mg分为两次肌注或静注　，连用2~3天。

处方2：10%磺胺嘧啶钠50mL；40%乌洛托品20mL；10%氯化钙20mL；10%安呐咖5mL；10%葡萄糖500mL；一次静脉注射，连用5~7天。

碘化钾：1~3g或碘酊　3~5mL拌在流质性饲料中灌服　每日2次。

预后：如无并发症（如肺脓肿、坏疽、胸膜炎等），一般可治愈，若有溶解期或其后仍保持高温，或愈后反复升温，均为预后不良之兆。

3. 常见心血管系统疾病

（1）心肌炎。

①概念：心肌炎是伴发心肌兴奋性增强和心肌收缩机能减弱为特征的心脏肌肉炎症。

很少单独发病，常继发于各种传染病、脓毒败血症或中毒病。临床特征为

②分类：

A. 病理过程分　a. 心肌变性。以心肌纤维发生变性坏死为特征。b. 心肌炎症。心肌营养不良、兴奋性增高，收缩力量减弱。

B. 按病程来分　急性心肌炎和慢性心肌炎。

C. 按病因来分　原发性心肌炎、继发性心肌炎，但本病单独发生较少，大多继发或并发于其他疾病中。

③病因：可继发于白肌病（硒缺乏症）；口蹄疫可因急性心肌炎而死亡；风湿症　心内膜花菜样增生；药物过敏　可引起急性心肌炎，如青霉素、磺胺类药物、先锋霉素（头孢霉素）过敏等；败血症和中毒病。

④临床症状：心肌兴奋性增高，心跳加快，心音亢进，脉搏充盈、快，后期代偿失调而出现心力衰竭时呼吸困难，可视黏膜发绀。心性喘息，对称性水肿（多见于下垂部分，如胸前、颌下、垂肉等）。

⑤鉴别诊断：创伤性心包炎伴有心包磨擦音或心包拍水音，都出现垂肉水肿。

心肌炎：在查清病因时对应治疗，并休息、补充葡萄糖、钙制剂后水肿减轻。

（2）心包炎。

①概念：心包的炎症及渗出过程称为心包炎。

②分类：

A. 根据病原分为传染性心包炎（由细菌或病毒引起）

和非传染性心包炎（又分为创伤性心包炎和非创伤性心包炎）。

B. 根据炎性渗出物的性质分为　a. 浆液性心包炎；b. 浆液性—纤维素性心包炎；c. 纤维素性心包炎；d. 腐败性心包炎。

③病因：a. 传染性心包炎。由传染性胸膜肺炎、猪出血性败血症、猪丹毒、猪瘟等继发引起。b. 非传染性心包炎。该病又分为创伤性心包炎和非创伤性心包炎，见于某些内科疾病，如感冒，上呼吸道感染、肺炎、化脓性胸膜炎、心肌炎、维生素缺乏症等。

④临床症状：发病 2~3 天，体温升高 1~2℃，热型为弛张热或稽留热，以后体温下降，恢复正常。但体温下降后脉搏仍旧加快，这种体温与脉搏不相一致的现象为创伤性心包炎的示病症状，具诊断价值。具特异的异常姿势，左侧肘头外展，不愿行走，忌左转弯，上坡容易下坡难，多立少卧，呈马的卧地起立姿势，保持前高后低姿势，正常颈静脉波动。水肿多发部位为垂肉、颌下、胸前，水肿液为淡黄色。

⑤诊断：根据静脉怒张、磨擦音、拍水音等可初步诊断。

⑥治疗：用钙剂，易好转。

（3）贫血（Anemia）。

①概念：贫血指单位容积血液中红细胞数、血红蛋白量及红细胞比容（压积）值低于正常水平的一种综合征。贫血不是一个独立的疾病，而是多疾病共同出现的临床综合征。

②分类：

A. 按病因来分　分为溶血性贫血、出血性贫血、营养性贫血、再生障碍性贫血。

B. 按血色指数来分　分为高色素性贫血和低色素性贫血。

③病因：

A. 溶血性贫血 梨形虫病，钩端螺旋体病、马传贫等；某些细菌感染，如链球菌、葡萄球菌、产气荚膜杆菌引起的败备症，都可引起溶血性贫血；某些中毒病，如汞、砷、铅、二氧化硫及氨中毒等，都可引起溶血；新生幼畜溶血性贫血。

B. 出血性贫血 见于血管受到损伤，如外伤、手术、内脏出血、肝脾破裂。

C. 营养性贫血 造血原料缺乏。蛋白质缺乏 是血红蛋白的主要成分，蛋白质缺乏时，可使骨髓造血机能降低，引起低色素性贫血；Fe 缺乏：是最常见的一种贫血。铁在体内有反复被利用的特点，一般不会引起机体缺铁。只有在以下情况下才会引起：铁需要量增高 如幼畜生长期、母畜妊娠或哺乳期，而饲料中缺铁，铁吸收障碍 如消化不良、胃酸缺乏、胆汁分泌和排泄障碍；铜缺乏，铜是红细胞形成过程中所必需的辅助因子。在血红蛋白合成及红细胞成熟过程中，铜起促进作用；钴缺乏，钴 是 VB_{12}（钴胺素）组分，参与蛋白质和核酸合成，缺乏时细胞不能分裂，引起巨幼红细胞性贫血。

D. 再生障碍性贫血 是由于骨髓造血机能障碍引起的贫血，在血液中红细胞、白细胞和血小板同时减少。某些化学物质对骨髓造血机能有毒性抑制作用，如砷、苯、汞；某些药物，如氯霉素以及磺胺类。这些毒性物质不仅抑制红细胞生成，而且也可抑制白细胞及血小板的生成，使骨髓多能干细胞受到损害；物理损伤常为放射性损害，如 X 射线、同位素。可干扰骨髓干细胞 DNA、RNA 及蛋白质的合成，使红细胞的分裂受阻；骨髓肿瘤：如白血病、多发性骨髓瘤等，都可使骨髓造血机能降低或丧失，引起贫血。

④临床综合征：生长发育受阻或停滞，可视黏膜皮肤颜色苍白，红细胞减少，血红蛋白减少，红细胞比容值降低、血液稀薄、凝固不良，有间隙性下痢或便秘；严重贫血时，在胸腹部、下颌间隙及四肢末端水肿、体腔内积液，胃肠吸收和分泌机能降低，经常下痢；溶血性贫血可出现黄疸、衰弱，易出汗、疲劳或昏厥生活力和抵抗力下降，易继发感染。

⑤诊断：病史调查，查明病因或原发疾病。

⑥治疗：祛除病因，治疗原发病；止血压迫性止血或血管结扎。

A. 毛细血管出血 可用 1% 肾上腺素涂布。

B. 内出血可用止血药 安络血、VK_3、凝血酶等。

C. 输血 反复小剂量输血，可刺激骨髓造血机能。输血前最好做血凝试验，因血型不同时可发生抗原抗体反应，出现溶血。

D. 补充造血原料 如 Fe（血红蛋白）、Cu（铜兰蛋白）、Co、VB_{12}、叶酸等。

提高血容量 用血浆代用品，如人造血浆或全血。

4. 泌尿系统疾病

（1）肾炎。

①概念：肾炎是肾小球、肾小管和肾间质炎症的总称。临床上以泌尿机能障碍、肾区疼痛、水肿及尿内出现蛋白、血液、管型、肾上皮细胞等为特征。按病程分为急性肾炎和慢性肾炎。

②病因：

A. 急性肾炎 原发性急性肾炎很少见，继发性最常见的病因是感染、中毒。

和某些传染病。如传染性胸膜肺炎、口蹄疫等是由于病毒或细菌及其毒素作用于肾脏引起，或是由于变态反应而引起；中毒性因素包括内源性中毒（如胃肠道炎症、大面积烧伤或烫伤）和外源性中毒（如采食了有毒植物或霉变饲料，或化学物质中毒，如汞、砷、磷等，有毒物质经肾排出时产生强烈刺激作用而发病）；继发于邻近器官的炎症，如膀胱炎、子宫内膜炎、阴道炎等；诱因：如受寒感冒。

B. 慢性肾炎 慢性肾炎由于病程长，常伴发间质结缔组织增生，致实质（肾小球、肾小管）变性萎缩。其病因与急性肾炎相同，只是刺激作用轻微，持续时间长，引起肾的慢性炎症过程。急性炎症由于治疗不当或不及时，可转化为慢性肾炎或由变态反应引起。

③临床症状：肾区敏感、疼痛，表现腰背僵硬，步伐强拘，小步前进，少尿，后期无尿；频频做排尿姿势，但每次排出尿量较少；个别病例会有无尿现象，同时，尿色变浓，比重增高，出现蛋白尿、血尿及各种管型，尿检发现，尿中蛋白质含量增高，尿沉渣中见有透明管型、颗粒管型或细胞管型；肾性高血压，动脉血压增高，动脉第二心音增强，脉搏强硬，病程延长时，出现血液循环障碍和全身静脉瘀血现象；水肿不一定经常出现，在病的后期有时会出现，可见有眼睑、胸腹下或四肢末端发生水肿，严重时伴发喉水肿、肺水肿或体腔积水；重症病畜的血液中非蛋白氮含量增高，呈现尿毒症症状。

④诊断：据是否患有某些传染病、中毒病、是否有受寒感冒的病史，结合临床症状，如肾区敏感疼痛，少尿或无尿、血尿，血压升高，水肿，尿毒症等初诊，确诊需做尿液检查。

⑤治疗：

A. 加强护理 注意营养，适当限制饮水和食盐饲喂量；

B. 抗菌消炎 用青、链霉素，磺胺类药物对肾毒性最大，饲喂时用小苏打，促使其排出；呋喃类药物最好用呋喃坦丁钠。

C. 免疫抑制疗法 应用免疫抑制剂促肾上腺皮质激素（ACTH），可促进肾上腺皮质分泌糖皮质激素而间接发挥作用，可抑制免疫早期反应，同时，有抗菌消炎作用，如醋酸泼尼松、氢化可的松、醋酸可的松等静注或肌注。

D. 利尿消肿 当有明显水肿时，以利尿消肿为目的，应用利尿剂，如速尿、氯噻酮、双氢克尿噻，若严重水肿，用利尿药效果不好，可用脱水剂，如甘露醇或山梨醇静注；尿路消毒可根据病情选用尿路消毒药，如乌洛托品，本身无抗菌作用，内服后以原形从尿中排出，遇酸性尿分解为甲醛而起到尿路消毒作用。对症疗法，心力衰竭时用强心药，如安钠咖、樟脑、洋地黄；酸中毒时用碳酸氢钠静注，血尿时用止血剂，如止血敏等。

（2）尿石症。

①概念：尿液中析出过饱和盐类结晶，刺激泌尿道黏膜，引起局部发生充血、出血、坏死和阻塞的一种泌尿器官疾病。临床特征为排尿障碍，严重时尿闭，有亚急性疼痛症状，膀胱破裂，尿毒症

②分类：根据尿石形成和移行部位来分类，可分为4类。a. 肾结石。尿石形成的原始部位主要是肾脏（肾小管、肾盂、肾盏），肾小管内的尿石多固定不动，但肾盂尿石可移动到输尿管。b. 输尿管结石。c. 膀胱结石。d. 尿道结石。尿石在公畜、母畜都可形成，但尿道结石仅见于公畜。

③病因：

A. 饲料　饲喂高能量饲料大量给予精料，而粗饲料不足，可使尿液中黏蛋白、黏多糖含量增高，这些物质有黏着剂的作用，可与盐类结晶凝集而发生沉淀；饲喂高磷饲料，富含磷的饲料有玉米、米糠、麸皮，棉壳、棉饼等，易使尿液中形成磷酸盐结晶（如磷酸镁、磷酸钙）；过多饲喂了含有草酸的植物，如大黄、土大黄、如蓼科、水浮莲等，易形成草酸盐结晶；有些地区习惯于以甜菜根、萝卜、马铃薯、青草或三叶草为主要饲料，易形成硅酸盐结石；饲料中 V_A 或胡萝卜素含量不足时，可引起肾及尿路上皮角化及脱落，导致尿石核心物质增多而发病。

B. 与尿液 pH 值有关　碱性尿液易使草食动物发生慢性膀胱炎、尿液贮留、发酵产氨可使尿液 pH 值升高。磷酸盐和碳酸盐在碱性尿液中呈不溶状态，促进尿石形成；与饮水的数量、质量有关，饮水少，促进结石形成，多喝水，可预防尿石，硬水中矿物质多，易导致结石。

C. 甲状旁腺机能亢进　甲状旁腺素大量分泌，使骨中的钙、磷溶解，进入血液。

D. 感染因素　在肾和尿路感染的疾病过程中，由于细菌、脱落的上皮细胞及炎性产物的积聚，可成为尿中盐类晶体沉淀的核心。特别是肾炎，可破坏尿液中晶体与胶体的正常溶解与平衡状态，导致盐类晶体易于沉淀而形成结石。

E. 其他因素　尿道损伤、应用磺胺类药物等。

④临床症状：

A. 肾结石　有肾炎样症状：肾区敏感疼痛、腰背僵硬、步态强拘、血尿等。

B. 输尿管结石　家畜表现强烈疼痛，单侧输尿管结石不表现尿闭，直检可摸到阻塞上方一侧输尿管扩张、波动。

C. 膀胱结石　有时不表现任何症状，但多数表现频尿或血尿，如阻塞到颈部，则尿闭或尿淋漓。

D. 尿道结石：占 70%～80% 不完全阻塞时排尿痛苦、排尿时间延长，尿液呈线状、断续状或滴状流出，常常在发病开始时出现；完全阻塞时发生尿闭，病畜后肢叉开、弓背举尾，频频排尿但无尿液排出，尿道探诊时，可触及尿石所在部位，直检时膀胱膨满，体积膨大，富有弹性，按压无小便排出；严重者膀胱破裂，疼痛现象突然消失，表现很安静，似乎好转，腹围膨大，由于尿液大量流入腹腔，直检时腹腔内有波动感，但无膀胱，腹腔穿刺液有尿味，含蛋白。

⑤诊断：可根据临床症状、尿液检查、尿道探诊、外部触诊（指尿道结石）等的结果作出诊断。

⑥治疗：尿道口阻塞较多，对大的结石可施行尿道切开术取出结石，同时，注意饲喂含矿物质少和富含维生素的饲料和饮水；对小的结石可给予利尿剂和尿道消毒剂，如双氢克尿噻、乌洛托品等，使其随尿排出；为防止膀胱破裂，应及时膀胱穿刺排除尿液；中药治疗应以清热利尿、排石通淋为原则，可参照处方：金钱草30g、木通10g、瞿麦15g、萹蓄15g、海金沙15g、车前子15g、生滑石15g、栀子10g，水煎去渣，候温灌服。

⑦预防：避免长期单调饲喂富含某种矿物质的饲料或饮水。钙磷比例应为（1.5～2）∶1；粮中应补充足够的 V_A，防止上皮形成不全或脱落；对泌尿系统疾病（如肾炎、膀胱炎）应及时治疗，以免尿液潴留；平时应适当地给予多汁饲料或增加饮水，以稀释尿液，减轻泌尿器官的刺激，并保持尿中胶体与晶体的平衡；对舍饲的家畜，应适当地喂

给食盐或添加适量的氯化铵，以延缓镁、磷盐类在尿石外周的沉积。

（二）绵羊营养代谢病的防治

动物营养代谢疾病学是研究动物营养物质（糖、脂肪、蛋白质）、矿物元素（常量元素及微量元素）、维生素等缺乏、不足、或过量而引起代谢障碍，从而出现的临床综合征。动物的营养代谢病很多，这里近几个常见的疾病做以叙述。

1. 硒、V_E 缺乏症

（1）硒的发现和研究过程。1917 年，发现硒元素；1937 年，认为有剧毒，必须从饲料中除去；1950 年，认识是动物必需的营养元素；1963 年，确定硒缺乏是白肌病的病因，但机理尚不清楚；1973 年，认识硒是谷胱甘肽过氧化物酶的中心元素，缺乏后可引起该酶活性降低

（2）硒、V_E 缺乏症的发病原因。

①土壤中硒含量应大于 5mg/kg，如小于 5mg/kg，则为缺硒地区，多见于以下几种土壤：a. 酸性土壤。酸性土壤中含丰富的铁，铁与硒结合形成硒酸铁，影响硒的吸收；b. 火山形成岩，硒被挥发；c. 见于密集灌溉，造成硒流失；d. 煤燃烧放出硫，散落于土壤中，造成土壤中硒与硫不平衡，影响硒的吸收。

②饲料中硒缺乏：饲料中含硒量应达到 0.1～0.15mg/kg（国标），实际要加到 0.3～0.4mg/kg，一般认为 0.06mg/kg 为临界水平，低于 0.06mg/kg，则硒缺乏。禾本科植物中缺硒，如玉米，只含 0.01～0.02mg/kg；豆科植物富硒。如苜蓿、黄芪（黄芪补气是因为富硒），小花棘豆（其中毒初以为是硒中毒，后查明为生物碱中毒）

③饲料中 V_E 缺乏：饲料中 V_E 含量要达到 25mg/kg，此时生长发育最快，如 V_E 含量小于 5mg/kg，则认为是 V_E 缺乏。a. 青饲料缺乏，青饲料，尤其是胚芽中 V_E 含量丰富；b. 饲料中含过多的不饱和脂肪酸，可使 V_E 破坏；c. 饲料贮存不当，贮存时间过长，V_E 易氧化而失效，玉米放半年以上则有 50% 被破坏，贮存、堆积、发酵使 V_E 破坏；d. 生长发育快，或妊娠、泌乳，使 V_E 需要量增高。

（3）发病机理。

①硒的生理作用：

A. 硒和 V_E 为生理性抗氧化剂 可使组织免受体内过氧化物的损害而对细胞起保护作用，正常机体中的不饱和脂肪酸，会发生过氧化作用而产生过氧化物，过氧化物对细胞、亚细胞（线粒体、溶酶体等）的脂质膜产生破坏作用。轻者变性，重者坏死，体内有一种酶可以促进过氧化物分解，阻止它对脂质膜的毒性作用，这种酶就是谷胱甘肽过氧化物酶（GSHPx），GSHPx 由 4 个亚单位组成，每个亚单位含有一个硒原子，所以，硒是 GSHPx 的活性元素。硒缺乏后该酶活性下降，补硒后该酶活性增高。

B. V_E 的生理作用 V_E 为生理性的抗氧化剂，可保护脂质膜中的不饱和脂肪酸不被氧化；

C. 硒与 V_E 两者有协同作用 但硒的抗氧化作用要比 V_E 大 7 000～10 000 倍，当硒与缺乏后，不饱和脂肪酸发生过氧化作用所产生的过氧化物对细胞和亚细胞脂质膜产生毒作用，脂质膜最丰富的器官如脑、心肌、肝、肌肉、肾等，最易受到损害，从而出现一系列的症状。

（4）病型：发现有 40 多种动物可发生此病，病型及病变有 20 多种，幼畜病变以白

肌病为主，称为"肌肉营养不良"，成畜以繁殖性障碍为主，表现流产、死胎。

（5）治疗与预防：本病在缺硒地区尤其要以预防为主，按照不同的制剂在饲料或饮水中补充，主要用亚硒酸钠。一旦发生硒缺乏症，可采用亚硒酸钠口服或肌注治疗，也可用亚硒酸钠-V_E肌注治疗有良好效果。

2. 钙磷缺乏症

（1）骨质软化症。

①概念：成年动物由于钙磷代谢障碍引起的骨营养不良，包括骨软症和纤维性营养不良，羊多见于骨软症。

②病因：钙磷不足或比例失调；维生素D不足；饲料中其他成分影响；继发因素。

③症状：顽固性消化不良；运动障碍；骨变形。

④诊断要点：病时调查发现日粮配合不合理或其他继承发因素；运动障碍，骨变形；饲料化验发现钙磷不足。

⑤治疗：骨软化症以补磷为主，维性营养不良以补钙为主；对症治疗以调整胃肠机能促进消化吸收，用安乃近，安痛定等药物止痛．卧地不起要垫8~10cm的垫草防止疮。

⑥预防：加强饲养管理，注意日粮配合，给予充足钙磷合理的比例。

（2）佝偻病。

①概念：佝偻病是幼龄动物由于维生素D不足或钙磷代谢引起．临床特征是消化紊乱，异嗜癖，跛行及骨骼变形．常见于犊羊，羔羊等。

②病因：是动体内钙磷不足或比例失调，维生素缺乏所致。

③症状：消化障碍；运动障碍；骨变形：长骨变形，呈"X"形腿或"O"形腿。

④诊断要点：年龄和饲养管理情况，运动障碍，骨变形。

⑤治疗：补充维生素D 1 500~3 000IU/KG体重肌肉注射，补钙：骨粉羊5~10g内服。

3. 绵羊异食癖

（1）概念。由于代谢机能紊乱，摄取正常食物以外的物质的多种疾病的综合征。临床上以舔食、啃咬异物为特征。多发生于冬季和早春舍饲的羊只。

（2）病因。一般认为是绵羊机体内矿物质和维生素不足，引起盐类物质代谢紊乱所致。绵羊食毛症可能与含硫氨基酸和矿物质缺乏有关。

（3）症状。病初食欲缺乏，消化不良，继而出现异食现象。病羊常舔食墙壁、饲槽、粪尿、垫草、石块、煤渣、破布等异物。皮肤干燥，弹力减弱被毛松乱，磨牙，弓腰，畏寒发抖，贫血、消瘦，食欲逐渐恶化，尤其是互相啃咬身上的被毛而粪毛球阻塞幽门或肠道引起阻塞性疾病，或在寒冷的季节引起大批死亡。

（4）诊断。根据临床症状可初步诊断，确诊需要采集当地土壤进行矿物质化验，确定缺乏的元素方可确诊。

（5）治疗。注意防寒，尤其在寒冷季节；改善日粮，日粮中添加乳酸钙1g/只动物，复合维生素B 0.2g，葡萄糖粉1g铬，镍，钴适量，能化验出缺乏的元素更好，可根据实际情况将缺乏物质加入植物秸秆，配合其他矿物质制作颗粒饲料，定时饲喂有良好治疗和预防效果。

4. 其他矿物质缺乏

（1）缺锌。

①病因：饲料中缺锌；饲料中其他成分影响，其他因素。

②症状：生长发育迟滞，皮肤角化不全，骨骼发育异常，繁殖机能障碍，被毛质量差。

③治疗：硫酸锌 1~2mg/kg 体重，肌肉注射或内服 1 次/天，连用 10 天。

④预防：保证日粮中含有足够的锌，并适当限制钙的水平。

（2）反刍兽低血镁搐搦。

①病因：牧草含镁量不足；镁吸收减少；天气因素。

②症状：a. 急性型。惊恐不安，停止采食，盲目疾走或狂乱奔跑，行走时前肢高提，四肢僵硬，步态踉跄，常跌地，倒地后口吐白沫，全身肌肉强直；b. 亚急性型。频频排粪，排尿，头颈回缩，有攻击行为；c. 慢性型。病初症状不明显，数周后出现步态强拘，后躯踉跄，上唇、腹部、四肢肌肉震颤，感觉过敏，后期感觉失，陷于瘫痪状态。

③治疗：10%氯化钙成年动物 100~150mL，犊牛和羊 10~20mL，10%葡萄糖 500~1 000 mL 静注。

5. 维生素缺乏症

（1）维生素 B 缺乏。

①维生素 B_1 缺乏：表现厌食，多发性神经炎症，表现出"观星姿势"；

②维生素 B_2 缺乏：表现足趾内弯，飞节着地，行走困难；

③维生素 B_{12} 和叶酸缺乏：主要表现恶性贫血。

防治以补充维生素 B 族和改善营养为主。

（2）维生素 E 缺乏症。维生素 E 缺乏是以脑软化，渗出性互助质般营养不良为特征，治疗见硒缺乏症。

（3）维生素 A 缺乏症。

①病因：饲料中维生素 A 和维生素 A 源不足，饲料中其他成分的影响，继发因素。

②症状：夜盲症、干眼病、神经症状。

③治疗：补充维生素 A，改善饲养，对症治疗。

（三）绵羊中毒病的防治

本节掌握急性中毒的一般症状及处理措施，了解发生急性中毒病的原因和预防方法。在各类中毒病中以亚硝酸盐中毒、氢氰酸中毒、青杠叶中毒有机磷农药中毒、食盐中毒的毒理、症状、治疗与预防。

1. 亚硝酸盐中毒

（1）概念。动物因食用含多量硝酸盐或亚硝酸盐的饲料而引起的中毒。临床上以可视黏膜发绀、呼吸困难并迅速窒息死亡为特征。也称为"肠源性青紫症"，因本病是通过消化道途径发生，引起皮肤、口腔黏膜呈青紫色。临床特征：采食后突然发病死亡，口吐白沫，呕吐，呼吸困难，可视黏膜发紫，血液呈暗红色（或咖啡色）。各种动物都能发生，但不同动物对亚硝酸盐的敏感性不一样，猪>牛>羊>马，家禽和兔也可发生，本病一年四季皆可发生，但以春末、秋冬发病最多。

（2）病因。

①加工调制不当：烧的半生不熟，焖煮过夜（灶下有余火），再来喂动物，很容易引起亚硝酸盐中毒。

②有一定的湿度：通过硝化细菌的作用（如大肠杆菌、梭状芽孢杆菌），可使硝酸盐还原为亚硝酸盐。如堆积发酵或霉烂。

③反刍动物：其瘤胃内的理化和生物条件都适合，硝酸盐在瘤胃内纤毛虫作用下还原为亚硝酸盐。

④其他原因：饮用硝酸盐含量过高的水，如过施氮肥地区的井水或附近的水源，水中的 NO_3 含量超过 $200 \sim 500mg/L$，既可引起牛、羊中毒。咸菜：盐少或浸泡时间过长，也可产生亚硝酸盐。

（3）临床症状。中毒病牛羊采食后 $1 \sim 5$ 小时发病，发病延迟可能系瘤胃中硝酸盐转化为亚硝酸盐之故。表现显著不安，呈严重的呼吸困难，脉搏急速细弱，全身发绀，体温正常或偏低，躯体末梢部位冰凉，耳尖、尾端的血管中血液量少而凝滞，在刺破时仅渗出少量黑褐色血液，尚可能出现流涎、疝痛、腹泻，甚至呕吐等症状。

（4）诊断。根据有饲喂大量腐烂变质或加工不当的青料病史和呕吐、腹泻、抽痉、黏膜发紫作出初步诊断。确诊需做血液中变性血红蛋白的测定，振荡试验：抽取静脉血 $5mL$ 观察，如为亚硝酸盐中毒，血液中有大量 MHb，故颜色呈酱油色，在空气中用力振荡一刻钟，血液颜色仍不变。正常者在振荡中遇氧即变为鲜红色。但如加有抗凝剂，在 $5 \sim 6$ 小时后才变为鲜红色，一般有 10% 左右的红细胞血红蛋白变为 MHb，如变为 40%，则中毒；如 60%，则死亡。

（5）治疗。治疗原则：使高铁血红蛋白还原为氧合血红蛋白 $MHb \rightarrow HbO_2$

①美兰：用于用于反刍兽的剂量约为 $20mg/kg$，如静注有困难，也可改为皮下注射，但剂量要大 1 倍。

②甲苯胺蓝：疗效较高，用量 $5mg/kg$，配成 5%，静注或肌注。

③其他治疗方法：吃下饲料不久，刚出现症状，还可立即服用 0.05% ~ 0.1% 的高锰酸钾溶液 $500 \sim 600mL$，可使瘤胃中残存的亚硝酸盐变为硝酸盐。

2. 有机磷农药中毒

（1）概念。有机磷农药中毒是由于接触、吸入或采食了某种有机磷制剂所引致的病理过程，以体内的胆碱酯酶活性受抑制、从而导致神经生理机能的紊乱为特征。临床特征为瞳孔缩小，分泌物增多，肺水肿，呼吸困难，肌肉发生纤维性震颤（痉挛）。

（2）病因。有机磷农药是一类毒性很强的接触性神经毒，经消化道和皮肤可引起中毒，中毒的主要原因如下。

①采食了被有机磷农药污染的饲料，用盛装过农药的容器存放饲料或饮水，农药与饲料混杂装运，饲料库内或附近存放、配制或搅拌农药。

②应用有机磷农药不当，敌百虫治疗癣病用 3% 浓度，治蛔虫用 0.1g/kg。

③呼吸道途径吸入引起中毒，如喷雾消毒时发生。

（3）临床症状。

①毒蕈碱样作用：当机体受毒蕈碱的作用时，表现为肺水肿，出现呼吸困难而窒息死亡，流口涎、眼泪、鼻液等，瞳孔缩小，甚至失明；开始尿频，膀胱括约肌发生痉挛性收缩；后来出现尿闭：膀胱括约肌麻痹。腹泻、腹痛和呕吐，羊发生急性瘤胃臌气。

②烟碱样作用：表现为肌纤维震颤、呼吸困难、血压上升，肌紧张度减退，兴奋不安、狂暴、全身痉挛，心跳加快、变弱。

③诊断：根据病史调查、临床特征和病理剖检（真胃内有大蒜味）不难诊断。

④治疗：必须注意"早"治，"快"治，稍有延误，虽非常有效的治疗，也无法挽救，应立即用特效解毒剂，解磷定、氯磷定、双解磷、双复磷等隔 2~3 个小时注射 1 次，最好静脉注射，也可肌肉注射，直至解除毒性为止。急性中毒，一定要配合应用阿托品，以拮抗胆碱酯酶作用。

3. 其他中毒病

（1）食盐中毒。主要由于食物中加入过量的食盐导致中毒，表现胃肠炎、脑水肿及神经症状为特征。治疗时饮用淡水，通常采用对症治疗，给予钙剂、利尿剂、镇静剂，同时，缓解脑水肿和降低颅内压，可用甘露醇、高渗糖等静脉注射。

（2）龙葵素中毒。由于采食含有龙葵素的马铃薯引起，出现神经症状、胃肠炎和皮肤湿疹为特征。治疗时采用洗胃、镇静、灌肠（0.1%高锰酸钾）、灌服吸附性止泻剂（如鞣酸蛋白、药用炭等），同时，静注5%糖盐水或5%~10%葡萄糖注射液以增强肝脏的解毒功能。

（3）氢氰酸中毒。是由于绵羊采食富含大量氰苷的青饲料引起，主要表现呼吸困难、震颤、惊厥等的组织中毒性缺氧症。富含氰苷的食物如小麦、青稞等的青苗，杏、枇杷、桃等的叶片和种子内。治疗时用特效解毒剂亚硝酸钠 0.1~0.2g，配成 5% 的溶液静脉注射，随后静注 10% 硫代硫酸钠 10~30mL。

（4）青杠叶中毒。以绵羊采食大量的青杠叶发生少尿或无尿、腹下水肿及便秘为特征的疾病。该病有一定的季节性，多在每年清明节前后饲料缺乏时，而青杠又很早发芽，羊在饥饿情况下大量采食引起中毒。治疗时要促进胃内毒物的排出，可用 3% 食盐水 800~1 000mL 瘤胃注射，或莱菔子油 150~250mL，加鸡蛋清 3~5 个灌服。解毒选用硫代硫酸钠 5~8g，配为 5%~10% 溶液静脉注射，一日 1 次，连用 2~3 天。同时强心、利尿、消肿，可用 10% 葡萄糖 300~500mL，10% 安呐咖 5mL，静注，一日 1 次，连用 3~5 天。

（四）羊寄生虫病的防治

绵羊的主要寄生虫病：片形吸虫病、脑多头蚴病、胃肠道线虫病、羊狂蝇蛆病、莫尼茨绦虫病、外寄生虫病、焦虫病等。

1. 球虫病

由孢子虫纲真球虫目艾美尔科的各种球虫引起的畜禽一种流行性寄生虫病。特征是消瘦、贫血、血痢和发育不良。牛、羊易感，对羔羊的为害性大。该病呈地方性流行，有一定季节性，多发生在多雨潮湿的 5—8 月。

（1）症状。成年羊感染症状不明显，2~6 月龄小羊易发病。病羊精神不振，食欲减退或消失，渴欲增加，被毛粗乱，可视黏膜苍白，腹泻，粪便中常混有血液、剥脱的黏膜和上皮，有恶臭，含有大量卵囊。

（2）治疗。可选用以下有效药物。

①氨丙啉，25mg/kg 体重，1 次口服，连用 14~19 天。

②磺胺二甲基嘧啶，80mg/kg 体重，1 次口服，连用 3~5 天。

③磺胺喹噁啉，60mg/kg 体重，1 次内服，连用 3~5 天。

④球痢灵：50~70mg/kg体重，混入饲料中喂给，连用5~7天。

⑤硫化二苯胺，0.4~0.6g/kg体重，每天口服1次，连用3天后停药1天，再服3天。在使用以上1种药物治疗的基础上，临床上配合止泻、强心和补液等对症治疗。

（3）预防。加强饲养管理，搞好羊圈及环境、用具的消毒。成年羊和羔羊最好分群饲养。定期进行药物全群预防。

2. 肝片吸虫病

本病是由片形科、片形属的肝片吸虫寄生在牛羊的胆管和肝脏内所引起的，表现为急性或慢性肝炎、胆管炎等症。以精神萎靡，食欲减退，腹泻，贫血，消瘦及水肿为特征的一种病。夏秋季常流行，为害较大。

（1）症状。感染虫数少。饲养条件好，羊抵抗力强时，一般不表现症状，但感染虫数多，羊抵抗力弱时，则可引起急性或慢性肝炎等症。急性型表现为急性肝炎。病畜体温升高，疲倦，食欲废绝，腹泻，贫血，黏膜苍白，眼睑、颌下、腹胸下发生水肿，周期性腹胀，便秘与下痢交替发生。严重病例，肝脏受到严重创伤，出血流入腹腔，形成腹血症死亡。

（2）治疗。可选用以下药物。

①丙硫咪唑（抗蠕敏），按每千克体重15mg，1次灌服，对成虫有良效，幼虫效果较差。

②硝氯酚（拜耳9015），每千克体重4~5mg，灌服，或针剂按0.75~1.0mg，深部肌注，对成虫有效，幼虫无效。

③三氯苯哒唑（肝蛭净），每千克体重12mg，配为5%悬液或含250mg的丸剂口服，对成虫、幼虫均有效。

④四氯化碳与液状石蜡等量混合，摇匀后，成年羊每次肌注34mL，小羊12mL。

⑤碘硝酚腈，按每千克体重15mg，皮下注射或按每千克体重30mg一次性口服，对成虫、幼虫均有效。

（3）预防。

①避免到潮湿和沼泽地放牧，不让羊饮沟里或坑里的死水。

②每年春秋各进行一次预防性驱虫。

③用硫酸铜或生石灰灭螺。

④处理粪便，堆肥发酵以杀灭虫卵。

3. 梨形虫病

本病是梨形虫寄生于绵羊血细胞中所致的寄生虫病。各种年龄的羊均可感染。主要感染绵羊的病原有发现于四川甘孜藏族自治州的莫氏巴贝斯虫和流行于四川、甘肃和青海等省区的山羊泰勒虫。本病的发生季节性较强，并呈地方流行性，经蜱吸血传播，其流行季节与蜱的活动有明显的一致性。

（1）症状。突发稽留高热，40~42℃，精神差，反刍停止，食欲减退或消失，便秘或下痢，出现血红蛋白尿，呈贫血、黄疸，随着贫血现象增剧，心脏机能逐渐衰弱，伴发胸前、腹下及肺水肿，呼吸极度困难，鼻孔流出大量黄白色泡沫状液体，精神高度沉郁，最后卧地不起，陷入昏迷而死。

（2）治疗。可选用以下药物。

①贝尼尔（血虫净、三氮脒），每千克体重 7mg，配成 7%溶液，每天 1 次深部肌肉注射，连用 3 天，若血液中感染虫数不降，还可再用 2 天。

②黄色素（吖啶黄、锥黄素）和阿卡普林（盐酸喹啉脲）合用，第 1~2 天用黄色素，按每千克体重 3~4mg，配为 0.5%~1%溶液静脉注射，一日 1 次，第 3 天用阿卡普林，按每千克体重 0.6~1mg，配为 5%溶液皮下注射，每天用药 1 次。

③咪唑苯脲，按每千克体重 1~3mg，配为 10%溶液肌肉注射，对各种梨形虫均有良好效果。

④辅助治疗，输血或静注 5%葡萄糖生理盐水、维生素、安钠咖等。

（3）预防。关键在于灭蜱：

①消灭牛、羊体表的蜱，用 5%液体敌百虫液喷洒羊体表，每月 3 次。

②消灭圈舍内的蜱可用敌百虫等杀虫药物对圈舍墙壁缝隙等进行喷洒。

③在发病季节对羔羊注射贝尼尔、咪唑苯脲等预防。

4. 羊仰口线虫病（钩虫病）

本病分布普遍，成虫吸血对羊危害甚大，引起以贫血为特征的寄生虫病。由于虫体前端稍向背侧弯曲，如一小钩，故称钩虫，由它引起的疾病称为钩虫病。

（1）症状。钩虫主要以吸食血液、血液流失和毒素作用及移行引起的损伤，表现渐进性贫血、严重消瘦、下颌水肿、顽固性下痢，排黑色稀粪，带血，体重下降，羔羊发育受阻，有时出现神经症状，最后因恶病质而死亡。

（2）治疗。

①左旋咪唑，皮下或肌肉注射，羊为 5mg/kg 体重。

②伊维菌素（害获灭），羊为 0.2mg/kg 体重，一次性口服或皮下注射。

③敌百虫、噻苯咪唑、硫化二苯胺等药物都有较好驱虫作用。

（3）预防。

①预防性驱虫，一般春秋各进行 1 次。

②在严重流行地区，要将硫化二苯胺混于精料或食盐内自行舔服，持续 2~3 个月，有较好预防效果。

③加强管理，尽可能避开潮湿草地和幼虫活跃的时间放牧。建立清洁的饮水点，合理地补充精料和无机盐，全面规划牧场，有计划地进行分区轮放，适时转移牧场。

5. 羊螨病

羊螨病是由疥螨和痒螨寄生在体表而引起的慢性寄生性皮肤病，以接触感染、剧痒和各种皮炎为特征，螨病又叫疥癣、疥疮、骚、癞等。

（1）虫体特点和生活史。

①疥螨：疥螨寄生于皮下角化层下，并不断在皮内挖凿隧道，虫体即在隧道内不断发育和繁殖。疥螨的成虫形态特征：虫体小，长 0.2~0.5mm，肉眼不易见到；体呈圆形，浅黄色，体表生有大量小刺，前端口器呈蹄形；虫体腹面前部和后部各有两对粗短的足，后两对足不突出于体后缘之外，每对足上均有角化的支条。

②痒螨：寄生于皮肤表面。虫体呈长圆形，较大，长 0.5~0.9mm，肉眼可见。口器长，呈圆锥形。4 对足细长，尤其是前两对更为发达。雌虫第一对足、第二对足、第四对足有细长的柄和吸盘，柄分 3 节雌虫第三对足上有两根长刚毛，尾端有两个尾突，在尾突

前方腹面上有两个吸盘。疥螨与痒螨的全部发育都是在宿主体上度过，包括虫卵、幼虫、若虫和成虫 4 个阶段，其中雄螨有 1 个若虫期，雌螨有 2 个若虫期。疥螨的发育是在羊的表皮内不断挖凿隧道，并隧道中不断繁殖和发育，完成一个发育周期需 8~22 天。痒螨在皮肤表面进行繁殖和发育，完成一个发育周期需 10~12 天。本病的传播是由于健畜与患畜直接接触，或通过被螨及其卵所污染的厩舍、用具的间接接触引起感染。

（2）诊断要点。该病主要发生于冬季和秋末、春初。此季节光照不足，被毛密而厚，皮肤湿度大，圈舍阴暗拥挤，有利于螨的繁殖和传播。发病时，羊螨病（由疥螨引起）病一般始发于皮肤柔软且毛稀短的部位，如嘴唇、口角、鼻面、眼圈及耳根部，在皮肤角层下挖掘隧道，食皮肤，吸吮淋巴液，以后皮肤炎症逐渐向周围蔓延；痒螨（绵羊多发）病则始于被毛稠密和温度、湿度比较恒定的皮肤部位，在皮肤表面移行和采食，吸吮淋巴液，引起皮肤剧痒。如绵羊多发生于背部、臀部及尾根部，以后才向体侧蔓延。夏季光照充足，毛短稀小皮肤干燥，不利于螨的生长繁殖。

（3）临床症状。该病初发时，因虫体小刺、刚毛和分泌的毒素刺激神经末梢，引起剧痒，可见病羊不断在圈舍干墙栏柱等处摩擦；阴雨天气、夜间、通风不好的圈舍以及随病情的加重，痒觉表现更为剧烈；由于患羊的摩擦和啃咬，患病皮肤出现丘疹、结节、水疱，甚至脓痂，以后形成痂皮和龟裂。绵羊患疥螨病时，因病变主要局限在头部，病变部皮肤如干涸的石灰，故有"石灰头"之称。发病后患羊因终止啃咬和摩擦患部，烦躁不安，影响正常的采食和休息，日渐消瘦，最终不免极度衰竭而死亡。实验室检查根据羊的症状表现及流行情况，刮取皮肤组织查找病原，以便确诊。

（4）防治。治疗方法及注意事项如下。

①注射或口服药物疗法：可选用伊维菌素或阿维菌素，剂量按每千克体重 0.2mg，口服或皮下注射。涂药疗法适合于病羊数量少，患部面积小的情况，可在任何季节应用，但每次涂药面积不得超过体表的 1/3。可用药物：一是克辽林擦剂：克辽林 1 份，软肥皂 1 份、酒精 8 份调和即成。二是 3%敌百虫溶液：来苏儿 5 份，溶于温水 100 份中，再加入 3 份敌百虫即成。此外，亦可用溴氰菊酯（倍特）、双甲脒、巴胺膦等药物。按说明书涂擦使用。

③药浴疗法：适用于病羊多且气候温暖和季节，也是预防本病的主要方法。药浴时，药液可选 0.025%~0.030%林丹乳油水溶液，0.05%蝇毒膦乳剂溶液，0.5%~1.0%敌百虫水溶液，0.05%辛硫膦乳油水溶液，0.05%双甲脒溶液等。

③治疗时的注意事项：为使药液有效杀灭虫体，涂擦药物时应剪除患部周围的被毛，彻底清洗并除去痂皮及污物。大规模药浴最好选择绵羊剪毛后数天进行。药浴温度按药物种类所要求的温度予以保持，药浴时间应维持 1 分钟左右，药浴时应注意羊头的浸浴。

大规模治疗时，应对选用的药物需做小群安全试验。药浴前让羊饮足水，以免误饮药液。工作人员亦应注意自身的安全保护。

因大部分药物对螨的虫卵无杀灭作用，治疗时可根据使用药物情况重复用药 2~3 次，每次间隔 5 天，方能杀灭新孵出的螨虫，达到彻底治愈的目的。预防每年定期对羊群进行药浴，可取得预防双重效果；加强检疫工作，对新购进的羊应隔离检查后再混群；经常保持圈舍的卫生、干燥和通风良好，定期对圈舍和用具清扫和消毒，0.5%敌百虫喷墙；80℃以上 20%的热石灰水消毒，对患畜应及时隔离治疗，可疑患畜应隔离饲养；治疗期间，应注意对饲养人员、圈舍、用具同时进行消毒，以免病原散布，不断出现重感染。

新灭癫灵释成1%~2%的水溶液刷洗患部；用0.05%的辛硫磷或螨净治疗。药浴在剪毛后部5~7天进行。秋季再浴1次。

④药浴注意事项：准备好中毒抢救药品（镇静剂、阿托品、强心剂、氢化可的松等），及药浴药品；选择平坦、背风、温暖处进行；小群试验；浴前充分饮水，不加入肥皂水、苏打水等碱性物质，防增加毒性；及时补加药量；浴1分钟；注意人畜安全；发现中毒症状，立即抢救。药浴水不能乱排，防止鱼类中毒。

6. 硬蜱

硬蜱是寄生于绵羊体表的一种寄生虫，分布广泛，种类繁多，宿主范围广，对人畜健康危害很大。硬蜱呈卵圆形，褐色，芝麻大到米粒大，雌蜱饱血后膨胀到蓖麻籽大。

（1）流行特点。硬蜱有明显季节性，多数在温暖季节活动，由于寻找宿主吸血，绝大多数种类生活在野外，也有少然寄居在畜舍或畜圈周围。多寄生于宿主皮肤柔薄而少毛部位，吸血时间较长，一般不离开宿主。有越冬和耐饥的能力。

（2）为害。吸血时咬伤皮肤引起发炎，绵羊出现消瘦、贫血或造成蜱性瘫痪（毒素的作用），多量寄生可致使病畜衰竭，又可传播很多为害严重的动物血液原虫病、细菌病、病毒病和立克次氏体等传染性疾病，是一种重要的自然疫源性疾病和人畜共患病。

（3）防治。因地制宜采取综合性防治措施，人工捕捉或使用杀虫剂可有效灭蜱，每千克体重20~50mg溴氰菊酯（倍特）、250mg嗪农（螨净）、50~250mg巴胺磷（赛福丁）、250~500mg双甲脒喷涂、药浴或洗刷杀灭畜体上的蜱，也可用伊维菌素皮下注射；日常加强对畜舍和外界环境的灭蜱，尽量做到避蜱放牧或使用驱蜱剂；现在也采用人工培养的无生殖能力的雄蜱进行生物学灭蜱。

7. 肺丝虫病

本病是肺丝虫寄生于绵羊肺脏、支气管中所引起的以阵发性咳嗽，流黏性鼻液及呼吸困难为特征的一种寄生虫病。主要病原有网尾科的胎生网尾线虫和丝状网尾线虫（寄生于气管和细支气管，属于大型肺线虫）和原圆科的柯氏原圆线虫和毛样缪勒线虫（寄生于肺泡、毛细支气管和肺实质等处，属于小型肺线虫）。

（1）症状。轻者咳嗽，特别在被驱赶和夜间休息最为明显，重者呼吸迫促，咳嗽频繁而剧烈，流黏液性鼻涕。食欲减退，被毛粗乱，精神沉郁，逐渐消瘦，一般体温没有变化，当并发感染肺炎时，体温升高，头和四肢水肿，最后因肺炎或严重消瘦死亡。

（2）治疗。

①丙硫咪唑，10~15mg/kg体重，一次性灌服。

②左旋咪唑，8~10mg/kg体重，1次内服。

③伊维菌素或阿维菌素，0.2mg/kg体重，口服或皮下注射。

（3）预防。

①每年定期驱虫两次，药物以左旋咪唑，丙硫咪唑最佳。

②加强羊饲养管理，饮水清洁，不饮池塘死水。

③有条件对粪便堆肥发酵以消灭病原和进行轮牧。

④尽量将羔羊和成年羊分群放牧，以保护羔羊少感染病原。

8. 双腔吸虫病

双腔吸虫病是由双腔科双腔属的矛形双腔吸虫和中华双腔吸虫寄生于绵羊的胆管和胆囊所引起的一种寄生虫病，常和片形吸虫混合感染。主要发生于牛、羊、骆驼等反刍动物，其病理特征是慢性卡他性胆管炎、胆囊炎、肝硬化和代谢障碍与营养不良。

（1）病原。矛形双腔吸虫比片形吸虫小，色棕红，扁平而透明；前端尖细，后端较钝，因呈矛形而得名。虫体长 5~15mm，宽 1.5~2.5mm。矛形双腔吸虫在发育过程中需要两个中间宿主，第一中间宿主为多种陆地螺（包括条纹蜗牛和枝小丽螺），第二中间宿主为蚂蚁。当易感反刍兽吃草时，食入含有囊蚴的蚂蚁而感染，幼虫在肠道脱囊，由十二指肠经胆总管到达胆管和胆囊，在此发育为成虫。

（2）症状。双腔吸虫病常流行于潮湿的放牧场所，无特异性临床表现。疾病后期可出现可视黏膜黄染，消化功能紊乱，从而出现腹泻或便秘，病羊逐渐消瘦、贫血、皮下水肿，最后因体质衰竭而死亡。

（3）诊断。生前取粪便做虫卵检查，死后诊断以胆管和胆囊中发现大量虫体即可确诊。

（4）防治。预防矛形双腔吸虫的原则是对患羊在每年的秋末冬季驱虫，消灭中间宿主可用人工捕捉或草地放养鸡，并避免牛吞食含有蚂蚁的饲料。治疗该病常选用的药物如下。

①吡喹酮，按 60~70mg/kg 体重一次性口服；

②海涛林（三氯苯丙酰嗪），按每 40~50mg/kg 体重，一次性口服；

③六氯对二甲苯（血防 846），按 200~300mg/kg 体重，一次性口服；

④丙硫咪唑，按 30~40mg/kg 体重，一次性口服。

9. 棘球蚴病

棘球蚴病也称包虫病，是由寄生于狗、狼、狐狸等肉食动物小肠的细粒棘球蚴寄生于牛、羊、人等多种哺乳动物的肝脏、肺脏等内而引起的一种为害极大的人兽共患寄生虫病。主要见于草地放牧的牛、羊等。

（1）病原。在犬等的小肠内的棘球绦虫很细小，长 26mm，由一个头节和 34 个节片构成，最后一个体节较大，内含多量虫卵。含有孕节或虫卵的粪便排出体外，污染饲料、饮水或草场，牛、羊、猪、人食入这种体节或虫卵即被感染。虫卵在动物或人这些中间宿主的胃肠内脱去外膜，游离出来的六钩蚴钻入肠壁，随血流散布全身，并在肝、肺、肾、心等器官内停留下来慢慢发育，形成棘球蚴囊泡。肉食动物如吞食了含有棘球蚴寄生的器官，每一个头节便在小肠内发育成为一条成虫。

棘球蚴囊泡有 3 种，即单房囊、无头囊和多房囊棘球蚴。前者多见于绵羊和猪，囊泡呈球形或不规则形，大小不等，由豌豆大到人头大，与周围组织有明显界限，触摸有波动感，囊壁紧张，有一定弹性，囊内充满无色透明液体；在牛有时可见到一种无头节的棘球蚴，称为无头囊棘球蚴。多房囊棘球蚴多发生于牛，几乎全位于肝脏，有时也见于猪；这种棘球蚴特征是囊泡小，成群密集，呈葡萄串状，囊内仅含黄色蜂蜜样胶状物而无头节。在牛偶尔可见到人形棘球蚴，从囊泡壁上向囊内或囊外可以生出带有头节的小囊泡（子囊泡），在子囊泡壁内又生出小囊泡（孙囊泡）。因而一个棘球蚴能生出许多子囊泡和孙囊泡。

（2）症状。临床症状随寄生部位和感染数量的不同差异明显，轻度感染或初期症状均不明显，主要危害为机械性压迫、毒素作用及过敏反应等。绵羊肝部大量寄生棘球蚴时，主要表现为病羊营养失调，反刍无力，身体消瘦；当棘球蚴体积过大时可见腹部右侧臌大，有时可见病羊出现黄疸，眼结膜黄染。当羊肺部大量寄生时，则表现为长期的呼吸困难和微弱的咳嗽；听诊时在不同部位有局限性的半浊音灶，在病灶处肺泡呼吸音减弱或消失；若棘球蚴破裂，则全身症状迅速恶化，体力极为虚弱，通常会窒息死亡。

（3）诊断。生前诊断困难，仅临床症状一般不能确诊此病。在疫区内怀疑为本病时，可利用 X 光或超声波、ELISA 等方法检查；也可用皮内变态反应诊断，即用新鲜棘球蚴囊液，无菌过滤使其不含原头蚴，在绵羊颈部皮内注射 0.2mL，注射后观察 5~10min，若皮肤出现红斑且直径在 0.5~2cm，并有肿胀或水肿者即为阳性，此法准确率 70%。

（4）防治。禁止犬、狼、豺、狐狸等终末宿主吞食含有棘球蚴的内脏是最有效的预防措施。另外，疫区护养犬经常定期驱虫以消灭病原也是非常重要的，如吡喹酮，按 5mgm/kg 体重，或甲苯咪唑，按 8mg/kg 体重，1 次口服，犬驱虫时一定要把犬拴住，以便收集排出的虫体与粪便，彻底销毁，以防散布病原。该病目前尚无有效治疗药物，只有早诊断，采用丙硫咪唑，按 90mg/kg 体重，一次性口服，一日 1 次，连用 2 次；确诊后采取手术摘除，手术摘除时切忌不可弄破囊壁，以免造成病羊过敏或引发新的囊体形成。

10. 脑多头蚴病

脑多头蚴病是由寄生于犬、狼等肉食动物小肠的多头绦虫的幼虫（脑多头蚴）寄生于牛、羊的脑部所引起的一种绦虫病，俗称脑包虫病。因能引起患畜明显的转圈症状，又称为转圈病或旋回病。

（1）病原。脑多头蚴呈囊泡状，囊内充满透明的液体，外层为一层角质膜；囊的内膜上约有 100~250 个头节；囊泡的大小从豌豆大到鸡蛋大。多头绦虫成虫呈扁平带状，虫体长为 40~80cm，有 200~250 个节片；头节上有 4 个吸盘，顶突上有两圈角质小钩（22~32 个小钩）；成熟节片呈方形；孕卵节片内含有充满虫卵的子宫，子宫两侧各有 18~26 个侧支。寄生在狗等肉食兽小肠内的多头绦虫的孕卵节片，随粪便排出，当牛等反刍动物吞食了虫卵以后，卵内的六钩蚴随血液循环到达宿主的脑部，经 7~8 个月发育成为多头蚴；当犬等肉食兽吃到牛、羊等动物脑中的多头蚴后，幼虫的头节吸附在小肠黏膜上，发育为成虫。

（2）症状。在感染初期，当六钩蚴钻入血管移行到达脑部时，可损伤脑组织，引起脑炎的症状。可表现为体温升高，呼吸、脉搏加速，强烈的兴奋或沉郁，有前冲、后退或躺卧等神经症状，于数日内死亡。若耐过之后则转入慢性，病羊表现为精神沉郁，逐渐消瘦，食欲缺乏，反刍减弱。数月后，若虫体发育并压迫一侧的大脑半球，则会影响全身，可出现向有虫体的一侧做转圈运动，对侧或双侧眼睛失明；若虫体寄生在脑前部，则有头低垂于胸前、前冲或前肢蹬空等表现；若虫体寄生在小脑，则病羊会出现四肢痉挛、敏感等症状；若虫体寄生在脑组织表面，则局部的颅骨可能萎缩而变薄，手触时局部有隆起或凹陷。多头蚴有时也可寄生于脊髓，寄生于脊髓时，因虫体的逐渐增大使脊髓内压力增加，可出现后躯麻痹，有时可见膀胱括约肌麻痹，小便失禁。

（3）诊断。根据临床症状和病史可初步诊断，也可用 X 光和超声波诊断，近年来采用变态反应（眼内滴入包囊液）和 ELISA 诊断本病，死后诊断明显，但无多大意义。由于多头蚴病的症状相对特殊，因此在临床上容易和其他疾病区别，但仍需与莫尼茨绦虫病、脑部肿瘤或脑炎等相鉴别。莫尼茨绦虫病与脑多头蚴区别：前者在粪便中可以查到虫卵，患羊应用驱虫药后症状立即消失。脑部肿瘤或炎症与脑多头蚴区别：脑部肿瘤或炎症一般不会出现头骨变薄、变软和皮肤隆起的现象，叩诊时头部无半浊音区，转圈运动不明显。

（4）防治。本病预防从理论上讲并非难事，只要不让犬等肉食动物吃到带有多头蚴的牛、羊等动物的脑和脊髓，则可得到控制。患病动物的头颅脊柱应予以烧毁；患多头绦虫病的犬必须驱虫；对野犬、豺、狼、狐狸等终末宿主应予以捕杀。羊患本病的初期尚无有效疗法，但近年来采用丙硫咪唑和吡喹酮治疗，结合对症治疗取得了良好的效果。在后期多头蚴发育增大神经症状明显能被发现时，可借助 X 光或超声波诊断确定寄生部位，然后用外科手术将头骨开一圆口，先用注射器吸去囊中液体使囊体缩小，然后摘除。手术摘除脑表面的多头蚴效果尚好；若多头蚴过多或在深部不能取出时，可囊腔内注射酒精等杀死多头蚴。

（五）绵羊外产科病的防治

本节重点掌握难产、子宫脱出、胎衣不下、子宫内膜炎，其他产科疾病通过查阅兽医产科学的相关章节；而外科疾病主要掌握损伤、外科感染、风湿病四肢疾病等，其他疾病查阅动物外科学的相关内容。

1. 难产

（1）概念。难产指母羊分娩过程异常，胎儿不能顺利产出的疾病，同时，子宫及产道可能受到损伤。分娩过程能否正常，取决于产力、产道和胎儿 3 个因素，其中之一有异常就可能发生难产。

（2）病因。发生难产的原因很多，母羊个体小加上产道狭窄，配种过早，产道损伤；瘦弱无力，不能产出胎儿，胎儿过大、畸形、死胎、胎位异常、胎势不正也会发生难产。对怀孕母羊要加强饲养管理，严禁喂给霉败和不易消化的饲料；不得过于拥挤，经常保持清洁，干燥，并给予适当运动和阳光照射；母羊初配不易太小。

（3）症状。怀孕母羊产期已到，表现阵缩、努责、流出羊水等产前征兆，但不能顺利地将胎儿产出。病羊烦躁不安，频繁起卧，常发呻吟。

（4）防治。处理难产母羊称助产，助产以手术为主。

①娩出力弱，手术取出胎儿。

②产道狭窄，手术扩张产道，拉出胎儿。

③骨盆狭窄，灌入润滑剂，配合母畜阵缩及努责拉出胎儿。

④胎位、胎向及胎势不正，应先将胎儿手术正位，再配合母畜努责拉出胎儿。

⑤难产母畜在经以上处理仍难以产出胎儿时，应对母畜实施剖腹产。

2. 胎衣不下

（1）概念。胎衣不下是产后超期未排出胎衣的疾病。羊 4 小时后胎衣仍滞留在子宫内时，可视为胎衣不下。

（2）病因。主要原因有 2 个方面，一是产后子宫收缩无力，主要因为怀孕期间饲料单纯，缺乏无机盐、微量元素和某些维生素；或是产双胎，胎儿过大及胎水过多，使子宫过度扩张。二是胎盘炎症，怀孕期间子宫受到感染发生隐性子宫内膜炎及胎盘炎，母子胎盘粘连。此外，流产和早产等原因也能导致胎衣不下。

（3）症状。病羊表现拱背、举尾及努责，腐败产物被吸收后，可出现体温升高，厌食、前胃弛缓，泌乳减少或停止等病状。

（4）治疗。

①选用促进子宫收缩的药物使滞留的胎衣排出，如垂体后叶素或催产素注射液，已烯雌酚注射液，10%氯化钠液，马来酸麦角新碱，中药（生化汤）等。

②手术施行胎衣剥离术。手术完毕后，向子宫内送入抗菌药物，避免术后感染。

3. 子宫脱出

（1）概念。子宫角的一部分或全部翻转于阴道之内（称子宫内翻），或者子宫翻转并脱垂于阴门之外（称子宫完全脱出）。

（2）症状。子宫内翻时，病畜表现不安、努责、拱背，做排尿动作。阴道检查可摸到翻入阴道的子宫角尖端。子宫完全脱出时，可见翻转脱出的子宫角呈长筒形物悬垂于阴门外。

（3）治疗。以手术为主，将脱出子宫推入复位。术前，手术者手臂洗净、消毒，术后，为防止病畜感染，可向子宫内注入抗生素药物，还须采用全身抗菌治疗。

4. 子宫内膜炎

子宫内膜炎症，常导致母畜不育。主要由于细菌感染，在配种、人工授精及阴道检查时消毒不严、难产、胎衣不下、子宫脱出、流产等情况下，细菌侵入而引起。

（1）病因。产房卫生差或在粪、尿污染的厩床上分娩；临产母羊外阴、尾根部污染粪便而未彻底清洗消毒；助产或剥离胎衣时，术者的手臂、器械消毒不严；胎衣不下腐败分解，恶露停滞等，均可引起产后子宫内膜感染。

（2）症状。急性子宫内膜炎病畜体温升高，食欲减退，泌尿减少，常努责和作排尿姿势，阴道流出黏液性或黏液脓性分泌物。慢性子宫内膜炎，主要表现屡配不孕，间断地从阴道流出不透明黏液或脓液（子宫积脓）。

（3）治疗

①急性子宫内膜炎尤其产后感染时，应以全身抗感染治疗为主，配合局部处理。

②在急性期过后（全身症状消失时）和慢性子宫内膜炎时，则应以局部处理为主，即子宫冲洗（0.1%高锰酸钾液、0.02%呋喃西林液、0.02%新洁尔灭液等）和灌注抗菌药（青霉素、氨苄青霉素、头孢菌素等）。

③对屡配不孕而无病状及检查异常的隐性子宫内膜炎病羊，冲洗子宫的药液可用糖碳酸氢钠盐溶液（葡萄糖90g，碳酸氢钠3g，氯化钠1g，蒸馏水1 000mL）。

5. 卵巢囊肿

卵巢囊肿可分为卵泡囊肿和黄体囊肿。

（1）病因。确切原因尚不完全清楚。目前认为，卵巢囊肿可能与内分泌机能失调、促黄体素分泌不足、排卵机能受到破坏有关。

（2）症状。卵泡囊肿时，病羊一向发情不正常，发情周期变短，而发情期延长，或者出现持续而强烈的发情现象，成为慕雄狂。母羊极度不安，大声哞叫，食欲减退，频繁排粪排尿，经常追逐或爬跨其他母羊。

（3）治疗。近年来多采用激素疗法治疗囊肿，效果良好。

①促性腺激素释放激素类似物：病羊每次肌肉注射 80～100ug，每日 1 次，可连续 14 次，但总量不得超过 500ug。一般在用药后 15～20 天，囊肿逐渐消失而恢复正常发情排卵。

②促黄体素（LH）：无论卵泡囊肿或黄体囊肿，牛 1 次肌肉注射 200～400 国际单位，一般 3～6 天后囊肿症状消失，形成黄体、1 520 天恢复正常发情。如用药 1 周后未见好转，可第二次用药，剂量比第一次稍增大。

③人绒毛膜促性腺激素（HCG）：具有促使黄体形成的作用。病羊静脉注射 400～500IU 或肌内注射 0.1 万～0.5 万 IU，溶于 5mL 蒸馏水中。

6. 损伤

（1）概念。损伤是由各种不同的外界因素作用于动物机体，引起组织器官产生解剖上的破坏和生理上的紊乱，并伴有不同程度的局部或全身反应的病理现象。在损伤中以创伤最为常见。

（2）分类。

①按组织器官的性质分：包括软组织损伤和硬组织损伤。

②按损伤的病因分：包括机械性损伤、物理性损伤、化学性损伤和生物性损伤。

（3）创伤的概念和组成。是有锐性外力或强烈的钝性外力的作用，使受伤部位的皮肤或黏膜出现伤口及深在组织与外界相通的机械性损伤。一般由创缘、创口、创壁、创底、创腔、创围等组成。

（4）特征症状和分类。

①特征症状：表现出血、创口裂开、疼痛及机能障碍等。

②分类：

A. 按创伤的时间分　有陈旧创和新鲜创。

B. 按有无感染分　有无菌创、污染创和感染创。

C. 按致伤物的形状分　有刺创、切创、砍创、挫创、裂创、压创等。

（5）创伤的愈合。包括第一期愈合、第二期愈合和痂皮下愈合三方面。

（6）治疗。

①治疗的一般原则：抗休克、防治感染、纠正水与电解质失衡、消除影响创伤的因素、加强饲养管理等。

②治疗的基本方法：

A. 创围清洁法　可先用清洁纱布覆盖，再剪毛，并用 3% 清洗，再用 70% 酒精反复擦洗皮肤，最后用 5% 碘伏擦洗消毒。

B. 创面清洁法　揭去纱布后用生理盐水冲洗创面后，除去异物、血凝块或脓痂，再用生理盐水清洗，并用灭菌纱布清除创腔内液体和污物即可。

C. 清创手术　修整创缘，扩创，疏通创液通道，切除过多组织等。

D. 创伤用药　为防止创伤感染，促进愈合速度，必要时在创伤部涂撒或滴入抗菌消炎或促进肉芽组织生长的药物，如消炎粉等。

E. 创伤的缝合　对不同的愈合可采用初期缝合、延期缝合及肉芽创缝合等。

F. 床上的引流、包扎和全身治疗　一般用引流纱布条引流，包扎多用创伤绷带，为防止感染可用抗生素等抗菌药进行输液、肌注等全身治疗。

7. 外科感染

（1）概念。外科感染动物有机体与侵入体内的病原微生物的相互作用所产生的局部和全身反应。表现红、肿、热、痛和机能障碍及不同程度的全身症状。主要包括疖、痈、脓肿、蜂窝织炎等。

（2）病原及症状。引起外科感染的病原主要有葡萄球菌、链球菌、大肠杆菌、绿脓杆菌、坏死杆菌等，感染后表现单一感染、混合感染、继发感染、再感染等，临床中主要表现混合感染。

局部症状表现红、肿、热、痛和机能障碍，但这些症状并不一定全部出现，而随着病程迟早、病变范围及位置深浅而异；全身症状轻重不一，轻微感染的几乎无症状表现，而较重的感染则表现发热、心跳和呼吸加快、精神沉郁、食欲减退等；更为严重的可继发感染性休克、器官衰竭，甚至出现败血症。

（3）治疗措施。

①局部治疗：

A. 休息和患部制动 使病畜安静，减少运动以减轻疼痛和恢复病畜体力，必要时对患部进行细致的外科处理后包扎。

B. 急性感染 早期冷敷以减少渗出，慢性感染应热敷促进渗出物吸收，发病 2 天内，局部可用 10% 鱼石脂酒精、90% 酒精或复方醋酸铅溶液冷敷，并用 0.25%~0.5% 普鲁卡因青霉素 20~30mL 在病灶周围分数点封闭，发病 4~5 天后用温热疗法，如热水局部清洗、电烤等。

②手术疗法：根据不同的外科感染，如脓肿、蜂窝织炎等，可用手术刀或穿黄针进行扩创或引流，并用 3% 双氧水、0.1% 新洁尔灭、0.1% 高锰酸钾溶液冲洗，必要时用浸有 50% 硫酸镁的引流纱布引流。

③全身治疗：早期应用大量抗生素或磺胺类等抗菌药物，同时配合强心、纠正酸中毒，大量给予饮水，补充维生素等，如 5% 葡萄糖生理盐水 500~1 000mL 40% 乌洛托品 10~15mL、5% 碳酸氢钠 100~150mL，静脉注射，10% 樟脑磺酸钠或 10% 安呐咖（CNB）5mL，肌内注射。

8. 疝

（1）概念。疝是腹腔脏器从自然孔道或病理性破裂孔脱到皮下或邻近的解剖腔内，又称为赫尔尼亚。

（2）分类。

①按疝向体表突出与否分为内疝和外疝；

②按解剖部位分为腹股沟阴囊疝、脐疝、腹壁疝等；

③按疝内容物活动性的不同可分为可复性疝和不可复性疝（嵌闭性疝）。

（3）疝的组成。由疝孔（疝轮）、疝囊、疝内容物组成。

（4）腹壁疝。由于钝性外力的作用于腹壁，使腹肌、腱膜及腹膜破裂，但皮肤完整性仍保持，腹腔脏器经破裂孔脱至皮下形成的疝。

①主要症状：皮肤受伤后突然出现一个局限性扁平、柔软的肿胀（形状、大小不同），触诊有疼痛，多为可复性的，并能摸到疝轮，听诊局部有肠蠕动音。

②诊断：根据病史、临床症状等做出诊断，注意与淋巴外渗、腹壁脓肿、蜂窝织炎等

的鉴别诊断。

③治疗：

A. 治疗原则 还纳内容物，密闭疝轮，消炎镇痛，严防腹膜炎和疝轮再次裂开。

B. 绷带压迫法 适于刚发生的、较小的，疝孔位于腹壁 1/2 以上的可复性的病例。将内容物还纳到腹腔后，可用橡胶轮胎或绷带卷进行固定，随时检查绷带的位置在疝轮部位，15 天后镜检查已愈合可解除绷带。

C. 手术疗法 手术是本病的根治方法，术前应保定麻醉，局部剪毛消毒，再皱襞切开疝轮，还纳内容物，如果有粘连，应细心剥离，用生理盐水冲洗并撒上青霉素粉，再将内容物还纳腹腔。若为嵌闭性疝，扩大疝轮，若肠管能恢复正常颜色，出现蠕动，可及时还纳肠管，若肠管颜色变黑坏死，先切除坏死部分并进行肠吻合后再将肠管还纳。然后按具体情况先缝合腹膜，然后缝合腹肌，或腹膜和腹肌一起缝合。如果疝轮较大，常采用纽扣状缝合。

（5）脐疝。脐疝是腹腔脏器经扩大的脐孔脱至脐部皮下，多见于羔羊，分为先天性的和后天性的 2 种。

①病因：先天性的主要由于脐孔发育闭锁不全或未闭锁引起，后天性的为脐孔闭锁不全，加上接产时过度牵拉脐带、脐带化脓、腹压增加（便秘努责、用力过猛的跳跃等）引起。

②症状：脐部局部出现局限性球形肿胀，质地柔软，少数紧张，缺乏红、肿、热等炎性反应，听诊局部有肠蠕动音。

③诊断：参照腹壁疝的诊断。

④治疗：

A. 保守治疗 较小的脐疝可用绷带压迫疗法使疝轮缩小、组织增生而痊愈。也可用 95%酒精碘溶液或 10%~15%氯化钠溶液在疝轮周围分点注射，每点 3~4mL，对促进疝轮愈合有一定效果。

B. 手术疗法 术前禁食，按常规方法进行无菌手术，全身麻醉或局部浸润麻醉，对可复性疝可仰卧或后躯仰卧保定。在疝轮基部切开皮肤，稍加分离还纳内容物，在脐孔处结扎腹膜，剪除多余部分。疝轮做纽扣状缝合或袋口缝合，切除多余皮肤，并结节缝合，局部消毒。对嵌闭性疝，先在患部皮肤上切一小口，手指探查有无粘连，其余参照腹壁疝。

9. 直肠和肛门脱垂

（1）概念。直肠和肛门脱垂是直肠末端的黏膜层脱出肛门（脱肛）或直肠一部分甚至大部分向外翻转脱出肛门（直肠脱）。

（2）病因。主要为直肠韧带松弛，直肠黏膜下组织、肛门括约肌松弛和机能不全；也可由长时间拉稀、便秘、病后瘦弱、病理性分娩等诱发，或用刺激性泻药引起强烈努责。

（3）症状。轻者在病羊卧地或排粪后部分脱出，站立或稍息片刻后自行缩回。严重者在以上症状出现后的一定时间内不能自行复位，脱出的黏膜发炎，很快水肿，呈圆球状，颜色淡红或暗红；如果直肠壁全层脱出则呈圆筒状，表面粘有脏物，黏膜出血、糜烂、坏死。

（4）治疗。治疗原则：消除病因，整复，固定，手术治疗。

①整复：整复是治疗直肠脱出的首要任务，发病初期用 0.25% 的高锰酸钾溶液或 1% 明矾溶液清洗患部，然后谨慎地将直肠还纳原位，再在肛门处温敷以防止再次脱出；脱出时间较长，水肿严重，黏膜干裂或坏死的病例，按"洗、剪、擦、送、温敷"五个步骤进行。即先用温水洗净患部，再用温防风汤冲洗，再用剪刀或手指剪除或剥离干裂坏死的黏膜，再用撒上适量明矾粉揉搓，挤出水肿液，用温生理盐水冲洗后，涂 1%~2% 碘石蜡油润滑或抗生素软膏，然后从肠腔口开始谨慎地将肠管送入肛门内，再在肛门处温敷。

②固定：为防止整复后继续努责的病例，需要进行固定。主要采用肛门周围缝合（一般采用荷包缝合法）和药物注射（常用 70% 酒精 3~5mL 或 10% 明矾溶液 5~10mL，配合 2% 普鲁卡因 3~5mL，在肛门上、左、右三个部位注射）。

③手术切除：脱出过多、整复有困难、脱出的直肠坏死、穿孔或有套叠不能整复时可采用手术。具体可参照动物外科学相关的手术操作。

10. 风湿病

风湿病是一种反复发作的急性或慢性非化脓性炎症，以胶原纤维发生纤维素样变为特征。病变主要累及全身结缔组织，其中骨骼肌、心肌、关节囊和蹄是最常见的发病部位。而且骨骼肌和关节囊发病后常呈游走性和对称性，疼痛和机能障碍随运动而减轻。

（1）病因。发病原因迄今尚不明确。近年来研究认为是一种变态反应性疾病，与溶血性链球菌感染有关。此外，风、寒、潮湿、雨淋、过劳等在本病的发生上起重要作用。

（2）症状。主要症状是发病的肌群、关节和蹄的疼痛和机能障碍。

①肌肉风湿：主要发生于活动性较大的肌群，如肩臂肌群、背腰肌群、臀肌群及颈肌群等。表现因肌肉疼痛而运动不协调，步态强拘不灵活，常发生跛行，且跛行随运动量的增加和时间的延长而减轻，触诊患部肌肉有痉挛性收缩，肌肉表面凹凸不平、肿胀，并有全身症状。

②关节风湿：多发生于活动性较大的关节，表现对称性和游走性，关节外形粗大，触诊温热、疼痛、肿胀，运动时跛行。

③心脏风湿：主要表现心内膜炎的症状，听诊时第一心音、第二心音均增强，有时出现期外收缩性杂音。

（3）诊断。主要根据病史和临床症状加以诊断，近年来，辅助用水杨酸皮内试验、纸上电泳法等实验室诊断方法。

（4）治疗。治疗原则：消除病因，加强护理，祛风除湿，解热镇痛，消除炎症，加强饲养管理。

①解热、镇痛及抗风湿疗法：应用解热、镇痛及抗风湿的药物，包括水杨酸、水杨酸钠及阿司匹林等，大剂量使用以上药物对急性肌肉风湿有较高的疗效，对慢性较差。如 2~5g/次，口服或注射，1 次/日，连用 5~7 天，也可配合乌洛托品、樟脑磺酸钠、葡萄糖酸钙；又如保泰松片剂（0.1g/片）：33mg/kg，口服，2 次/日，3 天后减半。

②皮质激素疗法：常用的皮质激素主要有：氢化可的松、地塞米松、强的松、强的松龙注射液等。

③抗生素疗法：风湿病发作时要抗菌消炎，首选青霉素，不主张用磺胺类药物，80~160 万 IU/次，2~3 次/日，连用 1~2 周。

④中兽医疗法：多采用针灸和中药（通经活络散和独活寄生散）。

⑤物理疗法：对慢性风湿病效果较好，主要有：局部温热疗法、电疗法、冷疗法、激光疗法等。

（六）绵羊传染病的防治

本节主要了解绵羊主要传染病发生发展的基本规律及扑灭措施及羊的主要传染病：气肿疽、羊肠毒血症、羊快疫、羔羊痢疾等病的病原、流行病学、症状、病理剖检、诊断、防治等基本技术。

1. 总论

传染病是为害绵羊最严重的一类疾病，它不但可引起绵羊的大批死亡，造成巨大的经济损失，同时，某些传染病如炭疽、布氏杆菌病、梭菌病等，不仅引起绵羊大批死亡，造成巨大的经济损失，还能危及人类的生命安全。

为了预防和消灭传染病，保护畜牧业生产和人们身体健康。1997 年国家主席江泽民签发了第 87 号主席令，公布了《中华人民共和国动物防疫法》，于 1998 年 1 月 1 日起施行。这是我国开展畜禽防疫工作的法律武器。畜禽防疫必须贯彻执行"预防为主"的方针。平时要采取"养、防、检、治"为基本环节的综合性措施。加强饲养管理、自繁自养、执行动物防疫制度；定期接种疫苗；定期消毒、驱虫、粪便无害化处理，灭鼠杀虫；认真检疫及早发现和消灭传染源。在发生疫情时要坚决贯彻"早、快、严、小"的原则，及时确诊和报告疫情；迅速隔离病畜，对有规定的传染病实施疫区封锁；进行紧急免疫接种，及时治疗和淘汰病畜，开展紧急消毒，处理好病畜尸体、排泄物和污染物等。

2. 口蹄疫

（1）概念。口蹄疫俗称"口疮""蹄癀"，是由口蹄疫病毒引起的偶蹄兽的一种急性、发热性、高度接触性传染病。其临床特征是口腔黏膜、蹄部和乳房皮肤发生水疱和溃烂。

（2）流行特点。本病以呼吸道感染为主，消化道也是感染的"门户"，也可经损伤的皮肤黏膜感染。牲畜流动，畜产品的运输及被病畜的分泌物、排泄物和畜产品污染的车辆、水源、牧地、用具、饲料、饲草等媒介亦能进行传播。

（3）临床症状。羊发生口蹄疫，潜伏期 24 天，体温升高 40℃以上，精神委顿，食欲缺乏，流口水，口腔呈弥漫性黏膜炎，蹄部、蹄冠、蹄叉、趾间易破溃产生溃疡，并引起深部组织的坏死，甚至造成蹄壳脱落。乳房乳头皮肤有时可出现水疱，很快破裂形成烂斑，如波及乳腺则引起乳房炎。羔羊及牛犊有时有出血性胃肠炎，常因心肌炎而造成死亡。

（4）防治。对本病应采取综合性防治措施。每年定期预防接种口蹄疫疫苗。

①发生疫情时，一是上报疫情；二是鉴定毒型。

②划定疫区，实行封锁。

③就地扑捕杀病畜及同群畜，然后焚烧深埋。

④疫区进行严格的消毒。可用烧碱、生石灰、菌毒敌、消毒威等药物消毒。

⑤紧急预防接种，对疫区和受威胁区的家畜免疫注射口蹄疫疫苗。

3. 炭疽

炭疽是由炭疽杆菌所引起的人和动物共患的一种急性、热性、败血性传染病，常呈散发或地方性流行。其特征为脾脏肿大，皮下和浆膜下出血性胶样浸润，血液凝固不良，死后尸僵不全。

（1）病原。炭疽杆菌是一种不运动的革兰氏阳性大肠杆菌，长 3~8μm，宽 11.5μm。在血液中单个或成对存在，少数呈 3~5 个菌体组成的短链，菌体两端平截，有明显的荚膜；在培养物中菌体呈竹节状的长链，但不易形成荚膜；体内之菌体无芽孢，但在体外接触空气后很快形成芽孢。本菌菌体抵抗力不强，在夏季腐败情况下 24~96 小时死亡；煮沸 2~5 分钟立即死亡；对青霉素敏感。但该菌之芽孢抵抗力则特别强，在直射阳光下可生存 4 天，在干燥环境中可存活 10 年，在土壤中可存活 30 年；煮沸 1 小时尚能检出少数芽孢，加热至 100℃，2 小时才能全部杀死。消毒药杀芽孢的效果为：乙醇对芽孢无害；3%~5% 石炭酸 13 天；3%~5% 来苏儿 12~24 小时；4% 碘酊 2 小时；2% 福尔马林、0.1% 升汞为 20 分钟，若在 0.1% 升汞中加入 0.5% 盐酸则 15 分钟；据报道，用 20% 漂白粉或 10% 氢氧化钠消毒作用显著。

（2）流行特点。各种家畜均可感染，其中，牛、马、绵羊感受性最强；山羊、水牛、骆驼和鹿次之；猪感受性较低。实验动物与人亦具感受性。本病具有发病急、病程短，可视黏膜发绀、天然孔出血等流行特点。病畜的分泌物、排泄物和尸体等都可作为传染来源。该病入侵途径主要是消化道，也有经皮肤及呼吸道感染者。该菌入侵门户主要是咽、扁桃体、肺和皮肤。该病多为散发，常发生于夏季。

（3）症状。自然感染者潜伏期 1~5 天，也有长至 14 天的。根据病程可分为最急性、急性和亚急性三型。病羊多呈最急性经过，外表健康的羊只突然倒地，全身战栗，摇摆，昏迷，磨牙，呼吸困难，可视黏膜发绀，天然孔流出带泡沫的暗色血液，常于数分钟内死亡。

（4）病理变化。急性型表现为败血型，也可表现为痈型。病羊尸僵不全或缺，如尸体极易腐败而致腹部膨大；从鼻孔和肛门等天然孔流出不凝固的暗红色血液；可视黏膜发绀，并散在出血点；因机体缺氧、脱水和溶血，故血液黑红、浓稠、凝固，呈煤焦油样；剥开皮肤可见皮下、肌肉及浆膜下有出血性胶样浸润；脾脏显著肿大，较正常大 23 倍，脾体暗红色，软如泥状；全身淋巴结肿大、出血，切面黑红色。

（5）诊断。因炭疽病经过急、死亡快，加之疑似炭疽病例严禁剖检，故诊断较为困难。其诊断要点如下。

①血液、病变组织和淋巴结涂片细菌检查时发现炭疽杆菌；

②天然孔出血，血液黑色、凝固不良，如煤焦油样；

③黏膜、浆膜多发生出血，浆膜腔积液；

④败血脾及出血性淋巴结炎；

⑤为进一步确诊可采用动物接种试验、血清学诊断及鉴别诊断等。

（6）防治。炭疽病要抓好预防注射和尸体处理两个主要环节。每年定期注射无毒炭疽芽孢苗预防。疑似炭疽尸体应严禁剖检、焚烧或深埋。一旦发病，应及时报告疫情，立即封锁隔离，加强消毒并紧急预防接种。封锁区内羊舍用 20% 漂白粉或 10% 氢氧化钠消毒，病羊粪便及垫草应焚烧。疫区封锁必须在最后一头病畜死亡或痊愈后 14 天，经全面大消毒方能解除，特别要告诫广大牧民严禁使用本病病羊的肉品。

炭疽病早期应用抗炭疽血清可获得良好效果，成年羊静脉或皮下或腹腔注射 30~

60mL；若注射后体温仍不下降，则可于 12~24 小时后再重复注射 1 次。按每 4 000~8 000IU/kg肌内注射青霉素，每日 2~3 次，治疗效果良好；若将青霉素与抗炭疽血清或链霉素合并应用，则效果更好；土霉素之疗效亦较理想。磺胺类药物对炭疽有效，以磺胺嘧啶为最好；首次剂量 0.2g/kg，以后减半，每日 1~2 次。

4. 布氏杆菌病

布氏杆菌病是由布氏杆菌引起人畜共患的一种传染病，呈慢性经过，临诊主要表现流产、睾丸炎、腱鞘炎和关节炎，病理特征为全身弥漫性网状内皮细胞增生和肉芽肿结节形成。

（1）病原。布氏杆菌共分为牛、羊、猪、沙林鼠、绵羊和犬布氏杆菌 6 种。在我国发现的主要为前 3 种。布氏杆菌为细小的短杆状或球杆状，不产生芽孢，兰氏染色阴性的杆菌。布氏杆菌对热敏感，70℃下 10 分钟即可死亡；阳光直射 1 小时死亡；在腐败病料中迅速失去活力；一般常用消毒药都能很快将其杀死。

（2）流行特点。自然病例主要见于牛、山羊、绵羊和猪。母羊较公羊易感，成年羊较羔羊易感。病羊是本病的主要传染来源，该菌存在于流产胎儿、胎衣、羊水、流产母羊的阴道分泌物及公畜的精液内，多经接触流产时的排出物及乳汁或交配而传播。本病呈地方性流行。新疫区常使大批妊娠母羊流产；老疫区流产减少，但关节炎、子宫内膜炎、胎衣不下、屡配不孕、睾丸炎等逐渐增多。

（3）症状。潜伏期短者两周，长者可达半年。羊流产发生在妊娠的 3~4 个月，流产前阴道流出黄色黏液，公羊发生睾丸炎和附睾炎。

（4）病理变化。母羊的病变主要在子宫内部。在子宫绒毛膜间隙有污灰色或黄色无气味的胶样渗出物；绒毛膜有坏死病灶，表面覆以黄色坏死物或污灰色脓液；胎膜因水肿而肥厚，呈胶样浸润，表面覆以纤维素和脓汁。流产的胎儿主要为败血型变化，脾与淋巴结肿大，肝脏中有坏死灶，肺常见支气管肺炎。流产之后母牛常继发 1lE 性子宫炎，子宫内膜充血、水肿，呈污红色，有时还可见弥漫性红色斑纹，有时尚可见到局部性坏死和溃疡；输卵管肿大，有时可见卵巢囊肿；严重时乳腺可因间质性炎而发生萎缩和硬化。公牛主要是化脓坏死性睾丸炎或附睾炎。睾丸显著肿大，其被膜与外浆膜层粘连，切面可见到坏死灶或化脓灶。阴茎可以出现红肿，其黏膜上有时可见到小而硬的结节。

（5）诊断。本病之流行特点、临床症状和病理变化均无明显特征。流产是最重要的症状之一，流产后的子宫、胎儿和胎膜均有明显病变，因此，确诊本病只有通过细菌学、血清学、变态反应等实验手段。

（6）防治。防治本病主要是保护健康牛群、消灭疫场的布氏杆菌病和培育健康羔羊 3 个方面，措施如下。

①加强检疫：引种时检疫，引入后隔离观察 1 个月，确认健康后方能合群；

②定期预防注射：如布氏杆菌 19 号弱毒菌苗或冻干布氏杆菌羊 5 号弱毒菌苗可于成年母羊每年配种前 12 个月注射，免疫期 1 年；

③严格消毒：对病羊污染的圈舍、运动场、饲槽等用 5%克辽林、5%来苏儿、10%~20%石灰乳或 2%氢氧化钠等消毒；

④培育健康羔羊：约占 50%的隐性病羊，在隔离饲养条件下可经 24 年而自然痊愈；6 个月后做间隔为 5~6 周的两次检疫，阴性者送入健康羊群；阳性者送入病羊群，从而达

到逐步更新、净化羊场的目的。对流产后继续子宫内膜炎的病羊可用 0.1%高锰酸钾冲洗子宫和阴道，每日 1~2 次，经 2~3 天后隔日 1 次。严重病例可用抗生素或磺胺类药物治疗。中药益母散对母羊效果良好，益母草 5g、黄芩 3g、川芎 3g、当归 3g、热地 3g、白术 3g、二花 3g、连翘 3g、白芍 3g，共研细末，开水冲，候温服。

5. 羊痘

羊痘是痘病毒引起的急性、发热性传染病，其特征是皮肤和黏膜上发生特殊的丘疹和疱疹（痘疹）。本病多发生在春、秋两季，主要通过呼吸道，也可通过损伤的皮肤或黏膜侵入机体引起发病。

（1）症状。病初鼻孔闭塞，呼吸迫促，有的羊只流浆液或黏液性鼻涕，眼睑肿胀，结膜充血，有浆液性分泌物，体温升高到 41~42℃，鼻孔周围、面部、耳部、背部、胸腹部、四肢无毛区发生硬币大小的块状疹，疹块破溃后，有淡黄色液体流出，时间长了结痂。病程 4 周左右，若并发其他感染，可引起脓毒败血症而死亡。

（2）治疗。羊痘用青、链霉素无效，主要采用如下药物。

①免疫血清：大羊 10~20mL，小羊 5~10mL 皮下注射。

②对症疗法：10%NaCl 液 40~60mL 或 NaHCO$_3$ 液 250mL，静脉滴注。局部用 0.1%高锰酸钾液洗涤患部，再涂擦碘甘油。

③支持疗法：10%葡萄糖液 500mL，5%葡萄糖酸钙 40mL，青霉素 380 万，链霉素 2g，一次性静脉滴注。

（3）预防。

①注意环境卫生，加强饲养管理。

②加强检疫工作，引进种羊要隔离观察 4 周左右，确定无疫后才能混群饲养。

③羊痘鸡化弱毒苗预防接种，0.5mL/只尾根部皮下注射，免疫期 1 年。

④发病羊立即进行隔离治疗，对环境彻底消毒，病死羊尸体深埋，防止病源扩散。

6. 羊传染性胸膜肺炎

本病是由丝状霉形体引起的高度接触性传染病，通过空气飞沫经呼吸道传染，主要见于冬季和早春枯草季节，发病率可达 87%，死亡率达 34.5%。以高热、咳嗽、肺和胸膜发生浆液性或纤维素性炎症为特点。

（1）症状。临床上可分为最急性、急性和慢性三型，以急性型最为常见。病羊高热，病初体温升高达 41~42℃，呈现稽留热或间歇热，病羊精神沉郁，反应迟钝，食欲减退，但饮欲随病程的发展而增强，呼吸困难，有时呻吟、气喘、湿咳，初期流浆液性鼻涕，1周后变为脓性，铁锈色。按压羊只胸壁表现敏感疼痛。

（2）治疗。

①健康羊和病羊隔离饲养，羊舍、食槽及周围环境用 20%石灰乳消毒。

②用"914"静注或磺胺嘧啶肌内注射，或病初使用足够剂量的土霉素、氯霉素有治疗效果。

（3）预防。

①严格检疫检验，防止本病传入。

②加强饲养管理，注意防寒防冻。

③免疫接种，每年 5 月注射山羊传染性胸膜肺炎菌苗，大羊每只 5mL，小羊每只肌注

3mL，免疫期为 1 年。

7. 羊传染性角膜结膜炎

该病又称红眼病，其特征为眼结膜和角膜发生明显的炎症变化，伴有大量流泪，其后发生角膜混浊或呈乳白色，严重者导致失明。

（1）症状。潜伏期 3~7 天，多数病初一侧眼患病，后期为双眼感染。病初患眼流泪，怕光，羞明，眼睑肿胀疼痛，其后结膜潮红有分泌物。角膜周围血管充血，中央有灰白色小点，严重的角膜增厚，发生溃疡，甚至角膜破裂晶体脱出。有的病羊发生眼房积脓，有的发生关节炎、跛行。病羊全身症状不明显，体温、呼吸、脉搏均无明显变化，但眼球化脓的羊体温升高，食欲减退，精神沉郁，离群呆立。

（2）治疗。

①3%~5%硼酸水溶液冲洗患眼，拭干。

②涂红霉素或四环素、金霉素软膏，每日 3 次。

③角膜混浊时，涂 1%~2%黄降汞软膏，每日 3 次。

④严重者，眼底（太阳穴）注射氯霉素、氢化可的松，交替使用，每日 1 次。

（3）预防。

病畜立即隔离，早期治疗，彻底消毒羊舍；夏季注意灭蝇，避免强烈阳光刺激。

8. 羊传染性脓疱

该病俗称羊口疮，是由病毒引起的一种传染病，其特征为口唇等处皮肤和黏膜形成丘疹、脓疱、溃疡和结成疣状厚痂。

（1）症状。临床上可分为唇型、蹄形和外阴型，以唇型最为常见。病羊先于口角上唇或鼻镜处出现散布小红斑，以后逐渐变为丘疹和小结节，继而成为水疱、脓疱、脓肿互相融合，波及整个口唇周围，形成大面积痂垢，痂垢不断增厚，整个嘴唇肿大、外翻，呈桑葚状隆起，严重影响采食。病羊表现为流涎、神精萎靡、被毛粗乱、日渐消瘦。

（2）治疗。采用综合性防治措施，可明显缩短病程，疗效显著。首先对感染羊只隔离饲养，圈舍彻底消毒。给予病羊柔软的饲料、饲草（麸皮粉、青草、软干草），保证清洁饮水。剥净痂垢，用淡盐水或 0.1%高锰酸钾水溶液清洗疮面，再用 2%龙胆紫或碘甘油涂擦疮面，间隔 3~5 天再用 1 次。同时，肌内注射 $V_E 0.5~1.5g$ 及 $V_B 20~30g$，每日 2 次，连续 3~4 天。

（3）预防。保护羊只皮肤黏膜不受损伤，搞好环境消毒。特异性预防，采用疫苗预防，未发疫地区，羊口疮弱毒细胞冻干苗，每头 0.2mL 口唇黏膜注射。发病地区，紧急接种，仅限内侧划痕；也可采用把患羊口唇部痂皮取下，剪碎，研制成粉末状，然后用 5%甘油灭菌生理盐水稀释成 1%浓度，涂于内侧、皮肤划痕或刺种于耳，预防本病效果不错。

9. 羊梭菌性疾病

由梭状芽孢杆菌属微生物引起的一类传染病的总称，包括羊快疫、羊肠毒血症、羊猝狙、羊黑疫、羔羊痢疾等病。这些疾病发病急，传播快，病死率高，对养羊业为害很大。

（1）羊快疫。由腐败梭菌引起的一种急性传染病，发病突然，病程极短。其特征为真胃出血性炎性损伤。羊只发病多在 6~18 个月，绵羊较山羊更为常见。

①症状：病羊突然发病死亡，有的腹部膨胀，有腹痛症状，口内流出带血色的泡沫，

排粪困难，粪便杂有黏液或黏膜间带血丝，病羊最后极度衰竭昏迷，数分钟或几小时死亡。

②防治：由于病程极短，往往来不及治疗，必须加强平时的预防及隔离消毒工作，每年定期注射羊四防氢氧化铝菌苗。

（2）羊肠毒血症。

由 D 型魏氏梭菌引起的一种急性毒血症，以肾肿大充血变软为主要特征，又称软肾病。

①症状：羊只突然不安，四肢步态不稳，四处奔走，眼神失灵，严重的高高跳起坠地死亡。体温一般不高，食欲废绝，腹痛、腹胀，全身颤抖，头颈向后弯曲，转圈，口鼻流沫，排出黄褐色或血水样粪便，病程极短的气喘，常发出呻吟，数分钟至几小时内死亡。

②防治：病羊发现较早可注射羊肠毒血症高免血清 30mL，或肌内注射氟苯尼考，每次 1g，2 次/日，连用 3~5 天。每年春秋定期注射羊四防氢氧化铝菌苗是预防该病的有效办法。

（3）羊猝狙。由 C 型魏氏梭菌引起的一种毒血症，以腹膜炎、溃疡性肠炎和急性死亡为特征。

①症状：病程极短，往往在未见到症状即死亡，有的仅见掉群，不安，卧地，抽搐，迅速死亡。

②防治：发病早期病羊可注射高免血清或使用土霉素、四环素有疗效。每年春秋定期注射羊四防氢氧化铝菌苗，可控制本病发生。

（4）羔羊痢疾。由 B 型魏氏梭菌引起的初生羔羊的急性毒血症。以剧烈腹泻和小肠发生溃疡为特征。

①症状：潜伏期 12 天，病初精神萎靡，不想吃奶，有的表现神经症状，呼吸快，体温降至常温以下，不久发生腹泻，粪便稀薄如水，恶臭，到了后期，带有血液，直至血便，羔羊逐渐消瘦，卧地不起，如不及时治疗，常在 12 天死亡。

②治疗：

A. 土霉素 0.2~0.3g，或加胃蛋白酶 0.2~0.3g，加水灌服，每日 2 次。

B. 0.1%高锰酸钾水 10~20mL 灌服，每日 2 次。

C. 针对其他症状对症治疗。

③预防：每年秋季给母羊注射羊四防氢氧化铝菌苗，产前 2~3 周再免疫 1 次。羔羊出生后 12 小时内，灌服土霉素 0.15~0.2g，每日 1 次，连服 3 天，有一定预防效果。

（5）羊黑疫。羊黑疫又称传染性坏死性肝炎，是由 B 型诺维氏梭菌引起的一种以肝脏坏死，高度致死性毒血症为特征的急性传染病。本病的流行与肝片吸虫感染羊只有很大关系，以 2~4 岁羊发病最多。

①症状：病程急促，绝大多数未见症状，即突然死亡，少数病例可拖延 12 天，病羊掉群，呼吸困难，体温在 41.5℃左右，睡姿呈俯卧状。

②治疗：肌内注射血清 50mL。

③预防：

A. 控制肝吸虫的感染。

B. 每年春秋定期免疫羊五联或羊黑疫苗。

三、牛的疫病防治

(一) 内科病

1. 感冒

(1) 临床症状。动物受寒后突然发病，精神沉郁，头低耳聋，眼半闭，食欲减退或废绝。病畜频发咳嗽，呼吸加快，水样鼻液，肺泡呼吸音加强。眼结膜潮红，羞明流泪。脉搏增数，心音增强，体温升高至中热或高热。皮温不整，耳尖及鼻端发凉；鼻镜干燥，行走无力，反刍减少或停止。对感冒病畜，如能及时治疗，很快痊愈，否则易继发支气管肺炎。

(2) 预防。除加强耐寒锻炼外，最主要的是防止动物突然受寒。建立合理的饲养管理和使役制度，避免将动物置于潮湿阴冷有贼风处，气温骤降时，及时采取防寒措施，特别应防止汗后雨淋和冷风侵袭。

(3) 治疗。

治疗原则：解热镇痛、祛风散寒、加强保暖，充分休息，多给饮水，防止继发感染。

①解热镇痛，内服阿司匹林或氨基比林 10~25g；也可肌内注射 30%安乃近液或安痛定液 20~40mL；也可内服氨非咖片（APC 片）。

②防止继发感染，在应用解热镇痛剂后，体温仍不下降或症状仍未减轻时，可及时应用抗生素或磺胺类药物；排粪迟滞时，可应用缓泻剂，如能配合静脉输液，则效果更好。

③也可采用中药疗法，发热轻，怕冷重，耳鼻俱冷，肌肉震颤者多偏寒，治宜祛风散寒，方用加减杏苏饮：杏仁 20g、桔梗 30g、紫苏 30g、半夏 20g、陈皮 30g、前胡 25g、枳壳 30g、茯苓 25g、生姜 30g、甘草 15g，研末一次冲服。发热重，怕冷轻，口干舌燥，眼红多眼屎者，治疗宜发表解热，方用桑菊银翘散加减：桑叶 30g、菊花 30g、二花 30g、连翘 25g、杏仁 20g、桔梗 20g、牛子 30g、薄荷 15g、生姜 30g、甘草 15g，研末，开水冲后 1 次灌服。

2. 瘤胃臌气

(1) 病因。瘤胃臌气是因牛前胃神经反应性降低，收缩力减弱或采食了大量易发酵的饲料，在瘤胃内菌群作用下异常发酵，产生大量气体，引起瘤胃臌胀。例如，牛采食大量易发酵饲料，幼嫩多汁类青草，冰冻、霉变饲料及带露水青草等，或是在饲草中加喂了过量精料、豆腐渣等也可引发本病。

(2) 症状。本病多发生在病畜采食过程中，或采食后突然发病。病畜腹部急剧臌大，肷窝部突出，按压腹壁紧张而富有弹性，叩诊呈臌音，听诊瘤胃蠕动音消失。病畜精神沉郁，食欲、反刍、嗳气停止，腹痛，后肢踢腹，起卧不安，拱背摇尾，呼吸困难，结膜发绀，心跳加快，站立不稳，最后倒地不起，窒息而死。瘤胃黏膜有出血斑，角化上皮脱落，肺充血，肝和脾脏被压迫呈贫血状态，浆膜下出血。采食大量易于发酵饲料后，在采食中或采食后突然发病，瘤胃臌胀，呼吸困难，即可作出诊断。

(3) 治疗。急性瘤胃臌气可用套管针或 16 号以上长针头在左侧瘤胃臌气突出部位局部消毒后穿刺放气以缓解症状，同时，可将二甲基硅油等消沫药按一定剂量注入瘤胃有良好疗效；较轻微的瘤胃臌气用大蒜头 10 个捣烂加醋 500mL，或混于植物油中内服，犊牛酌减，服药后要牵牛慢慢走动，不可让牛卧下。一般服药后 15 分钟左右，患牛开始消胀，

1 小时后开始反刍，出现食欲，该法安全且无副作用，疗效显著；一般患牛经 1 次服药即可治愈；注意饲草的储存，防止发霉、变质，饲料应注意合理搭配。

3. 瘤胃积食

（1）病因。瘤胃积食主要是由牛采食了不易消化的饲料所致，也可继发于前胃弛缓、创伤性网胃炎、瓣胃阻塞等病。

（2）症状。病牛表现为食欲、反刍、嗳气减少或停止，瘤胃蠕动音减弱，脉搏和呼吸加快，拱背，起卧呻吟，先便秘、后腹泻，左肷窝凸起，左腹部坚硬。防止突然变换饲料或一次性喂过多饲料。

（3）治疗。可用硫酸镁 500g，鱼石脂 30g，石蜡油 1 000mL，混合并加水稀释后一次灌服；较严重的瘤胃积食可采用洗胃配合中药方剂当归肉苁蓉汤灌服，有较好的疗效；严重的瘤胃积食应施行瘤胃切开术，取出部分瘤胃内容物。

4. 前胃弛缓

（1）病因。前胃弛缓是家畜前神经肌肉的兴奋性降低，肌肉收缩力减弱，瘤胃内容物运转缓慢，菌群失调，异常发酵引起的消化不良综合征。舍饲牛的发病率较高，占前胃疾病的 75%，严重影响牛的生长发育和生产力，对养牛业为害很大。

（2）症状。病牛主要临床特征为厌食，瘤胃蠕动力减弱，反刍减少。急性前胃弛缓的患畜精神沉郁，食欲减少或废绝，反刍减少甚至停止，咀嚼无力，嗳气增多，瘤胃蠕动音减弱，体温、脉搏、呼吸一般正常。慢性的病畜逐渐消瘦，全身衰弱、无力，被毛粗乱，鼻镜干燥，便秘与腹泻交替发生，最后因衰竭而死。病牛瘤胃和瓣胃胀满，皱胃下垂，内容物干燥，瘤胃和瓣胃黏膜有出血斑。

（3）诊断及治疗。根据病畜食欲减退，反刍异常，前胃蠕动减慢，精神沉郁，鼻镜干燥，一般即可作出诊断。加强饲养管理，注意饲料保管和饲料的多样化，不要随意更换饲料。治疗可用"清热健胃散"（主要成分为龙胆、黄柏、知母等），每只牛每次 100g，拌入饲料中口服或灌服；如果效果较差可参照瘤胃积食的治疗方法。

5. 胃肠炎

（1）概念及病因。胃肠炎是牛常见多发性疾病，主要是胃肠黏膜组织的炎症。由于动物胃和肠的解剖结构和生理功能紧密相关，胃或肠的器质性损伤和机能紊乱，容易相互影响。因此，胃和肠的炎症多同时发生或相继发生。一般是由于草料发霉、变质，加工调制不当，突然变换等引起。

（2）症状及诊断。病牛精神沉郁，饮欲增加，食欲废绝，反刍停止，体温升高，皮温不均，结膜潮红，脉搏增加，呼吸加快，瘤胃蠕动减弱，腹部触诊敏感。可视黏膜充血并发黄染。牛口腔干燥，气味恶臭，舌面皱缩，腹痛、喜卧，回头顾腹，粪便呈水样，混有黏液或未消化的饲料，有恶臭味，肛门松弛，排粪失禁，出现里急后重。病牛急剧脱水，眼球下陷，腹部蜷缩，最后因脱水，心力衰竭而发生死亡。牛的肠内容物混有血液，有恶臭味，肠黏膜出血、水肿，组织坏死和脱落，遗留下烂斑和溃疡。根据病牛全身症状，食欲紊乱，腹泻和粪便中的病理性产物即可作出诊断。

（3）治疗。加强饲养管理，保持圈舍清洁卫生；注意饲料的营养和调配，防止用霉变饲料饲喂牛；清理胃肠可用硫酸钠、硫酸镁或"人工盐"（主要成分为"三钠一钾"硫酸钠、碳酸氢钠、氯化钠和硫酸钾）400g，鱼石脂 20g，酒精 100mL，常水 5 000mL，混合后 1 次内服，当胃肠基本排空，可进行止泻。用鞣酸蛋白 20g，次硝酸铋 10g，碳酸氢钠 40g，淀粉浆 1 000mL，混合后 1 次内服；止泻消炎可用磺胺脒 50g，碳酸氢钠 50g，水适量，混合后 1 次内服，每天 2 次，连用 3 天，同时，肌肉注射青霉素、链霉素等。

6. 食道阻塞

（1）概念和种类。牛食道阻塞就是牛的食管被茎类食物以及其他块头较大的饲料阻塞，造成下咽的困难。按其阻塞的程度可以分成完全阻塞和不完全阻塞；按其阻塞的部位可以分成咽部食道阻塞、颈部阻塞、胸部食管阻塞几种。

（2）病因。饲养管理不善、茎类食物摆放不当、过度饥饿快速进食等可能带来食道阻塞。多数情况下，牛在进食过程中吞咽较大的食物如土豆、地瓜、菜根、西瓜等可能引发食道阻塞。另外，牛进食过程中，出现过度惊吓以及误食塑料薄膜等异物时可能引发食道阻塞。一般来说，吞咽较大体积食物带来的食道阻塞多为完全阻塞，误食金属片、毛球等异物引发的食道阻塞多为不完全阻塞。

（3）临床症状。临床症状有 2 种：流涎、瘤胃鼓胀。发病前，牛一切正常，一旦发生食道阻塞，牛会立即停止进食，出现持续咀嚼动作和吞咽动作，头颈伸直，有时还会出现惊慌失措、摇头晃脑等反应。当出现完全阻塞，唾液无法顺利咽下，会发生流涎、瘤胃鼓胀、呼吸急促、咳嗽等症状；若出现头颈食道阻塞，兽医可在左颈沟部摸到阻塞物；若为胸部食道阻塞，牛的唾液集中在阻塞位置的上方，用手压住牛的左颈沟部的食管，发现其有波动感，这时候给牛强行灌水会出现水从口鼻流出现象。在治疗上，若是用食道探子插入到牛的食道中，遇到阻塞部位后前进受阻，若强行插入，将阻塞物捅入到瘤胃中，鼓气立即消失，牛也会安静下来。当为不完全食道阻塞时，病牛尚能咽下部分唾液、水、流质食物，这个时候的呼吸急促、瘤胃鼓胀、流涎症状不明显。

（4）治疗方法。牛发生食道阻塞后应立即进行抢救治疗，迅速诊断出阻塞的类型以及部位，采取合适治疗方法，使牛尽快恢复健康。

①胃导管推送法：当牛的食管阻塞不严重时，阻塞物较小，属于头颈部和胸部食管阻塞时，适宜采用胃导管推动法。先将牛头吊起并固定好，然后经口腔或鼻将胃导管推送到食管中，直到到达阻塞部位。胃导管的外端有一个漏斗，这时先灌入 1% 普鲁卡因 50mL，过一会再灌入 200mL 石蜡油，过 15~20 分钟后，缓缓推动胃导管，使阻塞物缓慢推进瘤胃中。若推送的过程中出现较大的阻力，这时不能肆意加大力度推送，可在胃导管的外端装一个打气筒，让另外一名兽医均匀的打气，降低病牛的头部，打气可扩张牛的食道，有利于阻塞物顺利推送。另外，还可以在胃导管的外端上接一个灌肠器，连续往牛食道中灌水，使阻塞物随着水的流动和胃导管的推动作用缓慢进入胃中。当阻塞物位于贲门附近时，可以采用碳酸气体冲击阻塞物，达到治疗目的。如用胃导管向阻塞物滴 500mL 的小苏打饱和溶液以及 300mL 的稀盐酸，使阻塞物发生酸碱反应，逐渐进入胃中。胃导管推送过程中，若出现较大阻力时，不得随意强行推送，以免对牛的食道产生损伤、破裂等损害，以免阻塞物推送到胸腔位置后不再前进，无法进入胃中。

②手术法：当阻塞物较大，且坚硬难除如毛球、铁片、干饼等东西阻塞食管时，可以采用手术的方法治疗。手术治疗又可以细分成不同的治疗方法，下面简单介绍如下。

第一，直接食道推送法。将阻塞位置的皮肤和皮下组织切开，显露出食管，然后用胃导管将阻塞物推送到胃中，这种治疗方法非常简单，会造成组织创伤。

第二，瘤胃切开法。这种方法只能适用于阻塞部位在贲门附近的病症，切开瘤胃，找到贲门后，用止血钳将阻塞物夹出来，或是用胃导管将阻塞物推送到口腔，然后取出来。

手术治疗应选择最佳动刀位置，避开颈静脉。做好术后养护，适当禁食或限食，尤其不能喂粗硬的饲料等物。当病症较严重且病程较长时，还需要通过输营养液、打强心针、输葡萄糖等，维持生命机体的体液平衡。

③捶击法：捶击法只能适用于颈部食道阻塞，且阻塞物是脆软多汁的水果和块茎类食物，如：苹果、地瓜、萝卜等。用胃导管给牛的食管灌入 30mL 的 2% 水合氯醛，接着再灌入 100mL 的石蜡油，在牛的头部垫一个草袋，使牛侧卧保定。兽医在牛颈部的腹侧将颈部的阻塞物迅速推向颈部中段，这时候在阻塞物下面垫一个木块，用锤子用力捶击木块，捶击 1 次检查 1 次阻塞物是否破碎或移位，确定是否继续捶击。通过捶击使阻塞物破碎，使阻塞物能顺利下咽到胃中。临床经验表明，98% 的病例只需要捶击 1~2 次就能使阻塞物破碎。笔者认为：捶击法不宜过度采用，虽然说其面对的是易碎食物，但在捶击的过程中可能损坏牛的食道，造成肌肉损伤乃至血肿等病症，不利于牛健康，而且操作起来较为复杂，不建议使用。

④跳跃法：跳跃法适用于颈部和胸部食道的阻塞。先用胃导管往阻塞物位置灌注油水，润滑食道，然后用一根 70cm 左右的长条木板横在牛面前，人牵着牛走动，并鞭打牛使其跳跃，往返几次，阻塞物可能逐渐下滑至胃部，达到治疗目的。

⑤按摩法：按摩法适用于颈部食道阻塞，先往食道中关注油水润滑食道，然后用沿着左侧颈静脉沟上下按摩，或是直接用木棒用力刮，促使阻塞物滑入胃部。

⑥倒钩法：将一条长约 3m 的 8 号线顶端绕出一个鹅蛋大小的圆圈，这个圆圈比阻塞物略大一点，将其下端拧成麻花状，然后将这根带圆圈的铁线插入到牛的食道中，使圆圈端进入食道，在稍稍通过阻塞物时稍微动一下铁线，使圆圈套住阻塞物，然后将阻塞物拉出来。这种方法是最为简单的一种方法，不受时间、地点等条件的限制，可随时随地进行。

7. 瓣胃阻塞

（1）概念及病因。由于前胃迟缓，瓣胃收缩能力减弱，瓣胃内容物滞留，水分被吸收而干涸，致使瓣胃秘结、扩张、瓣胃蠕动机能障碍导致的消化道病。

病畜瓣胃内容物停滞，各小叶间食物形成干硬的薄片，小叶坏死，故中医又称"百叶干"病。一般由于长期采食枯老的植物蒿秆、多纤维的坚韧饲料及粗质的糠麸糟粕（如甘薯蔓、花生秧、豆荚、米糠、麸皮等）而引起；饮水和运动不足可加重病情的发展；更多的病例继发于前胃弛缓、产后血红蛋白尿、生产瘫痪、矿物质缺乏以及铅中毒等疾病；也常继发于创伤性网胃炎、皱胃变位等。

（2）临床症状。初期呈前胃弛缓的症状，而后鼻内干裂，反复发生瘤胃臌胀。病牛常虚嚼或磨牙、呻吟。排黑色干小粪球或少量胶冻样黑褐色粪便。食欲、反刍减少，乃至停止。轻度腹痛，肠蠕动音减弱或消失。触压瓣胃（右侧第七肋间至第九肋间肩关节水平线上下），病畜有时表现不安，躲避检查。进行瓣胃穿刺时，可感到内容物较硬固，一般无液体自穿刺针孔流出。经穿刺针向胃内注射药液时，感到阻力很大，注入费劲，注入一定量后才可抽出或从针孔回流少量液体。全身症状病初一般变化不大，当继发瓣胃小叶炎症及坏死时，则全身症状明显，腹痛加重，体温升高，脉搏增数达 100 次以上，常因败血症而死亡。

（3）治疗。

①本病的治疗原则：增强瓣胃蠕动机能，促进瓣胃内容物排出。

②轻度病例的治疗：可参照瘤胃积食的疗法。严重的瓣胃阻塞，向瓣胃直接注入盐类泻剂，常可获得满意疗效。一般可用硫酸钠300g，甘油500mL，常水2~3L，1次注入。也可用硫酸镁400g，普鲁卡因2g，呋喃西林3g，甘油200mL，水3L，溶解后1次注入。如注射1次效果不明显时，次日或隔日再注射1次。注射后要充分饮水，并适当配合强心、补液等治疗措施。

③瓣胃注射法：用封闭针头在右侧第九肋间与肩关节水平线相交处，垂直刺入皮肤和肋间肌后，针尖斜向对侧肘头刺入6~12cm，当刺入秘结的瓣胃时，则有一定的阻力感，先注入50mL注射用生理盐水，迅速抽出少许，观察是否带有草料碎渣，以此判断是否正确刺入瓣胃内。确实已刺入瓣胃时，方可注入药液，以防注入腹腔，发生腹膜炎。以上措施无效时，可施行真胃切开术，通过瓣胃—真胃口，取出部分或全部瓣胃内容物。

（4）预防。本病的预防，在于注意避免长期应用糠及混有泥沙的饲料喂养，同时，注意适当减少坚硬的粗纤维饲料；铡草喂牛，也不宜将饲草铡得过短，糟粕饲料也不宜长期饲喂过多，注意补充矿物质饲料，并给予适当运动。发生前胃弛缓时，应及早治疗，以防止发生本病。

8. 牛瘤胃酸中毒

（1）概念。牛瘤胃酸中毒是因采食大量的谷类或其他富含碳水化合物的饲料后，导致瘤胃内产生大量乳酸而引起的一种急性代谢性酸中毒。其特征为：消化障碍、瘤胃运动停滞、脱水、酸血症、运动失调、衰弱，常导致死亡。本病又称乳酸中毒、反刍动物过食谷物、谷物性积食、乳酸性消化不良、中毒性消化不良、中毒性积食等。

（2）病因。

①给牛饲喂大量谷物，如大麦、小麦、玉米、稻谷、高粱及甘薯干，特别是粉碎后的谷物，在瘤胃内高度发酵，产生大量的乳酸而引起瘤胃酸中毒。舍饲肉牛若不按照由高粗饲料向高精饲料逐渐变换的方式，而是突然饲喂高精饲料时，易发生瘤胃酸中毒。

②现代化奶牛生产中常因饲料混合不匀，而使采入精料含量多的牛发病。在农忙季节，给耕牛突然补饲谷物精料，或者豆糊、玉米粥或其他谷物，因消化机能不相适应，瘤胃内微生物群系失调，迅速发酵形成大量酸性物质而发病。

③饲养管理不当，牛闯进饲料房、粮食或饲料仓库或晒谷场，短时间内采食了大量的谷物或豆类、畜禽的配合饲料，而发生急性瘤胃酸中毒。

④耕牛常因拴系不牢而抢食了肥育期间的猪食而引起瘤胃酸中毒的情况也时有发生。

⑤当牛采食苹果、青玉米、甘薯、马铃薯、甜菜及发酵不全的酸湿谷物的量过多时，也可发病。

（3）症状。

①轻微瘤胃酸中毒的病例：病牛表现神情恐惧，食欲减退，反刍减少，瘤胃蠕动减弱，瘤胃胀满，呈轻度腹痛，间或后肢踢腹，粪便松软或腹泻。若病情稳定，无须任何治疗，3~4天后能自动恢复进食。

②中等度瘤胃酸中毒的病例：病牛精神沉郁，鼻镜干燥，食欲废绝，反刍停止，空口

虚嚼。流涎，磨牙，粪便稀软或呈水样，有酸臭味。体温正常或偏低，如果在炎热季节，患畜暴晒于阳光下，体温也可升高至41℃。呼吸急促，达50次/分钟以上；脉搏加快，达80~100次/分钟。瘤胃蠕动音减弱或消失，听诊叩诊结合检查有明显的钢管叩击音。以粗饲料为日粮的牛在吞食大量谷物之后发病，进行瘤胃触诊时，瘤胃内容物坚实或呈面团感。而吞食少量发病的病牛，瘤胃并不胀满。过食黄豆、苕籽者不常腹泻，但有明显的瘤胃臌胀。病牛皮肤干燥、弹性降低，眼窝凹陷，尿量减少或无尿，血液暗红、黏稠，病牛虚弱或卧地不起。实验室检查：瘤胃pH值5~6，纤毛虫明显减少或消失，有大量的革兰阳性细菌；血液pH值降至6.9以下，红细胞压积容量上升至50%~60%，血液乳酸和无机磷酸盐升高；尿液pH值降至5左右。

③重剧性瘤胃酸中毒的病例：病牛蹒跚而行，碰撞物体，眼反射减弱或消失，瞳孔对光反射迟钝，卧地，头回视腹部，对任何刺激的反应都明显下降，有的病牛兴奋不安，向前狂奔或转圈运动，视觉障碍，以角抵墙，无法控制。随病情发展，后肢麻痹、瘫痪、卧地不起，最后角弓反张，昏迷而死。重症病例，实验室检查的各项变化出现更早，发展更快，变化更明显。

④最急性病例：往往在采食谷类饲料后3~5小时内无明显症状而突然死亡，有的仅见精神沉郁、昏迷，而后很快死亡。对轻度瘤胃酸中毒病牛，若及时改进饲养方式，数天内可康复。急性瘤胃酸中毒时，病牛食欲废绝，反刍停止，瘤胃胀满，呈现神经症状，脱水，全身衰弱，卧地，经过急救治疗，虽然病情有所好转，但部分病例在3~4天又重新复发，病情加剧，这可能是由严重的真菌性瘤胃炎所致，若继发弥漫性腹膜炎，常于2~3天内死亡。重剧性瘤胃酸中毒，病牛瘤胃积液，呼吸急促，心率加快达120次/分钟以上，血液浓缩，脱水严重，常于24小时内死亡。

（4）防治措施。

①加强护理，清除瘤胃内容物，纠正酸中毒，补充体液，恢复瘤胃蠕动。

②重剧病牛（心率100次/分钟以上，瘤胃内容物pH值降至5以下）宜行瘤胃切开术，排空内容物，用3%碳酸氢钠或温水洗涤瘤胃数次，尽可能彻底地洗去乳酸，然后向瘤胃内放置适量轻泻剂和优质干草，条件允许时可给予正常瘤胃内容物。并静脉注射钙制剂和补液；若发生酸、碱或电解质平衡失调，应补充碳酸氢钠。

③若病牛临床症状不太严重或病牛数量大，不能全部进行瘤胃切开术时，可采取洗胃治疗，即使用大口径胃管以1%~3%碳酸氢钠液或5%氧化镁液、温水反复冲洗瘤胃，通常需要30~80L的量分数次洗涤，排液应充分，以保证效果。冲洗后瘤胃内可投显碱性药物（碳酸氢钠或氧化镁300~500g或用碳酸盐缓冲剂），补充钙制剂和体液；也可用石灰水（生石灰1kg，加水5kg，充分搅拌，用其上清液）洗胃，直至胃液呈碱性为止，最后再灌入500~10 000mL（根据动物体格大小决定灌入量）。因为瘤胃仍处于弛缓状态，应避免大量饮水，以防出现瘤胃臌胀，瘤胃恢复蠕动后，即可自由饮水；因条件所限而不能采取洗胃治疗的病牛，可按每100kg体重静脉注射5%碳酸氢钠注射液1 000mL，并投服氧化镁或氢氧化镁等碱性药物后，服用青霉素溶液，以促进乳酸中和以及抑制瘤胃内牛链球菌的繁殖；当脱水表现明显时，可用5%葡萄糖氯化钠注射液3 000~5 000mL、樟脑磺酸钠注射液10~20mL、40%乌洛托品注射液40mL，静脉注射。为促进胃肠道内酸性物质的排除，促进胃肠机能恢复，在灌服碱性药物1~2小时后，可服缓泻剂，牛用液状石蜡

500~1 500mL。

④为防止继发瘤胃炎、急性腹膜炎或蹄叶炎，消除过敏反应，可静脉注射扑敏宁，牛300~500mg，或肌肉注射盐酸异丙嗪或苯海拉明等药物。

⑤在患病过程中，出现休克症状时，宜用地塞米松60~100mg静脉或肌肉注射。血钙下降时，可用10%葡萄糖酸钙注射液300~500mL静脉注射。

⑥若病牛心率低于100次/分钟，轻度脱水，瘤胃尚有一定蠕动功能，则只需投服抗酸药、促反刍药和补充钙剂即可。

⑦过食黄豆的病牛，发生神经症状时，用镇静剂，如安溴注射液100mL，静脉注射或盐酸氯丙嗪0.5~1mg/kg，肌内注射，再用10%硫代硫酸钠150~200mL，静脉注射，同时，应用10%维生素C注射液30mL，肌肉注射；为降低颅内压，防止脑水肿，缓解神经症状可应用甘露醇或山梨醇，按每千克体重0.5~1g剂量，用5%葡萄糖氯化钠注射液以1∶4的比例配制，静脉注射。

⑧在最初18~24小时要限制饮水量，在恢复阶段，应喂以品质良好的干草而不应投食谷物和配合精饲料，以后再逐渐加入谷物和配合饲料。

⑨不论奶牛、肉牛，都应以正常的日粮水平饲喂，不可随意加料或补料。肉牛由高粗饲料向高精饲料的变换要逐步进行，应有一个适应期。耕牛在农忙季节的补料亦应逐渐增加，绝不可突然一次补给较多的谷物或豆糊。防止牛闯入饲料房、仓库、晒谷场，暴食谷物、豆类及配合饲料。

9. 牛创伤性网胃腹膜炎及心包炎

（1）临床症状。在慢性前胃弛缓的基础上，随着病情发展，逐渐呈现网胃炎的症状。病牛的行动和姿势异常，站立时肘头外展，多取前高后低的姿势，以缓解疼痛。不愿卧地，起卧异常谨慎，肘肌颤抖，甚至呻吟。害怕走下坡路、跨沟和急转弯，愿走软地，在砖石、水泥路面行走时，止步不前。有的病牛在排粪尿时表现痛苦不安。触压网胃时，多数病牛疼痛不安，呻吟躲闪，有的病牛反应不明显。全身症状一般无明显变化，但网胃穿孔后，最初几天体温可能升高至40℃以上，其后降至常温，疾病转为慢性，病畜无神无力，消化不良，病情时好时坏，逐渐消瘦。

（2）预防。仔细检查饲草饲料，在铡草时严防尖锐金属异物及非金属的锐性异物混杂其中；有条件者可给牛用磁铁穿鼻环，拌草用磁铁料桶，槽底固定大磁铁；定期用"牛胃取铁器"取铁；不要在工矿区附近草地上放牧。只要重视预防工作，本病是完全可以避免的。

（3）治疗。

①保守疗法：将病牛站立在前方较后方高出15~20cm的斜面牛床上，同时肌肉注射普鲁卡因青霉素300万~400万国际单位，链霉素3~5g，每日3次，连注3~5次；或将一种由铅、钴、镍合金制成的长5.71~6.27cm、宽1.27~2.54cm的钝圆头圆柱状的磁铁，经口投入网胃，以使其异物吸在磁棒上，同时，肌肉或腹腔内注射青霉素300万~400万国际单位及链霉素3~5g。

②手术疗法：最好早期确诊及时手术，切开瘤胃或网胃，取除异物，否则，异物已损伤心、肝、脾、肺产生炎症或脓肿，即使手术，效果也不佳。

10. 牛酮病（牛酮血病）

（1）病因。饲喂含蛋白质和脂肪的饲料过多，而碳水化合物饲料不足，其次，运动不足，前胃机能减退，大量泌乳，乳糖消耗，容易促进本病的发生。

（2）临床症状。根据症状表现不同可分为消化型、神经型和瘫痪型3种。

①消化型：主见食欲降低或废绝。病初，食欲减退，乳产量下降。通常先拒食精料，尚能采食少量干草，继而食欲废绝，异食，患畜喜喝污水、尿水；舔食污物或泥土，反刍无力，瘤胃迟缓、蠕动微弱；粪便干而硬，量少；有的伴发瘤胃臌胀；体重明显减轻，消瘦，皮下脂肪消失，皮肤弹性减退；精神沉郁，对外反应微弱，不愿走动，体温、脉搏、呼吸正常；随病程延长，体温稍有下降，心跳增速，脉细而微弱，重症患畜全身出汗，尿量减少，呈淡黄色水样，易形成泡沫，有特异的丙酮气味。产乳量下降，轻症者呈持续性；重症者，突然骤减或无乳，并具有特殊的丙酮气味。一旦乳产量下降后，虽经治愈，但乳产量多不能完全恢复到病前水平。

②神经型：主见有神经症状。症状突然发作，特征症状是患畜不认其槽，于棚内乱转，目光怒视，横冲直撞，四肢叉开或相互交叉，站立不稳，全身紧张，颈部肌肉强直，兴奋不安，亦有举尾于运动场内乱跑，空嚼磨牙，流涎，感觉过敏，乱舔食皮肤，吼叫，震颤，神经症状发作后持续时间较短，1~2小时，但经8~12小时后，仍有复发现象。有的牛不愿走动，呆立于槽前，低头耷耳，眼微闭合，如睡样，对外无反应，呈沉郁状。

③瘫痪型：许多症状和生产瘫痪相似，并有泌乳量、体重急剧减少，食欲缺乏，肌肉无力的症状。眼怒视，肌肉呈持续性痉挛，对刺激过敏，不能起立，用钙剂疗法收效甚微。

（3）预防。关键是科学饲养管理，合理调配日粮，特别是对高产乳牛，要喂给足够的碳水化合物。从分娩前6周起，每天日粮中添加生糖物质丙酸钠100g，或甘油350g。有条件的奶牛场，可定期检查高产乳牛尿液中的酮体含量，尤其是对有酮病病史的乳牛。这样能早期发现，及时治疗，从而缩短病程，提高疗效，减少生产损失。

（4）治疗。

①本病治疗原则：以提高血糖含量为主，配合解除酸中毒和调整胃肠机能，给患畜增喂甜菜、玉米碴子、胡萝卜及干草等，减少饼、粕、黄豆等精料，并适当运动。

②提高血糖含量：25%葡萄糖液500~1 000mL，1次静脉注射，每日2次。对重症昏迷病牛，应同时肌肉注射胰岛素100~200国际单位。应用生糖物质甘油或丙二醇500g内服，每日2次，连用2天后半量再服2天。也可用丙酸钠120~200g，混于饲料内给予或灌服，连用7~10天，因其吸收后参与糖原合成，治疗效果较好。为了促进糖原异生作用，应用氢化可的松5g，或促皮质激素1g，皮下注射，对缓解症状效果理想。解除酸中毒：内服碳酸氢钠50~100g，每日2次。也可静注5%碳酸氢钠液500~1 000mL，每日1次。

③调整胃肠机能：喂予健康牛瘤胃液3~5L，每日2~3次。或脱脂乳2L，蔗糖500~1 000g，1次内服，每日1次，连用3天，恢复瘤胃机能效果好。为缓解神经症状，兴奋瘤胃，增强心脏机能，可静注钙剂。投服水合氯醛，除具有镇静作用外，还能促进瘤胃内的淀粉分解，同时可抑制发酵，从而减少甲烷生成，促进丙酮生成丙酸过程。此外，氯化钾、阿司匹林、维生素B_{12}等也广泛用于酮病的治疗。

11. 牛青草搐搦（低镁性搐搦）

（1）概念及病因。本病又名低镁性搐搦，是指反刍兽采食幼嫩的青草或谷苗之后，突然发生的一种低镁血症。临床上以呈现兴奋、痉挛等神经症状为特征。本病主发于牛、羊，水牛亦有发生，发病率虽低，但病死率可超过70%。反刍兽青草搐搦是牧草内镁含量减少所致。一般幼嫩多汁的青草或谷物嫩苗等，含镁、钙和葡萄糖都较少，而钾和磷较多。特别是在施用磷肥或钾肥的草地上放牧，则更易发病。寒冷潮湿环境中长时期停宿，可能诱发本病。将发病牛群转移到牧草生长较差的牧地，疾病即可终止。

（2）临床症状。

①急性病例：病畜表现不安，离群独处，颈背及四肢震颤，针刺反应敏感，牙关紧闭，磨牙，头向侧方伸张。眼球转动或震颤，虹膜突出，耳竖立，尾和后肢强直，乃至全身阵发性痉挛。如不及时治疗，通常几小时内死亡。

②亚急性病例：病情逐渐发展，食欲减退，易惊恐，面部表现如破伤风样。四肢运动僵硬，病牛不惧驱赶，头高抬，痉挛性排尿和不断排粪为特征。后肢和尾轻度强直，头颈伸展，牙关紧闭，可因外界刺激而严重痉挛。可自行恢复，亦可加重成为急性型。治疗效果好。

③慢性病例：病初无大异常，少数病牛呈呆滞状态，食欲缺乏，突然转为亚急性或急性型时，则病畜兴奋不安，运动障碍，最后死亡。

临床病理指标检测，健康牛血清镁浓度为每升1.23m mol，病畜血镁一般在每升0.49m mol以下，且血钙降低约每升1.25~2.0m mol。

（3）预防。人工增加牧草地上的豆科牧草比例，并酌情限制钾肥和氮肥的使用量；由舍饲转为放牧时，要逐渐过渡，起初放牧时间不宜过长，如长时间放牧，应适当补镁补钙；为提高牧草含镁量可于放牧前喷洒镁盐或施镁肥；在缺镁地区，定期补喂镁盐，每日5~6g。

（4）治疗。静脉注射20%硫酸镁溶液200~300mL和25%葡萄糖酸钙500mL或10%氯化钙100~150mL，为了避免血镁下降过快，可皮下注射25%硫酸镁200mL，或在饲料中加氯化镁50g，连喂4~7天。静脉注射时，速度要慢，并注意心跳和呼吸。为了缓解惊厥，可肌肉注射盐酸氯丙嗪，每千克体重1~2mg。

12. 牛口炎（口膜炎）

（1）病因。

①多因采食粗硬的饲料，食入尖锐异物或谷类的芒刺以及动物本身牙齿磨面不正。

②误食有刺激性的物质，如生石灰、氨水和高浓度刺激性的药物。

③长期饲喂发霉的饲草可引起真菌性口炎。

④吃了有毒植物和维生素缺乏等。

⑤继发于某些传染病，如口蹄疫、牛恶性卡他热等。

（2）临床症状。任何一种性质的口炎，初期口膜潮红、肿胀、疼痛，口温增高，采食咀嚼缓慢，流涎，口角附着白色泡沫。当然，口炎的性质不同，临床病征也不一样。

①卡他性口炎：口膜弥漫性或斑点状潮红，硬而肿胀，唇膜的唾液液腺阻塞时，散在小结节或烂斑。舌面上有灰白色或草绿色舌苔。牛因丝状乳突上皮增殖，舌面粗糙，呈白色或黄色。夏收季节如因麦芒刺伤，舌系带、颊及齿等部位常有成束的麦芒。

②水疱性口炎：唇内面变硬，口角、颊、舌缘和舌尖以及齿部有粟粒大乃至蚕豆大透明水疱，3~4天破溃后形成鲜红色烂斑。体温间或轻微升高。口腔疼痛，食欲减退，5~6天后痊愈。

③溃疡性口炎：一般多在门齿和犬齿的齿部分发生肿胀，呈暗红色或紫红色，容易出血。1~2天后，病变部变为黄色，或黄绿色糊状脂样的坏死。糜烂，逐渐与邻近唇膜或颊膜形成污秽不洁的溃疡。口腔散发腐败性腥臭味、流涎混血丝带恶臭。往往伴发败血症，食欲废绝、下痢、消瘦、体质衰弱。

（3）预防。改善饲养管理，合理调配饲料，对粗硬饲草可进行碱化、粉碎处理；防止物理、化学性因素或有毒物质的刺激。兽医在灌药时，注意药物不能太烫，投服丸剂时注意动作要轻，检查口腔使用开口器时亦避免损伤口腔黏膜。若在牛群中发现口炎病牛，应仔细检查，尤其在冬春季节更应慎重，应将病牛隔离观察治疗，并对全场牛只进行监测，以防止某些传染病的发生。

（4）治疗。口炎病情轻，为一般性疾病，但影响消化和营养，甚至继发感染，可引起全身败血症，故不能掉以轻心，必须注意治疗。一般治疗原则，着重排除病因，针对口炎症状，采取消炎、收敛、净化口腔等治疗措施，促进康复。

①净化口腔、消炎、收敛，可用1%食盐水或2%~3%硼酸溶液洗涤口腔，每天洗涤3~4次。口腔有恶臭，宜用0.1%高锰酸钾溶液冲洗。不断流涎时，则用1%明矾溶液或酸溶液洗涤口腔。再用碘酊甘油、龙胆紫、1%磺胺甘油、2%~3%氯化锌溶液或2%硫酸铜溶液涂布于溃疡面，溃疡面好转后，再继续用消毒溶液或收敛溶液洗涤口腔，并用维生素 B_6 和维生素 C 肌内注射。

②若病牛继发全身感染，发生全身败血症时，应及时应用磺胺类药物肌肉或静脉注射抗生素如青霉素和链霉素等。对齿发炎并有出血现象的病牛，可静脉注射抗坏血酸（V_C）30~50mL，50%葡萄糖溶液500mL，一日1次，连注3次。如是特殊病原所致的传染性口炎，应着重治疗原发病，并注意实施隔离。

13. 牛尿道炎

（1）临床症状。排尿不成泡，如涓涓细流或滴尿，排尿时常有疼痛表现，公畜阴茎勃起，母畜阴唇不断开张，后肢踉脚。黏膜有破损时则在排尿之初见血，而后逐渐淡化如正常尿；严重时有脓性分泌物随尿排出，检查公牛阴茎时炎症部位有肿胀和疼痛。

（2）防治措施。对瘦弱母畜应改善饲养管理及检查有无疾病，以便迅速改变体况，阴户周围如有粪污应立即洗净；发现阴道炎、包皮炎时应及时治疗，以防止继发本病；对病畜主要采用制菌消炎、消毒防腐的疗法；要早治，不宜中断，以免转为慢性进而形成尿道狭窄影响尿液排出。

①用磺胺嘧啶钠粉20~30g、小苏打20~30g 1次服用，12小时1次，连服5~7天。

②也可用10%葡萄糖500mL、10%水杨酸钠100mL、40%乌洛托品50mL静注，每日1次，连用5~7天，输液时要特别注意不能将药液漏到皮下。

14. 牛尿道阻塞

（1）临床症状。当阴塞物在尿道内尚可移动或阻塞物所在的尿道局部尚未肿胀时，还能排尿如线或滴尿。如阻塞物在移动中损伤尿道黏膜则在排尿时可见血滴或尿血，但多在尿初见血，如完全阻塞时则不排尿，当膀胱过度充满时则表现烦躁不安，并常作排尿姿势。有时光滑的结石即在龟头尿道口，循龟头向"S"状弯曲逐段检查尿道凸出的阻塞部，如无凸出处，用导尿管插入龟头，再用注射器吸 0.1%雷佛奴尔液注入，看注入多少可推断阻塞部位，如阴囊前方皮下发生水肿，则可能是 S 状弯曲部尿道已被结石磨穿。

（2）防治措施。不要长期单调饲喂含矿物质多的饲料和饮水，并应喂给含有维生素 A 的饲料；泌尿器官有炎症时应及早治疗，以免脱落的上皮和炎性渗出物形成结石核心，平时补充洁净饮水，稀释尿液，减少无机盐类的沉积；在结石多发区每日加喂食盐可降低镁、磷在结石外围沉积的速度；对病牛确诊后立即进行手术排除结石，以防膀胱破裂。

15. 牛日射病和热射病（中暑）

（1）概述。中暑是日射病和热射病的统称。日射病是在炎热季节，牛的头部受到强烈日光直接照射所引起的中枢神经系统机能严重障碍的疾病。热射病是牛在潮湿闷热的环境中，体内产热过多而散热受阻所引起的严重中枢神经系统机能紊乱的疾病。

（2）病因。夏季厩舍拥挤、通风不良、潮湿闷热，运动场无遮阴设施、长期在强烈日光下直接照射，长途车船运输、过度拥挤而又无防暑设备等都可引起中暑。此外，体质虚弱、缺乏运动、皮肤卫生不良、过肥、饮水不足、缺乏食盐等可促使本病的发生和发展。

（3）症状。常在酷暑盛夏季节突然发病。日射病患牛狂暴不安，全身肌肉抽搐，步态不稳，共济失调，突然倒地，四肢作游泳运动；结膜极度潮红充血，体表静脉怒张，一般体温不显著升高；有时不且现临床症状而突然死亡，病程短促。热射病病牛精神沉郁，全身颤动，四肢张开，站立不稳，步态摇摆；全身出汗，体温升高达 42～43℃，皮温极高、烫手；脉搏增数 100 次/分钟以上，有时心律不齐，呼吸困难、次数增多达 80 次/分钟以上，肺泡呼吸音粗粝；结膜潮红，水样鼻液，口干舌燥，食欲废绝，饮欲增进；最后，昏迷倒地，肌肉震颤，意识丧失，口吐白沫，结膜发绀，痉挛而死。

（4）防治。

①在炎热季节应加强饲养管理采取防暑降温措施。牛舍要通风凉爽，保持干燥，防止拥挤；运动场应备有饮水槽及遮阴凉棚；放牧时要靠近水源，不在烈日中放牧；注意补喂食盐，给足饮水；牛在长途运输过程中密度不宜过大，供足饮水，还应有遮太阳的凉棚，不宜关在封闭车厢内运输。

②发病后，将病牛立即移至阴凉通风处，有条件可头用冰袋冷敷头部或冷水泼身，凉水灌肠，勤饮凉水；药物降温，可用 2.5%氯丙嗪液 10～20mL 肌内注射，或混在生理盐水中静脉滴注，当体温降至 39℃时即可停止降温。维护心肺机能，可先注射强心剂（如樟脑磺酸钠 10～20mL），接着静脉放血 1～2L，然后静脉注入复方氯化钠液或生理盐水或平衡液 2～3L；纠正酸中毒，可静脉注射 5%碳酸氢钠液 500～1 000mL；降低颅内压，可静脉注射 20%甘露醇或 25%山梨醇 500～1 000mL，或静脉注射 50%葡萄糖液 300～500mL。病牛兴奋不安时，可静脉注射安溴注射液 100mL，或用其他镇静剂。病情好转而食欲不佳时，可应用健胃剂，如龙胆酊、大黄酊、人工盐等。

16. 肠变位

（1）临床症状。突然出现不安和腹痛现象，病畜停止吃草或吃料，踢腹，摇尾，反复起卧，后肢不断交替踏地，站立不稳，塌腰，观腹。应用止痛剂很难奏效。排粪逐渐减少，最后停止，粪便带黑色血液。病牛精神高度沉郁，食欲废绝，可视黏膜发绀或苍白，心率加快，很快出现中度脱水。腹腔穿刺可见血样腹水。直肠检查空虚，常蓄有血样黏液。十二指肠套叠可在右下腹部第三腰椎、第四腰椎横突下方触及长椭圆形、香肠样实感的肿块，直检的手臂常粘有特征性的松馏油状的粪便或含有浓稠的液物质，有的混有血液。小肠扭转可在右肾下方触及紧张的索状物，有的可直接触到有坚实感的肠扭转段，牵引时有疼痛反应。盲肠扭转可触到盲肠呈弧形下沉，肠管紧张，在盲肠基部可触到一索状物呈蒂柄样。小肠嵌闭常在阴囊和腹股沟管口下阴囊及腹壁疝囊中摸到肿胀而坚实感的肠段。肠瓣被输精管游离端缠绞时，在耻骨前下方一侧可摸到移动性较大的肿块。

（2）防治。手术是肠变位的根本疗法，一经确诊应立即手术，具体手术方法如下。

①肠套叠：剖腹后常可发现淡红色腹水切开双层大网膜后从腹腔找到病肠后轻轻引出。早期病例，用手指轻轻分离内、外鞘间的粘连，应用逆行挤压的方法把内鞘挤出，稍停片刻，见肠壁转呈桃红色，肠系膜动脉恢复搏动，证实病肠已恢复生机，即可将肠管纳回腹腔。对病肠整复后肠道继发内出血且很快凝固而发生堵塞，或坏死、粘连牢固分离困难，挤出内鞘有导致病肠破裂可能时，或病牛已衰竭严重或病肠有溃疡、息肉、肿瘤等宜作肠切除。切除范围应在病区外 2cm 的健康部，按肠管切除术去除病肠和相应的肠系膜后，肠管作断端吻合，纳回腹腔按常规缝合腹壁。

②肠扭转：左手伸入腹腔后触及病肠呈实感，肠系膜呈索样。应把病肠与肠系膜一起引出腹腔。扭转不足 200° 或病程短的，病变轻微，需仔细分离粘连部，逆向整复扭转部即可。360° 以上的肠扭转大多需进行切除，其标准与肠套叠相同。

③肠嵌闭：其处理和肠扭转相同，解除后闭合疝孔。

④术后处理和护理：按腹腔手术常规进行术后处理，不需禁食，饮水不限，注射抗生素 5 天左右；早期运动，术后一般 24~48 小时有粪便排出；纠正脱水、电解质紊乱和酸碱失衡。肠变位后体液丢失十分严重，在任何情况下补液都是必须的措施；电解质紊乱和酸碱失衡的纠正比较复杂，一般早期病例采用补钾、补氯和酸化液纠正代谢性碱中毒；但对中后期病例，因兼有血液中乳酸和丙酮酸的增加，所以，一般先纠正酸中毒，并促使钾离子向细胞内转移，可补入 5% 碳酸氢钠溶液；待肠变位解除后随着摄食的开始，可很快获得钾的来源，此时应补入氯化钠以补充钠和氯离子的丢失；在肠变位解除前不要补糖，尤其是高糖，同时，给予大量抗菌消炎药，如头孢菌素类，肌肉注射，2 次/日，连续 5~7 天；每隔 1~2 天，用普鲁卡因、青霉素行腹腔封闭，效果较好。

（二）外科病

1. 牛总鞘膜炎

（1）临床症状。

①病初阴囊发生大面积炎性水肿，有时可蔓延至包皮及腹下壁，肿胀部灼热，有剧痛，病畜精神萎靡，体温升高，食欲缺乏，后肢运动困难。

②病初，手术创口及总鞘膜腔充满纤维素性渗出物。向外呈滴状流出稀薄、透明的黄色渗出液，4~5 天后则形成比较大的粘连；炎症过程常同时发生于精索断端及总鞘膜中；去势后 6~8 天则形成混有纤维素凝块的稀薄脓汁。

③化脓性总鞘膜炎有时可形成两个脓腔，它们彼此以管道相通。下腔是在阴囊壁内形成，上腔则在总鞘膜腔内形成，下腔的脓汁可经手术切口排出，而上腔内的脓汁则潴留。

（2）治疗。初期在尚未出现化脓溶解之前，可用消毒过的器械或手指插入去势创口，充分扩开阴囊及总鞘膜切口，彻底排除潴留的创液和纤维素凝块；在一般情况下经过这样处理后，动物体温可逐渐下降，肿胀及弥漫性水肿即可逐渐消退；当已出现化脓时，必须扩大创口，排出脓汁和纤维素凝块，用防腐液彻底清洗（化脓者用3%双氧水），并配合应用抗生素、磺胺类药物全身治疗；病理过程严重者，必要时可手术切除总鞘膜与已化脓的精索断端。

2. 牛创伤

（1）临床症状。

①创伤的一般症状：创口裂开，初发时出血，创内感染时，出现脓汁，创伤恢复期创内有肉芽组织和上皮生长。创伤整个过程中，有程度不同的疼痛、创口肿胀和机能障碍。

②新鲜污染创：创口存在不同程度的污染，创内有被毛、泥沙等异物，创面有细菌污染，除切创外，组织挫灭较重，不同部位的创伤会损伤附近的组织和器官，可出现较复杂的创伤并发症。

③化脓创：创缘、创面肿胀、疼痛，创围皮肤增温、肿胀，创内流出脓性分泌物，常为化脓性细菌的混合感染，以葡萄球菌和链球菌混合性感染为最多。根据脓汁的颜色、气味和稠度，鉴别引起化脓性感染的细菌种类，如葡萄球菌为主所致的脓汁，多为黏稠、黄白色或微黄色，且无不良气味；以链球菌为主所致的脓汁，呈淡红色液状；以绿脓杆菌所致的脓汁，呈浓稠的黄绿色或灰绿色，且有生姜气味；以大肠杆菌所致的脓汁，呈淡褐色黏稠样，且有粪臭味。

④肉芽创：创内化脓性炎症逐渐消退，创围急性炎症缓解，创内出现新生肉芽组织，呈红色、平整颗粒状，较坚实，肉芽组织表面附有少量黏稠的灰白色的脓性分泌物，创缘周围生长新生上皮，呈灰白色；若肉芽组织不被上皮组织覆盖，肉芽组织则老化，形成疤痕；当机械、物理、化学因素经常刺激或创伤发生于四肢的下部背面、关节部背面时，易形成赘生样肉芽组织，高出于周围皮肤表面，易出血，久治不愈。

（2）治疗。

①创伤的治疗原则：预防和治疗创伤感染与中毒，维持和提高受伤组织的再生能力，正确处理局部和全身的关系。

②无菌手术创的治疗：无菌手术时，注意术中止血，清除血凝块，保护组织等是争取第一期愈合的关键；无菌手术创多采用初期密闭缝合，术后保护好伤口，不易发生感染，偶有缝线部感染，只要拆除感染的缝线，局部涂5%碘酊，即可控制感染；大的无菌手术创均需要应用抗生素；伤口撕裂、感染，多由摩擦、啃咬、粪尿污染所致，缝线拆除时间延误或提前，也可引起伤口裂开和感染。

③新鲜污染创的治疗：首先进行止血，采用压迫止血、钳压止血和结扎止血法是行之有效的方法；如创腔较大，应选用填塞止血法，或于扩创后进行结扎止血；弥漫性出血时，外用止血粉或地榆炭末之后包扎；清洁创围时，剪除被毛、用温肥皂水和消毒药液清洗干净，严防异物、药液流入创内，之后用5%碘或0.1%新洁尔灭液消毒；清理创内时，用生理盐水或0.1%新洁尔灭液反复清洗，之后修整创缘，扩大创口，清除创囊，充分显露创底，除去挫灭的、变色的组织，切除不出血、刺激无收缩性的组织，最后用消毒液冲洗创内，除去凝血块和组织碎片，创内用药多选用磺胺类药物和抗生素。上药后包扎创

口，防止创伤污染；如创内清理得彻底，可行一部缝合或 2～3 天后再进行密闭缝合，如有厌氧性或腐败性感染可疑时，应任其开放治疗。

④化脓创的治疗：清除创围的被毛、脓汁，清洗干净，用 3% 过氧化氢液或 0.1% 新洁尔灭液等冲洗创腔，清除脓汁；清理创内，剪除坏死组织，除去异物，消除创囊，或作对口引流；创口小时可扩创，使脓汁畅通流出，之后用 0.1% 高锰酸钾液、0.1 雷佛奴尔液等冲洗创内，创内用药可选择 20% 硫酸镁、10% 氯化钠液、10% 硫酸钠液、魏氏流膏（松馏油 5 份、碘仿 3 份、蓖麻油 100 份）、碘仿蓖麻油（碘仿 1 份、蓖麻油 100 份加碘酊成浓茶色）和 5%～10% 敌百虫甘油等，进行灌注或用纱布引流，可促进创内净化；对全身反应明显、局部损伤严重者，应用抗生素及磺胺疗法；用静脉内注射氯化钙或葡萄糖酸钙液制止渗出和用碳酸氢钠防止酸中毒。

⑤肉芽创的治疗：肉芽创宜用软膏或流膏制剂，以保护肉芽组织和上皮的生长。如鱼肝油凡士林（1∶1）、碘仿鱼肝油（1∶9）、碘仿软膏、磺胺乳剂和魏氏流膏等，对肉芽生长有利；水杨酸氧化锌软膏、水杨酸软膏、水杨酸磺胺软膏（水杨酸 4，10% 磺胺软膏96）等，对上皮生长有利；如肉芽面积较大，可行皮肤矫形术或皮肤移植术，促进肉芽创的愈合；对过度生长的肉芽，可撒布枯矾粉后包扎，数次即可见效。

3. 牛脓肿

（1）临床症状。根据脓肿发生部位、发展速度及感染细菌的种类不同，可分为急性脓肿和慢性脓肿，原发性脓肿与继发性脓肿（转移性脓肿），浅部脓肿与深部脓肿等。

①急性脓肿，如浅部脓肿，病初呈急性炎症，即出现红、肿、热、痛等症状，数天后，肿胀开始局限化，与正常健康组织界线逐渐明显。以后脓肿的中央发软，触诊有波动。多数脓肿由于炎性渗出物不断通过脓肿膜上的新生毛细血管渗入脓腔内，使之腔内压力逐渐升高。至一定程度时，即自行破溃，向外流脓，脓腔明显缩小。一般无明显的全身症状，但当脓肿较大或排脓不畅，破口自行闭合，内部又形成脓肿或化脓性通道时，出现全身症状，如体温升高、食欲缺乏、精神沉郁、瘤胃蠕动弱等。深部脓肿，外观不表现异样，但一般有全身症状，而且在仔细检查时，发现皮下或皮下组织轻度肿胀，压诊时可发现深部脓肿上侧的肌肉强直、疼痛。附近有水肿，可留压痕。如果局部炎症加重，脓肿延伸到表面时，出现与浅部脓肿相同的症状。

②慢性脓肿，多数感染结核菌、化脓菌、真菌等病原菌引起的。主要表现为脓肿的发展较慢，缺乏急性症状，脓肿腔内表面已有新生肉芽组织形成，但内腔有浓稠的淡黄白色的脓汁及细菌，有时可形成长期不能愈合的瘘管。

（2）防治

①预防：静脉注射刺激性药物时要特别注意，不能将药液漏入皮下，发生外伤感染及时彻底治疗。

②治疗：病初，脓肿尚未成熟时，不应过早切开，因为脓肿膜尚未形成，过早切开可使感染向周围组织蔓延。一般开始用冷敷，以促进脓肿消退；若炎症无法控制时，可应用温热疗法及药物刺激（如 3% 鱼石脂软膏等）促使其早日成熟；当脓肿成熟后，应采用手术切开，其方法为术部剪毛、消毒，选择波动明显的最低处，与肌纤维方向平行切开，刀口长度以能充分排脓为宜。切开后不宜粗暴挤压，以防误伤脓肿膜及脓肿壁，排脓后，要仔细对脓腔进行检查，发现有异物或坏死组织时，应小心避开较大的血管或神经而将其排

尽；如果脓腔过大或腔内呈多房性而排脓不畅时开大动脉、神经等，逐层切开皮肤、皮下组织、肌肉、筋膜等，用止血钳将脓腔壁充分暴露于外，切开脓腔，排脓时要防止二次感染。排脓后，用戴橡皮手套的手指进行探查。位于四肢关节处的小脓肿，由于肢体频繁活动，切开口不易愈合，故一般采用注射器将其内的脓液排出，再用消毒液（如 0.02%雷佛奴尔溶液、0.1%高锰酸钾溶液、2%~3%过氧化氢溶液等）反复冲洗，然后注入抗生素，经多次反复治疗也可能痊愈。另外，当出现全身症状时，须对症治疗，及时地应用抗生素、补液、补糖、强心等方法，使其早日恢复。

3. 牛皮炎

（1）临床症状。肿胀有热痛，1~2 天后有渗出液，被毛湿润，并出现跛行。进而分泌脓性分泌物，局部被毛脱落，肿胀，跛行加重，皮肤发生皱襞和破裂，严重时脓液混有血液。如不及时治疗，发生溃疡，因擦痒而皮肤增厚，表面凹凸不平，形成疣性皮炎，奇痒。

（2）防治措施。注意畜舍和畜体卫生，尤其四肢系更要注意清洁。如有创伤或炎症、立即治疗。

①湿性皮炎：有浆性渗出物，在剪毛后先用双氧水洗净，再用消毒药洗，而后涂复方水杨酸软膏、碘仿磺胺（2∶8），碘仿硼酸（1∶9），或碘仿鱼肝油。

②外伤性皮炎：剪毛、双氧水洗净后涂碘酒。

③疣状皮炎：在剪毛、消毒液洗净后，用 10%硝酸银液涂布，有的病例用青霉素或氯霉素也有良效。

④化学性皮炎，如因硫酸所引起，先用 2%碳酸氢钠液清洗；如因踩入石灰池，用食醋清洗，而后做烫伤处理。

4. 牛腐蹄病

（1）临床症状。发病初期，蹄间皮肤发生急性皮炎，潮红、肿胀（如切开皮肤可看到充满黄色液体和坏死组织），于蹄间裂由后向前扩展到蹄冠的接续部，向后扩延到蹄球，出现轻度跛行（病变侵害深部组织时则出现严重支跛），表面发生溃疡并有恶臭。病变涉及皮下发生蜂巢织炎，很快由蹄间裂波及系部和球节，伴有剧痛。病情严重时，还出现消瘦，食欲缺乏，乳量明显降低等全身症状。

（2）防治措施。圈舍地面保持干燥清洁，如在泥泞路使役归来，应将污泥洗刷掉。发病后，必须改善环境卫生，控制病变不向深部扩展。并注意全身状况，予以兼治。

①对蹄的局部用 1%新洁尔灭，或 2%来苏儿液洗净创面，除去坏死组织，撒布碘仿或磺胺粉或其合剂（2∶8）。隔天换药 1 次。

②为防止扩大感染和二次感染，用青霉素 200 万国际单位肌注，同时，用 10%磺胺嘧啶钠 100~120mL、10%葡萄糖 500mL 静注，均 12 小时 1 次。

③如溃烂一时不能愈合，用中药血竭研成粉或农村旱烟末撒布在疡面，再用烙铁轻烙，使血竭粉溶化成为一层保护膜，然后包扎，有利于创面愈合。

5. 牛腹壁穿创

（1）临床症状。穿创发出后很容易发现穿创部位，可见到穿创周围被毛有血污或血凝块，在剑状软骨稍后方的透创不会脱出小肠或小结肠，穿创如果在肷部膝盖水平线上方，肠管也不易脱出，除非卧地打滚才会脱出。如穿创在脐后方的腹壁，则肠管极易脱出。如肠管也被穿透，则创口有污液，手指探入腹腔可带出草末，体温也升高，精神沉郁，结膜发绀，心跳呼吸增数。

（2）防治措施。

①在牛使役时，注意防范惊扰，避免突发动作而被辕钉、耙齿或其他尖锐物刺伤腹壁，对凶暴的牛应单独拴系，勿使其他家畜接近，免被顶伤。

②一旦发生腹壁穿创，应及时检查伤况，并及时处理。如肠管已脱出，应使病畜安静，勿使肠管继续脱出。甚至被其踩伤或踩断，并迅速清洗肠管还纳腹腔。

③如刚发生穿创，而肠管、网膜未脱出，如病畜不安，用安溴剂 120~150mL（或水合氯醛酒精 100~300mL）、10%葡萄糖 500mL 静注或静松灵 1~2mL 肌注镇静，横卧保定后，用消毒水洗净创口，以棉花或纱布填入创口，剪去周围被毛，取掉棉花（纱布），如有出血，结扎止血，再将创口用双氧水清洗，再用雷佛奴尔水洗净，而后扩创（以便能方便地缝合腹膜、腹肌、皮肤），手指伸入腹腔，如无粪污，即可缝合腹膜、腹肌，缝时必须以手指紧挨缝针，以免缝及内脏。撒布碘仿后缝合皮肤。在缝合腹膜前注入腹腔青霉素 400 万国际单位，以防止粘连，并配合抗生素全身治疗，1~2 次/日，连用 3~5 天。

6. 牛眼睑内翻

（1）临床症状。流泪，当眼睑闭合时，可见睫毛转向眼窝。

（2）防治措施。对有创伤性结膜炎的病畜，应及时治疗，避免拖延治疗形成收缩瘢痕。即已形成倒扎眉，只有切除一部分眼睑皮肤，才能使睫毛恢复正常位置，具体方法如下。

①横卧保定，眼睑剪毛消毒，并用普鲁卡因局部麻醉。

②用大拇指与食指试捏眼睑，以睫毛不内翻为度，以测定应切除眼睑皮肤的宽度。

③在眼睑中部横向切去皮肤（约长 3cm，使切口成形），再用细丝线缝合结节（先撒青霉素粉），缝合后校正皮肤切口，再涂碘酒和撒布碘仿，7 天后拆线。

7. 牛结膜炎

（1）临床症状。急性卡他性结膜炎时，眼睑肿胀，结膜潮红充血、流泪（有时浆液性，有时黏液性），羞明；严重时眼睛不开，眼睑外翻，按触眼睑有热痛，分泌物逐渐变稠为脓性。

（2）防治措施。注意拴系畜场的清洁卫生，如有风沙侵袭或打场扬谷时，应将畜牵人畜舍避免沙尘、草末、壳芒侵入眼裂。不要在畜舍烧火烟熏。查找发病原因除去侵入眼裂异物，并注意消炎。

①用 3%硼酸液或 0.1%雷佛奴尔液冲洗结膜囊，以排除异物，如不能冲洗出，小心用镊子夹出。

②用青霉素 100 万国际单位（蒸馏水 10mL 稀释）、加病毒唑（每毫升 100mg）1mL、2%普鲁卡因 2mL 混合后点眼，每 1~2 小时滴 1 次；或用红霉素四环素眼药膏、氯霉素眼药水等点眼，2~5 次/日。

8. 牛洗胃术

（1）适应症。

①当过量食用富含碳水化合物的精料（如麦、薯、玉米等）使瘤胃 pH 值下降时；

②过食豆类（黄豆、豆饼）发酵使瘤胃发生泡沫性臌胀；

③过量服用盐类药物（硫酸钠、人工盐）滞留瘤胃致胃内容渗透压升高，引起机体脱水；

④不论原发或继发的前胃弛缓后期，反刍停止，瘤胃内容物腐败发酵时；

⑤当瓣胃、皱胃、肠阻塞，饮水大多进入瘤胃时；

⑥有些引起中毒的物质滞留瘤胃必须排除时。

（2）洗胃方法。

①保定：用保定栏保定、用平带绳兜腹、压背，并前拦后堵，防止牛上跳、瘫卧、前冲或后退；

②应备100kg 35~39℃的温水；

③用笼头式开口器开口，畜主抓牛角鼻绳；

④用大号胃导管或直径2.5cm左右的胶管（塑料管应用热水泡软），将洗净的导管甩去管腔积水，将导管循上颌向咽部送进，导管送进40~60cm时，助手在牛两侧颈静脉沟同时摸，如有圆而硬的管状物可随导管进出而移动时，即证明导管已在食管中，可继续伸入至瘤胃；

⑤证实导管已入胃，将导管抽出20~40cm，即有胃液流出，立即用pH试纸测定。而后即灌入温水50kg，稀释胃内容物，便于虹吸；

⑥如抽出部分导管，胃水不能顺利排出，可将导管转半圈，使导管弯向下方，灌一盆水后再虹吸，如此反复直至将瘤胃内过多内容物排出。

（3）特殊情况的处理。

①在洗胃中如病牛发生呕吐，一面压低牛头防止呕吐物进入气管。如导管移动有阻碍，即将导管抽出，除掉导管外的草末后，将清洗净的导管再次送入胃；

②当抽出或送入导管时发生"咯咯声"，说明草末在导管内将形成阻塞，可注水将草末冲入瘤胃，或抽出导管排除管腔草末后再洗；

③如遇泡沫性臌胀时，抽出导管虹吸，管内都是泡沫，阻碍瘤胃水的排出，可灌入松节油70mL、液状石蜡250mL，再加点水冲净油类，抽出导管暂停1~2小时后消胀再洗；

④反复灌水和虹吸排出、水已较清时即可停止，如仍浑浊，而牛体弱不支，可将洗胃分2~3次进行；

⑤洗胃结束后，卸下开口器发现口舌黏膜有损伤时，即用高锰酸钾液冲洗；

⑥为增加牛对洗胃的耐受力，用10%~25%葡萄糖500mL，10%樟脑磺酸钠30mL静注。

9. 公牛去势术

现多为将牛放倒，由多名强壮劳力帮助按压保定，这样既易伤及人畜，又浪费劳力。这里介绍一种简便易行的公牛站割方法，保定只需1人，且术者施术容易，人畜均安全。

（1）术前准备。自制一条渐次增粗（小头小指头粗，大头茶杯粗6~7cm）4~5m长的保定麻绳1根，其他按通常去势方法，准备器械，消毒药液及结扎线等。

（2）保定。取下系牛绳，将保定绳细头穿过牛鼻，拉出直至拉不动为止。找一高于牛头40~50cm的生长树杈，牵牛至树杈前地势平坦处，把拉出此保定绳细头部分，由树杈间搭过，由保定者下拉紧握手中，未拉过鼻的较粗绳子部分，让其游离拖地，保定完成施术时，若牛稍有动作，保定者可下拉保定绳，公牛则因护痛，会老实不动。

（3）去势。将公牛阴囊及附近腹部用肥皂洗净，浓碘酊消毒，术者左手紧握阴囊和精索基部，右手操消毒去势刀，在阴囊中线外侧下 1/3 处，向下一次同时切开阴囊皮肤、肌膜、总鞘膜，露出睾丸，其创口大小以该公牛的睾丸能挤出为宜。

此时，两手加强压力，将一侧睾丸挤出，分离提睾韧带，左手握住睾丸，右手将精索向腹侧勒几下，使血筋退血减少出血。在睾丸上 8~10cm 处。贯穿精索结扎，用力扎紧后，于结扎下方割断精索，切除睾丸。从原切口穿过阴囊中膈再开一刀，用同一方法挤出和切除另一侧睾丸，整理消毒后，除去保定绳，穿上原系牛绳，公牛如常可牵回牛舍。

（三）产科病

1. 牛胎衣不下

（1）概念及病因。牛胎衣不下又名胞衣不下、胎衣滞留，是胎衣在产后 12 小时内不能自行脱落的一种病症。多与牛体质状况差，代谢、生殖内分泌激素紊乱，异常分娩、双胎或胎儿过大以及怀孕期胎盘发生炎症等因素有关。

（2）防治。

①加强饲管。通过调查奶牛胎衣不下的病因，要防治奶牛胎衣不下需如下方法解。

A. 尽力因地制宜地增加营养，按照"产前高钙，产后低钙"的原则，高产奶牛及时加喂骨粉。王玉海（1997）通过调查得出，单一饲料饲喂，胎衣不下平均可达 37.33%，而混合饲料饲喂发病率为 23.41%，加喂骨粉的奶牛发病率仅为 9.32%。同时，还有人认为，钙磷代谢障碍是引起胎衣不下及其他胎产病的重要因素，饲料中 V_A、胡萝卜素及碘、硒、锰不足时，也会使胎衣不下的发病率增高。

B. 尽量放牧或让牛多运动，提高产后动用骨钙的能力。王玉海还得出，放牧牛发病率明显低于圈养牛，平均低 12.44%。

C. 老龄瘦弱牛及早淘汰，青年母牛要有足够的饮水。合理安排配种时间，要尽量避免夏季产犊，以减少胎衣不下的发病率。杨兴国报道，奶牛的年龄、胎次越高，该病的发生率也越高（P<0.01），炎热季节产犊奶牛的发病率在 50% 以上（P<0.05）。

D. 设置产房，认真做好接产工作，母牛产后要有专门护理。需要接产时要严格消毒，切忌粗暴，必要时产后给予抗生素及促进子宫收缩的药物。据阎克敏（1994）经验介绍，助产时接收干净的羊水 3 000mL，一次灌服，可加强子宫收缩，促进快速分娩。对胎衣不下的要根据"保守疗法比剥离好，早剥离比晚剥离好"的原则，采用正确的方法。即要保证对子宫少造成损伤，又要防止胎衣腐败，造成宫内膜炎及不孕等后遗症。祁生旺等（1996）改常规"反剥法"为"挤剥法"。对不太大的子叶，用食指和拇指夹紧子叶，用其他手指握住胎衣颈，食指和拇指用力将母体胎盘部分（即子宫阜）挤出去，结果省力而且快，对较大子叶先剥离一端，另一端一挤即可。这种方法已被证明对子宫损伤小．对产后再孕有保证。吴继洪等结合药物催产素 100 单位肌注，四环素粉、10%Nacl 配成溶液输入子宫内，经过 36 小时一般胎衣可自行脱落，不脱落者按常规方法也极易剥离。对子宫颈口已收缩，手工伸不进子宫的可先用雌激素松弛子宫颈，然后剥离胎衣。更安全省时的方法是用 50 单位催产素加 30g 碘仿磺胺配成灌注液 100mL 注入子宫内，隔天注第二次，并配合全身抗生素及中药治疗，让胎衣自行排出。对胎衣发生粘连难以剥离的，为减少损伤可以不剥而采用药物治疗。

②化学药物防治：现代医学认为，胎衣不下主要是胎盘绒毛组织与母体子宫阜不易分

离和子宫收缩无力所致。在预防方面，多数人主张通过产前肌内注射或饲料中添加亚硒酸钠和 V_E 来预该病。还有人从产前 30 天开始，每 5 天肌肉注射 V_A、V_D 10mL，连用 6 次，效果显著。此外产后静脉注射氯化钙或葡萄糖酸钙，肌肉注射己稀雌酚、红花针剂以及灌服葡萄糖均可促进胎衣排出，降低胎衣不下的发病率。靳胜新（1998）报道对奶牛产前 30 天、15 天各注 1 次亚硒酸钠 V_K 注射液，产后 3 小时内注射 1 次人工合成催产素，能使胎衣及时排出。李学武等（1994）根据饲料情况及淀粉渣中亚硫酸、毛硒含量相结合，设计了成乳牛补硒试验。表明实验组乳牛的胎衣脱落与对照组相比有显著差异（P＜0.05），尤其临产较近、用小剂量的实验组效果更好。孙福先等（1996）针对黑龙江地区缺硒的特点，对牛产前 30 天、20 天 2 次喂药左旋咪唑、亚硒酸钠和每头妊娠奶牛日粮中增加 3mg 亚硒酸钠的技术措施，收到较好的预防效果。但也有人如 Hidiroglou 等在预产期前 10~21 天给奶牛肌注 15mg 亚硒酸钠和 20~40IU V_K，结果给药组滞衣率非但没有降低，反而高于对照组。因此，这方面有待科研工作者进一步论证。此外，王应安（1996）应用围产康在 896 头奶牛上进行了预防酮病、生产瘫痪和胎衣不下的临床试验，结果表明，3 项指标发病率试验牛均极显著低于对照牛（P<0.01）。西兽医治疗本病以促子宫收缩，促进胎儿胎盘和母体胎盘分离，预防胎衣腐败和子宫感染为主。罗建平（1995）报道用缩宫素 100 单位、甲基硫酸新斯的明 40mg 在奶牛产后 12 小时内胎衣不下时，分别肌肉注射，3 小时后胎衣自行排出，对奶牛的正常发情和配种无影响。子宫复原快，无副作用，治愈率可达 93.3%，疗效较显著。孙福先也认为对胎衣超过 12 小时不下者，马上皮下或肌肉注射缩宫素 500~1 0001U，同促使子宫收缩排出胎衣。邓绍基 1991~1994 年用比赛可灵皮下注射治疗牛胎衣不下，痊愈率达 96.6%，有效率 3.4%。比赛可灵注射液学名为氯化氨甲酰甲基胆碱注射液，该药具有己酰胆碱的全部作用，经几年临床使用，药效极显著。此外，后海穴注射垂体后叶素 50IU 或皮下注射初乳 40~50mL（颈部每侧各 20~25mL）也可有效治疗本病。于石清（1995）用碘溶液（碘、碘化钾、蒸馏水）灌注于子宫壁和胎膜的间隙之中，对该病治愈率也很高。

③中药防治：中国传统医学认为，胎衣不下主要是母牛产后无力、风冷相干，致使血脉受寒，淤血郁结所致。由于母牛产后出血过多，常引起津亏血燥，产道干涩，血入胞衣胀大，使淤血恶露停留于胞宫，因而气虚，胞宫收缩无力，胎衣滞留。通常导致气血运行不畅的原因，有气虚和气血凝滞两种。对气虚型要以"补气益血，佐以行瘀"为治则，气血凝滞型则以"活血化瘀"为治则。预防选用活血化瘀、利水消肿、促进子宫收缩的中药。如杨玉成等于产前 30 天开始给牛添加中药"防滞灵"（有党参、黄芪、当归、白术等 15 味中药组成），每头每日 100g，至分娩为止。结果表明试验组比对照组下降 20.65%，同时，产奶量和受胎率也显著高于对照组。此外，陈烈君（1986）用 TDP 从产前第 5 天开始照射阴蒂穴，每天 1.5 小时，距离 40cm，功率 900w，连续 5 天，使发病率较比对照组下降 25.81%。用氦氖激光照射阴蒂穴，功率 0.003w，每次 10 分钟，也有显著预防效果。根据中兽医医药学的理论，蒋兆春等研制了中草药制剂"祛衣散"和"祛衣灵"分别对胎衣不下有预防和治疗作用。使母牛的发情有效率和受胎率较西药对照组分别提高 8.9% 和 6.8%。利用中药治疗应以补气益血为主，佐以行滞祛瘀、利水消肿。张东明（1997）用熟地、当归、芍药、甘草、肉桂、炒黑大豆等中药组成黑神散加味对该病治愈率高。苏醒霖报道"催衣饮"（蓖麻根、土牛膝、黄酒）对胎衣不下治愈率可达

98%以上，一般1剂见效。李鸿英用加味生化汤（当归、川芎、桃仁、炮姜、炙甘草、党参、黄芪、白术）治疗该病，一般1剂即奏效，效果显著。梁升跃（1996）以补气温中、活血祛瘀为治则。内服催衣散（当归、川芎、车前子、党参、桃仁、黄芪、红花、益母草等）灌服可治。张鹏飞从龟板、党参、当归、益母草、红花、滑石等10种中草药中提取有效成分组成龟参汤，配合西药土霉素、治胎衣不下多例，治愈率高达为95%，并有效地预防了子宫炎症，有利于再孕。赵金全（1997）用自拟的"冬葵子汤"（冬葵子、红花、桃仁等）治疗牛胎衣不下多例，治愈率达90.9%，效果较为满意。在西藏地区，人们还用雪莲花8味或叶假楼斗菜13味治疗该病，也有显著效果。在治疗方面，目前较多采用的仍是产后注射催产素，灌服活血化瘀中草药和手术剥离胎衣等传统方法。此外人们还在不断地寻找更为便利而又高效的其他疗法，如李呈敏等用氦氖激光25~45mw照射交巢穴，每天1次，每次10~15分钟，共照1~4次。治疗23头产后48小时尚未排衣的奶牛，治愈率95.65%。罗超应等根据针药结合尤其是穴位注射可以减少药物用量和提高临床疗效的特点，开发研制了防治奶牛胎衣不下的纯中药复方制剂—当红奶牛福穴位注射液。在产犊后1次后海穴注射该药液40mL（含生药40g）可以减少奶牛胎衣不下发病率15.1个百分点。

④中药防治前景瞻望：由此可见，用中药组方对胎衣不下进行防治是完全有效的可行的，它是数千年我国劳动人民经验的总结，是我国科技工作者利用现代仪器科研的结果。但是，目前在这方面的研究力度还远远不够，国外在这方面的研究几乎是空白，国内的一些研究也大都是单纯集中在一些验方和临床疗效的观察上，缺乏深层次的理论依据。笔者认为在今后应加强以下几方面的研究。

A. 进一步加强对具有活血化瘀、利水消肿、促进子宫收缩等中草药的普查工作，并从中筛选出一些资源丰富、功效确实的药物，进行重点的开发研究。

B. 对已经明确防治功效的中草药，应加强其有效成分的分离鉴定以及作用机理的研究。

C. 在注重其生物活性和作用方式研究的同时，还应加强生产工艺和制剂配方等方面的研究，使那些功效确实、成分和机理明确的中草药尽早转化为商品。

D. 对那些功效显著、成分组成及结构已明确，但含量甚少或难以提取的有效成分，尝试着进行人工合成，从而进行大批量生产。

2. 牛乳房炎

（1）概念。牛乳房炎，又称乳痈、奶黄、奶肿，是由于淤血毒气凝结于乳房而成为痈肿，乳房出现硬、肿、热、痛，病牛拒绝幼畜吃奶或人工挤奶的一种疾病，多见于产后哺乳期的母牛，特别是泌乳期的奶牛更为多见。据统计，乳房炎占奶牛总发病的21%~23%，因其造成奶量下降，病乳废弃，甚至由于乳区化脓、坏疽、萎缩以至永久失去泌乳能力，导致奶牛淘汰，给奶牛业带来了很大损失，每年因乳房炎而被淘汰的奶牛占总淘汰率的9%~10%。

（2）病因。本病发生的原因比较复杂，或因久卧湿地，湿热毒气上蒸侵犯乳房，致使乳络不畅，气血凝滞而引起；或因平时喂养过剩，乳汁过于浓稠，阻塞乳管，乳汁排出不畅，以及泌乳过多，幼畜吸吮不完，或乳牛人工挤奶不完全，产后幼畜死亡，乳汁未能消散，停留乳房，久而化为热毒所致；或因母畜使役负重太过，奔走太急，致使胃热壅盛，胃脉受阻，乳房经气阻塞而致；或因乳头受到咬伤、压伤、踢伤、打伤、邪毒经伤口而入所致；受惊、失子等因素导致肝气郁结，亦可诱发本病，此外，子宫炎等疾病也可继发本病。

（3）临床症状。

①隐性乳房炎：一般无明显的临床症状。只是乳汁的质和量发生潜在性的改变，如乳中白细胞数比正常增多，乳汁由正常的弱酸性变为偏于碱性，泌乳量减少。

②临床型乳房炎：其共有的症状是患病乳房红、肿、热、痛，机能障碍，乳汁的质和量明显改变，即乳汁稀薄呈水样，含有絮状物、乳凝块、脓汁或血液，乳量减少或停止。重症乳房炎患牛出现精神沉郁、食欲减退、体温升高等症状。如发生坏疽性乳房炎时，抢救不及时，而会因败血症而死亡。根据炎症的性质不同，可分为以下几种类型。

③浆液性乳房炎：浆液及大量白细胞渗入间质组织中，乳房红肿热痛明显，乳房上淋巴结肿大。乳汁稀薄，含絮片。母牛通常有全身症状，主要发生在产后头几天内。

④黏液性乳房炎：特征是腺泡、输乳管及乳池的上皮变性、脱落，并有液性渗出物。乳管及乳池炎症，先挤出的奶含絮片，后挤出的奶不见异常。部分乳腺发生炎症时，触诊患叶可摸到局灶性肿块，乳汁中含絮片和凝块，乳汁稀薄。如全乳腺发生炎症，整个患叶硬固肿胀，乳汁变水样，分成乳清、乳渣及絮状物，患畜可出现全身症状。

⑤纤维素性乳房炎：特征是纤维蛋白原渗出，形成纤维蛋白并在腺体组织内和乳管膜上沉积，成为重剧急性炎症。患叶肿大、坚硬、增温而有剧痛。乳房上淋巴结肿胀。产乳量显著降低或停止，经 2~3 日后，只能挤出极少量黄色的乳清。全身症状重剧，可由浆液性乳房炎继发，也可是原发性的。常与产后子宫急性化脓性炎症并发。

⑥化脓性乳房炎：

A. 黏液脓性乳房炎　由黏液性炎症转来。除患区炎性反应外，乳量剧减或完全无乳，乳汁水样，含絮片，有较重的全身症状。数日后转为慢性，最后患叶萎缩而硬化，乳汁稀薄或黏液样，乳量渐减，直至无乳。

B. 乳房脓肿　乳房中有多数小米粒大至黄豆大肿胀。个别有大脓肿充满患叶，有时向皮外破溃。乳房上淋巴结肿胀，乳汁呈黏性脓样，含絮片。

C. 乳房蜂窝织炎　是皮下组织和间质结缔组织的各部化脓性或化脓坏死性炎症。多继发于浆液性乳房炎，全身症状重于浆液性乳房炎。

D. 出血性乳房炎　深部组织及腺管出血，皮肤有红色斑，乳房上淋巴结肿胀。乳量剧减，乳汁水样，含絮片及血液，可能是溶血性大肠杆菌等引起。

E. 坏疽性乳房炎　腐败菌自乳头或皮肤外伤等侵入乳房，或由重剧乳房炎转化而来。最初患区皮肤出现紫红斑，乳房硬、痛，皮肤冷湿暗褐。不久病灶组织腐败分解，形成坏疽性溃疡，有臭味。严重时整个患叶坏死脱落。患牛全身症状重剧，有时发生剧烈腹泻。治疗不当，常于发病的 7~9 天死于败血症。

（4）防治。

①预防：本病着重于预防，要点如下。

A. 加强饲养管理，改善清洁卫生，合理饲养，提高其抗病能力。牛舍及放牧场注意清洁卫生，定期对牛舍进行消毒。

B. 注重挤乳卫生，挤乳前用 50℃ 左右的温水洗净乳房及乳头，并同时进行按摩。再用含有 1∶4 000 的漂白粉液或 1∶1 000 的高锰酸钾液揩净乳房及乳头。挤完乳后，用 0.5%碘伏溶液或 3%的次氯酸钠溶液浸泡乳头。挤乳器及用具在使用前均应拆洗并严格消毒。乳房炎的患牛，应放在最后挤乳。病乳放在专用的容器内集中处理。

C. 加强干乳期乳房炎的防治，在干乳期最后一次挤乳后，向每一乳区注入适量的抗菌药物，可预防乳房炎的发生。在整个干乳期中，如发现乳牛有乳房炎时，应将病区的乳挤净，再注入适当的治疗药物。

②治疗：

A. 急性乳房炎必须全身使用抗生药物　常用以下药物静脉注射：红霉素 400 万~600 万国际单位、5%葡萄糖溶液 1 500mL，每天 1~2 次；或四环素 4~5g、糖盐水 2 000mL，每天 1 次；

B. 乳房灌注抗生素　先将患区乳汁挤净，用卡那霉素 150 万~200 万国际单位；或 0.5%环丙沙星 100mL 加入青霉素 160 万~240 万国际单位，患区乳房一次灌注，每天 2~4 次。若乳汁中含絮状物或脓样物或血凝块较多时，宜用生理盐水或 0.1%雷佛奴尔溶液冲洗后，再灌注抗生药物。

C. 封闭疗法　常用于乳房炎急性期，多采用乳房基底封闭。为封闭前 1/4 乳区，可在乳房间沟侧方，沿腹壁向前、向对侧膝关节刺入 8~15cm；为封闭后 1/4 乳区，可在距乳房中线与乳房基部后缘 2cm 处刺入，沿腹壁向前，对着同侧腕关节进针 8~15cm。每个乳叶的注射量为 0.25%~0.5%普鲁卡因 40~50mL。

3. 牛卵巢疾病

发情和排卵是保持肉牛进行正常繁殖的基础，而在生产实践中，肉牛不发情现象较常见。其中，卵巢疾病是肉牛常见的生殖系统疾病，严重影响着肉牛的繁殖。卵巢是重要的性腺，如其分泌机能紊乱，则会影响性周期正常运转。临床上肉牛卵巢疾病常可表现为卵巢静止、卵巢萎缩、持久黄体、卵巢囊肿、卵巢机能不全等。

(1) 卵巢静止。卵巢静止是卵巢的机能受到扰乱，直检无卵泡发育，也无黄体存在，卵巢处于静止状态。卵巢静止在肉牛不孕症中发病率最高，是导致奶牛不育的最常见疾病之一。

①病因：体质衰弱、年龄大，加之饲养管理不当常导致卵巢萎缩。另外，卵巢疾病的后遗症，如继发性卵巢炎、卵巢囊肿等也能导致卵巢静止。

②症状：性机能减退，卵巢体积逐渐缩小，发情症状不明显，卵泡发育不良，甚至发生闭锁，严重萎缩时卵巢体积小、质地硬，而且病牛长期不发情，子宫收缩变得又细又长。

③治疗：首先，改善饲养管理，供给全价日粮，促进母牛体况的恢复；通过直肠对卵巢和子宫进行按摩，加速血液循环，促进其功能的恢复。

A. 孕马血清（PMSG）　肌内注射 1 000~1 500IU；

B. 促卵泡素（FSH）和促黄体素（LH）　按 4∶1 的比例配合肌注，分别 200IU 和 500IU；

C. 促排卵 3 号（LHRH—A3）　治疗隐性发情效果很好。

(2) 卵巢萎缩。卵巢处于不活动状态，若弹性尚好的称卵巢静止，若弹性减弱、卵巢变硬实的可视为萎缩。

①病因：饲料不足、营养不良；母牛过肥；母牛全身性疾病及子宫疾病、产奶量过高等原因而导致此病。

②症状：长期不发情，直检时卵巢大小无变化，卵巢变小或硬实。

③治疗：老年性的，严重疾病性的卵巢萎缩治疗较困难。其余采用促卵泡素（FSH）+促黄体素（LH）肌注。加强饲养管理，对于过肥的牛，实行减肥处理。

（3）持久黄体。持久黄体是指卵巢上的黄体该退化而不退化，持久地（超过一个性周期）停留于卵巢上，使发情周期停止或不发情。

①病因：母牛排卵时受惊吓、驱赶、打斗等应激刺激，运动不足，缺乏蛋白质、矿物质或维生素，或因促卵泡素分泌不足等都可导致持久黄体。

②症状：由于黄体的存在，在临床上表现长期不发情。直肠检查，在卵巢上有或大或小黄体存在，突出于表面，光滑、坚硬、无波动、无疼感，子宫无变化，触诊没有收缩反应。

③治疗：净化处理子宫，直肠内挤压黄体或按摩黄体，刺激其消退。氯前列烯醇或 $PGF_{2\alpha}$ 是治疗持久黄体的首选药物，肌注用量 0.4~0.6mg，一般用药后 2~3 天开始出现发情。

（4）卵巢囊肿。卵巢囊肿在肉牛中比较常见，其主要原因是卵泡壁较厚，卵泡液体不断增加而不排卵所致。

①症状：发情期延长或者出现持续而强烈的发情现象，成为慕雄狂。母牛极度不安，大声哞叫、食欲减退、频繁排粪排尿，经常追赶或爬跨其他母牛，病牛性情凶恶，有时攻击人畜。在直检时，通常可发现卵巢增大，卵泡液增加、表面光滑、略有波动。

②治疗：人绒毛膜促性腺激素（HCG）2 500~5 000IU，1 次静脉注射，效果良好。但不能连续使用，以免产生持久黄体。还有一种办法，就是通过直肠用手捏破卵泡，使液体流出。然后，肌肉注射黄体酮 200~400IU，一般当天就可症状消失，形成黄体，15~30天后恢复正常发情周期。

4. 新生犊牛孱弱

（1）临床症状。犊牛体弱无力，肌肉松弛，动作不协调，站立困难或卧地不起，心跳快而弱，呼吸浅表而不规则，有的闭眼，对外界刺激反应迟钝，耳鼻唇及四肢末梢发凉，吸乳反射微弱。新生犊缺乏维生素，表现软弱和视觉障碍（瞎眼），易发生消化道和呼吸道感染，或有轻度神经症状。

（2）治疗。

①首先应把仔畜放在温暖的屋子里，室温应保持在 25~30℃，必要时用褥子、毯子等盖好；

②为了供给养分及补氧，可静脉注射 10%葡萄糖 500mL，加入 3%双氧水 30~40mL。也可用 5%葡萄糖 500mL、10%葡萄糖酸钙 40~100mL、维生素 C10mL、10%樟脑磺酸钠 5~10mL，一次静注。

③根据病情还可应用维生素 A、维生素 D、维生素 B 等制剂和能量药物如三磷酸腺苷、辅酶 A、细胞色素 C 等；对孱弱仔畜的护理十分重要，要定时实行人工哺乳，最好喂给母畜初乳；仔畜如不能站立，应勤翻动，防止发生褥疮。

5. 牛子宫弛缓

（1）临床症状。正常情况下，子宫排出恶露在 10~12 天完成。而子宫复旧不全时，子宫恢复到未孕状态的时间延长，子宫运动机能减弱或没有运动机能，恶露排泄停止或周期性滞留。特点是大量地分泌褐色含水多的恶露，同时带有腐败气味和混有灰色絮状物或残渣块状物；子宫口弛缓开张，产后 7 天仍可将手伸入，产后 14 天仍能通过 1~2 指；子宫体积增大，下垂到下腹壁，子宫壁迟缓、厚而软，按摩时收缩反应弱，有时有波动感；母牛全身症状不明显，有时仅体温稍有升高，精神不振，食欲减退。如不及时治疗，常继发慢性子宫内膜炎。

（2）预防。为预防母牛产后子宫复旧不全，应用直检法或 B 超技术定期跟踪检测母牛子宫体、角、颈的大小，子宫壁厚度，子宫肉阜大小等做到早期发现，早期治疗。把难产、胎衣不下、子宫扭转等疾病发生率降低到最低水平。子宫复旧不全的病牛要推迟 1~2 个发情周期配种。此外，在母牛妊娠后期或产后肌内注射 0.1% 亚硒酸钠 30~40mL，也有一定预防效果。

（3）治疗。

①除去病因，增强子宫的紧张度，促进子宫收缩和恶露排出，防止继发卵巢疾病和子宫疾轻症时，在产犊后 1~2 天，往往只用催产素皮下注射（剂量 35IU，间隔 24 小时左右）3~4 次就可使子宫恢复正常。

②重症时，可采取腹主动脉内注射药物的方法治疗。注射方法是在母牛腰部第三腰肋和第四腰肋横突起距离脊椎矢状线 10~12cm 处行主动脉穿刺术，以 55°角刺穿皮肤并推进针头到椎骨的支架；然后，把针头向后拉回 2~3cm，使针头成 40°~45°角并重新往深处推进针头，到从主动脉腔隙内出现搏动的血液（证明针头进入腹主动脉内），通过针头注入主动脉 100mL 1% 雷奴佛卡因溶液、青霉素和链霉素各 100 万 IU、后叶激素 10IU，间隔 48 小时 1 次，注射 2~3 次（该方法操作必须由有操作经验的专业兽医师完成，未经历者的禁止操作）。

③也可以进行母牛尾根侧面小窝部位普鲁卡因封闭疗法，注射点位于尾根侧面很明显的小窝的前上角，在同一的颅侧方向同时刺穿小窝的薄层组织，把针头以 30°~45°角对着小窝表面刺入骨盆腔，深度 3~7cm，在针头套管和注射器上套上胶皮管，在中等压力下把 1% 普鲁卡因溶液 100mL、催产素 50IU 注射到组织间隙中，每经过 48 小时，重复注射，4~5 次后痊愈。对危重病例，可采取综合疗法，静脉注射 10% 氯化钙溶液 150~200mL、10% 葡萄糖溶液 500~600mL 或 25% 葡萄糖酸钙液 500~1 000mL，并往子宫内注入红霉素 1 支，加蒸馏水 40m 升或新霉素 50 万 IU、生理盐水 50~100mL，隔日 1 次，连用 3~4 次。

④也可采用中药疗法补中益气汤加减，党参、黄芪、当归、川芎、陈皮、升麻、白术、醋香附各 45~60g，益母草 120g，甘草 30g。水煎灌服，隔日 1 剂，连服 3 剂为 1 疗程；或益母摄宫散：党参、炙黄芪、炒山药各 30g，白术、川芎、牛膝、菟丝子、补骨脂各 20g，全当归 45g，枳壳、陈皮、蛇床子各 25g，熟地 12g。上药共研细末，加鸡冠花 45g，泽兰 20g，牡蛎或乌贼骨 30g，严重弛缓者，加升麻 25g，水煎灌服，隔日 1 剂，连服 3 剂为 1 疗程。

6. 牛慕雄狂

（1）临床症状。全身强烈兴奋，吼叫，四肢刨地，性周期规律被破坏，不断表现强烈的性兴奋，爬跨其他牛或让其他牛爬跨，任何时候不拒绝公牛交配，多次交配或人工授精而不孕。如果延续时间长了，性情粗暴并攻击人。此时食欲减退或废绝，被毛蓬松，乳汁分泌减少或停止。有的牛还表现下痢或尿频，阴唇增大和水肿，阴门流出浑浊黏液，尾根塌陷。髋结节、坐骨结节皮肤有伤痕。病程长可出现阴道脱。直肠检查，子宫增大，1个或2个卵巢体积增大有波动，黄体呈结节状或蘑菇状突出。

（2）防治措施。因强烈的性兴奋，行为狂躁，必须予以抑制，而后再抑制脑促性腺激素释放素的分泌，使垂体前叶性腺激素分泌减少，从而抑制发情。

①镇静用10%溴化钠120~150mL、10%樟脑磺酸钠10mL、10%葡萄糖500mL静注，隔天再用1次。或用氯丙嗪、静松林，按体重计算剂量每日1~2次，肌肉注射，连续3~5天。

②用黄体酮50~100mg，肌注，隔天注1次，连用23天。

7. 牛妊娠毒血症

（1）发病原因。

①妊娠母牛过肥，发生脂肪肝；

②原来妊娠母牛肥胖，由于饲料短缺，在分娩前营养不足；

③分娩低钙血、皱胃左方变位、消化不良，均能促使发病。

（2）临床症状。

①乳牛：不吃、不反刍，逐渐变得虚弱，完全卧地不起，经7~8天死亡。大部分时间体温、心跳和呼吸均正常。有些病牛出现神经症状，如凝视、头高举以及头颈肌肉震颤，最后发生昏迷和心跳过速。

②肉牛：有攻击行为，烦躁不安，兴奋，共济失调，步态跟跄，有时站立困难，易于摔倒，粪便少而干硬。心跳过速。如在产犊前两个月发病，则母牛沉郁持续10~14天，不吃食，躺卧呈伏卧姿势，呼吸加快，呼气时可能出现呻吟，鼻液清亮透明，鼻镜上皮可能脱落。最后常发生腹泻、粪色黄白、有恶臭。本病死亡率高，最后可能出现昏迷，并安静地死亡。

（3）防治措施。防止妊娠3个月的母牛发胖，尤其是干乳期的母牛。妊娠期间应给足够的饲料以维持妊娠的需要，在最后3个月的摄入营养总量应该增加，为避免一些母牛变得肥胖和一些母牛体重减轻，应根据体型大小和体况而进行分组饲养。同时，对孕期中的所有常见病均应立即治疗，以尽一切努力保持它们的食欲和高能量的摄入。应用丙二醇促进肥胖牛糖异生和减少对贮存脂肪的动员。对过于肥胖的母牛应喂以优质干草，并补充谷类饲料和含碘、含钴的矿物质，并加强其运动。

①注射葡萄糖、钙盐、镁盐可取得轻微短暂的疗效。

②用正常牛的瘤胃液（5~10L）灌入病牛瘤胃，或用五倍子、龙胆、大黄各50g水煎服，候温加食母生200~300片（压碎）灌服，以维持食欲。

③用丙二醇口服，促进葡萄糖的代谢。

④用胰岛素（精蛋白锌胰岛素）200~300IU皮下注射，每日2次，可使葡萄糖的利用得到加强。

（四）牛常见中毒病

1. 牛黄曲霉毒素中毒

（1）原因。各种用来喂牛的精、粗饲料（玉米、大麦、花生、小麦、麸皮、青贮饲料、小麦、燕麦、青稞、苜蓿秸秆等）含水量较高（含水量大于18%），或仓库温度较高时，极易被黄曲霉菌感染，当牛采食被黄曲霉菌感染的饲料后发病。

（2）临床症状。前期神经兴奋、后期精神沉郁，对外来刺激反应迟钝；食欲下降，反刍减少或停止；瘤胃臌气，贫血，消瘦。

①成年牛：多呈慢性经过，厌食，磨牙，消瘦，生长缓慢，精神萎靡，前胃弛缓，瘤胃臌胀有的出现间歇性腹泻，甚至里急后重、脱肛，产奶量减少，孕牛早产或流产，个别有惊恐、转圈运动，后期昏迷死亡，死亡率较低。

②犊牛：多为一侧或两侧角膜混浊，因对黄曲霉毒素较为敏感，所以，死亡率高。

（3）病理变化。肝苍白变硬，表面有灰白色区，胆囊扩张，多数病例有腹水。肝细胞变性、结缔组织增生，将实质分开并伸入小叶，将小叶分成小岛状形成假小叶。

（4）防治措施。

①预防：

A. 定期检查有无黄曲霉菌，不用霉变饲料喂牛；

B. 在饲料里添加常规量的脱霉剂——双效霉杀清（本品不同于市场普通脱霉剂，如运利来双效霉杀清）；

C. 精饲料的含水量15%以下才能贮存，保持仓库通风良好，防止高温；

D. 用药物（福尔马林或过氧乙酸）熏蒸仓库。

②治疗：

A. 按治疗量添加双效霉杀清；

B. 硫酸镁500~1 000g 或人工盐300g，加水溶解，1次灌服，连续3天；

C. 用25%葡萄糖溶液500mL、20%葡萄糖酸钙溶液500mL，静脉注射；

D. 用5%葡糖糖生理盐水1 000mL、10%樟脑磺酸钠10mL、40%乌洛托品50mL、四环素250IU，静脉注射；

E. 多喂青绿饲料、青贮饲料。

2. 牛有机磷中毒

（1）临床症状。经消化道吸收常在1~3小时，最短10分钟以内即呈现中毒症状。兴奋不安，前肢、肩部、肘头、后肢、腹部肌肉颤抖，站立不稳，流涎，鼻液增多，呼吸困难，呼气有特殊气味。流泪，眼球震颤，瞳孔缩小，结膜潮红发绀，有的苍白黄染。呻吟，磨牙，吃草、反刍停止，粪稀甚至水泻带血。心跳加快，四肢厥冷，可能出汗。恶化后陷于麻痹，窒息死亡。

（2）防治措施。

①预防：

A. 对有机磷农药应加锁保管，防止非保管人员误拿误用；

B. 曾喷洒农药地及其附近的草和水不让牲畜吃喝；

C. 不用盛过农药的容器再装料、水喂畜；

D. 不用农药治癣灭虱，避免引起中毒。

②治疗：

A. 用硫酸阿托品 20~50mg 皮下注射，碘解磷定、氯磷定、双解磷、双复磷、多解等按说明书剂量肌肉注射或静脉注射，30 分钟后无阿托品化症候（瞳孔散大，心跳加快，口干等）、1 小时后未见症状减轻可再次用药，每隔 4~5 小时给以维持量，持续 1~2 天，以巩固疗效；

B. 经由皮肤中毒时，用 1% 肥皂水或 4% 小苏打水洗去皮肤表面的药。但硫普特、八甲磷、二嗪农、敌百虫引起的中毒，不可用碱性液，而应用 1% 醋酸（或食醋）洗涤皮肤后再用清水冲洗。

C. 用微温水为牛洗胃；

D. 用含糖盐水 3 000~5 000mL、25% 葡萄糖 500mL、25%V_C6~8mL、10% 樟脑磺酸钠 20~30mL 静注，以稀释血中毒物浓度，并促其排泄。

3. 牛马铃薯中毒

（1）临床症状。

①重剧中毒：呈急性过程，病初兴奋不安，狂躁，向前狂冲直撞。继则转为沉郁，后躯无力，步态摇晃，共济失调，甚至麻痹，可视黏膜发绀，呼吸无力、次少，瞳孔散大，全身痉挛。一般 3~4 天死亡。

②轻度中毒：呈慢性经过，病初减食或废食，口黏膜肿胀、流涎、呕吐、便秘。有时剧烈腹泻并带有血液。精神沉郁，肌肉弛缓，极度衰弱，体温升高，孕畜流产。在口唇周围、肛门、尾根、四肢系部、乳房发生湿疹或水疱性皮炎（亦称马铃薯性斑疹），特别在前肢产生深部组织坏死性病灶。

（2）防治措施。

①预防：

A. 需用马铃薯作饲料时，应先少量逐步增加，并应煮熟喂；

B. 对发芽、腐烂、阳光下暴晒的马铃薯及青绿茎叶不要喂畜，以免引起中毒；

C. 对发病病畜应立即停止再喂马铃薯，抓紧治疗。

②治疗：

A. 立即用 0.01% 高锰酸钾液洗胃；

B. 用食醋 500~1 000mL 导服，可破坏残留毒物；

C. 狂躁不安时，用安溴剂 120~150mL、25% 葡萄糖 500mL 静注。或用盐酸氯丙嗪（每毫升含 2.5g）20~60mL 肌注。

D. 如有胃肠炎，用磺胺眯 20~30g（或痢特灵每千克体重 5~10mg）、活性炭 100~200g 1 次导服，每 12 小时 1 次，第一次加液状石蜡 500mL。

E. 病畜绝食，用 25% 葡萄糖 500mL、含糖盐水 2 000~3 000mL、25%V_C8~10mL、10% 樟脑磺酸钠 20mL 静注，每日 1 次。

4. 牛食盐中毒

（1）临床症状。一般体温正常，但在夏季可能升至 42℃，沉郁，不注意周围事物，步态不稳，肌肉震颤，口角流少量白沫，口角、耳、上下唇痉挛、抽搐，频频点头，眼结膜潮红、充血，瞳孔散大，视力障碍，食欲废绝，烦渴，口干，尿少或无尿。有时乱跑乱跳、作圆圈运动，头向后昂，卧地四肢抽搐、作游泳动作。严重时后肢麻痹，心跳加快，呼吸增数或困难，病程稍长，腹痛、腹泻。

（2）防治措施。

①预防：

A. 注意饲养管理，适量喂盐，但不宜过量；

B. 在利用含盐的加工残渣和废水（酱渣、腌肉、菜的水）时必须适当限制用量；

C. 对饲料盐应保管好，防止食盐中毒。

②治疗：

A. 用5%葡萄糖4 000~5 000mL、10%樟脑磺酸钠20mL、25%VC$_8$~10mL静注，必要时8~12小时再注1次（5%葡萄糖用3 000mL）。

B. 用清水5 000~7 000mL一次导服，必要时在8~12小时后再服3 000mL，一般在第一次灌水和输液后，由于肠管的充盈促进蠕动，有利于肠内容物的排泄，排泄后病畜即自然饮水，常不需第二次灌水。

C. 如牛多吃食盐或多饮盐水，因瘤胃渗透压高而积聚大量的水，应予洗胃改变渗透压。

D. 如有脑水肿（精神沉郁、意识障碍），用甘露醇或山梨醇1 000~1 500mL静注。

5. 牛菜籽饼中毒

（1）临床症状。

①溶血性贫血型：体温正常或略低，也可增至40.5℃。精神沉郁，黏膜苍白、中度黄疸，心跳、呼吸增数，常发生腹泻、血红蛋白尿。

②神经型：牛食后目盲、昂头、狂躁不安，瞳孔对光的感应差。

③呼吸型：仅见于牛，呼吸困难，呼吸增快，张口呼吸，较快发生皮下气肿。

④消化型：主要见于去势小公牛，厌食，流涎，口鼻周围有泡沫，粪量减少，瘤胃蠕动音消失，腹痛、腹泻或便秘。

⑤感光过敏型：面、背、体侧在日光照晒下，呈现红斑、渗出液及类湿疹样损伤和感染。

上述症状，有时单独发生．有时混合发生。

（2）防治措施。

①预防：对用于喂畜的菜籽饼应作去毒处理后再喂。可用如下方法。

A. 坑埋法，即将菜籽饼埋入容积1立方米的土坑内，放置2个月后，据测定可去毒99.8%。

B. 也可用发酵中和法，即将菜籽饼经过发酵处理以中和其有毒成分，可去毒90%以上。

C. 将菜籽饼用温水或清水浸泡半天，漂洗后也可使之减毒而达到安全饲用的目的。当发现病畜后，立即停止用菜籽饼喂畜，并进行适当的治疗。

②治疗：

A. 对溶血性贫血，用20%磷酸二氢钠溶液300~500mL，每日1次皮下注射或静脉注射，连用3~4天。

B. 同时用硫酸亚铁2~10g配成0.5%~1%溶液内服，连用10天。

C. 如有便秘，用液状石蜡500~1 000mL、鱼石脂30g+酒精100mL、1%盐水5 000mL

一次导服。

D. 如拉稀时，用活性炭 100~200g，氟哌酸每千克体重 5~10mg（或磺胺眯 30~60g）1 次导服，日服 2 次。

E. 食欲不好，用五倍子、龙胆、大黄各 30g 水煎服，在灌服时加食母生 200~300 片。

F. 如有肺水肿，用 5%氯化钙 100~200mL，或用 10%葡萄糖酸钙 200~600mL，加入 10%葡萄糖 500mL 静注。

6. 牛尿素中毒

（1）临床症状。牛在食入中毒量的尿素后，30~60 分钟甚至更快即出现症状。初表现沉郁，接着出现不安，反刍停止，前胃弛缓，大量流涎，口唇痉挛，呼吸困难，脉搏增数（100 次/分以上），进而共济失调，眼球震颤，全身痉挛与抽搐，卧地，全身出汗，瘤胃臌气，肛门松弛，瞳孔散大，最后因窒息而死亡。病程一般为 1.5~3 小时。病期延长者，后肢不全麻痹，卧地不起，四肢发僵，发生褥疮。如为偷食大量的尿素，可无症状而突然死亡。

（2）预防。

①必须严格饲料保管制度，不能将尿素肥料同饲料混杂堆放，以免误用。在畜舍内，尤其避免放置尿素肥料，以免牛偷吃；

②在饲用尿素饲料的畜群，必须制定必要的工作制度，正确控制尿素的定量及与其他饲料的配合比例，而且在饲用混合日粮前，必须先仔细地搅拌均匀，以避免因采食不匀引起中毒事故；

③严禁将尿素溶解在水中喂给；

④在有条件的单位，可考虑采取将尿素配合过氯酸使用，或改用尿素的磷酸块供补饲用，以利安全。

（3）治疗。

①早期可灌服大量食醋或稀醋酸，以抑制瘤胃中酶的活力，并能中和氨。给成年牛灌服醋酸溶液 1L，糖 0.5~1kg 和水 1 000mL，可获得满意的效果。也可用 5%醋酸（食醋）4 500mL，加大量冷水，给成年牛 1 次灌服。

②对症治疗，水合氯醛 10~25g，加水适量灌肠或内服，以抑制痉挛；用 10%硫代硫酸钠溶液 15mL，静脉注射，或谷氨酸溶液静脉注射，有解毒作用；同时可应用葡萄糖酸钙溶液、高渗葡萄糖溶液及瘤胃制酵剂等，可提高疗效。

7. 霉变饲料中毒

饲料由于保管、贮藏不善，或在谷物收获期间长时间下雨，谷物变质，污染真菌导致霉变，产生毒素，若仍用于饲喂牛，则极易发生中毒。

（1）病因。

①在作物成熟收获季节，如果阴雨连绵，或收获的谷物及饲料贮藏不当，常致使一些有毒的真菌寄生。在这类真菌中，曲真菌、青真菌、镰刀真菌三属都是饲料发霉腐败的常生菌，采食这类饲料较多即可引起中毒。其中，曲真菌和镰刀真菌毒性较强，牛采食后更易中毒。土霉素渣及加工后的谷物受潮发霉，寄生有青真菌，牛采食后，也可引起中毒。

②真菌中毒没有传染性，不会成为传染源感染其他的牛。但从流行病学的观点出发，仍受着生物学因素规律的支配。其发病与毒素进入机体数量、毒素毒力的强弱有很大的关

系。该病的发生还与机体的抵抗力和饲养管理的好坏有关。

（2）症状。该病一般呈慢性经过。病牛精神委顿，沉郁，反应淡漠。有时垂头呆立，似昏睡状；触摸皮肤任何部分时，感觉很敏感；不愿行动，强迫行走时，步态蹒跚；有时也可以呈现兴奋不安；眼由羞明、流泪，逐渐变为视力障碍，可发生在一眼或两眼；厌食、反刍和胃蠕动减退，表现有前胃弛缓症状，呈现出间歇性腹泻，粪中可夹有血液、黏液，或腹泻与便秘交替出现；有时有腹水，严重脱水，被毛粗乱而逆立，牛迅速消瘦，有的病牛在颈下、前胸及四肢有水肿；乳牛泌乳量逐渐减少，病严重时泌乳停止，亦可发生牛的流产或犊牛生活力不强。

剖检变化：消化道可出现严重的炎症。

（3）防治。一旦发现有霉变饲料中毒时，停喂有霉变的饲料。

①西药疗法：中毒的牛只治疗，主要是排毒解毒，可用人工矿泉盐 $200 \sim 300g$ 加水灌服；或用硫酸镁、硫酸钠等类泻剂；并可用 50% 葡萄糖注射液 $500 \sim 4\,000mL$，复方氯化钠 $1\,000 \sim 2\,000mL$，V_C $0.5 \sim 1.0g$ 作静脉注射。强心剂可用 25% 尼可刹米注射液 $20 \sim 30mL$ 肌注，或用 10% 樟脑磺酸钠注射液 $30mL$ 肌注；镇静剂可用盐酸氯丙嗪注射液 $250 \sim 500mg$ 肌注，或用 10% 溴化钠或溴化钙 $200 \sim 300mL$ 静注。

②中药疗法：以清热解毒利湿为主。

A."银翘解毒散"加减。银花炭、连翘壳、紫丹参、白茯苓、银柴胡、杭白芍、醋香附、炒白术（土炒）、益母草、茵陈蒿、车前子、地肤子各 $30 \sim 60g$，生甘草 $25g$，水煎去渣，候温灌服。

加减：如出现腹痛泄泻，加五味子、地榆、诃子肉。

B. 单方草药：蒲公英注射液或双丁注射液，肌注 $15 \sim 2mL$（每毫升相当于生药 $5g$）。

③预防：不喂发生霉变的饲料；在饲料收获、运输、加工和储存过程中应注意各个环节的保管和防潮；并经常检查，如有发霉迹象时，尽量提早翻晒处理，霉变程度严重的饲料应予销毁；饲料按计划采购，并做到现购现喂，防止长期堆放。

（五）牛营养代谢病

1. 牛营养代谢病概述

（1）牛营养代谢病的综合防治原则。不同原因引起的营养代谢病，解决的办法自然也不同，对于群发性的营养代谢病，除了考虑采取种草措施后的效果如何外，还应考虑措施的方便程度，费用的高低等问题。对于舍饲或笼养畜禽，通过饲料、血液生化分析，如缺乏某种营养元素，可通过调整饲料配方的办法得到解决，对于放牧动物，如果因地质结构问题引起的多种或几种元素缺乏，则视情况采取相应措施，如可以将所缺乏的元素以某些食物的形式投入食盐中，供定期补食，也可制成长效释放性铁丸或其他剂型，投入瘤胃，使其缓慢释放。如果是人工草地，亦可通过施肥的办法达到增加牧草中相应元素含量的目的，也可用喷洒的办法使其吸收入牧草叶中。对于在围产期发生的有关营养代谢病，如酮症、乳热、卧地不起综合征等，要有的放矢地采取一些应急措施，以使有关疾病的发病率降到最低限度。对于能量过剩引起的一系列脂肪肝（肾）综合征，则要严格按生产能力水平计算各种营养素的需要量，并适当给予对脂质代谢有调节作用的生物制品或中草药。

（2）营养代谢病的诊断与亚临床监测。

①营养代谢病的诊断首先应从以下几方面考虑：

A. 临床症状及剖解变化　如生长发育迟缓或停滞；被毛粗乱，骨棱外露，母畜低产，死胎，动物跛行，骨质关节变形；脱毛，异嗜，充血，母畜卧地不起，或视力降低，运动失调，均是与某些营养缺乏相关的症状。剖检变化对多数营养代谢病没有特征性，但硒缺乏症等有时可能有典型的病理变化。

B. 往往呈地域性发生　由于动物，特别是草食动物，主要食当地牧草或植物，故地域性某种元素缺乏，就可能使动物发生相应缺乏症，这类疾病亦称为地方病。如从我国从东北到西南走向有一条缺硒带。在这一地区很易发生硒缺乏症。

C. 与分娩相伴　许多营养代谢病往往伴分娩而发生如酮症、乳热、卧地不起综合征等。在上述症状与流行病学资料的基础上应进一步从下面两方面检查。

第一，饲料分析：对于怀疑某种或某些营养素缺乏症，在上述工作的基础上，要进行饲料分析。根据症状结合初步诊断与治疗体会，对饲料中的一些针对性营养素进行分析，如矿物质、微量元素或维生素。特别是对于矿质元素及微量元素，不但要分析怀疑的个体，还要分析数种相关元素之间是否平衡，是否存在明显拮抗元素。如钙过量则影响锌的利用，铜过量又影响钙的利用。

第二，病畜群实验室诊断及亚临床监测：在分析饲料的基础上，或临床上根据观察到的症状特点，可直接对病畜禽的血液、肝、肾等组织进行相关项目生化分析，以反应动物当时的营养状态。测定的指标有血糖、总蛋白、白蛋白、球蛋白、Hb、Bun、PCV、血清 Ca、P、Mg、K、Na 以及 Fe、Cu、Se 等，此外，还有一些相关的血清酶，如 ALP 等。

对于检查出的结果，解释起来有时是有困难的。为了做到有的放矢，对奶牛而言，应对健康牛群（通过临床检查）进行相关指标测定，特别是分季节与生产状态，作出不同生理状态或环境状态下的相关生化参考值，如能在具体牛群作出参考值，最好具体到主要产奶牛的个体生理参考值，并建立档案，则在诊断时更具有针对性。最好在一年中至少 3 次按夏、秋、冬取血样，每次分别检测高产奶牛，中等产奶牛及干乳牛（各 7~10 天）的相关指标。这样通过平时监测，可判断是否存在临床或亚临床异常，可以最少的检测开支换来最大的预防效果，保证动物的生产性能得到充分发挥，不出问题或减少出问题。

②解释生化结果一般应注意：

A. 蛋白质摄入与血液 Bun 在健康机体内有直接关系，即低 Bun 说明蛋白摄入不足或吸收不足。如果不增加蛋白质，可能在泌乳后期出现低蛋白血症。自然临床上低血蛋白及低 Hb 是长期缺乏蛋白的指标。国外在 21 个牛场产后 40~100 天对 351 头奶牛的测定指出，白蛋白直接与日粮蛋白含量有关。

B. PCV、Hb 及 Fe 在非泌乳牛要比泌乳牛高，总蛋白随年龄增加，而无机磷、白蛋白、镁、钠等随年龄下降。

C. 血钙变化范围很小，对于营养供给与产出之间的平衡不太敏感，但怀孕后期血钙太低，则是十分危险的。美国、欧洲及澳大利亚均认为血镁在冬季较正常低；亚临床缺镁较为普遍，特别是怀孕肉牛，在突然饲料缺乏或环境温度下降时，可能转变为临床低镁血症。

D. 血钾不易解释。道理是钾主要在细胞内，因此，血清钾不足是血钾缺乏的敏感指标。正常情况下血钾比血钠更易改变。在一般情况下，粗饲料中的钾是能满足机体需要的。

E. 奶牛的血液指标受季节，产奶量及泌乳阶段影响。尿素、Hb、PCV 在多方面，无论泌乳、非泌乳均是如此。而镁则在冬季特别低。

F. 血糖在泌乳早期及冬季低。主要是泌乳早期对糖需要量大，而冬季采食不足。

（3）营养代谢病的病因及分类。

①病因：营养性疾病的主要病因是某些营养物质摄入不足，特别是在放牧条件、自然牧草受地质资源、季节等因素影响或表现某一种或几种微量营养素不足，或在相当长的枯草季节整体营养水平低下。在集约化大规模条件下，在理论上不应该存在配合饲料的营养问题，但实际操作过程中，由于某方面的疏忽，造成的某些营养缺乏症是经常可以见到的。造成营养代谢病的另一原因是机体自身机能降低，如消化器官、消化腺的疾病，使饲料消化、吸收、运输、合成受到不同程度的影响。很明显，这一方面的影响多数是个体的，不会造成群体性问题。引起营养代谢病的第三方面是与动物生产有关的营养物质转化失调出现疾病。目前除伴侣、观赏等动物外，大多数动物的饲养是商业化的，即经营者的目的就是在为人类提供消费食品的过程中要获得高额的经济回报。因此，在集约化生产、动物的品种稳定条件下，合理、高效的饲料转化是实现生产目标的主要手段。在猪、禽、牛、羊等不同动物中，以正常周期较长的奶牛易发生营养代谢问题，高产奶牛最易发生这方面的疾病。因为目前高产奶牛的奶产量已由 20 世纪 30 年代的 2 000kg 增加到 6 000～10 000kg，如此高的产奶量，必然要求相应的营养素供应充分并在不同营养素之间要严格保持平衡。否则，极易引发某方面的代谢性疾病。

②概念及分类：

A. 概念　营养代谢病是营养紊乱与代谢失调引起疾病的总称。营养代谢性疾病目前有 3 种情况：在大部分情况下是指某些营养物质的供应量不足发生的营养缺乏症；第二种情况可能是某些营养物质供应过量而干扰了另一些营养物质的消化、吸收与利用；第三情况是营养过剩有关的疾病（称为富裕病），如肥胖、动脉粥样硬化、部分糖尿病等。动物方面由于能量太多结合其他因素发生的各种动物脂肪综合征，或核蛋白饲料过多引起的鸡痛风等也属此列。而代谢性疾病是指体内一个或多个代谢过程改变导致内环境紊乱而发生的疾病。这一部分疾病又往往与动物的生产性能的表达相关，又称为生产性疾病（Productive Diseases），如生产瘫痪（乳热）、酮病、低镁血症等。

B. 分类　为了叙述方便，目前我国对营养代谢病的分类是按照营养物质的分类归属进行分类的。

一是能量物质营养代谢性疾病如乳牛酮病、脂肪肝综合征、营养衰竭症、痛风、低血糖症等。

二是矿物质营养缺乏症属于这一类的有常量元素如 Ca、P、Mg、K、Na 等缺乏引起的相关疾病，如骨软症、水牛血红蛋白尿症、低血钾症等，以及微量元素如 Fe、Zn、Cu、Se、Mn、Co、I 等缺乏引起的相应疾病。

三是维生素营养缺乏症如脂溶性维生素 A、D、E、K 及水溶性维生素 B 族与维生素 C 缺乏引起的若干疾病。

四是原因不确定性营养代谢病在目前研究水平上，有些疾病具有营养代谢病的某些特点，但病因尚未确定，如肉鸡腹水症、啄癖等。

2. 牛铜缺乏症

（1）临床症状。犊生长缓慢，消瘦，贫血，步态僵硬，四肢运动障碍；掌骨远端骨骺增大，关节肿大、僵硬，触诊有痛感，易发生骨折；持续腹泻，排黄绿色乃至黑色水样粪（国外称泥炭泻）；部分牛有食毛、舔土、舔砖块等异嗜现象。

（2）防治措施。

①缺铜的土壤，每年每公顷可施硫酸铜 5~6kg（根据实际缺量确定）；平时用 2% 硫酸铜矿物质舔盐或将硫酸铜与饲料按一定比例制成颗粒料饲喂有良好的预防效果。

②用硫酸铜，每千克体重 20mg，间隔数日 1 次，重复用药。也可将硫酸铜按 0.5% 比例混于食盐内让病畜舔食。

③与此同时，用氯化钴（每片含 20mg），犊牛预防用 10mg，治疗用 0.2g，内服。

3. 牛锰缺乏症

（1）临床症状。

①犊：骨骼畸形，前肢粗短且弯曲，运动失调，发生麻痹者居多，哞叫，肌肉震颤乃至痉挛性收缩，关节麻痹，运动明显障碍。

②母牛：发情期延长，不易受胎，早期发生原因不明的隐性流产。

（2）防治措施。改善饲养管理，给予富锰饲料，一般认为青绿饲料和块根饲料对预防锰缺乏有良好作用，牛日粮仅需锰 20mg/kg。

4. 牛维生素 E 缺乏症

（1）临床症状。犊牛因地方性肌营养不良，呈现运动障碍，步态强拘，蹒跚，不能随意乱跑或吃草，接近母畜时还能吃奶（骨骼肌营养不良，显著萎缩）。呼吸困难和腹式呼吸，心律不齐，尿中肌酸排泄量增高，犊牛尿中肌酸值，24 小时为 2~3mg/mL，但有病犊牛可达 15mg/mL；病的后期，已有大量肌块发生变性，因此，肌酸的排泄量低于正常，病犊血清中的谷草转氨酶含量为 300~900 单位（正常则低于 100 单位）。

（2）防治措施。尽量避免用病区的牧草饲喂；在饲料中加补麦胚油或麦片、小麦麸或生育酚（V_E）；在母牛产前喂给醋酸生育酚，每天 1g，产犊后每天喂给 150mg。

①用醋酸 V_E（每毫升含 50mg），驹、犊牛 0.5~1.5g，肌注或皮注。

②用 0.1% 亚硒酸钠-V_E 注射液，马、牛 30~50mL，驹、犊牛 5~8mL 肌注。

5. 牛维生素 A 缺乏症

（1）临床症状。牛皮肤有麸皮样痂块，角膜干燥，突出的病症是夜盲，傍晚、夜间及凌晨常因盲目行走，不避障碍物而跌进水坑或摔倒，脑脊髓液压力增高；常发生强直和阵发性惊厥，感觉过敏。

（2）防治措施。怀孕后期的母牛注意喂给含维生素 A 原多的青干草、胡萝卜、南瓜、黄玉米等饲料，不喂青贮饲料和肥沃的牧草，并加喂麸皮、补磷、镁。对病犊治疗主要补给维生素 A。

①用维生素 AD 注射液（每毫升含 V_A 5 000 单位，V_D 5 000 单位）2~4mL，肌注，连用 5~7 天。

②用浓鱼肝油（每 1g 含 V_A 50 000 单位，V_D 5 000 单位），每 100kg 体重 0.4~0.6mL 内服，连用 7~10 天。

6. 牛白肌病（硒缺乏症）

（1）临床症状。犊牛多为急性型，成年牛多为亚急性，表现沉郁，喜卧，消化不良，共济失调，站立不稳，步态强拘，肌肉震颤，心跳每分可达 140 次，呼吸 80～90 次；多数发生结膜炎，角膜浑浊和软化；排尿次数增多，呈酸性反应，尿中有蛋白质和糖，肌酸含量 15～40mg/mL，病程中可继发支气管炎、肺炎；最后绝食，卧地不起，角弓反张，多因心脏衰弱和肺水肿死亡。

（2）防治措施。对妊娠、哺乳母畜及仔畜要加强饲养管理，特别是冬春更应注意蛋白质饲料与富硒饲料（如豆科苜蓿干草）的供应。对发生过白肌病或有白肌病可疑地区，冬季给孕畜注射 0.1% 亚硒酸钠，马、牛 10～20mL，也可配合 V_E 200～250mg。每隔半月或 1 月注射 1 次，共注射 2～3 次，可防止幼畜发病。

①用 0.1% 亚硒酸钠（每 5mL 含 5mg），犊、驹 5～10mL 皮注或肌注，每 10～20 天重复 1 次。

②在注射亚硒酸钠的同时，配合用醋酸维生素 E，驹、犊 0.5～1.5g，肌注或皮注，疗效更好。

7. 犊牛镁缺乏症

（1）临床症状。出生 1 周内的犊牛体温、呼吸、心跳均无异常，吃奶、排粪、排尿也正常。常突然倒地（有时偏头吃奶会突然倒地），四肢抽搐，几分钟或十几分钟自动起立，神态恢复正常，有时一天 3～4 次发作。

（2）防治措施。对怀孕后期母畜，注意饲料配合，多喂麸皮，以补充镁。

①用 25% 硫酸镁 3mL，皮注或肌注，一般 10mL 分 3 次注射，每天 2 次，即可完全停止抽搐的发生。

②用维生素 B_1（每 2mL 含 100mg）2～4mL，肌注或皮注，可加速康复。

8. 牛维生素 B_1 缺乏症

（1）发病原因。

①饲喂缺乏维生素 B_1 的食物；

②瘤胃有疾病时，破坏了微生物合成功能；

③继发的缺乏症是因硫胺素受到硫胺素酶的破坏而发生的，如蕨中毒、木贼中毒、反刍动物钴缺乏、肠毒症、有机汞化合物中毒等。

（2）临床症状。表现衰弱，共济失调，惊厥，有时腹泻、厌食和脱水。

（3）防治措施。犊牛不要过早断奶，必须等瘤胃发育后再断奶。因瘤胃微生物可以合成硫胺素，不会出现形成缺乏。治疗时用硫胺素（每 2mL 含 100mg），按每千克体重 0.25～0.5mg，肌注。

9. 牛锌缺乏症

（1）临床症状。

①牛：表现皮肤瘙痒，脱毛。

②犊：皮肤粗糙，蹄周及趾间皮肤破裂，并形成短粗骨，后腿弯曲，关节僵硬。

③公畜：性机能抑制。

④母畜：性周期紊乱，不育，早产、流产，皮肤创伤愈合缓慢。

（2）防治措施。在土壤检测时发现含锌量仅 10mg/kg 左右，或饲料含锌量在 10～

30mg/kg，即应补锌，以避免锌缺乏。

①为预防缺锌，在犊牛饲料中加硫酸锌 10~14mg/kg。

②治疗时用硫酸锌或碳酸锌，按每 100kg 饲料用 0.11g 混在饲料中饲喂。

10. 牛钙磷缺乏症（佝偻病、骨软症）

（1）病因。佝偻病是由于日粮中钙或磷含量不足或钙与磷比例不当以及 V_D 缺乏等引起的疾病。

（2）症状。病初呈现精神沉郁，食欲减退并异嗜，不爱走动，步态强拘，跛行。病情进一步发展，前肢腕关节外展呈"O"形姿势，两后肢跗关节内收呈"X"形姿势。生长发育延迟，营养不良，贫血。

诊断：根据取慢性经过的病史，结合临床症状，可做病性诊断。应与风湿性关节炎、骨折及其他骨质性疾病进行区分。

（3）治疗。佝偻病的治疗，主要是应用大剂量维生素 D 制剂和矿物质补饲；应注意剂量不宜过大，不然会导致钙在组织、中沉积的副作用不良后果；矿物质补饲的除应用氧化钙、磷酸钠、磷酸钙（20~40g/天）等与饲料混合外，也应注意钙与磷比例问题，最适宜的钙与磷比例为 2：1；首选矿物质补料为骨粉，除重型的犊牛外，在用上述的补饲措施后，可收到较好效果，此外，还可在用 8%磷酸钠注射液 100mL，静脉注射治疗的同时，给病犊牛饲喂豆科牧草、优质干草等更有利于康复。

（六）牛寄生虫病

1. 牛肝片吸虫病

（1）概述。肝片吸虫病也叫肝蛭病，是由片形科片形属的肝片吸虫和巨片吸虫寄生于牛、羊等反刍动物的胆囊和胆管引起的疾病。肝片吸虫病的病原为肝片吸虫和大片吸虫。虫体寄生在牛的胆囊和胆管里，能引起胆管炎、肝炎、肝硬化。病牛营养下降，奶牛产奶量减少，有时甚至引起死亡，对牛的为害较大。

肝片吸虫的虫卵随粪便排出体外，在水中孵出毛蚴，遇椎实螺（也称缘桑螺）就钻进螺体，经过几个发育阶段，最后形成尾蚴，离开螺体进入水中。尾蚴附着在水生植物或其他物体上，脱去尾部形成囊蚴，牛吃草或饮水时吞入囊蚴而感染。囊蚴到达肠腔以后，幼虫就从囊中脱出，钻入肠壁，进入腹腔，到达肝脏，钻进胆管，在胆管里发育为成虫。本病除牛以外，羊、骆驼、猪、鹿、兔、马、犬、猫等都能感染。人也能感染。本病常流行于潮湿多水的地区。夏季天热多雨，椎实螺大量繁殖，这时囊蚴增加，牛群感染的机会增多。

（2）临床症状。症状的轻重与虫体数量和牛的年龄、体质有关。一般不表现临床症状，严重感染时能引起发病。急性病例表现迟钝，腹泻，肝部压痛，有时突然死亡。慢性病例贫血，眼睑、颌下、胸下、腹下水肿，消瘦，毛干易断。母牛产奶量下降，有时流产。犊牛严重感染时影响发育，甚至引起死亡。

（3）治疗。

①硝氯酚（拜耳$_{9015}$）是驱除牛、羊肝片吸虫成虫较为理想的药物，但对幼虫无效，内服 3~4 毫克/千克体重，对成年牛成虫的灭虫率达 89%~100%，对犊牛成虫的灭虫率为 76%~80%。若肌内注射应减少用量，以防中毒。肌内注射量为 0.5~1mg/kg 体重。

②硫双二氯酚（别丁） 每千克体重内服 40~60mg，一次性口服，有轻泻作用。

③溴酚磷（蛭得净）对成虫和幼虫均有效，每千克体重 12mg，1 次灌服。

④三氯苯唑（肝蛭净）对成虫和幼虫均有效，每千克体重 10mg，一次性口服。

⑤丙硫咪唑（抗蠕敏）对成虫效果好，对有虫效果较差，每千克体重 10mg，一次性口服。

（4）预防。

①消灭中间宿主椎实螺，同时，要注意不在有肝片吸虫病原的潮湿牧场或低洼地带放牧，也不要割这些地方的青草喂牛，不饮死水。

②夏季实行轮牧，在一块牧场放牧时间不要超过 1.5 个月。

③定期进行预防性驱虫在本病的流行地区，对牛群进行有计划的驱虫，每年 2~3 次（北方地区 2 次）。驱虫时间根据各地流行本病的特点确定，原则上第一次在秋末冬初（10~12 月），第二次在冬末春初（3~5 月）。

④驱虫后一定时间内排出的粪便必须集中处理，堆积发酵，进行生物热处理。

2. 牛双腔吸虫病

（1）概述。双腔吸虫病是由矛形双腔吸虫和中华双腔吸虫所引起的一种寄生虫病，常和片形吸虫混合感染。主要发生于牛、羊、骆驼等反刍动物，其病理特征是慢性卡他性胆管炎及胆囊炎。

矛形双腔吸虫比片形吸虫小，色棕红，扁平而透明；前端尖细，后端较钝，因呈矛形而得名。虫体长 5~15mm，宽 1.5~2.5mm。矛形双腔吸虫在发育过程中需要两个中间宿主，第一中间宿主为多种陆地螺（包括蜗牛），第二中间宿主为蚂蚁。当易感反刍兽吃草时，食入含有囊蚴的蚂蚁而感染，幼虫在肠道脱囊，幼虫在肠道脱囊，由十二指肠经胆总管到达胆管和胆囊，在此发育为成虫。

（2）症状。双腔吸虫病常流行于潮湿的放牧场所，无特异性临床表现。疾病后期可出现可视黏膜黄染，消化功能紊乱，从而出现腹泻或便秘，病牛逐渐消瘦，皮下水肿，最后因体质衰竭而死亡。

（3）防治。预防矛形双腔吸虫的原则是对患畜驱虫，消灭中间宿主螺类并避免牛吞食含有蚂蚁的饲料。治疗该病常选用的药物如下。

①吡喹酮，按每千克体重 50mg 1 次口服；

②（三氯苯丙酰嗪）海涛林，按每千克体重 30~40mg，1 次口服；

③六氯对二甲苯（血防-846），按每千克体重 300mg，1 次口服；

④噻苯咪唑，按每千克体重 150~200mg，1 次口服。

3. 牛肺线虫病

（1）病原。丝状网尾线虫，寄生于牛气管及支气管，虫体乳白色粉丝状，长 30~100mm；虫卵椭圆，无色透明，大小为（119~135）μm×（71~91）μm，内含 1 条幼虫。胎生网尾线虫，多寄生于低洼潮湿牧场放牧的犊牛，虫体丝状，黄白色，长 30~70mm。雌虫在气管、支气管内产含有幼虫的卵，随黏液咳到口腔，再进入消化道，随粪便排到外界，在适宜条件下 7 天发育为感染性幼虫，牛吞食后，幼虫进入肠系膜淋巴结，随淋巴液和血液到达肺，约经 18 天变为成虫。

（2）流行病学。多发生于潮湿多雨地区，对犊牛为害严重，常呈暴发性流行，造成大批死亡。

（3）症状。轻度感染一般症状不明显。严重感染时患牛逐渐消瘦、贫血，精神不振，食欲减退，被毛粗乱，长期躺卧；初期出现轻咳、干咳，特别是开始放牧时、起卧时和夜间比较明显，随病情发展，变为湿咳、频咳，有时发生气喘和阵发性咳嗽；发生肺炎时，体温升高到40.5~42℃，流黏液性鼻汁，听诊肺部有干罗音或湿罗音及气管呼吸音；可因高度营养不良虚弱死亡，也可继发细菌性感染而死亡。剖检时在肺支气管和气管内发现虫体。

（4）防治。在本病流行区，每年春秋两季有计划地进行2~3次驱虫，常用驱虫药有：丙硫咪唑，每千克体重5~10mg内服，对牛肺线虫有高效；左咪唑，每千克体重8~10mg内服，对网尾线虫效果满意；海群生，每千克体重50mg，拌料混饲。粪便堆积发酵，消灭幼虫。合理轮牧，犊牛和成年牛分群放牧，减少感染，避免在低洼潮湿地区放牧。

5. 牛新蛔虫病

（1）病原。牛新蛔虫寄生于新生犊的小肠内。虫体黄白色，体表光滑，表皮半透明，形如蚯蚓，状如两端尖细的圆柱。雄虫长11~26cm，直径0.5cm，尾部呈圆锥形，弯曲腹面；雌虫长14~30cm，直径0.5cm，尾直。虫卵近于球形，淡黄色，表面具有多孔结构厚蛋白的膜，内含1个卵细胞，大小为（70~95）μm×（60~75）μm。雌性成虫在牛小肠内产卵，随粪便排到外界，在适宜的温、湿度下7天左右发育为感染性虫卵。当母牛吞食了感染性虫卵后，在小肠孵出幼虫，幼虫在体内移行，通过胎盘或乳腺侵袭犊牛，至犊牛生后约4个月，虫体成熟。

（2）症状。犊牛感染后，轻者症状不明显。重者精神不振，步态蹒跚。食欲减退或废绝，胃肠臌胀，消瘦，被毛粗糙松乱、脱落，便秘和腹泻交替出现，或持续性腹泻，粪便一般为白色、灰白色，日龄较大的患犊粪便为污泥状青灰色或污灰色，有腐殖性污泥臭味。早期还会出现咳嗽及便秘。严重时可导致死亡。

（3）防治。加强粪便管理，及时清除粪便，保持圈舍卫生；粪便应堆积发酵，彻底杀灭虫卵。定期驱虫，犊牛1月龄和5月龄时各进行1次驱虫，常用丙硫咪唑，（抗蠕敏），每千克体重5mg，混入饲料或配成混悬液口服；左旋咪唑，每千克体重8mg，混入饲料或饮水中口服。

6. 牛莫尼茨绦虫病

（1）概述。莫尼茨绦虫病是莫尼茨绦虫寄生于反刍动物牛、绵羊、山羊、鹿等的小肠中。分布世界各地，我国各地均有报道，多呈地方性流行，主要危害羔羊和犊牛，我国常见的莫尼茨绦虫有扩展莫尼茨绦虫和贝氏莫尼茨绦虫。

（2）症状。轻微感染时无明显症状；严重感染时呈现消化不良，慢性臌气，贫血，消瘦，腹泻，最后衰竭，有时有肌肉抽搐和痉挛等神经症状；有时因虫体过多，聚集成团，可引起肠阻塞、肠套叠、肠扭转，甚至肠破裂。感染家畜的粪便表面可发现黄白色的孕卵节片，涂片镜检可见到其中含有大量灰白色特征性的虫卵。

（3）治疗。

①用喹毗酮，每千克体重2.5~10mg，1次服；或用氯硝柳胺（灭绦灵），每千克体重2~3mg（一般3~6月犊牛，1次可用120~150mg），1次服；还可用硫酸铜，每千克体重2~3mg配成1%溶液（一般3~6月龄犊牛，1次可用120~150mg），口服。

②对肠道消炎，用磺胺眯5~10g，矽炭银5~10g，口服，12小时1次。

③如犊牛拉稀，有脱水现象，予以补液。

（4）预防。

①每年春季放牧前或秋季收牧后二次驱虫。开牧后每 30~40 天驱虫 1 次，效果更好。

②成年与犊牛分群饲养，到清洁牧地放牧犊牛。

③避免到潮湿和有大量地螨地区放牧，也不要在雨后或有露水时放牧。

④注意牛舍卫生，对粪便和垫草要堆肥发酵，杀死粪内虫卵。

7. 牛棘球蚴病（肝包虫或肺包虫）

（1）概述。棘球蚴病是由细粒棘球绦虫的幼虫寄生于牛的内脏引起的疾病。人也可感染。所寄生的部位，主要是肝脏，其次是肺脏以及脾、肾、脑、纵隔、腹腔等处，可造成严重的损害。

虫卵或孕卵节片吞食→牛消化道逸出→六钩蚴钻入→肠壁随血液→肝、肺等处发育→棘球蚴发育→含成熟原头蚴棘球蚴吞食→犬消化道在小肠→成虫随粪便排出→孕卵节片→虫卵或孕卵节片

本病可长年传播流行，由于犬体内寄生成虫数量极多，其虫卵在外界抵抗力较强，因此在有犬和其他家畜共同饲养的农村牧区，该病有广泛散播的机会。

（2）致病作用与症状。致病作用：一是对器官产生挤压；二是分泌毒素，由于虫体逐渐增大，对周围组织形成剧烈压迫，引起组织萎缩和机能障碍，肺萎缩出现呼吸困难及咳嗽，肝萎缩出现腹水，虫体小症状轻往往有消化障碍。病牛逐渐消瘦，囊液流出，可引起剧烈的过敏反应，发生呼吸困难，体温升高，腹泻，甚至过敏性休克致死。

（3）诊断。生前诊断较为困难，可根据症状，流行病学情况，其他药治疗无效等综合作出疑似判断，并用药物作诊断性治疗。死后剖检可确诊。另外，近几年还有皮内变态反应、间接血凝试验、酶联免疫试验以及可用 x-光或超声波检查等方法，但在基层和民间尚难推广应用。

（4）防治。最彻底的方法是手术摘除。可用药品很少，吡喹酮治疗有一定疗效，按 100mg/kg 体重口服，间隔 5 天，连续 3 次。

预防上重点是驱除犬的细粒棘球绦虫，所用药品如下。

①氯硝柳胺按 150mg/kg 体重口服。

②氢溴槟榔碱按 2mg/kg 体重口服。

③吡喹酮按 20mg/kg 体重口服。注意栓犬驱虫，销毁排出虫体。同时，禁止将病畜内脏生时喂犬，应煮熟后喂，保持畜舍卫生和人的清洁卫生。

8. 牛螨病

（1）概述。螨病是由螨虫寄生于牛羊皮肤而引起的一种慢性寄生虫性皮肤病。牛羊螨病又称牛羊疥癣病。本病分布广泛，我国东北、西北、内蒙古地区比较严重。

（2）流行病学。

①传播途径：牛羊螨病主要是通过病畜与健畜直接接触传播的。也可通过被螨及其卵污染的圈舍、用具造成间接接触感染。此外，饲养员、牧工、兽医的衣服和手也可能引起病原的播散。

②发病季节：本病主要发生于秋末、冬季和初春。因为这些季节日照不足，牛羊毛长而密，尤其是阴雨天气，圈舍潮湿，体表湿度较大，最适宜于螨的发育和繁殖。夏季牛羊

毛大量脱落，皮肤受光照射较为干燥，螨大部分死亡，只有少数潜伏下来，到了秋季，随气候条件的变化螨又重新活跃，引起螨病复发。痒螨寄生于牛羊体表皮肤，本身具有坚韧的角质表皮，对环境中不利因素的抵抗力超过疥螨。如在 6 ~ 8℃，85% ~ 100% 湿度条件下，在圈舍内能活 2 个月，在牧场上能活 35 天。

（3）临床症状。牛羊螨病的特征症状为剧痒、脱毛、皮肤发炎形成痂皮或脱屑。

疥螨病多发生于毛少而柔软的部位，如山羊主要发生在唇周围、眼圈、鼻背和耳根部，可蔓延至腋下、腹下和四肢曲面少毛部位。绵羊主要发生于头部，包括唇周围、口角两侧、鼻边缘和耳根下部。牛多局限于头部和颈部，严重感染时也可波及其他部位。皮肤发红肥厚，继而出现丘疹、水疱，继发细菌感染可形成脓疱。严重感染时动物消瘦，病部皮肤形成皱褶或龟裂，干燥、脱屑，牧民称为"干疥"。少数患病的羊和犊牛可因食欲废绝、高度衰竭而死亡。

痒螨病多发生于毛密而长的部位，如绵羊多见于背部、臀部，然后波及体侧。牛多发生于颈部、角基底、尾根，蔓延至垂肉和肩胛两侧，严重时波及全身。山羊常发生于耳壳内面、耳根、唇周、眼圈、鼻、鼻背，也可蔓延到腋下、腹下。患病部位形成大片脱毛，皮肤形成水疱、脓疱，结痂肥厚。由于淋巴液、组织液的渗出及动物互相间啃咬，患部潮湿，牧民称为"湿疥"。在冬季早晨看到患部结有一层白霜，非常醒目。水牛痒螨的寄生部位和症状基本同牛痒螨病，但局部皮肤发生泡样病变，表皮角质层成片脱落。严重感染时，牛羊精神委顿，食欲大减，发生死亡。

（4）诊断。根据发病季节、症状、病变和虫体检查即可确诊。虫体检查时，从皮肤患部与健部交界处刮取皮屑置载玻片上，滴加 5% ~ 10%NaOH 溶液，镜下检查。需注意与秃毛癣、湿疹、虱性皮炎进行鉴别。

秃毛癣：又称钱癣，系由真菌感染所致，头、颈、肩等部位出现圆形、椭圆形、边界明显的病变部，附有疏松干燥的浅灰色痂皮且易于剥离。取病料用 10% NaOH 液处理后镜检，可见癣菌的孢子和菌丝。

湿疹：无传染性，无痒感，冬季少发。坏死皮屑检查无虫体。

虱性皮炎：脱屑、脱毛程度都不如螨病严重，易检出虱和虱卵。

（5）治疗。①涂药疗法：适用于病畜数量少、患部面积小和寒冷季节。患部剪毛去痂，彻底洗净，再涂擦药物。可用敌百虫溶液（来苏儿水 5 份，溶于温水 100 份中，再加入敌百虫 5 份。或用敌百虫 1 份加液状石蜡 4 份加热溶解），或敌百虫软膏（取强发泡膏 100g 加温溶解，加入菜籽油 700mL 及克辽林 100mL，再加入敌百虫 100g，混合均匀后，凉至 40℃ 左右使用）涂擦患部。此外也可用蝇毒磷乳剂（0.05% 水溶液）、溴氰菊酯（0.005% ~ 0.008% 水溶液）、双甲脒（0.002% ~ 0.005% 水溶液）涂擦或喷洒、二嗪农（0.002% ~ 0.005% 水溶液）涂擦或药浴。

②药浴疗法：适于患本病羊群的治疗和预防，一般在温暖季节，山羊抓绒和绵羊剪毛后 5 ~ 7 天就可进行。可用 0.15% 杀虫脒、0.05% 辛硫磷乳剂水溶液、0.05% 蝇毒磷乳剂水溶液进行药浴。药液温度应保持在 36 ~ 38℃，要随时添加药液，以确保疗效。在药浴前应先做小群安全试验。药浴时间为 1 分钟左右。如 1 次药浴不彻底，过 7 ~ 8 天后进行第二次药浴。

（6）预防

圈舍要宽敞、干燥、透光、通风良好，要定期消毒；要随时注意观察畜群，发现有发痒、掉毛现象要及时挑出进行检查和治疗，治愈的病畜应隔离观察 20 天，如无复发，可再次用药涂擦后方准归群；引入种畜，要加以隔离观察，确无本病再入大群；夏季绵羊剪毛后应进行药浴。

9. 牛皮蝇蛆病

（1）概述。牛的皮蝇蛆是由狂蝇科皮蝇属的牛皮蝇和纹皮蝇的幼虫寄生于皮下组织所引起的一种慢性寄生虫病。这 2 种皮蝇蛆病常同地发生，牛体也同时感染。

（2）症状。幼虫钻入皮肤可引起病牛瘙痒，恐惧不安和局部疼痛，影响牛的休息和采食。幼虫在牛体内长期移行，严重影响牛皮革的商用价值。皮蝇蛆的毒素使牛的血液和血管壁受到损害，因此，出现贫血、消瘦、产奶量下降，严重感染时可导致病变部位血肿和皮肤蜂窝组织浸润。

当成蝇的雌虫产卵时，引起牛只不安、恐惧、瞪目、竖尾而奔跳、摇尾、蹶踢等症状。日久采食减少，导致身体消瘦，有的可造成外伤和流产。

（3）诊断。当皮蝇幼虫移行到牛背部皮下时，在牛背部皮下可摸到长圆形的结节，在皮肤上可观察到小孔，以后可在结缔组织囊内找到幼虫，所以，较易确诊。

（4）防治。消灭本病的关键就是除掉在牛背部皮下的幼虫，使其不再变成为蝇，切断其以后的传播。

①直接灭虫法：在春季检查牛背时，发现牛皮肤上的皮孔增大，可看到幼虫的后端，以手指用力挤出虫体并消灭之。或在每个肿胀处注入 2% 敌百虫溶液，效果很好。

②在严重的流行区，每年冬季用 10% 敌百虫溶液，按每千克体重 30～40mg，进行肌肉注射；也可用倍硫磷，按每千克体重 4mg，肌肉注射，杀虫率可达 82% 以上。若按每千克体重 7mg 的剂量，效果可达 100%。

10. 牛伊氏锥虫病

（1）概述。伊氏锥虫病又称苏拉病，是由伊氏锥虫寄生于牛、水牛、马等家畜的血液和造血器官内引起的一种寄生虫病。虻和螫蝇等吸血昆虫在患病或带虫动物体上吸食血液时，将伊氏锥虫吸入其体内。当携带伊氏锥虫的虻和螫蝇等吸血昆虫再吸食健康动物的血液时，即把伊氏锥虫传给健康动物。

（2）临床症状。本病潜伏期为 6～12 天。

①急性型：临床上少见。病牛体温大都升高至 40℃ 以上，持续 1～2 天后才开始降下来。精神不振，食欲减退或停止，眼流泪，如不及时治疗，多于数天后死亡。最急性病例突然倒地，呼吸促迫，口吐白沫，心律不齐，眼球突出，数小时内死亡。

②慢性型：临床上多见。病牛初期体温升高，精神委顿，日渐消瘦，营养不良，被毛粗乱无光易脱落。皮肤干燥缺乏弹性，表层不断龟裂，层层脱落，形成溃疡、坏死，流出黄色或红色液体。眼流泪，或有黏性白色分泌物。眼结膜有出血点或出血斑。耳尖和尾尖常常发生干性坏死，有的病牛牛角脱落。四肢下部发生水肿是本病的一个主要特征，肿胀部位皮肤紧张，有热痛，病程稍长发生溃烂，流少量淡黄色黏稠状液体或结成黑色痂皮，行走困难。孕牛常常发生流产，如不及时治疗，可导致死亡。

（3）防治措施。

①治疗：

A. 用贝尼尔（血虫净）　水牛每千克体重 4~6mg，用蒸馏水配成 5% 溶液作颈深部肌肉注射，轻症 1~2 次即可奏效。重病两个疗程，第一个疗程注药 3 次，每隔 24 小时 1 次。停药 2 天后，再进入第二个疗程。连 2 个疗程。

B. 用纳戛诺尔（拜耳 205）　牛每千克体重 12mg，用生理盐水配成 10% 溶液，1 次静注，效果良好。

C. 用硫酸甲基安锥赛（喹嘧胺），每千克体重 3mg，用蒸馏水配成 10% 溶液皮注或肌注，可连用 3~5 次。

D. 用新砷凡纳明（"914"），牛每千克体重 10~15mg，用 5% 葡萄糖配成 10% 溶液静注，水牛一般 1 次总量不超过 3 克，每隔 3~4 天注射 1 次，连 3~4 天为 1 个疗程。

②预防：

A. 在疫区内对所有易感动物，每年至少进行 2 次普查，一次在冬春之交（吸血昆虫出现之前），一次在夏季后半期。

B. 被检出的病畜及时隔离治疗。

C. 消灭虻蝇，调进、调出家畜均要加强检疫，证明无病后方可调入，在疫区于流行季节之前可用安锥赛预防盐 35g，蒸馏水 120mL，充分震盈后，再加水至 150mL，体重 100kg 以内者，每千克体重 0.05mL（150~200kg 体重 10mL，200~300kg 体重 15mL，350kg 体重以上 20mL）。上述剂量每 3 个月皮注 1 次，每次预防有效期 3 个月左右。

11. 牛双芽巴贝氏虫病

（1）概述。该病又叫双芽巴贝斯焦虫病或梨形虫病或"蜱热"，是对牛为害较大的一种血液寄生虫，特征为：高热、贫血、黄疸、血红蛋白尿。虫体由微小牛蜱、镰形扇头蜱和二棘血蜱等中间宿主传播。当蜱叮咬牛体时，虫体随蜱的唾液进入牛体，随即由血液进入红细胞，在红细胞内以成对出芽的方式进行繁殖。在我国，牛双芽巴贝斯焦虫病主要分布于南方各省。

（2）临床症状。潜伏期为 8~15 天。病初发热，体温上升到 40~42℃，呈稽留热，以后下降，变为间歇热。病牛精神沉郁，喜卧地。食欲减退，反刍停止。呼吸和心跳加快，全身肌肉震颤，产乳量急剧下降，孕牛易流产。便秘与腹泻交替，部分病牛大便中含有液和血液，有恶臭味。一般在发病后数天出现血红蛋白尿，尿中的蛋白质含量增高，尿的颜色由淡红色变为棕红色或黑红色，为本病的特征。随着病程的延长，病牛迅速消瘦、贫血，红细胞总数可降到（100~300）万/mL，血红蛋白含量下降，红细胞大小不均匀，同时，出现黄疸、水肿。严重的多在发病后 4~6 天死亡。若病势逐渐好转，体温可降至正常，食欲逐渐恢复，尿色变浅转为正常。但消瘦、贫血、黄疸等症状需经数周或数月才能康复。犊牛一般仅表现为数天中度发热，食欲减退，膜苍白或微黄，热退后迅速恢复。

（3）预防。本病预防的关键在于灭蜱。

①在温暖季节，如发现牛体上有蜱寄生，可使用化学药品如 1%~2% 敌百虫溶液等将其杀死；

②在流行季节，疫区内，每年要定期检查血液。检查出病牛及时隔离饲养，并用药物治疗，以防引起本病的流行。对其他牛可用药物进行预防注射，如用咪唑苯脲注射，对双

芽巴贝斯虫和牛巴贝斯虫分别产生60天和21天的保护作用；

③安全区向疫区输入牛只时，必须预先用特效杀虫药进行注射，使其保护，以免引入后，立即被感染而引起流行。疫区向安全区输入牛只时，必须要证明无带虫方可放行。

（3）治疗。尽量做到早期诊断，早期治疗；改善饲养，加强护理。除应用杀虫药外，还要针对病情不同给予对症或辅助疗法，如注射强心剂，输葡萄糖液，便秘时投以泻剂等。治疗可选用下列药物。

①台盼兰：每千克体重5mg，一般用量为1.0~1.5g，用生理盐水配成1%溶液，过滤后在流动蒸汽或水浴中消毒30分钟，待冷却至与体温相同时，静脉注射，注射时防止漏入皮下。衰弱及严重病例，一次量可分2次注射，间隔10~24小时。如用药后体温仍不降，可再注1次。治疗时如患牛出现战栗、出汗、后躯摇晃时，应停药观察，必要时给予抗组胺药物（如异丙嗪）。

②咪唑苯脲：对各种巴贝斯虫均有较好的治疗和预防作用，安全性好。以每千克体重1~3mg的剂量配成10%溶液，肌内注射。

③锥黄素（黄色素）：每100千克体重0.3~0.4g，用生理盐水或蒸馏水配成0.5%~1%溶液静脉注射。症状未见减轻时，间隔24~48小时再注射1次，其他注意事项同台盼兰。

④贝尼尔（三氮脒）：每千克体重3~7mg，用蒸馏水配成5%的溶液分点深部肌肉注射。还可用1%水溶液作静脉注射，比肌内注射见效迅速，也安全，每日或隔日注射1次，连用2~3次。

⑤阿卡普林（硫酸喹啉脲）：每千克体重1mg，配成5%溶液，皮下或肌肉注射。用药后病牛有时表现不安，肌肉震颤，流涎，出汗，脉搏加快，呼吸困难等副作用，孕牛可能流产，一般于1~4小时或6小时后消失。为防止副作用发生，可同时或用药前皮下注射硫酸阿托品，每100kg体重10mg。

12. 牛弓形虫病

（1）概述。牛弓形虫病是由弓形虫所引起的人、畜共患疾病。家畜弓形体病多呈隐性感染；显性感染的临床特征是高热、呼吸困难、中枢神经机能障碍、早产和流产。剖检以实质器官的灶性坏死，间质性肺炎及脑膜脑炎为特征。

（2）流行病学。

①传染来源：隐性感染或临床型的猫、人、畜、禽、鼠及其他动物都是本病的传染来源。由于能排出卵囊，而且卵囊又能在外界环境中长时间贮存，故是最危险的传染来源。其次是大量间宿主或隐性感染机体的脑、肌肉内存留有弓形虫包囊；急性病例体内及乳汁、唾液、精液中含有滋养体，所以，当吃进含有包囊的猪肉、乳汁等皆可引起感染。

②传播途径：分为先天和后天感染，

A. 先天感染　即通过胎盘、子宫、产道等而感染。我国湖北省畜牧兽医所从流胎儿脏器、羊水及腹、胸水以及铁岭种畜场从流产胎羊中部分离到弓形虫，人也从脑积水畸胎儿中分离出弓形虫，这都说明先天性感染在人和家畜中均有存在。

B. 后天感染　主要是通过消化道吞食了能耐胃酸的卵囊或包囊而感染。污染的饲料、饮水及屠宰残渣是最常见的传染媒介；呼吸道感染、皮肤划痕、同栖及交配以及输血等接触途径，均可导致感染。

③流行特征：

A. 感染情况　本病为世界流行，我国经血清学或病原学证实自然感染的动物有 16 种，其中，以猫、猪最为严重，猪感染率通常在 20% 以上，感染弓形虫的猪，脑内可长期存留包囊，故危害最大。

B. 季节性　弓形虫卵囊孵育与气温、湿度有关，故常以温暖、潮湿的夏、秋季节多发。弓形虫的发病季节十分明显，多发生在每年气温在 25~27℃ 的 6 月间。

C. 年龄　幼龄牛比成年牛敏感，随着年龄增长感染率增长。

（3）临床症状。突然发病，最急性者约经 36 小时死亡。病牛食欲废绝，反刍停止；粪便干、黑，外附黏液和血液；流涎；结膜炎、流泪；体温升高至 40~41.5℃，呈稽留热；脉搏增数，每分钟达 120 次，呼吸增数，每分钟达 80 次以上，气喘，腹式呼吸，咳嗽；肌肉震颤，腰和四肢僵硬，步态不稳，共济失调。严重者，后肢麻痹，卧地不起；腹下、四肢内侧出现紫红色斑块，体躯下部水肿；死前表现兴奋不安、吐白沫、窒息。病情较轻者，虽能康复，但见发生流产；病程较长者，可见神经症状，如昏睡、四肢划动；有的出现耳尖坏死或脱落，最后死亡。

（4）诊断。可采用病原学检查、动物接种试验（小白鼠）、血清学诊断等方法进行。

（5）治疗。一旦疫病流行，首将病牛隔离，全群牛进行血清学检验，了解血清抗体水平，防止垂直感染。治疗应及时，越早越好。磺胺制剂对本病有极其好的疗效，故为临床治疗普遍采用。

①磺胺 5-甲氧嘧啶（SMD）：按每日每千克体重 30~50mg，静脉注射，连续注射 3~5 天。

磺胺嘧啶（SD）、磺胺间甲氧嘧啶（SMM）按 30~50mg/kg 体重 1 次静脉注射，如配合使用甲氧苄氨嘧啶，或磺胺增效剂（TMP）按 10~15mg/kg 体重 1 次静脉注射效果更佳。

②氯苯胍：剂量为 10~15mg/kg 体重，1 次内服，每日服 2 次，连服 4~6 天。

③二磺酰胺基-4-4′二氨基联苯砜（SDDS）：剂量为 10mg/kg 体重一次肌内注射，连续 7 天。

（6）预防。

①已发生过弓形虫病的奶牛场，应定期地进行血清学检查，及时检出隐性感染牛，并进行严格控制，隔离饲养，用磺胺类药物连续治疗，直到完全康复为止。

②坚持兽医防疫制度，保持牛舍、运动场的卫生，粪便经常清除，堆积发酵后才能在地里施用；开展灭鼠，禁止养猫。

③已发生流行弓形虫病时，全群牛可考虑用药物预防。饲料内添喂 SMM100mg/kg 和 SD5mg/kg，连续 7 天，可防止卵囊感染。

④也可用致弱虫苗免疫。

（七）牛传染病

1. 牛布鲁杆菌病

（1）概述。布鲁杆菌病是由布氏杆菌引起人畜共患的一种传染病，呈慢性经过，临诊主要表现流产、睾丸炎、腱鞘炎和关节炎，病理特征为全身弥漫性网状内皮细胞增生和肉芽肿结节形成。

1814 年 Burnet 首先描述地中海弛张热，并与疟疾作了鉴别。1860 年 Marston 对本病作了系统描述，且把伤寒与地中海弛张热区别开。1886 年英国军医 Bruce 在马尔他岛从死于"马尔他热"的士兵脾脏中分离出"布鲁氏菌"，首次明确了该病的病原体。1897 年 Hughes 根据本病的热型特征，建议称"波浪热"。后来，为纪念 Bruce，学者们建议将该病取名为"布鲁氏菌病"。1897 年 Wright 与其同事发现病人血清与布鲁氏菌的培养物可发生凝集反应，称为 Wright 凝集反应，从而建立了迄今仍用的血清学诊断方法。我国古代医籍中对本病虽有描述，但直到 1905 年 Boone 于重新对本病作正式报道。

（2）病原体。布鲁杆菌共分为牛、羊、猪、沙林鼠、绵羊和犬布氏杆菌 6 种。在中国发现的主要为前 3 种。布鲁杆菌为细小的短杆状或球杆状，不产生芽孢，革兰氏染色阴性的杆菌。布鲁杆菌对热敏感，70℃ 10 分钟即可死亡；阳光直射 1 小时死亡；在腐败病料中迅速失去活力；一般常用消毒药都能很快将其杀死。

（3）流行特点。自然病例主要见于牛、山羊、绵羊和猪。母畜较公畜易感，成年家畜较幼畜易感。病畜是本病的主要传染来源，该菌存在于流产胎儿、胎衣、羊水、流产母畜的阴道分泌物及公畜的精液内，多经接触流产时的排出物及乳汁或交配而传播。本病呈地方性流行。新疫区常使大批妊娠母牛流产；老疫区流产减少，但关节炎、子宫内膜炎、胎衣不下、屡配不孕、睾丸炎等逐渐增多。

（4）临床症状。潜伏期短者两周，长者可达半年。母牛流产是本病的主要症状，流产多发生于怀孕 5~7 个月，产出死胎或软弱胎儿。母牛流产后常伴有胎衣不下或子宫内膜炎，阴道内继续排出红褐色恶臭液体，可持续 2~3 周，或者子宫蓄脓长期不愈，甚至因慢性子宫内膜炎而造成不孕。患病公牛常发生睾丸炎或附睾炎。

（5）病理变化。母牛的病变主要在子宫内部。在子宫绒毛膜间隙有污灰色或黄色无气味的胶样渗出物；绒毛膜有坏死病灶，表面覆以黄色坏死物或污秽色脓液；胎膜因水肿而肥厚，呈胶样浸润，表面覆以纤维素性渗出物和脓汁。流产的胎儿主要为败血症变化，脾与淋巴结肿大，肝脏中有坏死灶，肺常见支气管肺炎。流产之后母牛常继发慢性子宫炎，子宫内膜充血、水肿，呈坊红色，有时还可见弥漫性红色斑纹，有时尚可见到局灶性坏死和溃疡；输卵管肿大，有时可见卵巢囊肿；严重时乳腺可因间质性炎而发生萎缩和硬化。公牛主要是化脓坏死性睾丸炎或附睾炎。睾丸显著肿大，其被膜与外浆膜层粘连，切面可见到坏死灶或化脓灶。阴茎可以出现红肿，其黏膜上有时可见到小而硬的结节。

（6）诊断。本病之流行特点、临惨症状和病理变化均无明显特征。流产是最重要的症状之一，流产后的子宫、胎儿和胎膜均有明显病变，因此，确诊本病只有通过细菌学、血清学、变态反应等实验室手段。

（7）防治。

①预防：预防本病主要是采取保护健康牛群、消灭疫场的布氏杆菌病和培育健康幼畜 3 个方面，具体措施如下。

A. 加强检疫，引种时检疫，引入后隔离观察 1 个月，确认健康后方能合群；

B. 定期预防注射，如布氏杆菌 19 号弱毒菌苗或冻干布氏杆菌羊 5 号弱毒菌苗，可于成年母牛每年配种前 1~2 个月注射，免疫期 1 年；

C. 严格消毒，对病牛坊染的圈舍、运动场、饲槽等用 5%克辽林、5%来苏儿、10%~20%石灰乳或 2%氢氧化钠等消毒；病牛皮用 3%~5%来苏儿浸泡 24 小时后利用；乳汁煮沸消毒；粪便发酵处理；

D. 培育健康幼畜，约占 50% 的隐性病牛，在隔离饲养条件下可经 2~4 年而自然痊愈；在奶牛场可用健康公牛的精液人工授精，犊牛出生后食母乳 3~5 天送犊牛隔离舍喂以消毒乳和健康乳；6 个月后作间隔为 5~6 周的 2 次检疫，阴性者送入健康牛群；阳性者送人病牛群，从而达到逐步更新、净化牛场的目的。对流产后继续子宫内膜炎的病牛可用 0.01% 高锰酸钾冲洗子宫和阴道，每日 1~2 次，经 2~3 天后隔日 1 次，直至阴道无分泌物流出为止。严重病例可用抗生素或磺胺类药物治疗。中药益母散对母牛效果良好，益母草 30g、黄芩 18g、川芎 15g、当归 15g、热地 15g、白术 15g、双花 15g、连翘 15g、白芍 15g，共研细末，开水冲，候温服。

②治疗：由于布鲁杆菌为兼性细胞内寄生菌，致使治疗药剂不易生效，且治疗费用较高，故一经确诊为本病一般不做治疗，应宰杀淘汰，尸体无害化处理或作工业原料，不得食用。

③公共卫生：

A. 人感染的情况　人感染布病是一种职业病，轻度感染表现乏力、头痛，关节、肌肉酸痛，或者失去知觉；重度感染着呈波浪热，躲在午后体温升高，夜间体温下降，高热时神志清楚，很少昏迷，但体温下降后症状就开始加重，尤其在夜间体温下降后出汗严重，严重者导致虚脱；关节、肌肉酸痛，且疼痛是游走性的，剧烈时如锥刺感；患者肝、脾、淋巴结肿大、化脓；后期男性表现睾丸炎、附睾炎；女性表现乳房炎、卵巢炎、子宫内膜炎；严重时关节硬化，失去劳动能力，俗称"懒汉病"。为防止人感染本病，对从事畜牧兽医及屠宰、畜产品加工的人员等每年体检一次，健康者注射疫苗，患病者及时送医院治疗。

B. 治疗原则　a. 早治疗。诊断一经确立，立即给予治疗，以防疾病向慢性发展；b. 联合用药，剂量足，疗程够。一般联合两种抗菌药，连用 2~3 个疗程；c. 中医结合。中医包括蒙医、藏医和汉医等；d. 综合治疗。以药为主，佐以支持疗法，以提高患者抵抗力；增强战胜疾病的信心。

C. 基础治疗和对症治疗　a. 休息。急性期发热患者应卧床休息，除上厕所外，一般不宜下床活动；间歇期可在室内活动，也不宜过多。b. 饮食。应增加营养，给高热量、多维生素、易消化的食物，并给足够水分及电解质。c. 出汗要及时擦干，避免风吹。每日温水擦浴并更换衣裤 1 次。d. 高热者可用物理方法降温，持续不退者也可用退热剂；中毒症状重、睾丸肿痛者可用皮质激素；关节痛严重者可用 5%~10% 硫酸镁湿敷；头痛失眠者用阿司匹林、苯巴比妥等。e. 医护人员应安慰病人，做好患者思想工作，以树立信心。

2. 炭疽

（1）概述。牛炭疽病是由炭疽杆菌引起的多种动物、野生动物和人的一种急性、热性、败血性、烈性传染病。特征是：突然发病、迅速死亡、天然孔出血、血凝不良、尸僵不全、尸体腐败迅速等。

（2）流行病学。炭疽病是由炭疽杆菌引起的动物急性、烈性传染病。各种动物均可感染，其中以草食动物最易感。病死畜的血液、内脏和排泄物中含有大量菌体，如果处理不当即可污染环境、水源，造成疫病传播。健康动物经消化道感染，也可经皮肤和呼吸道感染。猫、狗、野生动物易感性虽差，但可带菌，从而扩大传播；另外，被污染的骨粉、皮毛也是传染源。炭疽病可呈地方流行，一般为散发。

（3）症状及剖检变化。

①症状：牛多为急性型，病畜发烧42℃，呼吸困难，可视黏膜蓝紫色、有出血点，瘤胃臌气，腹疼，全身战栗，昏迷，1~2天死亡。死前有天然孔出血。病程较长时（2~5天），可见颈、胸、腹部皮肤水肿。②剖检：病牛严禁剖检，可无菌采取病牛的末梢静脉血或割下一只耳朵，必要时在防护措施健全的情况下割下一小块脾脏放入密闭容器中送检。病牛为急性败血症，天然孔出血，脾大几倍，血不凝固，脾髓及血如煤焦油样（这是由于脾髓极度充血、出血、淋巴组织萎缩和脾小梁平滑肌麻痹所致），切片小有大量炭疽杆菌；内脏浆膜有出血斑点；皮下胶样浸润；肺充血、水肿；心肌松软，心内外膜出血；全身淋巴结肿胀、出血、水肿等。

（4）诊断。根据症状、外观变化、剖检变化和流行病学资料初步诊断，确诊可做分微生物诊断、血清学诊断。

（5）防治。确认炭疽后立即上报，划定疫区，采取隔离封锁措施，彻底消毒污染的环境、用具（用10%~20%漂白粉或10%NaOH），毛皮饲料、垫草、粪便焚烧；人员、牲畜、车辆控制流动，严格消毒；工具、衣服煮沸或干热灭菌（工具也可用0.1%升汞液浸泡）。种畜用抗炭疽血清和磺胺、青霉素预防和治疗。易感群应每年接种无毒炭疽芽孢苗或Ⅱ号炭疽芽孢苗1次，尸体化制、深埋或焚烧。

3. 牛结核病

（1）概述。牛结核病（Bovine Tuberculosis）是由牛型结核分枝杆菌（Mycobacterium bovis）引起的一种人兽共患的慢性传染病，我国将其列为二类动物疫病。以组织器官的结核结节性肉芽肿和干酪样、钙化的坏死病灶为特征。结核分枝杆菌主要分3个型：即牛分枝杆菌（牛型）、结核分枝杆菌（人型）和禽分枝杆菌（禽型）。

（2）病原及流行病学。

①病原：结核杆菌的形态，不同的型稍有差异。人型结核菌是直的或微弯的细长杆菌，呈单独或平行相聚排列，多为棍棒状，间有分枝状。牛型结核菌比人型菌短粗，且着色不均匀；禽型结核菌短而小，呈多形性。本菌不产生芽孢和荚膜，也不能运动，为革兰氏染色阳性菌。结核菌具有蜡质膜，不能用普通的苯胺染料染色，必须在染料中加人媒染物质。常用的方法为Ziehl-Neelsen（姜-尼二氏）抗酸染色法，一旦着色，虽用酸处理也不能使之脱色，所以又叫做抗酸性菌。

②流行病学：

A. 传染源 结核病畜是主要传染源，结核杆菌在机体中分布于各个器官的病灶内，因病畜能由粪便、乳汁、尿及气管分泌物排出病菌，污染周围环境而散布传染。

B. 传播途径 主要经呼吸道和消化道传染，也可经胎盘传播、或交配感染。

C. 易感动物 牛对牛型菌易感，其中奶牛最易感，水牛易感性也很高，黄牛和牦牛次之；猪、鹿、猴也可感染；马、绵羊、山羊少见；人也能感染，且与牛互相传染。家禽对禽型菌易感，猪、绵羊少见；人对人型菌易感，牛、猪、狗、猴也可感染。

D. 流行特点 本病一年四季都可发生。一般说来，舍饲的牛发生较多；畜舍拥挤、阴暗、潮湿、污秽不洁；过度使役和挤乳，饲养不良等，均可促进本病的发生和传播。

（3）临床症状。潜伏期一般为10~15天，有时达数月以上。病程呈慢性经过，表现为进行性消瘦，咳嗽、呼吸困难，体温一般正常。因病菌侵入机体后，由于毒力、机体抵抗力和受害器官不同，症状亦不一样，在牛群中本菌多侵害肺、乳房、肠和淋巴结等。

（4）病理变化。特征病变是在肺脏及其他被侵害的组织器官形成白色的结核结节，呈粟粒大至豌豆大灰白色、半透明状、较坚硬，多为散在；在胸膜和腹膜的结节密集状似珍珠，俗称"珍珠病"；病期较久的，结节中心发生干酪样坏死或钙化，或形成脓腔和空洞；病理组织学检查，在结节病灶内见到大量的结核分枝杆菌。

（5）诊断。根据临床症状和病理变化可作出初步诊断，确诊需进一步做实验室诊断。方法较多，可用病原学诊断、提纯结核菌素（PPD）皮内注射试验、血清学试验等。

（6）防治。奶牛结核病的防治，主要采取综合性防治措施，防止疫病传入，净化污染牛群。

①防止结核病传入：无结核病健康牛群，每年春秋各进行一次变态反应检疫。补充家畜时，先就地检疫，确认阴性方可引进，运回隔离观察1个月以上再行检疫，阴性者才能合群。结核病人不能饲养牲畜。加强饲养管理，确保环境卫生。

②净化污染牛群：污染牛群是指多次检疫不断出现阳性家畜的牛群。对污染牛群，每年进行4次以上检疫，检出的阳性牛及可疑牛立即分群隔离为阳性牛群与可疑牛群。剔除阳性牛及可疑牛后的牛群，应间隔1~1.5个月检疫1次，连检3次均为阴性者，认为是健康牛的可放入假定健康牛群。对阳性牛，一般不做治疗，应及时扑杀，进行无害化处理，对发现的可疑病牛，要加强监控，进行隔离饲养观察，同时，复检确诊，并严格按国家有关规程无害化处理可疑病牛在隔离饲养期间生产的乳；假定健康群为向健康群过渡的畜群，当无阳性牛出现时，在1~1.5年的时间内3次检疫，全是阴性时，即改称为健康群。

③培养健康犊牛群：病牛群更新为健牛群的方法是，设置分娩室，分娩前消毒乳房及后躯，产犊后立即与乳牛分开，用2%~5%来苏儿消毒犊牛全身，擦干后送预防室，喂健康牛乳或消毒乳。犊牛应在6个月隔离饲养中检疫3次，阳性牛淘汰，阴性牛且无任何临床症状，放入假定健康牛群。

④严格执行兽医防疫制度：每季度进行1次全场消毒，牧场、牛舍入口处应设置消毒池，牛舍、运动场每月消毒1次，饲养用具每10天消毒1次。如检出阳性牛，必须临时增加消毒，粪便堆积发酵处理。进出车辆与人员要严格消毒。

⑤防治：定期对牛群进行检疫，阳性牛必须予以扑杀，并进行无害化处理。有临床症状的病牛应按《中华人民共和国动物防疫法》及有关规定，采取严格扑杀措施，防止扩散。

⑥消毒：每年定期大消毒2~4次，牧场及牛舍出入口处，设置消毒池，饲养用具每月定期消毒1次，检出病牛时，要做临时消毒。粪便经发酵后利用。

4. 牛巴氏杆菌病（牛出败）

（1）概述。巴氏杆菌病是由多杀性巴氏杆菌所引起的发生于各种家畜、家禽和野生动物的一种传染病的总称。牛巴氏杆菌病又称牛出血性败血症，简称"牛出败"，是牛的一种急性传染病，以发生高热、肺炎和内脏广泛出血为特征。

（2）病原。多杀性巴氏杆菌是一种两端钝圆，中央微凸的球状短杆菌，多散在、不能运动、不形成芽孢。革兰氏染色阴性；用碱性美蓝或瑞氏染血片或脏器涂片，呈两极浓染，故又称两极杆菌，两极浓染之染色特性具诊断意义。该菌抵抗力弱，在干燥空气中仅存活2~3天，在血液、排泄物或分泌物中可生存6~10天，但在腐败尸体中可存活1~6月；阳光直射下数分钟死亡，高温立即死亡；一般消毒液均能杀死，对磺胺、土霉素敏感。

（3）流行特点。本菌为条件病原菌，常存在于健康畜禽的呼吸道，与宿主呈共栖状态。当牛饲养饲养管理不良时，如寒冷、闷热、潮湿、拥挤、通风不良、疲劳运输、饲料突变、营养缺乏、饥饿等因素使机体抵抗力降低，该菌乘虚侵入体内，经淋巴液入血液引起败血症，发生内源性传染。病畜由其排泄物、分泌物不断排出有毒力的病菌，污染饲料、饮水、用具和外界环境，主要经消化道感染，其次通过飞沫经呼吸道感染健康家畜，亦有经皮肤伤口或蚊蝇叮咬而感染的。该病常年可发生，在气温变化大、阴湿寒冷时更易发病；常呈散发性或地方流行性发生。

（4）临床症状。潜伏期2~5天。根据临床表现，本病常表现为急性败血型、水肿型、肺炎型。①急性败血型：病牛初期体温可高达41~42℃，精神沉郁、反应迟钝、肌肉震颤，呼吸、脉搏加快，眼结膜潮红，食欲废绝，反刍停止。病牛表现为腹痛，常回头观腹，粪便初为粥样，后呈液状，并混杂黏液或血液且具恶臭。一般病程为12~36小时。

②水肿型：除表现全身症状外，特征症状是颌下、喉部肿胀，有时水肿蔓延到垂肉、胸腹部、四肢等处。眼红肿、流泪，有急性结膜炎。呼吸困难，皮肤和黏膜发绀、呈紫色至青紫色，常因窒息或下痢虚脱而死。

③肺炎型：主要表现纤维素性胸膜肺炎症状。病牛体温升高，呼吸困难，痛苦干咳，有泡沫状鼻汁，后呈脓性。胸部叩诊呈浊音，有疼感。肺部听诊有支气管呼吸音及水泡性杂音。眼结膜潮红，流泪。有的病牛会出现带有黏液和血块的粪便。本病型最为常见。

（5）病理变化。败血型牛出败主要呈全身性急性败血症变化，内脏器官出血，在浆膜与黏膜以及肺、舌、皮下组织和肌肉出血。水肿型主要表现为咽喉部急性炎性水肿，病牛尸检可见咽喉部、下颌间、颈部与胸前皮下发生明显的凹陷性水肿，手按时出现明显压痕；有时舌体肿大并伸出口腔。切开水肿部会流出微混浊的淡黄色液体。上呼吸道黏膜呈急性卡他性炎；胃肠呈急性卡他性或出血性炎；颌下、咽背与纵隔淋巴结呈急性浆液出血性炎。肺炎型牛出败主要表现为纤维素性肺炎和浆液纤维索性胸膜炎。肺组织颜色从暗红、炭红到灰白，切面呈大理石样病变。胸腔积聚大量有絮状纤维素的渗出液。此外，还常伴有纤维素性心包炎和腹膜炎。

（6）诊断。

①临床诊断：根据病畜高热、鼻流黏脓分泌物，肺炎等典型症状，可作出初步诊断。败血型常见多发性出血，水肿型常见咽喉部水肿，肺炎型主要表现肺两侧前下部有纤维素性肺炎和胸膜炎。如需确诊，应做实验室检查。

②实验室诊断：

A. 病料采取 生前可采取血液、水肿液等；死后可采取心血、肝、脾、淋巴结等。

B. 2直接镜检 血液作推片，脏器以剖面作涂片或触片，美蓝或瑞氏染色，镜检，如发现大量的两极浓染的短小杆菌，革兰氏染色，为革兰氏阴性、两端钝圆短小杆菌，即可初诊。

C. 鉴别诊断　对于急性死亡的病牛，应注意与炭疽、气肿疽、恶性水肿病的鉴别。对于肺部病变还应与牛肺疫等鉴别。巴氏杆菌病因有高热、肺炎、局部肿胀以及死亡快等特点，易与炭疽，气肿疽和恶性水肿相混淆，应注意鉴别。

（7）防治。预防牛出败主要是加强饲养管理，避免各种应激，增强抵抗力，定期接种疫苗。预防注射可使用血清抗体，用法：100kg 以下的牛，皮下或肌肉注射 4mL，100kg 以上的牛注射 6mL，免疫力可维持 9 个月。

发病后对病牛立即隔离治疗：可选用敏感抗生素对病牛注射，如氧氟沙星，肌肉注射，3~5mg/kg 体重，连用 2~3 天；恩诺沙星，肌肉注射，2.5mg/kg 体重，连用 2~3 天；消毒圈舍，每日 2~3 次；对症治疗，止咳，平喘，止血，止泻，纠正酸中毒，调节电解质平衡等；未发病牛紧急注射牛出败疫苗。

5. 牛流性热

（1）概述牛流行热（又名三日热）。该病是由牛流行热病毒（Bovine Ephemeral Fever Virus，BEFV，又名牛暂时热病毒）引起的一种急性热性传染病。其特征为突然高热，呼吸促迫，流泪和消化器官的严重卡他炎症和运动障碍。感染该病的大部分病牛经 2~3 日即恢复正常，故又称"三日热"或"暂时热"。该病病势迅猛，但多为良性经过。过去曾将该病误认为是流行性感冒，该病能引起牛大群发病，明显降低乳牛的产乳量。

（2）流行病学。该病主要侵害牛、黄牛、乳牛、水牛均可感染发病。以 3~5 岁壮年牛、乳牛、黄牛易感性最大。水牛和犊牛发病较少。

病牛是该病的传染来源，其自然传播途径尚不完全清楚。人工感染时，静脉注射病牛血能引起发病，而其他途径接种的结果则不一致。一般认为，该病多经呼吸道感染。此外，吸血昆虫的叮咬以及与病畜接触的人和用具的机械传播也是可能的。

该病流行具有明显的季节性，多发生于雨量多和气候炎热的 6—9 月。流行迅猛，短期内可使大批牛只发病，呈地方流行性或大流性。流行上还有一定周期性。3~5 年大流行 1 次。病牛多为良性经过，在没有继发感染的情况下，死亡率为 1%~3%。

（3）主要症状。潜伏期为 3~7 天。

病初，病畜震颤，恶寒战栗，接着体温升高到 40℃以上，稽留 2~3 天后体温恢复正常。在体温升高的同时，可见流泪，有水样眼眵，眼睑，结膜充血，水肿。呼吸促迫，呼吸次数每分钟可达 80 次以上，呼吸困难，患畜发出呻吟声，呈痛苦状。这是由于发生了间质性肺气肿，有时可由窒息而死亡。

食欲废绝，反刍停止。第一胃蠕动停止，出现臌胀或者缺乏水分，胃内容物干涸。粪便干燥，有时下痢。四肢关节水肿疼痛，病牛呆立，跛行，以后起立困难而伏卧。

皮温不整，特别是角根、耳翼、肢端有冷感。另外，颌下可见皮下气肿。流鼻液，口炎，显著流涎。口角有泡沫。尿量减少，尿浑浊。妊娠母牛患病时可发生流产、死胎。乳量下降或泌乳停止。

该病大部分为良性经过，病死率一般在 1%以下，部分病例可因四肢关节疼痛，长期不能起立而被淘汰。

（4）病理变化。急性死亡多因窒息所致。剖检可见气管和支气管黏膜充血和点状出血，黏膜肿胀，气管内充满大量泡沫黏液。肺显著肿大，有程度不同的水肿和间质气肿，压之有捻发音。全身淋巴结充血，肿胀或出血。直胃、小肠和盲肠黏膜呈卡他性炎和出血。其他实质脏器可见混浊肿胀。

（5）诊断要点。

①由牛流行热毒引起，主要侵害黄牛和奶牛。有明显周期性，3~5年流行1次，大流行之后，常有1次小流行。多发于蚊蝇活动频繁的季节（6—9月）。

②病牛突然出现高热（40℃以上），一般维持2~3天，流泪，眼睑和结膜充血，水肿。呼吸急促，发出哼哼声，流鼻液；食欲废绝，反刍停止，多量流涎，粪干或下痢；四肢关节肿痛，呆立不动，呈现跛行；孕牛可流产；奶牛泌乳量下降或停止。发病率高，病死率低，常呈良性经过，2~3天即可恢复正常。

③剖检可见呼吸道黏膜充血，水肿和点状出血；间质性肺气肿以及肺充血，肺水肿，淋巴结充血，肿胀，出血，真胃、水肠和盲肠呈卡他性炎症和渗出性出血。

④发热初期采血进行病毒分离鉴定，或采取发热初期和恢复期血清进行中和试验和补体结合试验。

⑤应与传染性鼻气管炎、茨城病、牛副流感、牛恶性卡他热加以鉴别。

（6）预防措施。切断病毒传播途径，针对流行热病毒由蚊蝇传播的特点，可每周两次用5%敌百虫液喷洒牛舍和周围排粪沟，以杀灭蚊蝇。另外，针对该病毒对酸敏感，对碱不敏感的特点，可用过氧乙酸对牛舍地面及食槽等进行消毒，以减少传染。

（7）治疗方法。加强牛的卫生管理对该病预防具有重要作用。管理不良时发病率高，并容易成为重症，增高死亡率。应立即隔离病牛并进行治疗，对假定健康牛和受威胁牛，可用新亚生物牛蹄金高免血清进行紧急预防注射。高热时，肌肉注射复方氨基比林20~40mL，或30%安乃近20~30mL。重症病牛给予大剂量的抗生素，常用青霉素、链霉素，并用葡萄糖生理盐水、林格氏液、樟脑磺酸钠、维生素B1和维生素C等药物，静脉注射，每天2次。四肢关节疼痛，牛可静脉注射水杨酸钠溶液。对于因高热而脱水和由此而引起的胃内容干涸，可静脉注射林格氏液或生理盐水2~4L，并向胃内灌入3%~5%的盐类溶液10~20L。加强消毒，搞好消灭蚊蝇等吸血昆虫工作，应用牛流热疫苗进行免疫接种。

此外，也可用清肺，平喘，止咳，化痰，解热和通便的中药，辨证施治。如九味羌活汤；羌活40g，防风46g，苍术46g，细辛24g，川芎30g，白芷30g，生地30g，黄芩30g，甘草30g，生姜30g，大葱1根。水煎2次，1次灌服。加减：寒热往来加柴胡；四肢跛行加地风、年见、木瓜、牛膝；肚胀加青皮、苹果、枳壳；咳嗽加杏仁、全萎；大便干加大黄、芒硝。均可缩短病程，促进康复。

6. 牛恶性卡他热

（1）概述。牛恶性卡他热（又称恶性头卡他或坏疽性鼻卡他）是由恶性卡他热病毒引起的一种急性热性、非接触性传染病。病的特征是持续发热，口、鼻流出黏脓性鼻液、眼黏膜发炎，角膜混浊，并有脑炎症状，病死率很高。OIE将其列为B类疫病。

（2）流行病学。隐性感染的绵羊、山羊和角马是本病的主要传染源。黄牛、水牛、奶牛易感，多发生于2~5岁的牛，老龄牛及1岁以下的牛发病较少。本病以散发为主，病牛不能接触传染健康牛，主要通过绵羊、角马以及吸血昆虫而传播。病牛都有与绵羊接触史，如同群放牧或同栏喂养，特别是在绵羊产羔期最易传播本病。本病可通过胎盘感染犊牛。

本病一年四季均可发生，但以春、夏季节发病较多。

（3）临床症状。本病自然感染潜伏期平均为 3~8 周，人工感染为 14~90 天。

病初高热，达 40~42℃，精神沉郁，于第 1 天末或第 2 天，眼、口及鼻黏膜发生病变。临床上分头眼型、肠型、皮肤型和混合型四种。

①头眼型：眼结膜发炎，羞明流泪，以后角膜浑浊，眼球萎缩、溃疡及失明。鼻腔、喉头、气管、支气管及颌窦卡他性及伪膜性炎症，呼吸困难，炎症可蔓延到鼻窦、额窦、角窦，角根发热，严重者两角脱落。鼻镜及鼻黏膜先充血，后坏死、糜烂、结痂。口腔黏膜潮红肿胀，出现灰白色丘疹或糜烂。病死率较高。

②肠型：先便秘后下痢，粪便带血、恶臭。口腔黏膜充血，常在唇、齿龈、硬腭等部位出现伪膜，脱落后形成糜烂及溃疡。

③皮肤型：在颈部、肩胛部、背部、乳房、阴囊等处皮肤出现丘疹、水泡，结痂后脱落，有时形成脓肿。

④混合型：此型多见。病牛同时有头眼症状、胃肠炎症状及皮肤丘疹等。有的病牛呈现脑炎症状。一般经 5~14 天死亡。病死率达 60%。

（4）病理变化。

①鼻窦、喉、气管及支气管黏膜充血肿胀，有假膜及溃疡。

②口、咽、食道糜烂、溃疡，第四胃充血水肿、斑状出血及溃疡，整个小肠充血出血。

③头颈部淋巴结充血和水肿，脑膜充血，呈非化脓性脑炎变化。肾皮质有白色病灶是本病特征性病变。

（5）诊断。根据典型临床症状和病理变化可做出初步诊断，确诊需进一步做实验室诊断。方法如下。

①病原检查：病毒分离鉴定（病料接种牛甲状腺细胞、牛睾丸或牛胚肾原代细胞，培养 3~10 天可出现细胞病变，用中和试验或免疫荧光试验进行鉴定）。

②血清学检查：间接荧光抗体试验、免疫过氧化物酶试验、病毒中和试验。

（6）防治。

①预防：

A. 主要是加强饲养管理，增强动物抵抗力，注意栏舍卫生；牛、羊分开饲养，分群放牧。

B. 发现病畜后，按《中华人民共和国动物防疫法》及有关规定，采取严格控制、扑灭措施，防止扩散。病畜应隔离扑杀，污染场所及用具等，实施严格消毒。

②治疗：

A. 用土霉素 1~2g（或四环素同量）、含糖盐水 2 000mL、氢化可的松（20mL 含 100mg）60mL、10%维生素 C5~10mL、樟脑磺酸钠 20~30mL 静注。12 小时 1 次，如不食可加 25%葡萄糖 500mL。

B. 用龙胆草、黄芩、柴胡、车前草、淡竹叶、地骨皮各 60 克，薄荷、僵蚕、牛蒡子、板蓝根、二花、连翘、玄参各 30 克，栀子 45 克，茵陈 120 克水煎服，每天 1 次。

C. 对症治疗　用金霉素眼膏或氯霉素眼药水点眼；用 0.1%雷佛奴尔液冲洗鼻腔；用高锰酸钾液和稀碘液分别冲洗口腔。

7. 口蹄疫

（1）概述。牛口蹄疫是由口蹄疫病毒引起的偶蹄类动物共患的急性、热性、接触性传染病。其临床特征是口腔黏膜、乳房和蹄部出现水疱与烂斑，严重时蹄匣脱落、跛行、不能站立。可分为 O、A、C、亚洲 I 型、南非 I 型、II 型、III 型等 7 个不同的主型和 60 多个亚型，我国主要流行 O、A、C、亚洲 I 型，一旦发病，具有强烈的传染性，不以消灭和控制，可造成重大的经济损失。

（2）流行特点。

①易感动物：自然感染的动物有黄牛、奶牛、牦牛、猪、山羊、绵羊、水牛、鹿和骆驼等偶蹄动物；人工感染可使豚鼠、乳兔和乳鼠发病。

②传染源：已被感染的动物能长期带毒和排毒。病毒主要存在于食道、咽部及软腭部。羊带毒 6~9 个月，非洲野牛个体带毒可达 5 年。带毒动物成为传播者，可通过其唾液、乳汁、粪、尿、病畜的毛、皮、肉及内脏将病毒散播。被污染的圈舍、场地、草地、水源等为重要的疫源地。

③传播途径：病毒可通过接触、饮水和空气传播。该病入侵途径主要是消化道，也可经呼吸道传染。该病传播无明显的季节性，风和鸟类也是远距离传播的因素之一。

④流行特点：流行以冬、春季节发病率较高，随着商品经济的发展，畜及畜产品流通领域的扩大，人类活动频繁，致使牛口蹄疫的发生次数和疫点数增加，造成牛口蹄疫的流行无明显的季节性；该病具有流行快、传播广、发病急、危害大等流行病学特点，犊牛死亡率较高，其他则较低；病畜和潜伏期动物是最危险的传染源；病畜的水疱液、乳汁、尿液、口涎、泪液和粪便中均含有病毒。

（3）主要症状。潜伏期 2~3 日，最长可达 7~21 日。

症状表现为口腔、鼻、舌、乳房和蹄等部位出现水泡，12~36 小时后出现破溃，局部露出鲜红色糜烂面；体温升高达 40~41℃；精神沉郁，食欲减退，脉搏和呼吸加快；流涎呈泡沫状；乳头上水疱破溃，挤乳时疼痛不安；蹄水疱破溃，蹄痛跛行，蹄壳边缘溃裂，重者蹄壳脱落。犊牛常因心肌麻痹死亡，剖检可见心肌出现淡黄色或灰白色、带状或点状条纹，似如虎皮，故称"虎斑心"。有的牛还会发生乳房炎、流产症状。

牛的潜伏期 2~7 天，可见体温升高 40~41℃，流涎，很快就在唇内、齿龈、舌面、颊部黏膜、蹄趾间及蹄冠部柔软皮肤以及乳房皮肤上出现水泡，水泡破裂后形成红色烂斑，之后糜烂逐渐愈合，也可能发生溃疡，愈合后形成斑痕。病畜大量流涎，少食或拒食；蹄部疼痛造成跛行甚至蹄壳脱落。该病在成年牛一般死亡率不高，在 1%~3%，但在犊牛，由于发生心肌炎和出血性肠炎，死亡率很高。

（4）诊断。

①临床诊断：根据该病传播速度快，典型症状是口腔、乳房和蹄部出现水泡和溃烂，可初步诊断。

②实验室诊断：取牛舌部、乳房或蹄部的新鲜水疱液或水疱皮 5~10mL 或 5~10g，装入灭菌瓶内，加 50% 甘油生理盐水，低温保存，送有关单位鉴定。

（5）防治措施。

①预防：

A. 未发生牛口蹄疫时的措施　平时要积极预防、加强检疫，常发地区要定期注射口蹄疫疫苗。常用的疫苗有口蹄疫弱毒疫苗、口蹄疫亚单位苗和基因工程苗，牛在注射疫苗后 14 天产生免疫力，免疫力可维持 4~6 个月。a. 严格执行卫生防疫制度，保持牛床、牛舍的清洁、卫生；粪便及时清除；定期用 2%苛性钠对全场及用具进行消毒；b. 加强检疫制度，保证牛群健康。不从病区引购牛只，不把病牛引进入场。为防止疫病传播，严禁羊、猪、猫、犬混养；c. 定期接种口蹄疫疫苗；d. 加强饲养管理，保持牛舍清洁、通风、干燥、卫生，平时减少机体的应激反应；e. 强化日常消毒工作，圈舍、场地和用具以 2%的火碱或 10%的石灰乳，坚持每两天消毒 1 次，粪便进行堆积发酵处理；f. 注射血清抗体天健牛毒清做紧急预防，可有效地预防该病，病牛一旦确诊为口蹄疫，要及时隔离病牛、并及时进行治疗。

B. 已发生牛口蹄疫时的措施　a. 尽快确诊，并及时上报兽医和监督机关，建立疫情报告制度和报告网络，按国家有关法规，对牛口蹄疫进行防制。b. 及时扑杀病畜和同群牛只，在兽医人员的严格监督下，对病畜扑杀和尸体无害化处理。c. 严格封锁疫点疫区，消灭疫源，杜绝疫病向外散播。场内应定期的、全面进行消毒。d. 疫区内最后 1 头病畜扑杀后，经一个潜伏期的观察，再未发现新病畜时，经彻底消毒，报有关单位批准，才能解除。

②治疗：

A. 对于病牛首先要加强护理，例如，圈舍清洁干燥通风透气，供给柔软饲料（如青草、面汤、米等）和清洁的饮水，经常消毒圈舍。在加强护理的同时，根据患病部位的不同，给予不同治疗。

B. 口腔治疗　用 0.1%~0.2%的高锰酸钾溶液、0.2%福尔马林、2%~3%明矾或 2%~3%醋酸或食醋洗涤口腔，然后给溃烂面上涂抹 10%~20%碘甘油或 1%~3%硫酸铜，也可散布冰硼散、豆面及各种抗菌药物软膏，都能收到明显效果。

C. 蹄部治疗　用 3%来苏儿、1%福尔马林或 3%~5%的硫酸铜溶液浸泡蹄子。也可以用水洗净后涂以抗菌软膏或涂以 20%的碘甘油，然后用绷带包扎。注意的是最好不要多洗蹄子，以防潮湿妨碍痊愈。

D. 乳房治疗　挤奶时要常规消毒，温水清洗，然后涂以青霉素软膏或磺胺软膏。挤奶时，动作要轻，必要时可用导管。

E. 患牛有并发症或恶性口蹄疫时，除局部对症治疗外，可应用强心剂和营养补剂、抗生素等治疗，必要时，用葡萄糖或盐水加抗生素输液治疗。或在饮水中加些烧酒。也可采取病后 20 天以上的牛全血或血清，按每千克体重 2mL 进行注射治疗。

③不良反应防治：

A. 不良反应的症状　a. 一般反应。个别牛注射疫苗后精神萎靡不振、产奶量下降、食欲减退、体温稍升高。一般不需要特殊治疗，1~3 天后恢复正常。b. 严重反应。因个体差异，个别牛注射疫苗后会出现急性过敏反应，呼吸加快、可视黏膜充血、水肿、肌肉震颤、瘤胃臌气、口角出现白沫、倒地抽搐，因抢救不及时而死亡。

B. 不良反应的预防　a. 在注射疫苗前仔细阅读说明书和认真调查健康状况，病畜瘦弱和临产母畜不注射，待机体恢复后补注。b. 曾有过疫苗反应病史的，建议在注射疫苗前，先皮下注射 0.1%盐酸肾上腺素、盐酸异丙嗪药物，随即注射疫苗，以减少不良反应的发生。

C. 不良反应治疗措施 a. 对严重反应。建议迅速皮下注射 0.1%盐酸肾上腺素 5mg，视病情缓解程度，20 分钟后可以重复注射相同剂量 1 次，肌肉注射盐酸异丙嗪（非那根）500mg，肌肉注射地塞米松磷酸钠 30mg（孕畜不用）。对已休克牛，除应迅速注射上述药物外，还须迅速针刺耳尖、大脉穴（劲静脉沟前 1/3 处的劲静脉上）放血少许、尾根穴（尾背侧正中，荐尾结合部棘突间凹陷处）、蹄头穴（蹄冠缘背侧正中，有毛与无毛交界处，即三蹄、四蹄上缘，每蹄内外各 1 穴，共 8 穴）。迅速建立静脉通道，将去甲肾上腺素 10mg，加入 10%葡萄糖注射液 2 000mL 静滴，如体温低于 36.5℃的患牛除可用上述药物外，另加乙酰辅酶 A1 000 单位、ATP（三磷酸腺苷）200mg、肌苷 3 000mg、25%葡萄糖 2 000mL 静滴。待牛苏醒，脉律恢复后，撤去此组药，换成 5%葡萄糖盐水 2 000mL，加入维生素 C5g，维生素 B63 000mg，静滴，然后再用 5%硫酸氢钠液 500mL，静滴即可。b. 对一般反应。一般只需迅速肌肉注射盐酸异丙嗪（非那根）500mg、地塞米松磷酸钠 30mg（孕畜不用），皮下注射 0.1%盐酸肾上腺素 5mg 即可，病畜很快康复。

8. 牛放线菌病

（1）概述。该病是由放线菌引起的慢性传染病。以头、颈、颌下和舌出现放线菌肿为特征。治宜切开或切除硬结，处理创腔，抗菌消炎。放线菌病是由牛放线菌和林氏放线菌引起的慢性传染病。牛放线菌引起骨骼的放线菌病，林氏放线菌引起皮肤和软组织器官（如舌、乳腺、肺等）的放线菌病。本病主要侵害牛，2~5 岁的牛易感。细菌存在于土壤、饮水和饲料中，并寄生于动物的口腔和上呼吸道中。当皮肤、黏膜损伤时（如被禾本科植物的芒刺刺伤或划破），即可能引起发病。

（2）症状。牛常见上、下颌骨肿大，有硬的结块，致引起呈咀嚼、吞咽困难。有时，硬结破溃、流脓，形成瘘管。舌组织感染时，活动不灵，称"木舌"，病牛流涎，咀嚼困难。乳房患病时，出现硬块或整个乳房肿大、变形，排出黏稠、混有脓的乳汁。

（3）剖检。凡临诊所见的肿胀、结块部位，均为脓肿和肉芽肿。脓肿中的脓液乳黄色，含有硫黄样颗粒—镜检见放线菌菌芝。受细菌侵害的骨骼体肥大，骨质疏松。舌放线菌的肉芽肿呈圆形隆起，黄褐色、蘑菇状，有的表面溃疡。

（4）诊断。取脓汁中的硫黄颗粒做压片或取病变组织切片镜检确定。

（5）防治。防止皮肤、黏膜创伤，不用过长过硬的干草喂饲。手术切除硬结。内服碘化钾及用青霉素注射患部。

处方 1：

A. 10%碘仿醚或 2%鲁戈氏液适量用法 伤口周围分点注射，创腔涂碘酊。

B. 碘化钾 5~10g 用法 成牛一次口服，犊牛用 2~4g，每天 1 次，连用 2~4 周。说明：重症可用 10%碘化钠 50~100mL 静脉注射，隔日 1 次，连用 3~5 次。如出现碘中毒现象，应停药 6 天。

C. 青霉素 240 万 IU 链霉素 300 万 IU 用法 注射用水 20mL 溶解后，患部周围分点注射，每日 1 次，连用 5 天。

处方 2：

芒硝 90g〔后冲〕黄连 45g 黄芩 45g 郁金 45g 大黄 45g 栀子 45g 连翘 45g 生地 45g 玄参 45g 甘草 24g 用法 水煎，1 次灌服。

处方 3：

砒霜 15g 白矾 60g 硼砂 30g 雄黄 30g 用法　共研细末，与黄蜡油混合，均匀地涂在纱布条上，塞入创口。

处方 4：

针灸穴位：通关。针法：放血。说明：也可火针肿胀周围或火烙创口及其深部放线菌肿。

9. 牛瘟

（1）概述。牛瘟又名烂肠瘟，胆胀瘟，是由牛瘟病毒所引起的一种急性高度接触传染性传染病，其临床特征表现为体温升高，病程短，黏膜特别是消化道黏膜发炎，出血，糜烂和坏死。OIE 将其列为 A 类疫病。

（2）病原及发病简介。由副黏病毒科（Paramyxoviridae）麻疹病毒属（Morbillivirus）中的牛瘟病毒引起的牛急性传染病。中兽医称烂肠瘟或胀胆瘟，公元 78 年中国即有流行记载。1937 年在四川省成都发现的古文物铁制水牛和在四川省广元县发现的一石碑上，均记载有清乾隆年间这些地区牛瘟大流行、耕牛死亡枕藉的情况。1930—1949 年全国除新疆外每年因牛瘟死亡的牛数达 10 万～100 多万头。1956 年牛瘟在全国被肃清；此后除 1966 年由邻国传入西藏被迅速扑灭外，未再发生。欧洲中世纪即有牛瘟流行，直至 19 世纪末期才止息。印度和少数非洲国家至今仍有此病，但在世界其他地方均已绝迹。

（3）临床症状及病变。本病以黏膜发炎、坏死，败血性病变为特征，死亡率高。绵羊、山羊、鹿和骆驼也能感染。病牛发高烧，口涎增多外流，口腔黏膜充血，有灰色或灰白色小点，初硬后软，状如一层麸皮，形成灰色或灰白色假膜，容易擦去，出现不规则烂斑。粪稀薄、带血和条块状假膜、恶臭。剖检病变可见瓣胃干燥，真胃黏膜红肿，皱襞上有多数出血点和烂斑，覆盖棕色假膜。小肠黏膜水肿和有出血点，淋巴集结肿胀坏死。大肠和直肠黏膜上覆盖灰黄色假膜。胆囊黏膜出血，增大 1～2 倍，充满大量黄绿色稀薄胆汁。在常发病地区根据上述症状和病变常可作出诊断。在偶发地区则尚需作实验室诊断。本病无药可治，但疫苗预防十分有效。中国的牛瘟兔化弱毒疫苗改进了日本的 III 系兔化弱毒疫苗。牛瘟山羊化兔化弱毒疫苗和牛瘟绵羊化山羊化兔化弱毒疫苗的免疫原性都好，免疫期可达 3 年之久。

（4）诊断。依据典型临床症状和病理变化可做出初步诊断，确诊需进一步做实验室诊断。在国际贸易中检测的指定诊断方法为酶联免疫吸附试验，替代诊断方法为病毒中和试验。

（5）防治。

①预防：疫区及受威胁区可采用细胞培养弱毒疫苗免疫，也可采用牛瘟/牛传染性胸膜肺炎联苗免疫。

②处理：一旦发生可疑病畜应立即上报疫情，按《中华人民共和国动物防疫法》规定，采取紧急、强制性的控制和扑灭措施。扑杀病畜及同群畜，无害化处理动物尸体。对栏舍、环境彻底消毒，并销毁污染器物，彻底消灭病源。受威胁区紧急接种疫苗，建立免疫带。

10. 牛副结核病

（1）概述。由副结核分枝杆菌（Mycobacterium paratubercu-losis，又名约内氏分枝杆菌）引起的牛慢性增生性肠炎，也称约内氏病。该病呈世界性分布，中国也有发生。2～3

岁的牛最易得病，表现为卡他性肠炎，长期顽固性腹泻，极度消瘦。特征性病变为肠黏膜高度增厚并形成皱襞，在皱襞褶中藏有大量成堆的抗酸性杆菌，但无结核或溃疡，绵羊和山羊偶也可被感染。用副结核菌素或禽结核菌素进行皮肤变态反应试验或在实验室作补体结合试验，有助于检出病牛。

（2）流行特点。本菌主感染牛（尤其是奶牛），幼龄牛最易感，其次是羊、猪。病畜是主要传染源，从粪便中持续或间歇向外排出菌体，病菌在外界能存活较长时间，通过污染的体表、场地、草料和水源经消化道感染。一部分病畜，病原菌可侵入血液，随乳汁和尿排出体外。在性腺也发现过副结核杆菌。当母牛有副结核症状时，子宫感染率在50%以上。幼龄牛感染后，由于潜伏期长（可达6~12个月或更长），往往要到2~5岁时才表现出临床症状。本病呈散发或地方流行。

（3）临床症状。潜伏期6~12个月。

病牛早期出现间歇性腹泻，以后变成顽固性腹泻，粪便稀薄，常呈喷射状排出，恶臭，带有气泡和黏液。尾根及会阴部常混有粪污。腹泻有时可停止，也能复发。随病程进展，病牛高度贫血和消瘦，精神委顿，常伏卧。泌乳停止，被毛粗乱无光，严重下颌及垂皮水肿，最后因衰竭死亡。病程几个月或1~2年。

（4）病理变化。病牛极度消瘦，黏膜苍白，主要病理变化在消化道和肠系膜淋巴结，尤其见于回肠、空肠和结肠前段，为慢性卡他性肠炎，回肠黏膜厚增3~20倍，形成明显皱折，呈脑回状外观。黏膜黄白或灰黄色，附浑浊黏液，但无结节、坏死和溃疡。突起皱襞充血。浆膜下和肠系膜淋巴管扩张，浆膜和肠系膜显著水肿，肠系膜淋巴结肿大如索状，切面湿润有黄白色病灶，但无干酪样变化。

（5）诊断。据流行病学和症状特点，尤其病牛长期顽固反复下痢、逐渐消瘦，剖检回肠黏膜增厚，形成如脑回样皱襞，可初步诊断。确诊应进行细菌学和变态反应检查。

（6）防治措施。本病缺乏有效的免疫和治疗方法。

①预防：预防本病重在加强饲养管理，尤其幼牛，给以足够营养，增强抗病能力。不从疫区引进牛只，尤不进口牛，必须做好检疫和隔离观察，确认健康方可混群。曾检出过病牛的假定健康牛群，除随时检查外，每年进行4次（间隔3日）变态反应检疫，连续3次阴性则视为健康牛群。

②扑灭措施：发现有明显症状和细菌学检查为阳性的牛，及时扑杀。变态反应阳性牛，进行集中隔离，分批淘汰。变态反应疑似病牛，隔离饲养，分期定时检查。病牛所产的犊牛，立即与母牛隔开，人工哺乳，培育健康犊牛群。病牛污染的牛舍、运动场、用具等，用生石灰、漂白粉或烧碱等药液进行经常性消毒，及时清除粪便，经生物热处理后作肥料。